Klaus Kannemann, M. Sc.

UNIX-Werkzeuge

Klaus Kannemann, M. Sc.

UNIX-Werkzeuge

Der Einsatz klassischer UNIX-Werkzeuge
für den fortgeschrittenen Programmierer

ISBN-13: 978-3-322-83066-1   e-ISBN-13: 978-3-322-83065-4
DOI: 10.1007/ 978-3-322-83065-4

Vorwort

Das Buch richtet sich an professionelle Programmierer und Systemanalytiker, die von anderen Plattformen und Umgebungen kommend sich gründlich mit den *native* UNIX-Werkzeugen zur Text- und Quellkodeverarbeitung vertraut machen möchten, sowie an gestandene UNIX-Fachleute, die ihr Fachwissen erweitern, bestehende Anwendungen optimieren und vielleicht auch neue Anwendungsgebiete erschließen wollen. Darüber hinaus sollten jedoch auch anspruchsvolle Leser mit den unterschiedlichsten Interessengebieten angesprochen werden, darunter auch Ingenieure und Technologen anderer Fachrichtungen, die sich grundlegend und wegbereitend mit der Arbeitsweise und den typischen Anwendungsmöglichkeiten dieser wichtigen Einrichtungen vertraut machen wollen.

Aus diesen recht weitreichenden Zielvorstellungen ergibt sich denn auch der erste Vorsatz dieses Buches: es soll als *zuverlässige Einstiegs- und Arbeitshilfe* zur Text- und Quellkodeverarbeitung unter UNIX dienen. Es eignet sich insbesondere zum systematischen Selbststudium definierter Themenkomplexe, wozu schließlich auch die überaus detaillierten Sach- und Begriffsverzeichnisse dienen sollen. Mehr noch: der heuristisch vorgehende Leser kann aus diesen Verzeichnissen die für ihn aktuellen Themen selbst zusammenstellen.

Text- und Quellkodeverarbeitung, was auch die Eingabe und das Editieren von Text jeglicher Art mit einschließt, erstreckt sich auf drei besonders wichtige Anwendungsgebiete. *Erstens*, von der begleitenden Dokumentation und Systemanalyse bis zur eigentlichen Programmierung ist sie praktisch unabdinglicher Bestandteil eines jeden EDV-Projektes. Effiziente und gut eingespielte Verarbeitungsmethoden stellen mit die wichtigsten Voraussetzungen für einen reibungslosen und produktiven Projektablauf dar. Umgekehrt können Projekte durch ineffiziente Methoden der Text- und Quellkodeverarbeitung verlangsamt und gefährtet werden, letztendlich auch mit daran scheitern.

Zweitens kommt der Verarbeitung von textuellen Daten oder von Daten in Textform — sei es eigentlicher Quellkode von Programmen, Tabellen oder beschreibende Prosa — eine sich ständig erhöhende Bedeutung eigener Art zu, was mit der Erfassung und Aufbereitung von Rohtext beginnt und sich bis zur lexikalischen Aufbereitung und Weiterverarbeitung erstrecken kann. Schon wegen der Leistungsfähigkeit moderner Rechner kann dabei mehr und mehr mit idiomatischem Klartext und all seinen natürlichen Variationen anstelle von synthetischen Kodes und Kürzeln gearbeitet werden, was insbesondere auch die Erschließung von historischen Textbeständen ermöglicht. Und hier kommen dann auch die hervorragenden *lexikalischen Leistungsmerkmale* der originären UNIX-Werkzeuge voll zum Tragen.

Drittens geht die Verarbeitung von Text- und Quellkode in den weitaus meisten Fällen Hand in Hand mit der Verwaltung, Aktualisierung und Pflege des daraus erwachsenden Produktes, sei es ein Programmverbund, die Stammdateien einer Datenbank oder ein Dokumentationssystem. Dementsprechend sollen im letzten Teil dieses Buches zwei besonders wichtige Einrichtungen vorgestellt werden: die UNIX-eigenen Quellkode- und Modul-Verwaltungssysteme *sccs* und **make**.

Sicher, diese wie auch andere ursprüngliche UNIX-Werkzeuge mögen manchem skeptischen Betrachter als etwas eigensinnig und zuweilen auch als recht eigenartig erscheinen; von den Weltverbesserungsambitionen kompulsiver Tüftler und und dem Solipsismus notorischer Eigenbrötler ganz zu schweigen. Indes, dem aufgeschlossenen und mobilen Fachmann mit internationalen Ambitionen — *the journeyman of the information age* —, der sich überall in der Welt vor einem Terminal heimisch fühlt, bedeutet der *vi*-Texteditor samt all den anderen UNIX-Einrichtungen und -Werkzeugen mit ihren *vertrauten* Namen und *bekannten* Arbeitsweisen, *bewährten* Leistungsmerkmalen und *weitreichenden* Anwendungsmöglichkeiten eine zeitgenössische techno-kulturelle *strada maestra*.

Woraus sich denn auch der zweite Vorsatz — eigentlich mehr ein Leitmotiv — dieses Buches ergibt: das Vokabular und die Idiomatik der hier vorgestellten Begriffe und Konzepte wird transnational überall in der Welt verstanden, vom kleinsten Software-Shop bis zu den faustischen HiTech-Kathedralen nordamerikanischer Kommunikationsgiganten. *Why reinvent the wheel if there's already a vi? Or an awk, an sccs? And a* **make** *for that matter? ...*

Auch bei diesem dritten Unterfangen in der UNIX-Reihe waren mit unverminderter Begeisterung und Ausdauer wieder dabei: *Frau A. Kumbartzky*, Textgestaltung und -überprüfung sowie Erstellung der detaillierten Sachverzeichnisse; *Frank Kannemann*, Auswahl von realistischen Beispielen sowie die Überprüfung technischer Einzelheiten; *Thomas Kannemann*, thematische Zusammenstellung und Aufgliederung. Ihnen gilt wiederum mein besonderer Dank.

Vanier, Canada

Februar 1994   K. K.

Inhaltsverzeichnis

Abbildungsverzeichnis

Tabellenverzeichnis

1 Einführung

Die in diesem Buch vorgestellten *Werkzeuge und Einrichtungen zur Text- und Quellkodeverarbeitung* sind fester Bestandteil des standardmäßig ausgelieferten UNIX-Systempaketes und können daher eigentlich nur in den Kategorien der UNIX-Begriffswelt angemessen beschrieben werden. Der erste Hauptabschnitt soll sowohl den Einstieg als auch ein weiterführendes Studium mit vorbereitenden Hinweisen zur offiziellen Dokumentation und mit einer Erläuterung der im nachfolgenden benutzten Schreib- und Ausdrucksweise erleichtern.

Daß konstruktives und kreatives Arbeiten, wie unter anderem das Entwickeln und Pflegen von Software, noch auf sehr lange Sicht der Text- und Quellkodeverarbeitung bedürfen wird, sollte wohl außer Zweifel stehen. Und die Funktionalebene, auf welcher die Verarbeitung programmiert und gesteuert wird, wird wohl ebenso lange noch verbaler Programmier- und Befehlssprachen bedürfen. Daran ändert auch nicht die Tatsache, daß die unterstützende Dialogschnittstelle sich inzwischen vom Einzelbildschirm eines "klassischen" zeichenorientierten Terminals zum multiplen Befehlsfenster einer grafischen Benutzerschnittstelle gewandelt hat. Im zweiten Hauptabschnitt soll die auf der Dialogschnittstelle aufbauende interaktive Arbeitsumgebung kurz vorgestellt und in dem Maße besprochen werden, wie das zum Verständnis und zur generellen Anwendung der in diesem Buch vorgestellten Einrichtungen erforderlich ist.

1.1 Vorbereitende Hinweise

Die offizielle UNIX-Dokumentation ist nach wie vor der einzige zuverlässige und verbindliche Schlüssel zu den zahlreichen Spezialeinrichtungen und Sonderfunktionen, die das UNIX-Systempaket standardmäßig zur Verfügung stellt. Im ersten Unterabschnitt soll eine Zusammenfassung des allgemeinen Gliederungs- und Verweisschemas gegeben werden, gefolgt von einer kurzen Besprechung jener Teile, die für die Thematik dieses Buches begriffsbestimmend und weiterführend sind. Dabei soll zugleich Bezug genommen werden auf die teilweise Neugliederung und Erweiterung, die das SVR4 mit sich brachte.

Im zweiten Unterabschnitt soll dann die formale Syntax-Schreibweise vorgestellt werden, die sowohl für den weiteren Verlauf dieses Buches als auch für die offizielle UNIX-Dokumentation und die internationale Fachliteratur verbindlich ist. Als Anhängsel, auf welches des Lesers Aufmerksamkeit gelenkt sei, folgt eine kurze Erläuterung zur beabsichtigten Interpretation der in diesem Buch vielfach eingestreuten amerikanischen Fachausdrücke.

1.1.1 Hinweise zur Dokumentation

Nach wie vor setzt sich die offizielle Dokumentation aus *Handbüchern* (reference manuals) und *Leitfäden* (user guides) zusammen. Erstere sind hauptsächlich zum Nachschlagen von spezifischen Einrichtungen gedacht und entsprechend gestaltet, letztere dienen dem weiterführenden Studium von abgeschlossenen Themenkomplexen. Die für die handelsübliche UNIX-Version (main stream) verbindliche Dokumentation wird inzwischen auch kommerziell als eine etwa 20-bändige Bibliothek herausgegeben (USL, 1990).

Die Neugliederung brachte jedoch eine zusätzliche Aufteilung nach Zielgruppen mit sich. Tabelle 1.1 zeigt das resultierende Schema.

(SVR4)	Allgem. Benutzer	Programmierer	Systemverwalter
Leitfäden	User's Guide ...	Programmer's Guide ...	System Admininstrator's Guide ...
Handbücher	User's Reference Manual ...	Programmer's Reference Manual ...	System Admininstrator's Reference Manual ...

Tabelle 1.1: Gliederung der offiziellen UNIX-Dokumentation (SVR4)

Im folgenden soll eine zusammenfassende Darstellung der thematischen Hauptbereiche gegeben werden.

Die folgenden vier *Leitfäden* werden standardmäßig mit dem UNIX-Systempaket ausgeliefert:

1. Benutzer-Leitfaden (User Guide):

Der Leitfaden gibt eine kürzere, auf den allgemeinen Benutzer ausgerichtete Systembeschreibung mit nützlichen Einstiegsstudien und realistischen Übungen zum Arbeiten mit der BOURNE-Shell und den einheimischen Editoren.

2. Programmier-Leitfaden (I):

Dienstleistungen des Betriebssystems sowie Werkzeuge zur Portierung und Installation von Anwendungsprogrammen (Programmer Guide: System Services and Application Packaging Tools).

Dieser erste von insgesamt zwei *Programmier*-Leitfäden enthält unter anderem eine verbindliche Beschreibung der *Kernelschnittstelle* hinsichtlich von *Systemaufrufen* (kernel interface, system calls), der *Prozeß-Kommunikation* (IPC: interprocess communication) sowie Aspekte der *Datei-* und *Speicherverwaltung* und der *Prozeßdisponierung* (file, memory, management; process scheduling). Von besonderem Interesse für SW-Entwickler sind die mit SVR4 eingeführten Portierungs- und Installationswerkzeuge, darunter **pkgmk(1)**, **pkgparam(1)**, **pkgproto(1)** und **pkginfo(1)**.

2. Programmier-Leitfaden (II):

Leitfaden zur ANSI-C-Programmierung sowie Software-Entwicklungswerkzeuge (Programmer Guide: ANSI C and Programming Support Tools).

Dieser zweite *Programmier*-Leitfaden enthält die eingehende Beschreibung der Programmiersprache C unter Bezugnahme auf den inzwischen (SVR4) verbindlichen ANSI-Standard, des einheimischen C-Compiler **cc(1)** sowie der standardmäßigen Funktionsbibliotheken. Im Zusammenhang mit der C-Sprache werden die Prüf- und Entfehlerwerkzeuge **lint(1)** und **adb(1)/sdb(1)** eingehend behandelt. Insbesondere enthält das Dokument auch ausführliche Beschreibungen der höheren Software-Entwicklungswerkzeuge wie des lexikalischen Präkompilers **lex(1)**, des Metakompilers **yacc(1)**, des Makro-Übersetzers **m4(1)** sowie des einheimischen Linkers **ld(1)** (loader) einschließlich der internen Arbeitsprinzipien. Ebenfalls aufgeführt in diesem Dokument werden das Quellkode- und das Modul-Verwaltungssystem **sccs(1)** beziehungsweise **make(1)**.

Zumeist enthält dieser zweite Leitfaden auch die für das jeweilige System verbindliche Beschreibung des *einheimischen* (resident) Assemblers. Mit Anpassungs- und Wiederherstellungsproblemen befaßte Systemprogrammierer finden die ausführliche Beschreibung der Struktur von Objekt- und Ausführdateien von besonderem Interesse.

4. Systemverwalter-Leitfaden (Administrator Guide):

Empfehlungen und Richtlinien zur allgemeinen Benutzer- und Dateiverwaltung, Ressourcen-Kontrolle und -Aufrechnung (system accounting) sowie Anweisungen und Ratschläge für die Pflege des Betriebs- und Dateisystems.

Von besonderer Bedeutung für die Text- und Quellkodeverarbeitung unter UNIX und im Sinne dieses Buches sind das Benutzer- (BHB) und das Programmier-Handbuch (PHB) sowie der Programmier-Leitfaden II (PLF/II).

Die gemäß Zielgruppe in drei *Bände* (volumes) gegliederten *Handbücher* enthalten insgesamt acht Hauptabschnitte:

Band I: Benutzer-Handbuch (User's Reference Manual)

(1)   *Generische* UNIX-Befehle, die allgemeinen Benutzern auf der Shell-Ebene zur Verfügung stehen (generic, general user, commands).

Band II: Programmier-Handbuch (Programmer's Reference Manual)

(1)   Programmier-Werkzeuge und andere relevante Einrichtungen zur SW-Entwicklung und -Verwaltung, die als Befehle auf der Shell-Ebene zur Verfügung stehen (programming tools, facilities).

(2)   Systemaufrufe der Kernelschnittstelle.

(3)   Bibliotheksaufrufe von C und anderer höherer Programmiersprachen.

(4)   Formate und Inhalte von Standarddateien und -verzeichnissen.

(5)   Allgemeinverbindliche Normen und Vereinbarungen sowie Makros für die Textformatierung.

<u>Band III: Systemverwalter-Handbuch (Administrator Reference Manual)</u>

(1m)   Spezielle Befehle und Anweisungen zur Systemverwaltung, die im allgemeinen nur unter der Superuser-Kennung ausgeführt werden können oder sollen (restricted superuser commands).

(4)   Formate und Inhalte von Systemdateien und -verzeichnissen.

(5)   Systemspezifische Normen und Vereinbarungen.

(7)   Die für das jeweilige System verbindliche Beschreibung der Gerätekanäle für den Zugriff auf Massenspeicher (z.B. Festplatte und Magnetband), externe Anschlußports, virtuelle Gerätekanäle sowie Bereiche des Arbeitsspeichers.

(8)   Funktionen und Anweisungen zur Systemverwaltung und -pflege

Das offizielle UNIX-*Verweisschema* (reference scheme) benutzt einen in Rundklammern gesetzten Index, der den Hauptabschnitt in den Handbüchern angibt, in dem ein Eintrag aufgeführt ist. Typische Beispiele sind: **ed(1)**, der einheimische Zeileneditor; **write(2)**, ein UNIX-Systemaufruf; **scanf(3S)**, ein C-Bibliotheksaufruf; **sccsfile(4)**, die interne Struktur von SCCS-Stammdateien; **ascii(5)**, der unter UNIX verbindliche ASCII-Zeichensatz; **termio(7)**, Beschreibung der E/A-Steuerung von Terminals; **boot(8)**, Systemstart; **mount(1m)**, **umount(1m)** Superuserbefehle zum logischen Einhängen beziehungsweise Abnehmen von Dateisystemen. Diese quasi-funktionale Schreibweise mit dem *Rundklammer-Index* (parenthesized index notation) ist für das internationale UNIX-Schrifttum verbindlich.

Auch in diesem Buch soll die Schreibweise **cc(1)/BHB**, **mount(1m)/SHB** und **read(2)/PHB** als Verweis auf die entsprechenden Einträge im Benutzer- (BHB), Systemverwalter- (SHB) und Programmier-Handbuch (PHB) benutzt werden.

Auf der Shell-Ebene muß allerdings noch zwischen *generischen Befehlen* (generic commands) und integrierten *Shell-Anweisungen* (builtin shell directives; shell builtins) unterschieden werden. Letztere sind fest in jeweils eine der beiden einheimischen UNIX-Shells, die *BOURNE-Shell* und die *C-Shell*, eingebunden und stehen im allgemeinen nicht oder zumindest nicht identisch in der jeweils anderen Shell zur Verfügung. Shell-Anweisungen sind im allgemeinen nicht unter ihren Namen in den Handbüchern aufgeführt, sondern müssen zuerst der richtigen Shell zugeordnet werden, um dann unter deren Eintrag im Benutzer-Handbuch gefunden werden zu können. Die BOURNE-Shell ist unter dem Eintrag **sh(1)/BHB**, und die C-Shell unter **csh(1)/BHB** beschrieben. Im folgenden soll die erweiterte Schreibweise **echo(sh)** beziehungsweise **echo(csh)** benutzt werden, um die Zugehörigkeit zu einer Shell anzuzeigen. Die beiden Shell-Anweisungen sind übrigens Varianten des generischen Befehls **echo(1)**.

Bei benutzerorientierten Systemen stehen die Handbücher zumindest teilweise im Direktabruf oder zum Ausdrucken zur Verfügung (online). Falls keine anderen Vereinbarungen gelten, kann der *generische Befehl* man(1) (manual) zum Abruf benutzt werden, um Einträge nach Namen und Index abzurufen. Als Einstieg kann *man* mit seinem eigenen Namen ohne jegliche Argumente aufgerufen werden,

```
$ man
Usage: man [<options>] [<section>] <title1> [<title2> ...]
      ...
```

Eine detailliertere Beschreibung wird bei Angabe des *Befehlsnamens* (title) erhalten:

```
$ man man
MAN(1)                  USER COMMANDS                     MAN(1)
NAME
     man - display reference manual pages;
     find reference pages by keyword
SYNOPSIS
     man [<options>] [<section>] <title1> [<title2> ...]
     man -k <keyword1> [<keyword2> ...]
     ...
DESCRIPTION
     man displays information from the reference manuals ...
```

Bei *gleichnamigen* Einträgen muß der *Abschnitt* (section) als Nummer angegeben werden, um den gewünschten Eintrag zu erhalten. Ein Kontrastbeispiel mag dies sogleich veranschaulichen. *Erstens* ergibt sich für den *Benutzerbefehl* (user command) **write(1)/BHB** ,

```
$ man 1 write
WRITE(1)            USER COMMANDS
NAME
     write - write to another user
SYNOPSIS
     write user [<line>]
DESCRIPTION
     write copies lines from your terminal to that of
     another user ...
```

Zweitens ergibt sich für den *Systemaufruf* (system call) **write(2)/PHB,**

```
$ man 2 write
WRITE(2)            SYSTEM CALLS
NAME
     write, writev - write on a file
SYNOPSIS
     int write(in fildes, ...)
     ...
DESCRIPTION
     write() attempts to write ...
```

Zur *kontextuellen Suche* kann die Option −k unter Angabe eines *Schlüssel-wortes* benutzt werden (contextual keyword search),

```
$ man -k terminal
clear(1)   - clear terminal screen
...
termio(7)  - general terminal interface
...
```

Zur gezielten Kurzabfrage kann dann der Befehl **whatis(1)** benutzt werden,

```
$ whatis whatis
whatis(1)  - display a summary ...
```

Integrierte Shell-Anweisungen (shell builtins) werden im allgemeinen *nicht* als eigenständige Einträge im BHB geführt, sondern müssen dem Eintrag der "richtigen" Shell entnommen werden. Ein etwas vorgreifendes Beispiel mag dies für die Anweisung **export(sh)** der **BOURNE**-Shell verdeutlichen. Eine Abfrage mit *man* ist erfolglos,

```
$ man export
No manual entry for export.
```

Anstelle dessen soll der Eintrag **sh(1)/BHB** abgegriffen und aus den etwa 15 Seiten Text das Schlüsselwort "export" *kontextuell* herausgefiltert werden, wozu eine Pipeline mit dem lexikalischen Suchfilter **fgrep(1)** benutzt wird,

```
$ man sh | fgrep export
...
export [ name ... ]
       The given names are marked for automatic export ...
...
```

Einrichtungen zu dieser Art der *Informationsschöpfung* wie die lexikalischen Suchfilter der *grep*-Famile werden im Kapitel 8 eingehend behandelt.

1.1.2 Formale Syntax-Schreibweise

Die lexikalischen und syntaktischen Regeln von Befehls- und Programmier-sprachen werden oft als deren *grammatische Regeln* (grammar rules), oder kürzer, als deren *Grammatik* bezeichnet (grammar). Die Grammatik kann mittels einer *abstrakten Schreibweise* (abstract notation) eindeutig und sinn-voll beschrieben werden, was durch typografische Vereinbarungen unterstützt wird. Die für den weiteren Verlauf dieses Buches verbindliche Schreib- und Darstellungsweise soll im folgenden kurz erläutert werden.

Grundsätzlich muß jedoch zuerst kategorisch zwischen *realem Text* und *abstrahierten Konstrukten* unterschieden werden. Ersteres umfaßt Befehls-zeilen und Programmkode sowie Eingabe- und Ausgabedaten in der realen Darstellungsweise eines Bildschirms oder Druckers; letzteres stellt die Abstrahierung und Schematisierung davon dar. Beides soll einheitlich durch Schreibmaschinen−Font (courier) dargestellt werden.

Abstrahierte Konstrukte und Schemata bedürfen der abstrakten Schreibweise. Dabei werden Begriffe wie *Name, Wort, Ausdruck* usw. im naiv-intuitiven Sinn benutzt.

A. Worte in spitzen Klammern,

<Instruktion>, <Ausdruck>, <Variable> usw.

stellen unbestimmte Syntaxelemente dar, die lediglich lexikalischen Beschränkungen unterliegen. Sie dürfen sich nur aus Buchstaben, Ziffern und dem Unterstrich '_' zusammensetzen — also aus der alphamerischen Teilmenge des ASCII-Zeichensatzes — und müssen mit einem Buchstaben oder dem Unterstrich beginnen.

B. Verbale Syntaxelemente werden immer in *Klartext* ausgeschrieben,

continue, if, for, while ... usw.

Sie dürfen nur in einem *festgelegten Zusammenhang* benutzt werden.

C. Worte, die auch ausgelassen werden können, werden *kursiv* in Spitzklammern mit umgebenden eckigen Klammern aufgeführt,

[<*Variable*>] [<*Bezeichner*>]

D. Unbestimmte Wiederholbarkeit wird durch drei Punkte angezeigt,

<Name1>, <Name2>, ...

E. Unbestimmte Auslassung wird ebenfalls durch drei Punkte angezeigt,

<Befehl> ...

F. Der senkrechte Strich entspricht dem logischen *Entweder-Oder* (XOR), wobei jeweils nur *eine* von mehreren Alternativen zulässig ist,

<Wort1> | <Wort2> ...

Das Schema entspricht einer etwas vereinfachten Auslegung der bekannten BACKUS-NAUR-Schreibweise.

Eckige Klammern sollen im folgenden auch zur symbolischen Darstellung von Sondertasten und ASCII-Steuerzeichen benutzt werden:

Eingabetaste (return key):	[RETURN] oder auch [RET]
Rückschritt (backspace):	[BS]
Tabulator (tab key):	[TAB]
Fluchttaste (escape key):	[ESC]
Steuertaste (control key) zum Erzeugen von ASCII-Steuerzeichen:	[CTL]

Für Steuerzeichen, die mit der Steuertaste und einem gewöhnlichen Zeichen erzeugt werden müssen, gilt:

EOT:	[CTL_D]	alternativ	^D oder ^d
Unterbrechung:	[CTL_C]		^C ^c
TTY-Fluchtzeichen:	[CTL_V]		^V ^v

usw.; wobei kein Unterschied zwischen Groß- und Kleinbuchstaben besteht. Die Schreibweise mit dem vorangestellten *Caret* ^ (caret notation) wird zumeist im originären UNIX-Schrifttum benutzt.

Schließlich sei noch eine kurze Erläuterung der *beabsichtigten Auslegung* (intended interpretation) von englischen *Fachausdrücken* (technical terms) gegeben, die den Text als *gezielt eingestreute Klammerausdrücke* (judiciously interspersed parenthesized expressions) "spicken". Hinsichtlich der eben vorgestellten linearen Beispiele werden sich kaum Schwierigkeiten ergeben haben.

Schwierigkeiten könnten indes entstehen, wenn *sprachliche Redundanz* (verbal redundancy) nach Möglichkeit vermieden werden soll. Als erstes — und überhaupt nicht frivoles — Beispiel wäre der Terminus "Programmverbund" zu betrachten, der sowohl *geradeheraus* (straightforward) als *program suite* bezeichnet werden kann, wie auch mit etwas mehr *Finesse* (refinement, sophistication) als *program ensemble*, wobei persönliche Präferenz — insbesondere bei der Aussprache — letztendlich den Ausschlag geben mag. Die beiden semantisch gleichwertigen Alternativen mit der *führenden Radix* sollen zusammengefaßt werden mit der Schreibweise ... *Programmverbund* (program suite, ensemble) ...

Ein Beispiel mit *nachgestellter Radix* wäre die *Lese-*, *Schreib-* und *Ausführberechtigung* (read, write, execute, permission) ... Zwischen der jeweiligen *Funktion* des *Kommas* und des *Semikolons* im Zusammenhang mit dem *besitzanzeigenden Fall* (comma, semicolon, function; possessive case) wäre auch während der Phasen und Entwicklungsstufen eines Projektes (phases, stages of development; of projects) zu unterscheiden.[1]

1.2 Die UNIX-Arbeitsumgebung

Die benutzer- und anwendungsorientierte UNIX-*Arbeitsumgebung* (working environment) ist grundsätzlich *interaktiv*, wobei das *Benutzerterminal* (user terminal) den operativen *Nexus* darstellt, über welchen die *Kommunikation* zwischen dem *Benutzer* und dem *verarbeitenden System* (host system) abläuft. Im folgenden soll ausschließlich von *Video-Terminals* (video terminals) die Rede sein.

Die interaktive Arbeitsumgebung setzt eine *Benutzeroberfläche* (user interface) voraus, *durch* welche der Benutzer mit dem System korrespondieren kann. Im einfachsten Fall fällt die Benutzeroberfläche mit der *Dialogschnittstelle* (command interface) zusammen, die eine eigene *Befehlssprache* (command language) mit spezifischen *Vokabular* und *Syntax* (vocabulary, syntax) zur Verfügung stellt. In der UNIX-Begriffswelt ist dann von einer *Shell* — im Sinne einer umgebenden Oberfläche — die Rede. Ältere *zeichenorientierte*

---

1. Um Artikel oder *grammatisches* Geschlecht (article, gender) zu vermeiden, wird im zeitgenössischen nordamerikanischen Englisch häufig auf den Plural ausgewichen.

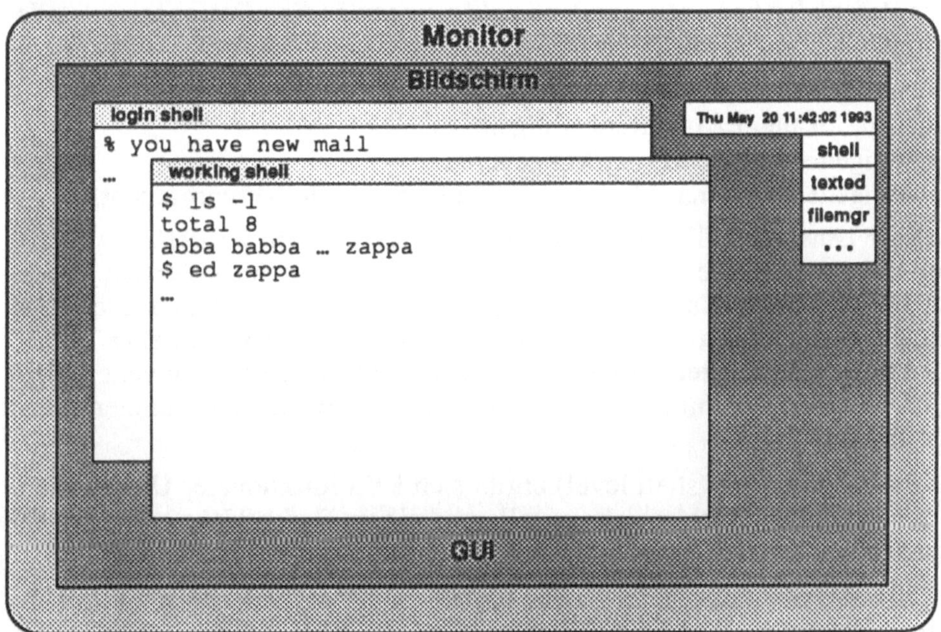

Bild 1.1: GUI mit multiplen Befehlsfenstern

(character, tty) Terminals unterstützten zumeist nur *eine* Shell als Vollschirm-schnittstelle, die zumeist auch mit dem physischen *Bildschirm* (screen) des Monitors schlechthin identifiziert wurde.

Moderne *grafikfähige* (graphic) Terminals unterstützen dagegen *grafische Benutzeroberflächen* (GUIs,[2] graphical user interfaces), die ihrerseits *multiple* Dialogschnittstellen auf *einem* physischen Bildschirm unterstützen. Solche *Befehlsfenster* (command windows) können auf der GUI als Objekte manipuliert werden, was insbesondere Vergrößern, Verkleinern, Verschieben, Überlagern, Schließen und Öffnen einschließt. In funktional-logischer Hinsicht unterscheidet sich ein Befehlsfenster jedoch nicht vom Vollschirm eines "klassischen" Terminals. Insbesondere kann jedes Befehlsfenster mit einer eigenen Shell als Dialogschnittstelle belegt werden. Bild 1.1 illustriert ein solches Szenario mit der C-Shell als *Login-Shell* und der BOURNE-Shell als *aktuelle Arbeits-Shell* (login, current working, shell), wobei letztere die erstere überlagert. Die *Ikone* (icons) anderer Shells und Einrichtungen sind rechts daneben skizziert.

---

2. Im Englischen wie "guh-ieh(s)" ausgesprochen. Bekanntere Beispiele solcher inzwischen weitgehend standardisierten GUIs sind **MOTIF** (OSF), **OPEN LOOK** (SVR4) sowie **HP-VUE** (Hewlett-Packard), die von dem **X-WINDOW**-Standard ausgehen und auf der *client-server*-Architektur nach **X11** (MIT) aufbauen.

Jedes Befehlsfenster stellt also eine *völlig eigenständige Dialogschnittstelle* dar, mit

* einem eigenen impliziten Terminaltyp;
* eigenen, lokalen E/A-Vereinbarungen;
* einer eigenen, lokalen Prozeßumgebung;
* einer eigenen Terminal-Shell mit einem eigenen Shell-Environment.

In dieser Hinsicht stellt ein Befehlsfenster praktisch ein *virtuelles* (virtual) Terminal dar, welches sich von einem *physischen* Terminal gleichen Types letztendlich nur durch seine *Ephemeralität* (ephemerality) unterscheidet. Tatsächlich kann ein leistungsfähiges GUI einen veritablen Zoo virtueller Terminals unterschiedlichster Gattung gleichzeitig unterstützen, vom venerablen VUCOM bis zu der immer noch als weitverbreiteter Standard fungierenden VT-Klasse von DEC.

Auf der *Shell-Ebene* (shell level) ergibt sich kein funktionaler Unterschied zwischen einer Vollschirmschnittstelle und einem Befehlsfenster; es gelten identisch die Verarbeitungsregeln der jeweiligen Terminal-Shell.

Das UNIX-Systempaket stellt zwei *einheimische* (native) Shells zur Verfügung, die immer standardmäßig ausgelieferte **BOURNE**-Shell und die zumeist ebenfalls mit ausgelieferte C-Shell. Die beiden Shells werden unter den Einträgen **sh(1)** und **csh(1)/BHB** zusammenfassend beschrieben. Eine weitere und etwas jüngere Shell mit besonderen Leistungsmerkmalen, die **KornShell**, ist zumindest optional unter SVR4 erhältlich; sie wird gegebenenfalls unter dem Eintrag **ksh(1)/BHB** aufgeführt. Eine originäre Beschreibung wird von den Urhebebern Bolsky and Korn (1989) gegeben.

Als *Dialog-Interpreter* offerieren die beiden einheimischen Shells eine im wesentlichen gemeinsame *Befehlssyntax* (command syntax), die jedoch nur eine *Teilmenge* (subset) einer jeweils eigenen *Programmiersprache* darstellt. Die BOURNE-Shell unterstützt eine *prozedurelle Sprache* (procedural language), die entfernt dem PASCAL ähnelt, während die C-Shell der Programmiersprache C stark ähnelt — woher denn auch der Name rührt.[3]

Wie bereits oben im Zusammenhang mit der Dokumentation erwähnt wurde, muß auf der Shell-Ebene begrifflich zwischen fest integrierten *Shell-Anweisungen* (shell builtins) und *generischen Befehlen* (generic commands) unterschieden werden. Erstere sind fester Bestandteil der jeweiligen Shell und werden normalerweise innerhalb des *aktuellen Shell-Prozesses* (current shell process) ausgeführt. Generische Befehle werden dagegen als *ausführbare Dateien* (executable files) aufgerufen und laufen dann als eigenständiger *Tochterprozeß* (child process) der *aufrufenden* (invoking) Shell als *Mutter-*

---

3. KA1 (1992) gibt eine grundlegende Einführung in die Anwendung und Programmierung der beiden einheimischen Shells.

prozeß (parent process) ab. Sowohl *einheimische* UNIX-Einrichtungen und -Werkzeuge (native facilities, tools) als auch *importierte Anwendungsprogramme* (imported applications) werden auf der Shell-Ebene als Befehle aufgerufen. Die ausführbaren Dateien der ursprünglichen UNIX-Befehle der Indexgruppen "(1)" und "(1m)" sind normalerweise in den Systemverzeichnissen /bin und /usr/bin sowie /etc enthalten.

Die beiden UNIX-Shells unterscheiden sich beträchtlich hinsichtlich der integrierten Anweisungen; zum Beispiel ist **export(sh)** zwar in der BOURNE-Shell, nicht aber in der C-Shell enthalten; für **alias(csh)** gilt das genaue Gegenteil. Die Anweisungen **echo(sh)** und **echo(csh)** sind dagegen zwar namensgleich in beiden Shells vertreten, unterscheiden sich aber hinsichtlich der Interpretation von C-artigen symbolischen Steuerzeichen und Oktalkodes der Art \n, \t, \07 usw. Beide *Shell-Anweisungen* sind übrigens Varianten des *generischen UNIX-Befehls* **echo(1)**.

Im einfachen, befehlsorientierten Dialogbetrieb ist der Unterschied zwischen den beiden Shells minimal. Welcher Shell bei der interaktiven Text- und Quellkodeverarbeitung der Vorzug gegeben werden soll, hängt vom Arbeitsstil und der einschlägigen Erfahrung des jeweiligen Benutzers ab. Dennoch sollten jedoch die grundsätzlichen Unterschiede im Auge behalten werden:

Die **BOURNE**-Shell stellt drei besonders hervorragende *Leistungsmerkmale* (capabilities) zur Verfügung,

- eine flexible und erweiterte *E/A-Steuerung* (I/O control), die weit über die die gemeinsamen *Umlenkungsfunktionen* (redirection) hinausgeht;
- eine erweiterte *Signalverarbeitung* (signal handling), die sich auf einen Großteil des generischen UNIX-*Signalvorrates* (signal range) erstreckt;
- einprogrammierbare Shell-Funktionen, die normalerweise innerhalb des aktuellen Shell-Prozesses ablaufen.

Die C-Shell zeichnet sich durch wesentlich andere Leistungsmerkmale und *Arbeitshilfen* aus,

- fest integrierte *Operatoren* zur logischen, relationalen, arithmetischen und lexikalischen *Auswertung von Ausdrücken* (builtin operators; evaluation, expressions);
- Vektorvariable (vector variables), auf deren Elemente C-artig mit Indexen zugegriffen werden kann;
- eine spezielle Abbildungsanweisung, mit welcher Befehlsausdrücke auf sinnfällige *Kürzel* (command tokens) abgebildet werden können;
- einen *gleitenden Befehlspuffer* (dynamic history buffer), der den jüngsten Abschnitt des Befehlsdialoges fortlaufend speichert, was zur identischen oder modifizierten Befehlswiederholung benutzt werden kann.

In der Systemprogrammierung wird jedoch zumeist die BOURNE-Shell vorgezogen, wie die zahlreichen *rc*-Steuerdateien (run control files) im Systemverzeichnis /etc andeuten mögen.

Gestandene Fachleute ziehen indes zumeist die C-Shell wegen der *cleveren* Arbeitshilfen vor. Mit der Abbildungsfunktion **alias(csh)** können einfache wie komplexe Befehlszeilen auf Befehlskürzel abgebildet werden, womit nicht nur der Befehlsdialog vereinfacht, sondern weit darüber hinaus auch eine zweckdienlich angepaßte Befehlssprache mit eigenem Vokabular definiert werden kann. Die Shell legt den laufenden Befehlsdialog im *history*-Puffer ab, **history(csh)**, dessen aktuelle *Einträge* (events) mit Indexen oder lexikalischen Abkürzungen einfachst zur wiederholten Ausführung abgerufen werden können, was bei intensiver und repetitiver Terminalarbeit eine ungemeine Erleichterung bedeuten kann.

In den folgenden Abschnitten sollen jene gemeinsamen Vereinbarungen, Regeln und Leistungsmerkmale der Dialogschnittstelle vorgestellt werden, die für die interaktive Text- und Quellkodeverarbeitung auf der Shell-Ebene von ganz besonderer Bedeutung sind.

1.2.1 E/A-Vereinbarungen und -Grundregeln

Bei der interaktiven Textverarbeitung auf der Shell-Ebene sind sowohl *E/A-Vereinbarungen* (I/O conventions) als auch *lexikalische Grundregeln* (lexical rules) gemäß *Vorrang* und *Geltungsbereich* (precedence, scope) zu beachten:

- die Aufbereitung und Interpretation der Tastatureingabe *bevor* eine nachfolgende Verarbeitung durch eine Shell beziehungsweise eine einlesende Anwendung erfolgen kann;
- die lexikalische Zerlegung und syntaktische Interpretierung der *aufbereiteten* Tastatureingabe durch die Shell beziehungsweise durch die einlesende Anwendung.

Auch bei einem anscheinend eigenständig im Vordergrund der jeweiligen Dialogschnittstelle ablaufenden Befehlsprozeß nimmt der Eingabezweig des zuständigen *Gerätetreibers* (device driver) ständig die Tastatureingabe entgegen — was unter anderem *Vorauseingabe* (type-ahead) und *Unterbrechung* (interrupt) erst möglich macht — und interpretiert die eingehenden Zeichen gemäß der jeweiligen Eingabevereinbarung als *Tastatursignale*, *TTY-Steuerzeichen* oder reinen *Eingabetext*. Erst die *aufbereitete* (preprocessed) Tastatureingabe wird an die Terminal-Shell weitergegeben, und von dieser gegebenenfalls an einen im Vordergrund ablaufenden Befehlsprozeß — wie zum Beispiel einen interaktiven Texteditor — durchgereicht.

Umgekehrt wird die Ausgabe eines interaktiven Befehlsprozesses durch den Gerätetreibers *nachbereitet* (postprocessed), wie zum Beispiel durch Hinzufügen von Steuerzeichen.

Vorrang und Geltungsbereich der TTY-Vereinbarungen sind sowohl für den Befehlsdialog als auch für die interaktive Texteingabe wichtig und soll dementsprechend getrennt in den folgenden Unterabschnitten behandelt werden.

1.2.1.1 TTY-Vereinbarungen auf der Schnittstellen-Ebene

Der *Verweis* (pathname) des mit dem jeweiligen Terminal beziehungsweise Befehlsfenster assoziierten TTY-Kanals kann mit dem entsprechend benannten Befehl **tty(1)** abgefragt werden; wie zum Beispiel in,

```
$ tty                            $ tty
/dev/ttyb                        /dev/ttyp3
```

wo links der *Dienstport* (service port)[4] eines eigenständigen *physischen Terminals*, und rechts der *virtuelle* (virtual) Port eines *Befehlsfensters* (command window) angezeigt werden. Die Attribute des Kanals können einfachst mit dem Befehlen **file(1)** und **ls(1)** bestimmt werden; wie zum Beispiel in,

```
$ file `tty`
/dev/ttyb: character special (11/2)
```

beziehungsweise in,

```
$ ls -l `tty`
crw-rw-rw-  1  root    20, 0 ... /dev/ttyp3
```

wobei *tty* mit *umgebenden Ausführungszitaten* `...` (enclosing exec quotes) als Argument gesetzt wurde, um den Verweis unmittelbar in der Befehlszeile zu erzeugen. Wie zu ersehen ist, handelt es sich um *Zeichenkanäle* (character special files) mit den *Haupt-* und *Nebenkennungen* (11/2) beziehungsweise (20/0) (major, minor, device number).[5]

Für die *zeichenorientierte* Ein- und Ausgabe (character-oriented I/O) durch einen solchen TTY-Kanal gelten Vereinbarungen hinsichtlich

• der *Datenübertragung* (line protocol);
• der *Auf-*und *Nachbereitung* (line discipline);

Die für das physische Terminal beziehungsweise das jeweilige Befehlsfenster auf einer GUI aktuellen gültigen Vereinbarungen können mit dem Befehl stty(1) und der Option −a (all) insgesamt abgefragt werden,

```
$ stty -a
speed 9600 baud; ... parenb -parodd cs7 ...
intr = ^c; quit = ^|; erase = ^h; kill = ^x; eof = ^d; ...
... start = ^q; stop = ^s; ... werase = ^w; lnext = ^v;
... -inlcr -igncr icrnl -iuclc ... ixon -ixany -ixoff ...
isig icanon -xcase echo echoe echok   ...
... opost -olcuc onlcr -ocrnl -onocr ...
...
```

---

4. Wobei zumeist die CCITT-Norm V.24 zur asynchronen seriellen Zeichenübetragung gilt, was weitgehend der amerikanischen EIA-Norm RS-232C entspricht. Die Schnittstelle wird überwiegend als Steckverbindung mit 9, 15 oder 25 Stiften (pins) implementiert. "TTY" ist übrigens das herkömmliche Kürzel für "teletype" (Fernschreiber)

5. Eine grundlegende Behandlung dieser und verwandter Aspekte des UNIX-Dateisystems wird in KA1 (1992) gegeben.

Parameter und Schlüsselworte wie *speed 9600 baud*, `parenb`, `-parodd`, `cs7` ... beziehen sich auf die *Übertragungsvereinbarung* (line protocol) der *Terminalverbindung* (terminal connection), was in ein anderes Sachgebiet fällt und hier nicht weiter verfolgt werden soll. Einzelheiten sind unter den Einträgen **stty(1)/BHB** und **termio(7)/SHB** zu finden.

Von besonderem Interesse im Zusammenhang mit der interaktiven Textverarbeitung sind dagegen die Vereinbarungen zur *Aufbereitung* der Tastatureingabe (preprocessing, keyboard input) und zur *Nachbereitung* der Ausgabe zum Monitor (postprocessing, output).

Eine *Aufbereitungsvereinbarung* bezieht sich auf die folgenden Funktionen,

* Erzeugen von Tastatursignalen
* Korrektur- und Abbildungsfunktionen
* Ausblenden von Steuerzeichen

Das Erzeugen von *Tastatursignalen* (keyboard signals) wird mit dem Schlüsselwort `isig` angestellt und dessen Negierung `-isig` abgestellt (enabling, disabling). Die Signale werden dann durch die Tastenbelegung von `intr` und `quit` definiert — normalerweise (default) also `[CTL_C]` und `[CTL_|]` —, um ein *Unterbrechungs-* (interrupt) beziehungsweise *Abbruch*-Signal (quit) zu erzeugen,[6] das dann an den Terminal-Prozeß — im allgemeinen die jeweilige Terminal-Shell — weitergeleitet wird.

Die Shell gibt das Signal unmittelbar an den jeweils im Vordergrund unter *Terminaleinwirkung* (terminal control) ablaufenden Befehlsprozeß weiter. Die meisten UNIX-Befehle brechen die Ausführung beim Eintreffen eines Signals unverzüglich ab und geben die *Initiative* an die *aufrufende Shell zurück* (returning control). Ausnahmen sind die einheimischen Texteditoren und deren Varianten, wo ein Signal lediglich den gerade ablaufenden Editierbefehl abbricht, nicht aber den Editierprozeß als solchen. Übrigens kann keine der beiden UNIX-Shells durch die Tastatursignale zum *Absturz* (crash) gebracht werden.

Die *Eingabe-Korrekturfunktionen* (input corrective functions) werden mit dem Schlüsselwort[7] `icanon (-icanon)` an- beziehungsweise abgestellt. Mit der aktuellen Belegung von `erase`, `werase` und `kill` — normalerweise (default) also `[CTL_H]`, `[CTL_W]` und `[CTL_X]` —, wird das jeweils zuletzt eingegebene *Zeichen* beziehungsweise *Wort* beziehungsweise die *gesamte aktuelle Eingabezeile* (current input line) schadlos gelöscht, was

---

6. Eine zusammenfassende Beschreibung wird unter dem Eintrag **signal(5)/PHB** gegeben. Die insgesamt für das jeweilige System verbindlich definierten Signale können in der C-Zusatzdatei `/usr/include/signal.h` eingeehen werden. Eine grundlege Einführung in die Signalverarbeitung auf der Shell-Ebene wird KA1 (1992) gegeben.

7. Wörtlich: "geregelte Aufbereitung" (canonical input preprocessing).

der *sorglos-saloppen* (don't care) Eingabe mit ihren zuweilen recht ernsthaften Konsequenzen vorzuziehen ist. Mit den beiden Schlüsselworten `echoe` und `echok` wird das Löschen von Zeichen oder Worten beziehungsweise von Zeilen widergespiegelt, was wiederum durch Negierung mit dem Minuszeichen abgestellt werden kann: `-echoe`, `-echok`.

Die *Eingabe-Abbildungsfunktionen* (input mapping functions) werden mit den folgenden Schlüsselwörtern gesteuert:

`inlcr`	Der *Zeilenvorschub* (line feed) **LF** (012) alias **NL** wird durch den *Wagenrücklauf* (carriage return) **CR** (015) ersetzt;
`icrnl`	genau umgekehrt;
`igncr`	**CR** wird ersatzlos entfernt (ignore);
`iuclc`	*Großbuchstaben* (upper case) werden durch entsprechende *Kleinbuchstaben* (lower case) ersetzt;

Durch Negierung `-inlcr` ... wird die entsprechende Abbildung abgestellt.

Unter SVR4 [8] kann mit der jeweiligen Belegung von `lnext` — normalerweise (default) [CTL_V] — ein *Fluchtzeichen* zur Abdeckung von TTY-Steuerzeichen definiert werden (tty escape character). Erst dadurch besteht die Möglichkeit, die aktuelle Zeichenbelegung von `intr`, `eof`, ... auch im Eingabetext zu verwenden,

... **[CTL_V]** [CTL_C] ...   [CTL_V] [CTL_D] ...

Insbesondere kann `lnext` mit sich selbst abgedeckt werden:

... [CTL_V] [CTL_V] ...

Die *Nachbereitung der Ausgabe* (postprocessing, output) wird mit dem Schlüsselwort `opost` (`-opost`) an- beziehungsweise abgestellt. Die eigentlichen *Abbildungsfunktionen* (output mapping) werden mit Schlüsselwörtern an- und abgestellt: `onlcr` (`-onlcr`), `icrnl` (`-icrnl`), ...

Der Vollständigkeit halber sollen hier noch zwei wichtige Aspekte der *Übertragungssteuerung* (transmission control) kurz vorgestellt werden:

• asynchrone Flußsteuerung;
• Erzeugen eines EOF-Zustandes.

Die *asynchrone Flußsteuerung* (asynchronous flow control) wird mit dem Schlüsselwort `ixon` (`-ixon`) an- beziehungsweise abgestellt; die eigentliche Steuerung erfolgt dann mit der jeweiligen Tastenbelegung von `stop` und `start` — normalerweise (default) also [CTL_S] und [CTL_Q] — womit die *Ausgabe zum Monitor* zeitweilig angehalten beziehungsweise fortgesetzt werden kann, was der üblichen Funktion der ASCII-*Flußsteuerzeichen* (start/stop flow control characters) **DC1 = X_ON** beziehungsweise **DC3 = X_OFF** entspricht.

---

8. Auch unter älteren Versionen von SunOS und BSD.

Die Flußsteuerung kann mit dem Schlüsselwort `ixany` (`-ixany`) dahingehend modifiziert, daß *jedes andere* beziehungsweise *kein anderes* Zeichen
außer `start` die Ausgabe *restarten* kann. Mit `ixoff` (`-ixoff`) wird die
Eingabesteuerung angestellt beziehungsweise abgestellt, wobei die *Eingabe
zum System* durch Aussenden der Steuerzeichen DC1 und DC3 freigegeben
beziehungsweise abgeblockt werden kann, was jedoch zumeist nur im
Zusammenhang mit externen MODEMs und PADs sowie bei Querverbindungen (null modems) zwischen zwei Rechnern benutzt wird.

Mit der Belegung von `eof` — normalerweise (default) also `[CTL_D]` —
wird bei der Eingabe ein **EOF**-Zustand (end-of-file condition) erzeugt, was
normalerweise zum *Lösen* der *Dateibindung* an den Terminalkanal (closing
terminal file) und damit zumeist zur Terminierung eines einlesenden Befehlsprozesses führt. Insbesondere kann mit `eof` eine interaktive Subshell terminiert werden.

Die Voreinstellungen und Vorbelegungen (defaults) können mit **stty(1)** dynamisch verändert und den jeweiligen Erfordernissen angepaßt werden. Insbesondere können die Vereinbarungen für *Befehlsfenster* (command window)
auf einem **GUI** nach Bedarf *individuell* variiert werden. Als einfaches Beispiel wäre zu betrachten,

```
$ stty kill "^u" -echok
```

womit das *Zeilenlöschen* (line kill) auf `[CTL_U]` umgestellt wird, unter
gleichzeitigem Abstellen des Widerspiegelns. Zu beachten ist die symbolische Kodierung des Steuerzeichens, wobei das vorangestellte Caret `^` lexikalisch geschützt werden muß, in diesem Fall durch *umgebende Doppelzitate*
(enclosing double quotes). Eine Alternative (SVR4) wäre,

```
$ stty kill [CTL_V][CTL_K] ...
```

wobei das Steuerzeichen mit der jeweiligen Belegung von `lnext` — hier
`[CTL_V]` — als **TTY**-Fluchtzeichen (tty escape character) abgedeckt wird.

Die *Tastatursignale* (keyboard signals) können übrigen durch eine *Null-Belegung* (null assignment) völlig ausgeblendet werden; wie zum Beispiel in,

```
$ stty intr "" ...
```

was gelegentlich bei signalempfindlichen Anwendungen benutzt wird. Zu
beachten ist, daß ein *festgefahrenes* oder *davonlaufendes* (hung; gone wild)
Programm dann nicht mehr von der Tastatur aus abgebrochen werden kann,
was beim einfachen Terminalbetrieb zu Problemen führen kann; es sei denn
ein anderes Terminal steht unweit zur Verfügung, um den Prozeß mit dem
Befehl **kill(1)** zu terminieren. Auf einem **GUI** kann die Situation von einem
anderen Befehlsfenster unter Kontrolle gebracht werden.[9]

---

9. KA1 (1992) behandelt diese und verwandte Aspekte der interaktiven Prozeßverwaltung.

1.2.1.2 Lexikalische Grundregeln auf der Shell-Ebene

Die *aufbereitete* (preprocessed) Tastatureingabe wird an die Shell oder gegebenenfalls an einem im Vordergrund ablaufenden Befehlsprozeß weitergereicht, wo die eingehenden Zeichenfolgen nach jeweils spezifischen Regeln ausgewertet werden. Erst von da an kommen die jeweiligen lexikalischen Verarbeitungsregeln zum Tragen.

Die *lexikalischen Regeln* (lexical rules) bestimmen die funktionale Bedeutung der Sonderzeichen, wobei das grundsätzliche Problem entsteht, jeweils korrekt zwischen der funktionalen und der rein symbolischen Bedeutung eines Zeichens unterscheiden zu können. Die korrekte Absicht kann natürlich nur beim Benutzer liegen! Lexikalisch inkorrekte Eingabe auf der Shell-Ebenen ist eine der Hauptursachen von zahlreichen obskuren Fehlerzuständen. Die den beiden UNIX-Shells gemeinsamen lexikalischen Grundregeln sollen im folgenden zusammenfassend vorgestellt werden.

Im *Befehlsmodus* (command mode) akzeptieren beide Shells nur ASCII-Zeichen gemäß **ascii(5)** als Syntaxelemente, Bezeichner und symbolische Konstante, was übrigens auch immer noch für *konforme Textdateien* (conforming text files) gilt. Beiden Shells sind fünf Teilmengen von *Sonderzeichen* (special characters) gemeinsam, deren *rein symbolische Verwendung* (purely literal use) besonderer Schutzmaßnahmen bedarf.

Die erste zu betrachtende Teilmenge sind also die *lexikalischen Schutzzeichen* (protective characters). Gemäß ihrer "Schutzkraft" (protective power) sind dies:

'...'	umschließende *Einzelzitate* (enclosing single quotes)
\	das universelle *Fluchtzeichen* (universal escape character)
"..."	umschließende *Doppelzitate* (enclosing double quotes) ·

Umschließende Einzelzitate geben den größtmöglichen Schutz, indem sie, mit Ausnahme des *Ausrufungszeichens* '!' (exclamation mark) in der C-Shell, alle anderen umschlossenen Sonderzeichen zu gewöhnlichen Zeichen reduzieren. Insbesondere wird die Schutzwirkung des universellen Fluchtzeichens '\' innerhalb von Einzelzitaten aufgehoben. Daraus folgt, daß Einzelzitate unter keinen Umständen als symbolische Bestandteile in einer mit ihnen geschützten Zeichenkette auftreten können, denn ein Schützen mit dem Fluchtzeichen ist ja dann nicht mehr möglich. Das Einzelzitat kann jedoch in jedem anderen Kontext mit dem Fluchtzeichen oder durch umgebende Doppelzitate geschützt werden.

Der *Rückstrich* '\' (backslash) wirkt außerhalb von Einzelzitaten als universelles Fluchtzeichen, mit dem jedes Sonderzeichen — also auch der Rückstrich selbst — auf seine rein symbolische Bedeutung reduziert werden kann. Innerhalb umgebender Einzelzitate verliert der Rückstrich in beiden Shells seine Schutzkraft und stellt nur einen obversen Schrägstrich dar.

Umschließende Doppelzitate bieten den geringsten lexikalischen Schutz. Neben ihrer Fähigkeit, Einzelzitate zu schützen, können mit ihnen nur die eigentlichen Syntaxelemente der Shells sowie Metazeichen und lexikalische Muster geschützt werden. Die Substitutionswirkung von Shell-Variablen und zitierten Befehlsaufrufen kann jedoch mit umgebenden Doppelzitaten *nicht* aufgehoben werden.

Die beiden Shells unterscheiden sich jedoch beträchtlich hinsichtlich der Wirkung umschließender Doppelzitate auf den Rückstrich '\' (backslash). In der **BOURNE**-Shell behält der Rückstrich innerhalb von Doppelzitaten seine volle Schutzkraft und kann nur durch sich selbst außer Kraft gesetzt werden. In der C-Shell wird die Schutzwirkung teilweise aufgehoben.

In beiden Shells können bloßliegende und geschützte Einzelzeichen und Zeichenketten unmittelbar *verkettet* werden (concatenating, characters, strings), um eine neue, größere Zeichenkette zu bilden:

```
$ echo Just say, '"It ain'\'t' so."'
Just say, "It ain't so."
```

Die *gemeinsame Teilmenge* (common subset) der *eigentlichen Shell-Syntaxelemente* (proper shell syntax elements) besteht aus den folgenden *Sonderzeichen* (special characters):

```
&   |   ^   { }   ( )   < >   ;   #   =
```

dem im weiteren Sinne auch die *Standardtrennzeichen* (standard separators; white spaces) zugeordnet werden können:

> das Leerzeichen (space, blank): **SP** (040)
> das Tabulator-Zeichen (tab character): **HT** (09)
> (bedingt) der Zeilenvorschub (line feed) **LF** (012)

Die gemeinsame Teilmenge der *Metazeichen* und *lexikalischen Elemente* (metacharacters, lexical elements) besteht aus dem *Asterisk*, dem *Fragezeichen* (question mark) und *gepaarten eckigen Klammern* (paired square brackets):

```
*   ?   [...]
```

Die gemeinsame Teilmenge der Sonderzeichen mit Substitutionseffekt, kurz *Substitutionseffektoren* (substitution effectors) besteht aus dem Dollarzeichen und einem Paar *invertierter Apostrophe* (inverted apostrophes), die im einfach als *Ausführungszitate* (exec quotes) bezeichnet werden sollen,

```
$   `...`
```

Die Bedeutung dieser Sonderzeichen und ihre lexikalische Behandlung muß insbesondere bei der interaktiven Textverarbeitung im Auge behalten werden. Unkenntnis kann sehr unangenehme Probleme mit sich bringen.

1.2.2 Befehlsaufruf und -ausführung

Im folgenden sollen die beiden Shells gemeinsamen Vereinbarungen und Regeln des interaktiven Befehlsaufrufs und der Ausführung auf der Shell-Ebene zusammenfassend vorgestellt werden.[10]

Im erweiterten Sinne des Terminus sind drei allgemeine Kategorien von "Befehlen" zu betrachten; in der Reihenfolge ihrer *Aufrufspriorität* (invocation priority) sind dies:

- Programmierte Shell-Funktionen (shell functions) in der BOURNE-Shell; mit alias(csh) definierte Befehlskürzel (command token) in der C-Shell.
- Integrierte Shell-Anweisungen (builtin shell directives; shell builtins).
- Ausführbare Text- und Binärdateien, die als Befehle mit ihren Verweis aufgerufen werden können.

Shell-Funktionen und *Befehlskürzel* besitzen höchste Aufrufspriorität bei *gleichnamigen Alternativen* (like-named alternatives), was bei der Benennung in Betracht zu ziehen ist; insbesondere sollten die Bezeichner von Shell-Anweisungen und generischen UNIX-Befehlen nicht ohne sehr triftigen Grund verwendet werden.

Shell-Anweisungen (shell builtins) erfreuen sich ihrerseits einer höheren Aufrufspriorität über gleichnamige Ausführdateien, wie das zum Beispiel bei **echo(sh)** beziehungsweise **echo(csh)** gegenüber **echo(1)** der Fall ist. Um den generischen Befehl zu erzwingen, muß der vollständige *Verweis* der Ausführdatei als Befehlsname benutzt werden:

```
$ /bin/echo ...
```

Bei entsprechender *Ausführberechtigung* 'x' (execute permission) können ausführbare Dateien mit *absoluten* oder *relativen Verweisen* (absolute, relative, pathname) aus jedem Verzeichnis aufgerufen werden, für welches die Suchberechtigung 'x' (search permission)[11] besteht. In beiden Shells können jedoch *Suchverweise* (search paths) definiert werden, so daß beim Aufruf lediglich der *Basisname* (basename) angegeben werden muß, wie das ja auch bei den weitaus meisten generischen Befehlen der Fall ist. In der BOURNE-Shell wird dazu die *Environmentvariable* $PATH (environment variable) mit den absoluten Verweisen der Befehlsverzeichnisse belegt:

```
PATH=:/bin:/usr/bin:/home/hubert/befehle:...
export PATH
```

wobei Doppelpunkte ':' (colons) die Verweise trennen. Das jeweils *aktuelle Arbeitsverzeichnis* (current working directory) wird dabei durch einen Nullverweis (null pathname) gekennzeichnet, was mit einem alleinstehenden

---

10. Eine grundlegende Einführung für beide Shells wird in KA1 (1992) gegeben.

11. 'x' bedeutet beides, je nach Objekttyp.

Doppelpunkt kodiert wird, hier gleich am Anfang der Zuweisung. Die Reihenfolge der Verweise bestimmt von links nach rechts die *Suchfolge* (search order); hier also ., /bin, /usr/bin, /home/hubert/befehle, ... Die Variable sollte nach einer Neubelegung sofort mit der Shell-Anweisung **export(sh)** in das Shell-Environment befördert, d. h. globalisiert werden, um in allen Subshells als Environmentvariable zur Verfügung zu stehen.

In der C-Shell wird die lokale Standardvariable $path belegt,

```
set path=(. /bin /usr/bin /home/hubert/befehle ...)
```

wozu die Anweisung **set(csh)** benutzt werden muß. Zu beachten ist, daß *Standardtrennzeichen* (standard separators) die Verweise trennen, und daß das aktuelle Verzeichnis explizite mit dem *Punkt '.'* (dot) kodiert werden muß. Die Zuweisung muß insgesamt mit Rundklammern umgeben werden, da $path eine Vektorvariable darstellt.

1.2.2.1 Grundlegende Befehlssyntax

In beiden Shells gilt das identische Schema eines einfachen *Befehlsstatements* (command statement) *ohne* Zuweisungsparameter (keyword parameter) und E/A-Umlenkungsklauseln (redirection clauses) :

```
<Bezeichner> [<Optionen>] [<Parameter>]
```

wie zum Beispiel in,

```
$ ls -l /dev/ttyp3
...
```

Bei den generischen UNIX-Befehlen und insbesondere bei den in diesem Buch vorgestellten Einrichtungen und Werkzeugen muß zwischen *symbolischen Optionen* (symbolic options), *Argumentoptionen* (argument options) und *Optionsschaltern* (option flag) unterschieden werden. Ein vorgreifendes Beispiel mit dem SCCS-Verwaltungsbefehl **admin(1)** (Abschnitt 9.6.1) mag dies sogleich illustrieren,

```
$ admin -n -iprog.c -fb ...
```

wo −n (new) eine symbolische Option, −i... mit dem nachgestellten Verweis prog.c eine Argumentoption, und −f... einen Optionsschalter mit der nachgestellten *Schaltoption* (flag option) b (branch) darstellt.

Die hier vorgestellte Nomenklatur ist verbindlich für das originäre und offizielle UNIX-Schrifttum. Eine verbindliche Zusammenfassung der einfachen Befehlssyntax wird unter dem Eintrag **intro(1)/PHB** gegeben. Mit SVR4 erfolgte eine Straffung der bisher zahlreichen Ausnahmen und Variationen, was unter der *neuen* Fassung von **intro(1)/BHB** verbindlich beschrieben ist.

Da wo kein Mißverständnis entstehen kann, sollen Optionen und Parameter zusammengefaßt als *Argumente* (arguments) bezeichnet werden,

```
<Bezeichner> [<Argumente>]
```

Beide Shell erlauben *multiple Befehle* (multiple commands) in einer Befehlszeile, wobei das *Semikolon* als *Begrenzer* (command delimiter) fungiert,

```
<Befehl> [<Argumente>]; <Befehl> [<Argumente>]; ...
```

Die Befehle werden dann normalerweise synchron von links nach rechts ausgeführt. Multiple Befehle sind insbesondere beim Durchgriff zur Shell-Ebene in den Editoren (Abschnitte 2.9, 4.11 und 5.8) sowie in Objektparagraphen von *make*-Skripten (Abschnitt 10.3.1) von besonderer Bedeutung.

Beide Shells unterstützen Befehlsgruppen (command grouping),

```
(<Befehl> [<Argumente>]; <Befehl> [<Argumente>]; ... )
```

was zumeist zur E/A-Bündelung im Zusammenhang mit E/A-Umlenkung oder Pipelines benutzt wird.

1.2.2.2 Exit-Kodes

Alle generischen Befehle und Shell-Anweisungen geben genau definierte *Exit-Kodes* (exit codes) aus, wobei der *Nullwert* (0) eine *normale Ausführung* (normal completion) anzeigt. Alle anderen Werte können sowohl *abnormale Terminierung* (abnormal termination) einschließlich *Abbruch* (abort) als auch normale Beendigung mit einem bestimmten Resultat anzeigen. Die jeweils befehlsspezifische Bedeutung eines Exit- Kodes ist unter dem jeweiligen Eintrag im Benutzer-Handbuch zu finden.

Die Shells setzen den Exit-Kode auf '1', wenn der aufgerufene Befehl *nicht* existiert oder wenn keine *Ausführberechtigung* 'x' (execute permission) besteht. Bei abnormaler Terminierung, insbesondere bei Abbruch durch *Tastatursignale* (keyboard signals), wird der Exit-Kode mit dem Oktalwert '0200' überlagert.

Der Exit-Kode des *jüngst synchron ausgeführten Befehls* (most recent synchronous command) wird in den *Systemvariablen* (system variables) $? (sh) und $status (csh) als ganzzahliger Wert abgelegt, der mit echo(1) abgefragt werden kann; wie zum Beispiel in,

```
$ pwd                            % unsinn
/home/hubert                     unsinn: command not found
$ echo $?                        % echo $status
0                                1
```

Zu beachten ist, daß der Exit-Kode unverzüglich abgegriffen werden muß, da schon der nächste synchrone Befehl einen neuen Werts setzt; wie eben *echo* selbst in der Fortsetzung des obigen Beispiels,

```
$ echo $?                        % echo $status
0                                0
```

Die beiden Shells unterscheiden sich völlig gegensätzlich hinsichtlich der *logischen Interpretation* der Exit-Kodes (logical interpretation). Die

BOURNE-Shell interpretiert '0' als Affirmation (TRUE) und jeden anderen Wert als Negation (FALSE), während in der C-Shell, in enger Anlehnung an die Programmiersprache C, die logische Umkehrung gilt.

1.2.2.3 Asynchrone Ausführung

Normalerweise laufen interaktiv eingegebene Befehle *synchron* in der *aktuellen Shell* (current shell) ab; bei der Terminal-Shell (terminal shell) ist dann noch von *Vordergrund*-Ausführung (foreground execution) die Rede. Ein optionales *Ampersand*[12] & gesetzt am Ende eines Befehlsstatements,

```
$ <Befehl>   [<Argumente>] ... &
<PID>
```

setzt den Befehl zur *asynchronen Ausführung* (asynchronous execution) als *Tochterprozeß* (child process) der jeweils aktuellen Shell frei, wobei zugleich die *Prozeßkennung* **PID** (process ID) als Ganzzahl ausgegeben wird. Nur in der Terminal-Shell ist dann noch von *Hintergrund*-Ausführung (background execution) die Rede

Als einfaches Beispiel wäre der Befehl **sleep(1)** zu betrachten, dessen Ablaufzeit willkürlich bestimmt werden kann,

```
$ sleep 30 &                    % sleep 30 &
420                             567
$ echo $!
420
```

In der BOURNE-Shell kann — wie gezeigt — die PID des *jüngsten asynchronen Befehls* mit der Systemvariablen $! abgegriffen werden. Die C-Shell stellt keine derartige Variable zur Verfügung. Die jeweils asynchron *ablaufenden* Befehlsprozesse können mit dem Befehl **ps(1)** aufgelistet und durch ihre PIDs identifiziert werden.

```
$ ps
419 ... sh
420 ... sleep 30
421 ... ps
```

Im Hintergrund beziehungsweise asynchron ablaufende Befehle nehmen im allgemeinen ihren eigenen, unabhängigen Verlauf, da sie normalerweise von der Tastatureingabe abgeschnitten sind, was systemintern durch Umlenkung des Eingabestroms auf die Nulldatei bewirkt wird. Insbesondere aber sind im Hintergrund ablaufende Befehle der unmittelbaren Terminaleinwirkung durch die Tastatursignale (keyboard signals) entzogen. Die einzige Möglichkeit der interaktiven Einwirkung besteht durch asynchrone Signale, die mit dem Befehl kill(1) an die PIDs ausgesandt werden müssen.

---

12. Auch als *Alt*- bzw. *Kaufmanns*-"Und" sowie als *Et*-Zeichen (Duden) bekannt. Letzteres könnte allerdings phonetisch leicht mit dem *at*-Zeichen @ (at sign) verwechselt werden.

1.2.2.4 E/A-Steuerung

Für die interaktive wie programmierte Text- und Quellkodeverarbeitung auf
der Shell-Ebene ist ein Verständnis der von der jeweiligen Shell unterstützten
E/A-Steuerung (I/O control) nahezu unumgänglich, schon um die inhärenten
Leistungsmerkmale der zur Verfügung stehenden Werkzeuge und Einrichtun-
gen voll ausnutzen zu können. Beide Shells unterstützen drei Arten von E/A-
Steuerung;

• Umlenkung der Eingabe und Ausgabe auf benannte Objekte;
• Zuweisung der Ausgabe an Shell-Variable;
• Verknüpfen von Befehlen zu Pipelines.

Die gemeinsamen Leistungsmerkmale und Vereinbarungen sollen in den folgenden Unterabschnitten zusammenfassend vorgestellt werden. Eine grundlegende und sehr gründliche Behandlung dieser und aller verwandter Aspekte
der E/A-Steuerung wird in KA1 (1992) gegeben.

1.2.2.4.1 E/A-Umlenkung

Beide Shells unterstützen drei *Standard-Datenströme* (standard data streams)
definiert, über die Befehle, Anweisungen und Benutzerprogramme mit der
"Peripherie" verbunden sind:

• Die Normaleingabe (0; standard input)
• Die Normalausgabe (1; standard output)
• Die Fehlerausgabe (2; standard error)

Die eingeklammerten Ziffern stellen die *numerischen Dateibezeichner* (file
descriptors) dar, die für die BOURNE-Shell und die C-Programmierung verbindlich vorgegeben sind.

Die drei Standard-Datenströme sind bei allen generischen UNIX-Befehlen
und integrierten Shell-Anweisungen definiert, und werden beim Aufruf normalerweise an die entsprechenden Datenströme der aufrufenden Shell, und
somit mittelbar an den Dienstport des Terminals gebunden. Ein in der Terminal-Shell ablaufender interaktiver Befehl erwartet also seine Eingabe von der
Tastatur und gibt sowohl die Normal- als auch die Fehlerausgabe an den
Monitor aus. Dieses Prinzip erstreckt sich auch auf jede interaktive Subshell
der Terminal-Shell. Diese voreingestellten Bindungen können jedoch gelöst,
und die Datenströme umgelenkt werden.

Das Grundschema zur Umlenkung (I/O redirection) der Eingabe- und Ausgabeströme ist für beide Shells völlig identisch:

```
<Befehl> [<Argumente>]   >   <Verweis> [&]      (Normalausgabe)
<Befehl> [<Argumente>]   <   <Verweis> [&]      (Normaleingabe)
```

wobei die Winkelzeichen in fast semiotischer Sinnfälligkeit die Flußrichtung
andeuten. Der Verweis bezieht sich auf eine benannte Datei oder einen Daten-

kanal mit Schreib- beziehungsweise Leseberechtigung für den Benutzer. Das
optional nachgestellte Ampersand setzt den Befehlsprozeß zur asynchronen
Ausführung frei.

Zum Beispiel kann eine mit **ls(1)** erzeugte detaillierte Auflistung einfachst
durch Umlenkung der *Normalausgabe* in einer *Auffangdatei* (holding, output,
file) zwischengespeichert werden:

```
$ ls  -CRFla  >  dirylist
```

Umgekehrt kann die *Normaleingabe* eines Befehls auf eine *Eingabedatei*
(input file) umgelenkt werden. Zum Beispiel kann mit **write(1)** eine in der
gleichnamigen Datei bereits enthaltene Mitteilung abgesandt werden:

```
$ write  Umberto  <  mitteilng
```

Um die Ausgabe an den Inhalt einer bereits bestehenden Datei anzuhängen,
anstelle diesen zu überschreiben, muß die Dyade **>>** gesetzt werden. Zum
Beispiel können mit

```
$ ps -ef  >> logdatei                        (jetzt)
...
$ ps -ef  >> logdatei                        (und später, usw.)
```

die Prozeßquerschnitte fortlaufend in einer Logdatei abgelegt werden.

Die beiden Shells unterscheiden sich jedoch hinsichtlich der *Fehlerausgabe*
(standard error), die *nur* in der **BOURNE**-Shell unabhängig von der Normalausgabe umgelenkt werden kann, wobei das folgende Schema gilt,

```
<Befehl> ...  >  <Ausgabe>  2> <Fehler>        (BOURNE-Shell)
```

wobei mit der Dyade 2> die Fehlermeldungen (error messages) auf eine
separate Auffangdatei umgelenkt werden. Als typisches Beispiel wäre zu
betrachten,

```
$ cc ... prog.c  2> fehler
```

wo die Fehlermeldungen des einheimischen C-Compilers cc(1) in eine Auffangdatei namens fehler umgelenkt werden. In der **C**-Shell ist eine derartige Umlenkung *nicht* möglich!

In beiden Shells kann die Fehlerausgabe mit der Normalausgabe *zusammengelegt* werden (merging), wobei jedoch unterschiedliche Schemata gelten,

```
<Befehl> ...  >  <Gesamtausgabe>  2>&1          (BOURNE-Shell)

<Befehl> ...  >& <Gesamtausgabe>                (C-Shell)
```

wobei die Tetrade 2>&1 nachgestellt beziehungsweise die Dyade >& vorangestellt werden muß. Als Kontrastbeispiel wäre zu betrachten,

```
$ sed ... > hold 2>&1            % sed ... >& hold
```

1.2.2.4.2 Zitierte Befehlsausführung

In beiden Shells kann die *Normalausgabe* (standard output) eines Befehls
einer *Shell-Variablen* (shell variable) zugewiesen werden, was nach den folgenden unterschiedlichen Schemata erfolgt,

```
<Variable>=`<Befehl> [<Argumente>]`            (BOURNE-Shell)
export <Variable>                              (BOURNE-Shell)

set <Variable>=(`<Befehl> [<Argumente>]`)      (C-Shell)
setenv <VARIABLE>="`<Befehl> [<Argumente>]`"   (C-Shell)
```

wobei der zu erfassende Befehl einschließlich aller Argumente mit *invertier-
ten Apostrophen* `...` (inverted apostrophes) umgeben wird, die nachfolgend
als *Ausführungszitate* (exec quotes) bezeichnet werden sollen, wobei dementsprechend von *zitierter Befehlsausführung* (quoted command execution) die
Rede sein soll.

Zu beachten sind die unterschiedlichen Zuweisungsformen. In der
BOURNE-Shell wird zuerst eine *lokale Variable* (local variable) angelegt,
die dann optional mit der Anweisung **export(sh)** in das *Shell-Environment*
(environment) befördert werden kann.

In der C-Shell wird mit der Anweisung **set(csh)** eine lokale Vektorvariable
angelegt, wozu auch die *umgebenden Rundklammern* (enclosing parentheses)
gesetzt werden müssen. Die Anweisung **setenv(csh)** wird für *Environmentvariable* (environment variable) benutzt, wobei der zitierte Befehl nochmals mit
Doppelzitaten umgeben werden muß (enclosing double quotes), um eine skalare Zuweisung zu erzwingen.[13]

Die folgenden Beispiele mögen das gemeinsame Prinzip illustrieren und die
Unterschiede erhellen,

```
$ DIR=`pwd`                              (BOURNE-Shell)
$ echo $DIR
/home/hubert/arbeit
$ export DIR                             (Environment, optional)

% setenv DIR="`pwd`"                     (C-Shell, Environment)
% echo $DIR
/home/hubert/projekt

% set dat=(`date`)                       (C-Shell, lokal)
% echo $dat
Tue Feb 23 09:31:46 MET 1993
```

---

13. Im Gegensatz zur BOURNE-Shell, die nur *skalare* Variable mit jeweils nur einem Wert
    zurläßt, unterstützt die C-Shell *Vektorvariable*, deren *multiple Elemente* mit Indexen abge-
    griffen werden können.

1.2.2.4.3 Shell-Pipelines

Die *Normalausgabe* (standard output) eines Befehls kann durch einen Datenkanal (pipe) unmittelbar in die *Normaleingabe* (standard input) eines anderen
Befehls *eingespeist* werden (piping into), wodurch ein Zwischenspeichern in
Auffangdateien (temporary files) vermieden wird. Auf der Shell-Ebene wird
zwischen *Objekt-Pipelines* und *Shell-Pipelines* (object, shell, pipelines)
unterschieden. Erstere werden durch das Umlenken von Datenströmen auf
permanente Prozeßkanäle (named pipes) angelegt und können Prozesse verbinden, die in verschiedenen Shells ablaufen, was allerdings hier nicht weiter
verfolgt werden kann.

Beide Shells unterstützen das gemeinsame Grundprinzip der *Shell-Pipeline*,
unterscheiden sich aber beträchtlich hinsichtlich deren Verknüpfung mit
anderen Konstrukten der E/A-Steuerung. Eine *zweistufige* (two-stage) Pipeline wird in beiden Shells nach dem folgenden Schema kodiert:

```
<Befehl1> [<Argumente>] | <Befehl2> [<Argumente>]   [&]
```

wobei der *Vertikalstrich* ' | ' (vertical bar) die Shell anweist, einen transienten
Datenkanal zwischen der Normaleingabe des rechten und der Normalausgabe
des linken Befehls anzulegen. Mit dem optionalen Ampersand wird die Pipeline als Ganzes zur asynchronen Ausführung freigesetzt. Eventuelle Fehlermeldungen werden über die *Fehlerausgabe* (standard error) zum Terminal
ausgegeben. Der Exit-Kode wird normalerweise durch den letzten Befehl
rechtsaußen bestimmt.

Um die Fehlermeldungen in die Pipeline miteinzuspeisen, muß die *Fehlerausgabe* mit der *Normalausgabe* zusammengelegt werden (merging), wobei
dann die unterschiedlichen Schemata gelten,

```
<Befehl1> ... 2>&1 | <Befehl2> ...              (BOURNE-Shell)

<Befehl1> ... |& <Befehl2> ...                  (C-Shell)
```

Als typisches Beispiel aus der Quellkodeverarbeitung wäre zu betrachten,

```
$ grep '^#define' *.h | sort ...
```

wo mit dem *lexikalischen Suchfilter* **grep(1)** (lexical search filter; Abschnitt
8.1) alle mit einem `define`-Statement beginnenden Zeilen aus C-Zusatzda-
teien herausgefiltert und unmittelbar in das Sortierprogramm **sort(1)**
(Abschnitt 8.2.1) eingespeist werden.

Das Prinzip läßt sich erweitern: drei oder mehr Befehle können zu einer
mehrstufigen (multi-stage) Pipeline verknüpft werden:

```
<Befehl1> ... | <Befehl2> ... | <Befehl3> ... [&]
```

wobei sich das optionale Ampersand auf die gesamte Pipeline bezieht. Als
typisches Beispiel wäre die Erweiterung des obigen Beispiels zu betrachten:

```
$ grep '^#define' *.h | sort ... | pr ... | lp ...
```

wobei der sortierte Datenstrom in den Formatierbefehl **pr(1)** eingespeist wird und von diesem schließlich an den Druckauftragsverwalter **lp(1)** (line printer spooler) übergeben wird.

1.2.3 Zugriffsvereinbarungen

Zugriffsvereinbarungen (access conventions, rules) beziehen sich auf Objekte[14] des Dateisystems; im gegebenen Zusammenhang also auf *reguläre Dateien* (regular files), *Verzeichnisse* (directories) gelegentlich auch *Datenkanäle* (named pipes), die auf der Shell-Ebene mit Befehlen und Anweisungen manipuliert werden sollen. Die originären Begriffsbestimmungen und Termini sind unter dem Eintrag **intro(2)/BHB** aufgeführt.[15] Im folgenden sollen die wichtigsten Begriffe und Vereinbarungen zusammenfassend vorgestellt werden.

Mit der einzigen Ausnahme des *Ursprungsverzeichnisses* (root directory) sind alle UNIX-Objekte mit *Basisnamen* (basenames) gekennzeichnet, die als *Namensbindung* (links) in Verzeichnissen enthalten sind. Zusätzliche Basisnamen können als weitere Namensbindungen mit dem Befehl **ln(1)** nach Belieben angelegt werden. Basisnamen stellen *Bezeichner* (identifiers) dar, für welche *lexikalische Regeln* (lexical rules) gelten; insbesondere dürfen Bezeichner weder die ASCII-NUL noch den Schrägstrich '/' (slash) enthalten und sollten nach Möglichkeit *weder* TTY-Steuerzeichen *noch* Shell-Sonderzeichen enthalten; bei unvermeidlichen Ausnahmen müssen die Eingangs vorgestellten *lexikalischen Schutzregeln* angewandt werden.

Bezeichner werden nach dem folgenden Schema aufgegliedert:

```
<Bezeichner>: <Präfix>.<Infix1>. ... .<Suffix>
```

wobei die *Glieder* (tokens) durch genau einen *Punkt* (dot) getrennt werden.

Auf dieser Aufgliederung beruhen die *Namensvereinbarungen* (naming conventions) hinsichtlich des *Verwendungszweckes* (usage) von Objekten. Viele der ursprünglichen UNIX-Einrichtungen und Werkzeuge setzen bei der Eingabe bestimmte Suffixe in den Basisnamen von Quell-, Zusatz- und Bibliotheksdateien voraus und erzeugen bestimmte Suffixe in den Basisnamen ihrer Ausgabedateien. Tabelle 1.2 listet die Suffixe auf, die im Zusammenhang mit den nachfolgend vorgestellten Werzeugen und Einrichtungen von besonderer Bedeutung sind.

---

14. Was dem originären Terminus "files" entspricht, dessen generische Bedeutung in der UNIX-Begriffswelt weit über die übliche Übersetzung mit "Datei" hinausgeht und nur in spezifischen Fällen dahingehend verengt wird.

15. KA (1992) gibt eine ebenso grundlegende wie gründliche Beschreibung des UNIX-Dateisystems.

Suffix	Beispiel	Bedeutung
`.o`	`prog.o`	Objektdatei
`.c`	`prog.c`	C-Quelldatei, **cc(1)**, **cpp(1)**
`.y`	`semas.y`	Quelldatei des Metakompilers **yacc(1)**
`.l`	`parse.l`	Quelldatei des lexikalischen Präkompilers **lex(1)**
`.s`	`csect.s`	Quelldatei, einheimischer Assembler **as(1)**
`.h`	`prog.h`	generische C-Zusatzdatei
`.i`	`prog.i`	private Zusatzdatei
`.f`	`pgm.f`	FORTRAN-Quelldatei
`.C`	`wins.C`	Quelldatei für C^{++}
`.Y`	`semas.Y`	Quelldatei von **yacc(1)** zur Erzeugung von C^{++}–Kode
`.L`	`parse.Y`	Quelldatei von **lex(1)** zur Erzeugung von C^{++}–Kode
`.a`	`libx.a`	Archive und Link-Bibliotheken, mit **ar(1)** erzeugt
`a.out`		Ausführdatei, mit **cc(1)** oder **ld(1)** erzeugt

Tabelle 1.2: Vordefinierte Suffixe

Auf Objekte, die sich im *aktuellen Arbeitsverzeichnis* (current working directory) befinden, kann unmittelbar mit den *Basisnamen* (basename) zugegriffen werden:

```
<Befehl>   ...   <Basisname>
```

Auf Objekte, die sich in anderen Verzeichnissen befinden, muß mit *Verweisen* zugegriffen werden:

```
<Befehl>   ...   <Verweis>
```

Ein *Verweis* (pathname) setzt sich aus einem *Weiser* (path) und einem Basisnamen zusammen:[16]

```
<Verweis>  :  <Weiser>/<Basisname>
```

wobei der Schrägstrich '/' (slash) die beiden Einheiten trennt.

Ein Weiser setzt sich seinerseits aus den Basisnamen des *Ausgangsverzeichnisses* (origin directory) und der *Zwischenverzeichnisse* (intervening directories) zusammen und endet mit dem Basisnamen des *Zielverzeichnisses* (target directory), welches das Objekt enthält, auf das zugegriffen werden soll.

---

16. Im originären UNIX-Schrifttum gilt: `<pathname>` : `<path>/<basename>`.

Je nach dem Ausgangspunkt muß zwischen *absoluten* und *relativen* Weisern (absolute, relative, paths) und dementsprechend zwischen *absoluten* und *relativen Verweisen* (absolute, relative, pathnames) unterschieden werden.

Ein *absoluter Weiser* hat seinen Ursprung im *Root*-Verzeichnis und beginnt grundsätzlich mit einem Schrägstrich '/' (slash):

```
/<Bezeichner>/.../<Bezeichner>            (absolute)
```

Ein relativer Weiser geht vom *aktuellen Arbeitsverzeichnis* (current working directory) aus, was durch *implizite Bezugnahme* (implicit reference) dargestellt wird:

```
./<Bezeichner>/.../<Bezeichner>           (relative)

../<Bezeichner>/.../<Bezeichner>          (relative)
```

wobei *ein Punkt* '.' (single dot) das aktuelle Arbeitsverzeichnis, und *zwei Punkte* als Dyade '..' (double dot) dessen *Mutterverzeichnis* (parent directory) bezeichnen. Durch wiederholtes Setzen der Dyade '..' kann der Ausgangspunkt in übergeordnete Verzeichnisse verlegt werden:

```
../../<Bezeichner>/.../<Bezeichner>       (relative)
```

Ein relativer Weiser kann unmittelbar mit dem Bezeichner eines Unterverzeichnisses (subdirectory) beginnen,

```
<Bezeichner>/.../<Bezeichner>             (relative)
```

vorausgesetzt, daß die Environmentvariable $CDPATH den *Nullverweis* (null path) enthält. Diese und andere Einzelheiten werden in KA1(1992) ausführlich beschrieben.

1.2.4 Zugriffskontrolle

Alle E/A-Operationen setzen *Zugriffsrechte* (access permissions) hinsichtlich der angesprochenen E/A-Objekte voraus, andernfalls entsteht ein Fehlerzustand. Zugriffsrechte sind grundsätzlich *objektbezogen* (object related) und stellen *Attribute* in dem Sinne dar, daß jedes Objekt eindeutig durch eine Eigner- und eine Gruppen-Kennung gekennzeichnet ist. Im folgenden soll die *Zugriffskontrolle* (access control) zusammenfassend vorgestellt werden.

Die *Eigner-Kennung* eines Objektes muß der numerischen *Benutzer-Kennung* **UID** (user ID) eines in der Paßwortdatei /etc/passwd eingetragenen Benutzers entsprechen und wird durch dessen *Login-Kennung* **LID** (login ID) namentlich dargestellt. Die Gruppen-Kennung **GID** wird als ein abstrakter Ganzzahlkode zugewiesen, der sowohl in der Paßwortdatei als auch in der Gruppen-Datei /etc/group enthalten sein kann. Die beiden Systemdateien werden unter dem Eintrag **passwd(4)/SHB** beziehungsweise unter **group(4)/SHB** eingehend beschrieben.

Das Zugriffsrecht eines Benutzers auf Objekte des Dateisystems wird durch die *effektive Benutzer-Kennung* **EUID** (effective user ID) und die *effektive Gruppen-Kennung* **EGID** (effective group ID) gekennzeichnet, die im allgemeinen mit der *tatsächlichen Benutzer-Kennung* **RUID** (real user ID) und der *tatsächlichen Gruppen-Kennung* **RGID** (real group ID) des aufrufenden Benutzers übereinstimmen, was auch im folgenden vorausgesetzt werden soll. Eine Zusammenfassung der zugrundeliegenden Prinzipien sowie die damit verbundenen verbindlichen Begriffsbestimmungen werden unter dem Eintrag **intro(2)/PHB** aufgeführt.

Die aktuellen Kennungen EUID und EGID bestimmten das Zugriffsrecht auf ein Objekt nach dem folgenden hierarchischen Schema:

- *Superuser*: EUID = 0
- *Eigner* (owner; **u**): EUID = Eigner-Kennung
- *Gruppenmitglied* (group member; **g**) : EGID = Gruppen-Kennung
- *Allgemeinheit* (public, others; **o**): keine Unterscheidung

Nur der Superuser mit EUID = 0 hat unbeschränkten Zugriff auf alle Objekte in einem UNIX-Dateisystem. Auf jeder der anderen *Zugriffsebenen* **u-g-o** (access levels) können jeweils drei *Zugriffsmodi* (access modes) in jeglicher Kombination gesetzt werden:

- Leserecht (read permission, r: 4)
- Schreibrecht (write permission, w: 2)
- Ausführ- bzw. Suchrecht (execute/search permission, x: 1)

Die zu *Zugriffsvektoren* (access vectors) zusammengefaßten Zugriffsmodi sowie die numerischen Eigner- und Gruppenkennungen (numeric owner, group, IDs) können mit dem Befehl ls(1) und der Optionskombination −ln (numeric) aufgelistet werden. Bild 1.2 zeigt die interpretierte Ausgabe dieser *Objektattribute* (object attributes).

```
$ ls −ln ...
...
−rw−r−−r−−   ...   110   21   ...   prog1.c
−rwx−−x−−x   ...   110   21   ...   prog1x
drwxr−x−−−   ...   110   21   ...   SCCS
```

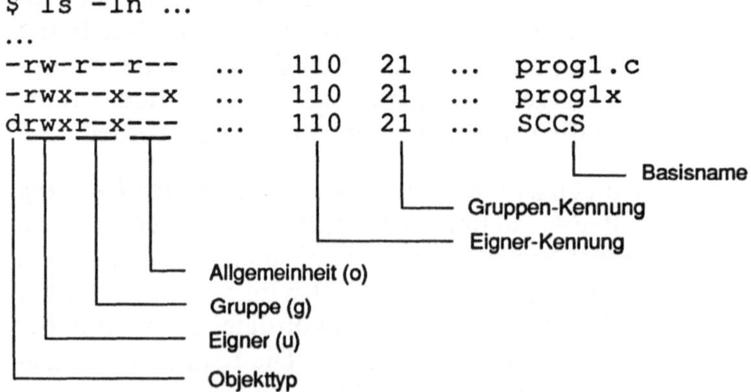

Bild 1.2: Darstellung von Objektattributen mit ls(1)

Die Auflistung zeigt drei Objekte, mit der Eignerkennung 110 und der Gruppenkennung 21: zwei *reguläre Dateien* (regular file), die links mit dem Minuszeichen '−' gekennzeichnet sind, sowie ein *Unterverzeichnis* (subdirectory), das mit 'd' gekennzeichnet ist. Die C-Quelldatei `prog1.c` kann vom Eigner sowohl gelesen als auch beschrieben (rw−) und von allen anderen Benutzern nur gelesen (r−−) werden. Die ausführbare Datei `prog1x` kann vom Eigner gelesen, beschrieben und als Befehl aufgerufen (rwx), und von allen anderen Benutzern nur aufgerufen (−−x) werden. Das Unterverzeichnis `SCCS` kann vom Eigner gelesen, verändert und abgesucht (rwx) und von der Gruppe nur gelesen und abgesucht (r−x) werden, und ist für alle anderen Benutzer unzugänglich (−−−).

Die Zugriffsmodi können nach dem in Tabelle 1.3 gezeigten Oktal-Schema kombiniert werden:

Kode	Modus	Bedeutung
0	−−−	kein Zugriff (no access)
1	−−x	nur Ausführen/Suchen (exec/search only)
2	−w−	nur Schreiben (write only)
3	−wx	Schreiben und Ausführen/Suchen, aber kein Lesen
4	r−−	nur Lesen (read only)
5	r−x	Lesen und Ausführen/Suchen, aber kein Schreiben
6	rw−	Lesen und Schreiben, aber kein Ausführen/Suchen
7	rwx	Lesen, Schreiben und Ausführen/Suchen

Tabelle 1.3: Oktal-Schema der Zugriffsmodi

Die Kodes werden dann als Oktal-Konstante mit drei Stellen zu einem *Zugriffsvektor* (access vector) zusammengefaßt. Zum Beispiel entspricht die Oktal-Konstante 0711 dem Zugriffsvektor rwx−−x−−x.

Neben dem *Superuser*, dessen *uneingeschränkte Vollmacht* (unlimited authority) sich auf alle Objekte des Dateisystems erstreckt, kann nur der Eigner eines Objektes dessen Zugriffsmodus verändern, wozu der Befehl **chmod(1)** nach dem folgenden Schema benutzt werden kann,

```
chmod <ugo> <Verweis> ...
```

wobei die drei Oktalstellen ugo von links nach rechts den drei Zugriffsebenen *Eigner-Gruppe-Allgemeinheit* entsprechen. Zum Beispiel wird mit,

```
$ chmod 751 work
```

das Unterverzeichnis `work` auf den Zugriffsvektor rwxr−x−−x eingestellt. Andere Kodierungsformen werden unter **chmod(1)/BHB** beschrieben.

Bei den *Wirkungen* (effects) der Zugriffsmodi ist zwischen Verzeichnissen einerseits und regulären Dateien sowie Datenkanälen andererseits zu unterscheiden:

- Bei *Verzeichnissen* (directories) bedeutet das Schreibrecht **w** nur, daß Objekte angelegt (created) und gelöscht (deleted) werden können, nicht aber daß eine Verzeichnisdatei beschrieben werden kann, was einzig und allein dem Kernel vorbehalten ist. Mit dem Leserecht **r** können Verzeichnisdateien wie reguläre Dateien gelesen, und als Verzeichnisse mit ls(1) voll aufgelistet werden. Besondere Bedeutung kommt dem *Suchrecht* **x** (search permission) zu: es muß für alle *Zwischenverzeichnisse* (intervening directories) vorhanden sein, die ein *Verweis* (pathname) durchläuft, um auf ein Objekt zugreifen zu können.

- Bei *regulären Dateien* und *Datenkanälen* (regular, special, files) bedeuten Schreib- und Leserecht nur, daß diese beschrieben (Ausgabe) beziehungsweise gelesen (Eingabe) werden können. Insbesondere aber bedeutet **w** *nicht*, daß ein Objekt gelöscht werden kann. Mit der *Ausführberechtigung* **x** (execute permission) kann eine ausführbare Binärdatei auf der Shell-Ebene als Befehl zur Ausführung aufgerufen werden. Bei Shell-Skripten, die als Befehle auf der Shell-Ebene aufgerufen werden sollen, muß dazu noch das Leserecht **r** bestehen, da die ausführende Shell die Skript-Datei zur Umsetzung erst einlesen muß.

1.2.5 Konforme Textdateien

Die in diesem Buch vorgestellten Einrichtungen und Werkzeuge arbeiten fast ausschließlich mit *konformen Textdateien* (conforming text files), wobei dann noch zwischen *streng konformen* (strictly conforming) und (just) *konformen* Dateien zu unterscheiden ist.

Konforme Textdateien jeglicher *rigueur* zeichnen sich durch eine *logische* (nicht topologische!) Struktur (logical structure) aus, die wie herkömmliche Schreibmaschinentext aus *Zeilen* und *Worten variabler Länge* besteht (lines, words, variable length). Zeilen werden mit dem *Zeilenvorschub* (line feed, newline) **LF** (012) abgeschlossen; zwei unmittelbar aufeinanderfolgende LFs bestimmen eine *Leerzeile* (empty line). Worte werden durch *Leerzeichen* (blank, space) **SP** (040) sowie durch *Tabulator-Zeichen* (horizontal tab) **HT** (011) getrennt. Der Begriff des *leeren Wortes* (empty word) ist hier sinnlos. Die Worttrennzeichen sollen im folgenden als *Standardtrennzeichen* (standard separators) bezeichnet werden. Im originären UNIX-Schrifttum ist verschiedentlich auch von "white spaces" die Rede.

Streng konforme Textdateien dürfen sich nur aus 7-Bit-Zeichen mit einer binären Oktalwertigkeit von 00–0177 gemäß **ascii**(5)/**PHB** zusammensetzen. Das höchstwertige Bit bleibt dabei logisch unbenutzt. Solche Textdateien werden daher auch als **ASCII**-Dateien (files) bezeichnet. *Quell-*, *Steuer-* und

Systemdateien (source, control, system, files) mußten bisher als *streng konforme Textdateien* angelegt werden, da Oktetts mit einer Wertigkeit > 0177 bereits beim Erstellen mit den UNIX-Texteditoren nicht eingegeben werden konnten beziehungsweise beim Nacheditieren verloren gingen. Höherwertige Oktetts konnten bereits beim Einlesen, Umsetzen oder Kompilieren zuweilen recht obskure Fehlerzustände verursachen. Diese lexikalische *Einschränkung* (restriction) hat inzwischen unter **SVR4** eine Erweiterung erfahren.

Die *Erweiterung* (extension) besteht darin, daß Zeichen mit einer Oktalwertigkeit 0–0377 bedingt zulässig sind, was insbesondere die 8-Bit-Zeichensätze **PC-8** und **LATIN-1** (character sets; ISO 8859/1) einschließt, die den ASCII-Zeichensatz als echte Teilmenge einschließen und darüber hinaus auch nationale Sonderzeichen wie Umlaute und Akzente als Oktetts mit einer Wertigkeit > 0177 enthalten. Darstellungsprobleme entstehen dabei kaum, da die meisten handelsüblichen Terminals und Drucker wahlweise auf verschiedene Standard-Zeichensätze umgeschaltet werden können, darunter auch auf PC-8 und LATIN-1. **SVR4** unterstützt die Übersetzung von ASCII auf ISO 8859 und umgekehrt, wobei die nationalen Sonderzeichen auf eine Teilmenge von ASCII abgebildet werden (mapping). Einzelheiten sind unter den Einträgen **iconv(1)/BHB** und **inconv(5)/SHB** zu finden.[17]

Bei *älteren Systemen* (SVR3 und früher) können sich jedoch sehr ernhafte Probleme bei der Aufbereitung und Weiterverarbeitung solcher erweiterten Textdateien ergeben; insbesondere bei den einheimischen Texteditoren **ed(1)**, **ex(1)/vi(1)** und **sed(1)**, bei Textfiltern wie **grep(1)** und **sed(1)** sowie bei dem Textmuster-Verarbeitungssystem **awk(1)**. Allerdings ist mit der *Internationalisierung* der jüngsten Ausgaben des **SVR4** eine Bereinigung der derzeit immer noch anzutreffenden Unverträglichkeiten zu erwarten.[18]

Die Syntaxelemente der Shells, der C-Sprache sowie der anderen programmierbaren einheimischen Einrichtungen und Werkzeuge sind jedoch grundsätzlich auf den ASCII-Zeichensatz beschränkt; eine Erweiterung ist in Anbetracht des Zusammenhanges und der Geschlossenheit des Systems nicht zu erwarten. Dieser Aspekt soll denn auch im folgenden dem Begriff der *konformen Textdatei* (confornforming text files) beständig unterstellt sein. Ausnahmen davon sollen im gegebenen Kontext hervorgehoben werden.

---

17. Der **ISO**-Zeichenstandard **8859/x** (Latin-x) enthält 9 regionale/linguistische Varianten: ISO 8859/1, oder Latin-1, Western European; Latin-2, Northern European; Latin-3, Southeastern European; Latin-4, Eastern European; Latin-5, Slavic; Latin-6, Arabic; Latin-7, Greek; Latin-8, Hebrew; and Latin-9, Turkish. ISO 8859/1 (Latin-1) wird von der *Open Software Foundation*als Standard-Zeichensatz (default) für OSF/1 vorgegeben.

18. Manche ältere Systeme können nachträglich auf *reinen 8-Bit-Durchsatz* (8-bit clean environment) umgestellt bzw. aufgerüstet werden, wobei die einheimische System-SW das *höchstwertige Bit* (high-order bit) weder modifiziert noch interpretiert.

Abschließend soll in diesem Zusammenhang noch eine wichtige Teilmenge des ASCII-Zeichensatzes vorgestellt werden; auf sie soll im folgenden wiederholt Bezug genommen werden:

1. Die Klein- und Großbuchstaben (lower, upper, case; letters):
   a,b,...,z; A,B,...,Z

2. Die Ziffern (numerals): 0,1,2,...., 9

3. Der Unterstrich (underscore): _

Die insgesamt 63 Zeichen werden als die *alpha-numerischen*, oder kurz die *alphamerischen Zeich*en (alphameric characters) bezeichnet. Sie stellen jene Teilmenge dar, aus der sich *Bezeichner* (identifier) unterschiedlichster Art zusammensetzen müssen, also insbesondere die *Namen* von Variablen, Makros und Funktionen.

2 Der Zeileneditor ed(1)

Der mit dem UNIX-Systempaket handelsüblich ausgelieferte *Zeileneditor* (line editor) **ed(1)** zeichnet sich durch geringe *Störanfälligkeit* (robustness) und weitgehende *Anspruchslosigkeit* (parsimony) hinsichtlich Rechenleistung und E/A-Anforderungen aus. Der Dialogbetrieb ist nicht auf ansteuerbare Vollschirmgeräte angewiesen und kann recht komfortabel mit Schreibmaschinen-Terminals und sogar älteren Fernschreibern durchgeführt werden. Der Editor kann auch bei sehr niedrigen Übertragungsraten noch sinnvoll eingesetzt werden, was die Fernverarbeitung auch über langsamere V-Verbindungen (voice-grade connections) ermöglicht. Bei gestörter Terminalverbindung, wenn alles andere versagt, kann *ed* zuweilen noch über einen TTY-Hilfsport (auxiliary tty port) eingesetzt werden, was bei Notreparaturen am Betriebs- und Dateisystem ein durchaus entscheidender Faktor sein kann.

Von besonderer Bedeutung für das produktive Editieren sowohl massiver als auch komplexer Textkörper sind zwei ursprünglich speziell für *ed* entwikkelte und seither auch auf andere UNIX-Einrichtungen zur Textverarbeitung übertragene Leistungsmerkmale, welche die von herkömmlichen Zeileneditoren weit übertreffen. Als erstes wären die *lexikalische Leistungsmerkmale* (lexical capabilities) zu erwähnen, mit denen ganze Klassen von Zeichenketten kollektiv erfaßt und systematisch manipuliert werden können, wozu eine ausgeklügelte *lexikalische Bestimmungssyntax* (lexical pattern syntax) zur Verfügung steht. Das zweite Leistungsmerkmal ist die enorm flexible Zeilenbestimmung, die auch implizite und relative Adressierung unterstützt.

Neben dem Dialogbetrieb kann *ed* mit *Befehlsdateien* zur selbstständigen Vordergrund- oder Hintergrundausführung aufgerufen werden kann, was bei langwierigen und repetitiven Editieraufgaben mit einer größeren Anzahl von Textdateien oder beim systematischen Variieren einer Stammdatei eine beträchtliche Leistungssteigerung bedeuteten kann. Auf Grund dieser und anderer *Leistungsmerkmale* (capabilities) verbleibt der Zeileneditor *ed* als eine der wichtigsten programmierbaren Textverarbeitungseinrichtungen unter UNIX, selbst wenn seine ursprüngliche Zweckbestimmung als reiner Dialog-Editor allmählich in den Hintergrund tritt.

Von der Shell-Ebene ausgehend arbeitet der *ed* in jeweils einem von zwei möglichen *Betriebszuständen* (operating states): *Befehlsmodus* (command mode) und *Eingabemodus* (input mode). Bild 2.1 zeigt das Aufrufs- und Übergangsschema.

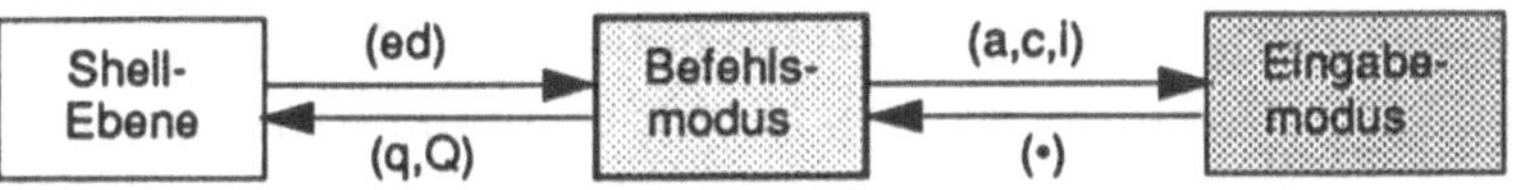

Bild 2.1: Betriebszustände von ed(1)

2.1 Ein erster Einstieg

Die einfachste Form des interaktiven Aufrufes ist in beiden UNIX-Shells identisch:

```
ed [-<Optionen>] [<Dateiverweis>]
```

wobei der Editor sofort in den Befehlsmodus eintritt und bei Angabe einer bereits existierenden Textdatei und deren Leseberechtigung die Anzahl der eingelesenen Zeichen angibt,

```
nnn
```

Falls unter dem angebenen *Verweis* (pathname) *keine konforme* Textdatei (conforming text file; Abschnitt 1.2.5) aufgefunden wird, antwortet der Editor mit einem Fragezeichen,

```
?
```

was unter anderen bedeuten kann, daß die Datei Bytes mit einer Oktalwertigkeit > 0177, oder überlange Zeilen (> 512 Zeichen) enthält, oder nicht mit einem Zeilenvorschub LF (012) abgeschlossen ist, und somit nicht als Textdatei editiert werden kann. Der Editor sollte dann sofort mit der Anweisung q (quit) verlassen werden. Ein Abspeichern mit dem Dateibefehl w (write) sollte *nicht* erzwungen werden, da dann unter Umständen eine beschädigte oder sogar völlig leere Datei ausgegeben wird.

Falls unter dem angebenen Verweis keine lesbare Datei aufgefunden wird, antwortet der Editor mit einem entsprechenden Hinweis,

```
$ ed progx.c               (Datei existiert nicht)
progx.c?
```

Wird der Dateiverweis beim Aufruf ausgelassen, dann muß mit der Anweisung f (file) nachträglich ein Verweis angegeben werden, bevor der eventuell eingegebene Text mit der Dateibefehl w (write) abgespeichert werden kann,

```
$ ed
...
f progx.c                  (Datei angeben)
```

Ohne Argument gibt f den jeweils aktuellen Dateiverweis aus,

```
f                          (Datei abfragen)
progx.c
```

Der Editor zeigt normalerweise den jeweiligen Betriebszustand nicht an, was jedoch mit der Promptanweisung P eingeschaltet werden kann, so daß der Asterisk jetzt als *Befehlsprompt* (command prompt) fungiert:

```
P                          (Prompt einschalten)
*
```

was im folgenden der Lesbarkeit halber auch *stets vorausgesetzt* werden soll. Die allgemeinen Aufrufsoptionen und Betriebsanweisungen von *ed* werden im Abschnitt 2.10 zusammenfassend vorgstellt.

Eine neue Datei kann dann durch Texteingabe angelegt werden, was mit der Eingabeanweisung a (append) beginnt:

```
*a                                          (Eingabe beginnen)
#include <stdio.h>
main()
{ /* main-Programm */
 puts("Hallo Freune\n");
 exit(0);
} /* Ende main */
.[RET]                                      (Eingabe beenden)
*
```

Ein *einzelner Punkt* (single dot) genau am Zeilenanfang und unmittelbar gefolgt von einem Zeilenvorschub beendet den Eingabemodus und stellt den Befehlsmodus wieder her.

Der gesamte Inhalt kann nun mit dem Listbefehl n (numbered) numeriert aufgelistet und inspiziert werden,

```
*,n                                         (numeriert auflisten)
1 #include <stdio.h>
2 main()
3 { /* main-Programm */
4  puts("Hallo Freune\n");
5  exit(0);
6 } /* Ende main */
*
```

In Zeile 4 hat sich ein *Tippfehler* (typo) eingeschlichen, was sogleich mit dem Substitutionsbefehl s (substitute) berichtigt werden kann:

```
*4s/eune/eunde/n
4  puts("Hallo Freunde\n")
```

Das Anlegen der Datei kann nun mit den folgenden Schritten beendet werden, wobei die Befehle w (write) und q (quit) benutzt werden:

```
*w                                          (Abspeichern)
104                                         (Anzahl Zeichen)
*q                                          (Editor verlassen)
$                                           (Shell-Prompt)
```

Fehlerzustände können praktisch nur im Befehlsmodus entstehen, da der Editor im Eingabemodus normalen ASCII-Text unbeschränkt einliest. Im Befehlsmodus werden Fehler mürrisch mit dem Fragezeichen ? quittiert; die Ursache kann jedoch mit der "help"-Anweisung h abgefragt werden,

```
*unsinn                                     (Fehler)
?
*h                                          (abfragen)
unknown command
```

2.2 Allgemeine Grundprinzipien

Bei ed(1), wie bei den meisten *dialogorientierten Texteditoren* (interactive text editors), muß grundsätzlich zwischen der *aktuellen Editierdatei* (current edit file) und dem *Editierpuffer* (edit buffer) unterschieden werden. Die Editierdatei kann sowohl als *Quelle* (source) als auch als *Senke* (sink) des zu bearbeitenden beziehungsweise bearbeiteten Textkörpers fungieren, und fungiert häufig auch als beides zugleich. Der Editierpuffer stellt dagegen ein transientes Objekt dar, an dem die Modifikationen erst ausgeführt werden müssen, bevor ein Abspeichern in der Editierdatei stattfinden kann. Bild 2.2 veranschaulicht die *Wechselwirkung* (interaction) zwischen dem Editierpuffer und der Editierdatei.

Bild 2.2: Editierpuffer und Textdatei

Die grundsätzliche *Arbeitsweise* eines *Zeileneditors* (operating principle, line editor) beruht darauf, daß Zeilen und Zeilenbereiche des Editierpuffers selektiv modifiziert werden können, was eine adressierbare Zeilenstruktur voraussetzt. Bei *ed* sind die Zeilen des Editierpuffers von *oben* nach *unten* (topdown) aufsteigend von **1** bis **N** ganzzahlig durchnumeriert, wobei **N** die jeweils aktuelle Gesamtzahl ist. Im Gegensatz zu anderen Zeileneditoren unterstützt *ed* keine Dezimalnumerierung. Werden Zeilen gelöscht oder eingeschoben, so verringern beziehungsweise erhöhen sich die nachfolgenden Zeilennummern sowie **N** entsprechend, was jeweils im Auge behalten werden muß.

Bei *ed*, wie bei den meisten Zeileneditoren, muß zwischen den folgenden *Befehlskategorien* (command categories) unterschieden werden:

* *Listbefehle* (list commands), wie das bereits oben vorgestellte n, mit denen Zeilen und Zeilenbereiche aufgelistet werden können;

* *Editierbefehle* (edit commands), wie der bereits vorgestellte Substitutionsbefehl s, mit denen der Editierpuffer modifiziert werden kann;

* *Suchanweisungen* (search commands), mit denen Zeilen Editierbefehlen zugeführt werden können;

* *Dateibefehle* (file commands), wie `read` und `write` in Bild 2.2, mit denen der Inhalt des Editierpuffers eingelesen beziehungsweise abgespeichert werden kann;

* *Betriebsanweisungen* (operating directives) und *Hilfsbefehle* (auxiliary commands), wie das bereits oben vorgestellte h, mit denen das Arbeitsverhalten des Editors eingestellt beziehungsweise gesteuert werden kann.

Tabelle 2.1 listet den *Befehlsvorrat* (command set) von *ed* auf.

Befehl	Bedeutung
.=	Anzeigen der aktuellen Zeilennummer.
...l	(list) Auflisten eines Zeilenbereiches mit symbolischer Darstellung von Ausgabesteuerzeichen.
...n	(number) Auflisten mit Zeilenummern.
...p	(print) Auflisten ohne Zeilenummern.
...i	(insert) Texteingabe *vor* der adressierten Zeile.
...a	(append) Texteingabe *nach* der adressierten Zeile.
...c	(change) Ersetzen von Zeilen, von der adressierten ausgehend.
...d	(delete) Löschen eines Zeilenbereiches.
...j	(join) Zusammenfügen eines Zeilenbereiches zu einer Zeile.
...mh	(move) Verschieben des Zeilenbereiches zur h-ten Zeile.
...th	(transfer) Kopieren des Zeilenbereiches zur h-ten Zeile.
...s...	(substitute) Ersetzen von Zeichenketten.
...g... ...G...	(global) Such- und Vorschaltanweisung mit affirmativer Suchlogik. Affirmative Suchanweisung mit selektiver Befehlsausführung.
...v... ...V...	(veto) Such- und Vorschaltanweisung mit invertierter Suchlogik. Invertierte Suchanweisung mit selektiver Befehlsausführung.
...r...	(read) Einlesen von Text nach der adressierten Zeile.
...w... ...W...	(write) Ausgabe eines Zeilenbereiches mit *Überschreiben* der Datei beziehungsweise *Anhängen* am Dateiende.
e... E...	(edit) Neuladen des Editierpuffers *mit* beziehungsweise *ohne* Sicherungswarnung.
f...	(file) Bestimmen der aktuellen Editierdatei.
h H	(help) Abfragen des jüngsten ('?') Fehlerzustandes beziehungsweise An- und Abschalten von Fehlermeldungen.
P	(prompt) An- und Abschalten des Promptzeichens.
u	(undo) Rückgängigmachen der jüngsten Modifikation.

Tabelle 2.1: Befehlsvorrat von ed(1)

Für Editier- und Listbefehle sowie bestimmte Dateibefehle gilt das allgemeine Syntaxschema (syntax):

```
[<ZB>]<Befehl>[<Optionen>] [RET]
```

wo <ZB> einen *zusammenhängenden Zeilenbereich* (contiguous line range) darstellt, der sowohl aus einer einzigen Zeile als auch aus einer Folge von aufeinanderfolgenden Zeilen bestehen kann. Bei Auslassung von <ZB> wird die *jeweils aktuelle Zeile* (current line) adressiert, was weiter unten aufgegriffen und weitergeführt wird.

Es gilt das folgende Rekursivschema:

```
<ZB>: <ZA>|<ZA>,<ZB>|<ZA>;<ZB>
```

wobei die Zeilenadressen <ZA> mit dem Komma oder dem Semikolon zu einem Zeilenbereich verknüpft werden können. Die Adressen sind ihrerseits *Ausdrücke* (expressions), die sich aus einer oder mehreren *Adressierungsprimitiven*[1] (addressing primitives) <AP> zusammensetzen:

```
<ZA>: <AP1>[<AP2>...]
```

Die einfachste Form der Adressierung geht von *absoluten Zeilennummern* (absolute line numbers) als Primitive aus; wie zum Beispiel mit dem Listbefehl n in,

```
*1n                              *1,2n
1 #include <stdio.h>             1 #include <stdio.h>
                                 2 main()
```

Ein Zeilenbereich muß durch aufsteigende oder zumindest monotone Zeilenadressen erzeugt werden, andernfalls entsteht ein Fehlerzustand,

```
*2,2n                            *2,1n
2 main()                         ? bad range
```

Der gesamte Editierpuffer kann als ein zusammenhängender Zeilenbereich mit den Primitiven 1 und $ adressiert werden; als alternative Kurzform dafür gilt das alleinstehende Komma,

```
*1,$n                            *,n
1 #include <stdio.h>             1 #include <stdio.h>
2 main()                         2 main()
...                              ...
6 } /* Ende main */             6 } /* Ende main */
```

Tabelle 2.2 listet die Primitiven der Zeilenadressierung auf.

---

1. *Primitive* im Sinne von irreduziblen Grundeinheiten.

<AP>	Adressierungsprimitive und ihre Bedeutung
n	die n-te Zeile: $n = 1, 2, ..., N$
1	die jeweils *erste* Zeile im Editierpuffer
.	die jeweils *aktuelle* Zeile
−h	die h-te Zeile *oberhalb* der jeweils aktuellen Zeile
+k	die k-te Zeile *unterhalb* der jeweils aktuellen Zeile
$	die jeweils *letzte* Zeile
,	ein alleinstehendes Komma als Globalbereich: 1 , $
'm	mit dem Kleinbuchstaben m markierte Zeile: m = a, b, ..., z
/<sm>/ /<sm>[RET] ?<sm>? /<sm>[RET]	Von der jeweils aktuellen Zeile *vorwärts-* beziehungsweise *rückwärts* ausgehend, die erste gefundene Instanz des vorgegebenen Suchmusters <sm>.
// /[RET] ?? ?[RET]	Wiederholung der Vorwärts- beziehungsweise Rückwärtssuche mit dem jeweils noch aktuellen Suchmuster.

Tabelle 2.2: Adressierungsprimitive von ed(1)

Drei Zeilen sind in einem *nichtleeren* Editierpuffer immer ausgezeichnet und eindeutig bestimmt:

• Die *erste Zeile* wird eindeutig mit der Zeilennummer **1** adressiert.

• Die *aktuelle Zeile* (current line) ist die jeweils zuletzt erfolgreich adressierte Zeile
; sie wird eindeutig mit dem *Punkt* . (dot) als Primitive adressiert.

• Die *letzte Zeile* wird eindeutig mit dem *Dollarzeichen* **$** (dollar sign) als Primitive adressiert.

Der Zugriff auf die aktuelle Zeile ist von besonderem Interesse und soll gleich hier vorweg genommen werden. Die Nummer der jeweils aktuellen Zeile kann mit der Dyade **.=** festgestellt werden,

```
*.=                                    (aktuelle Zeilennummer)
3
```

Mit dem Punkt kann die jeweils aktuelle Zeile explizite adressiert werden,

```
*.n                                    (aktuelle Zeile explizite)
3 main()
```

Bei *Befehlen* ohne Adresse wird die aktuelle Zeile implizite adressiert,

```
*n                                    (aktuelle Zeile implizite)
3 main()
```

Mit der *Leereingabe* (empty return) wird dagegen die unmittelbar nachfolgende Zeile zur aktuellen Zeile bestimmt und ausgegeben:

```
...
*[RET]                                (nächste Zeile aktualisieren)
{ /* main-Programm */
```

Durch wiederholte Leereingabe kann der Editierpuffer zeilenweise durchschritten und inspiziert werden:

```
...
*[RET]                                (zeilenweise durchschreiten)
 puts("Hallo Freunde\n");
...
```

Am Ende des Editierpuffers entsteht dann ein Fehlerzustand,

```
} /* Ende main */
*[RET]                                (Ende des Editierpuffers)
? line out of range
```

Die aktuelle Zeile kann durch Eingabe einer Zeilennummer jederzeit neu bestimmt und sogleich ausgegeben werden,

```
*4                                    (neu bestimmen und ausgeben)
puts("Hallo Freunde\n");
```

Die Nummer der letzten Zeile kann mit der Dyade **$=** festgestellt werden,

```
*$=                                   (letzte Zeilennummer)
6
```

und die letzte Zeile mit $ zur aktuellen bestimmt und ausgegeben werden,

```
*$                                    (letzte Zeile abgreifen)
} /* Ende main */
```

Mit den in Tabelle 2.2 aufgelisteten Primitiven unterstützt der Zeileneditor 3 Grundformen der Zeilenadressierung (addressing, lines, basic forms),

- *explizite* Adressierung mittels Zeilennummern und Zeilenmarken;
- *implizite* mittels Suchmuster;
- *relativ* durch den Abstand bezüglich der jeweils aktuellen Zeile.

Jede dieser Adressierungsformen kann mit jeder anderen zur Bestimmung von Zeilenbereichen kombiniert werden, auf die Befehle angewandt werden können. Mit <ebef> soll im folgenden ganz allgemein ein auf Zeilen und Zeilenbereiche anwendbarer Editierbefehl symbolisiert werden.

2.2.1 Explizite Adressierung

Im Gegensatz zur *impliziten* geht die *explizite* Zeilenadressierung (explicit line addressing) von fest bestimmten beziehungsweise angenommenen Positionen im Editierpuffer (edit buffer) aus:

* *Zeilennummern* (line numbers), was im erweiterten Sinne auch den Punkt und das Dollarzeichen als uneigentliche Nummern miteinschließt;
* *Zeilenmarken* (line marks, tags).

Jede dieser Adressierungsarten kann als Bezugspunkt für eine nachfolgende Relativierung benutzt werden, was im Abschnitt 2.2.3 weitergeführt wird.

2.2.1.1 Zeilennummern

In der einfachsten Form kann ein Befehl <ebef> auf explizite nummerierte einzelne Zeilen angewandt werden:

```
1<ebef>                              (erste Zeile)
n<ebef>                              (n-te Zeile)
.<ebef>                              (aktuelle Zeile)
$<ebef>                              (letzte Zeile)
```

Ein *Zeilenbereich* (line range), auf den ein Befehl angewendet werden soll, kann durch zwei absolute Zeilennummern angegeben werden:

```
h,k<ebef>
```

wobei $1 \le h \le k \le N$. Bei $h > k$ oder $k > N$ ensteht ein Fehlerzustand.

Eine Anzahl von Sonderfällen sind zu beachten. Falls sich der Zeilenbereich vom Anfang des Editierpuffers bis zur *n*-ten Zeile beziehungsweise von dieser bis zum Ende des Editierpuffers erstrecken soll, wird kodiert:

```
1,n<ebef>                            n,$<ebef>
```

Hinsichtlich der jeweils *aktuellen Zeile* (current line) gilt analog:

```
1,.<ebef>                            .,$<ebef>
```

Die beiden folgenden Formen der Adressierung sind gleichwertig:

```
.,$<ebef>                            ;<ebef>
```

Der gesamte Editierpuffer wird mit den beiden äquivalenten Formen erfaßt:

```
1,$<ebef>                            ,<ebef>
```

2.2.1.2 Zeilenmarkierung

Zeilen, die feste Bezugspunkte im Editierpuffer darstellen, auf die wiederholt
zugegriffen werden soll, können mit einem oder mehreren der 26 Kleinbuchstaben <m> = *a, b, ..., z* markiert werden (marking, tagging), wozu die
Anweisung k (key) benutzt wird,

```
[<ZA>]k<m>
```

Alle bereits aufgeführten Formen der *expliziten* sowie der nachfolgend
besprochenen *impliziten* Zeilenadressierung <ZA> können zum Setzen von
Marken benutzt werden, wie zum Beispiel in:

```
*.ka                    *ka                    *4kb
```

wo die aktuelle Zeile mit a, beziehungsweise die vierte Zeile mit b markiert
wird. Auf markierte Zeilen beziehungsweise Zeilenbereiche kann dann
bequem zugegriffen werden,

```
*'an                    *'a,'bn
2 main()                2 main()
                        ...
                        4 puts("Hallo Freunde\n");
```

wobei das *Einzelzitat* ' (single quote) dem als Marke fungierenden Kleinbuchstaben vorangestellt werden muß.

Marken können mit allen anderen Formen der Zeilenadressierung zu Zeilenbereichen verbunden werden; darunter insbesondere Konstrukte wie,

```
'a,m<ebef>              n,'b<ebef>
'a,.<ebef>              .,'b<ebef>
'a,$<ebef>              1,'b<ebef>
```

Auch hier darf die Anfangsadresse nicht unterhalb der Endadresse liegen;
andernfalls ensteht ein Fehlerzustand.

Multiple Markierung ein und derselben Zeile ist zulässig; wie zum Beispiel
in,

```
3kc                     'ckz
```

wo die dritte Zeile sowohl mit c als auch mit z markiert wird.

Marken können als *Bezugspunkte* (reference points) bei der relativen Adressierung benutzt werden:

```
'a-3<ebef>              'b+5<ebef>
'a-3,'b+5<ebef>         'a+2,-4<ebef>
```

Insbesondere kann eine bereits existierende Marke einfachst verschoben werden:

```
'a+5ka                  'b-2kb
```

Zeilenmarken sind besonders dann nützlich, wenn größere Textkörper durch
Einfügen und Anhängen von Textabschnitten erweitert werden sollen, wobei
die angrenzenden ursprünglichen Zeilen vorher markiert werden sollten, um
mißlungene Operationen rückgängig machen zu können. Zu beachten ist, daß
die jeweiligen Zeilenmarken nur für den aktuellen Inhalt des Editierpuffers
gelten und bei dessen Neuladen unwiderruflich verloren gehen. Ein Mitab-
speichern der Marken findet bei *ed* nicht statt!

2.2.2 Implizite Adressierung

Mit `<smuster>` sei ein *Suchmuster* (search pattern) symbolisiert, das
sowohl eine einfache Zeichenkette (character string) im Klartext als auch ein
lexikalisches Muster (lexical pattern) darstellen kann. Mit `<ebef>` soll wiederum ein auf Zeilenbereiche anwendbarer Editierbefehl bezeichnet werden.

Zeilen, die ein vorgegebenes Suchmuster enthalten, können mit den folgenden Primitiven *implizite* adressiert (implicit addressing) werden:

```
/<smuster>/                      ?<smuster>?

/<smuster>[RET]                  ?<smuster>[RET]
```

Mit den Schrägstrichen (slashes) als *Begrenzern* (delimiters) verläuft der
Suchvorgang vorwärts im Sinne von aufsteigenden Zeilennummern, und mit
den Fragezeichen (question mark) rückwärts im entgegengesetzten Sinne,
wobei von der *jeweils aktuellen Zeile* ausgegangen wird, ohne diese jedoch
mit einzuschließen. Der zweite Begrenzer kann ausgelassen werden, falls
kein weiteres Zeichen, sondern nur der Zeilenvorschub unmittelbar folgt. Ein
Beispiel mag dies sogleich veranschaulichen:

```
*n                               *n
2 main()                         2 main()
*/ai/n                           *?ai?n
3 { /* main-Programm */          6 } /* Ende main */
```

Der Suchvorgang kann mit den *Dyaden* // und ??, und falls keine Option
folgt, auch mit den *Monaden* / und ? einfachst und beliebig wiederholt
werden, wobei die jeweils nächste Zeileninstanz des *aktuellen Suchmusters*
(current search pattern) adressiert wird,

```
*//                              *??
} /* Ende main */                { /* main-Programm */
*/[RET]                          *?[RET]
main()                           main()
...                              ...
```

Auf diese Weise kann eine Folge von Zeilen, die ein vorgebenes Suchmuster
enthalten, bequem durchschritten und dabei selektiv modifizert werden. Nach
der letzten Zeileninstanz des Suchmusters erscheint dann wieder die erste;
der Suchvorgang wird also nicht automatisch beendet, sondern läuft im Sinne
eines *geschlossenen Bandes* endlos weiter (wrap-around).

Eine *gefundene Instanz* des Suchmusters bestimmt automatisch die *jeweils aktuelle Zeile*. Falls jedoch keine Instanz gefunden wurde, antwortet der Editor mit einem Fragezeichen; die aktuelle Zeile bleibt dann unverändert,

```
*.=                              */unsinn[RET]
2                                ? search string not found
                                 *.=
                                 2
```

Etwaige im Suchmuster enthaltene Begrenzer müssen individuell mit dem *Rückstrich* \ (backslash) abgedeckt werden,

```
*/\/*/n                          *?\??
3 { /* main-Programm */          ? search string not found
```

Ein Gleiches gilt für den Rückstrich selbst sowie für alle andere Zeichen, die als *Sonderzeichen* (special characters) fungieren:

```
*/\\/                            ?\.?
puts("Hallo Freunde\n");         #include <stdio.h>
```

wie zum Beispiel auch der Punkt. Im übrigen gelten die lexikalischen Schutzregeln für Sonderzeichen (Abschnitt 2.6.2).

Bei den Dyaden // und ?? wird von einem *jeweils aktuellen Suchmuster* (current search pattern) ausgegangen; falls dieses nicht definiert ist, wie z.B. unmittelbar nach dem Aufruf des Editors, entsteht ein Fehlerzustand,

```
//
? no remembered search string
```

Das aktuelle Suchmuster kann auf drei Arten bestimmt werden. *Erstens*, durch die jüngste Angabe in der Adressierungsprimitiven selbst,

```
/<smuster>/                      ?<smuster>?
```

Zweitens, durch die jüngste Angabe als Suchmuster in einem der Suchanweisungen g, G, v, V (Abschnitt 2.7),

```
...g/<smuster>/...               ...V/<smuster>/...
```

Drittens, durch die jüngste Angabe als *Zielmuster* (target string) in einer Substitution (Abschnitt 2.6),

```
...s/<zielmuster>/.../...
```

Grundsätzlich ist also jeweils nur *ein einziges* aktuelles Suchmuster definiert, das sowohl für die implizite Adressierung als auch für die Suchanweisungen sowie den Substitutionsbefehl gilt. Leider besteht keine Möglichkeit, das aktuelle Suchmuster auszugeben oder auch nur zu inspizieren; es kann nur jeweils erneut eingegeben werden. Die eben beschriebene *versteckte Wechselwirkung* (hidden interaction) muß jedoch stets im Auge behalten werden.

Implizite Primitiven können sowohl zur Adressierung von Einzelzeilen bei
Befehlen gesetzt werden,

```
/<smuster>/<ebef>              //<ebef>
?<smuster>?...                 ??...
```

als auch mit anderen Zeilenadressen <ZA> zu *zusammenhängenden Zeilenbe-*
reichen (contiguous line ranges) verknüpft werden, wobei sowohl das
Komma als auch das *Semikolon* als *Kopulativ* gesetzt werden kann,

```
/<smuster>/,<ZA><ebef>        <ZA>,/<smuster>/...
...                           ...
?<smuster>?;<ZA>...           <ZA>;?<smuster>?...
```

Wie bei der expliziten Adressierung gilt auch hier, daß die resultierenden
Anfangs- und Endadressen eine monoton-aufsteigende Folge bilden müssen;
andernfalls entsteht ein Fehlerzustand.

Der Unterschied zwischen dem Komma und dem Semikolon liegt auch hier
in der Bestimmung der *aktuellen Zeile* (current line) als *Ausgangspunkt* (origin) von relativen und impliziten Adressen. Beim Komma fungiert die
jeweils aktuelle Zeile als Ausgangspunkt für *beide* Adressen, während beim
Semikolon die *erste* Adresse als Ausgangspunkt für die *zweite* fungiert. Zwei
Kontrastbeispiele mögen dies sogleich veranschaulichen. *Erstens*, in

```
*.=                           *.=
4                             4
*1,/main/n                    *1;/main/n
1 #include <stdio.h>          1 #include <stdio.h>
2 main()                      2 main()
...
6 } /* Ende main */
```

stellt Zeile 4 links und rechts die jeweils aktuelle Zeile dar, von der auch links
die Suche nach 'main' ausgeht, während rechts die Suche von Zeile 1 ausgeht. *Zweitens*, in

```
*.=                           *.=
1                             1
*/main/,+2n                   */main/;+2n
2 main()                      2 main()
3 { /* main-program */        3 { /* main-program */
                              4 puts("Hallo Freunde\n");
```

stellt Zeile 1 links und rechts die jeweils aktuelle Zeile dar, von welcher in
beiden Fällen die Suche nach 'main' ausgeht und links auch die Endzeile des
Bereiches bestimmt wird, während rechts die Endzeile relativ zur Anfangs-
zeile bestimmt wird.

Insbesondere kann jedoch ein Zeilenbereich durch ein oberes und ein unteres
Suchmuster (search pattern) bestimmt werden, wobei alle Kombinationen
von Suchrichtungen (search directions) zulässig und sinnvoll sind:

```
/<sm1>/,/<sm2>/<ebef>          /<sm1>/,?<sm2>?...
...                            ...
?<sm1>?;/<sm2>/...             ?<sm1>?;?<sm2>?...
```

wobei wiederum zwischen der besonderen Funktion des Kommas und des
Semikolons unterschieden werden muß.

Beim *Komma* ist *erstens* zu beachten, daß zwei unabhängige Suchvorgänge
ablaufen, von denen jeder von der jeweils *aktuellen Zeile* (current line) ausgeht, was bei Verschiebung derselben sehr unterschiedliche Resultate produzieren kann,

```
*.=                            *.=
1                              2
*/main/,/Hallo/n               */main/,/Hallo/n
2 main()                       3 {  /* main-program */
3 {  /* main-program */        4 puts("Hallo Freunde\n");
4 puts("Hallo Freunde\n");
```

Zweitens ist zu beachten, daß der Zeilenbereich sich von der ersten gefunden
Instanz des ersten Suchmusters (search pattern) bis zur ersten gefundenen
Instanz des zweiten Suchmusters erstreckt. Falls die *jeweils erste gefundene
Zeile* dann beide Suchmuster enthält, besteht der Bereich eben nur aus dieser
einen Zeile; wie zum Beispiel in,

```
*.=
2
*/{/,/main/n
3 {  /* main-program */
```

Mit dem *Semikolon* anstelle des Kommas kann jedoch eine Differenzierung
hinsichtlich der Endzeile erzwungen werden:

```
*/{/;/main/n
3 {  /* main-program */
...
6 }  /* Ende main */
```

Allgemein gilt für implizite Primitive, die paarweise mit dem Semikolon zu
einem Bereich verknüpft sind,

```
.../<sm1>/;/<sm2>/...          ...          ...?<sm1>?;?<sm2>?...
```

daß die jeweilige Instanz des ersten Suchmusters als *aktuelle Zeile* (current
line) und damit als *Ausgangspunkt* (origin) für die Suche nach dem zweiten
Muster fungiert.

Von diesem Prinzip ausgehend ergibt sich dann auch die Möglichkeit der
Relativierung der impliziten Adressierung. Dazu soll der eigentliche Suchvorgang noch einmal näher betrachtet werden.

Durch Vorgabe einer *Ausgangsadresse* <AA> (origin address) und Verknüpfung mit dem *Semikolon* (semi-colon) kann der Suchbeginn einer impliziten
Primitiven *relativiert* werden,

```
<AA>;/<smuster>/              <AA>;?<smuster>?
```

Zum Beispiel läßt sich auf diese Weise die absolut erste und die absolut letzte
Zeileninstanz eines Suchmusters bestimmen,

```
*0;/main/                     *0;?main?
main()                        } /* Ende main */
```

was übrigens auch zeigen soll, daß die Null **0** als absolute Anfangsadresse in
einer Relativierung zulässig ist. Allerdings stellen Suchkonstrukte dieser Art
keine eigentlichen Zeilenbereiche dar, wie ein Gegenbeispiel mit dem Listbefehl n zeigen mag,

```
*0;/main/n                    *$;?main?n
? bad range                   ? bad range
```

Um die gefundene Zeile mit einem Befehl — wieder n — adressieren zu können, muß diese *proforma* zu einem Einzeilenbereich erweitert werden, wozu
das Semikolon mit dem Punkt beziehungsweise einfach das Semikolon dient,

```
*0;/main/;.n                  *$;?main?;n
2 main()                      6 } /* Ende main */
```

Diese Eigenheit soll auch den folgenden Betrachtungen zugrunde liegen.

Das relative Suchprinzip läßt sich assoziativ erweitern,

```
<AA>;/<smuster1>/;/<smuster2>/...
```

Insbesondere lassen sich durch identische Wiederholung eines Suchmusters
(search pattern) auch dessen *multiple Zeileninstanzen* (multiple line instan-
ces) bezüglich einer vorgegebenen Ausgangsadresse und Suchrichtung
bestimmen:

```
*0;/main/;n                          (erste Instanz)
2 main()
*0;/main/;//;n                       (zweite Instanz)
3 { /* main-program */
*0;/main/;//;//;n                    (dritte Instanz)
6 } /* Ende main */                  (usw.)
```

Der Ansatz läßt sich auf eigentliche Zeilenbereiche zwischen zwei oder mehr
aufeinanderfolgende Zeileninstanzen des Suchmusters erweitern,

```
*0;/<smuster>/;//;...//<ebef>
```

und insbesondere auch auf den Bereich von der *ersten* bis zur *letzten* Instanz,

```
*0;/<smuster>/,??<ebef>
```

Mit dem bekannten Textkörper ergibt sich zum Beispiel,

```
*0;/main/;//;//n              *0;/main/,??n
3 { /* main-program */        2 main()
...                           ...
6 } /* Ende main */           6 } /* Ende main */
```

Die von einer vorgeschalteten Ausgangsadresse <AA> ausgehende Relativierung kann natürlich auch auf Zeilenbereiche angewandt werden, die durch zwei verschiedene Suchmuster bestimmt sind, wobei sich wiederum verschiedene Möglichkeiten ergeben,

```
<AA>;/<sm1>/,/<sm2>/...        <AA>?<sm1>?,?<sm2>?...
...                           ...
<AA>;/<sm1>/;/<sm2>/...        <AA>?<sm1>?;?<sm2>?...
```

Als Kontrastbeispiel wäre zu betrachten,

```
*1;/main/,/)/n                *2;/main/,/)/n
2 main()                      3 { /* main-program */
                              4 puts("Hallo Freunde\n");
```

Letztendlich läßt sich der gezeigte Ansatz zu *lexikalisch-assoziativen Suchfolgen* (lexically-associative search chains) erweitern, die von einer expliziten Ausgangsadresse ausgehend in uneigentlichen oder eigentlichen Zeilenbereichen münden,

```
<AA>;/<sm1>/;/<sm2>/.../<sma>/;
...
<AA>;/<sm1>/;/<sm2>/.../<sma>/;/<smb>/
...
<AA>;/<sm1>/;/<sm2>/.../<sma>/,/<smb>/
...
```

In allen Konstrukten der impliziten Adressierung können die Suchprimitiven mit *relativen Primitiven* (relative primitive) verknüpft werden,

```
/<smuster>/-h                 ?<smuster>?+k
```

wobei die *h*-te Zeile *oberhalb* beziehungsweise die *k*-te Zeile *unterhalb* der jeweils gefundenen Instanz des Suchmusters adressiert und damit zur aktuellen Zeile bestimmt wird. Als einfachere Beispiele wären zu betrachten:

```
/main()/-1n                   ?main()?+2n
1 #include <stdio.h>          4 puts("Hallo Freunde\n");
```

Der Ansatz läßt sich auf Zeilenbereiche jeglicher Form erweitern,

```
/<sm1>/-h,/<sm2>/+k<ebef>     ?<sm1>?-h;/<sm2>/+k...
...                           ...
/<sm0>/+i;/<sm1>/-h/,/<sm2>/+k...
```

Das zugrundeliegende Prinzip wird im nachfolgenden Abschnitt behandelt.

2.2.3 Relative Adressierung

Signierte Ganzzahlen (signed integers) werden als *gerichteter Abstand* (offset) relativ zu einer absoluten Zeilenadresse <ZA> interpretiert (relativ addressing),

```
<ZA>-h<ebef>                          <ZA>+k...
```

wobei die *h*-te Zeile *oberhalb* beziehungsweise die *k*-te Zeile *unterhalb* dieser adressiert wird. Die Ausgangsadresse kann unter anderen durch eine *absolute Zeilennummer*, eine *Zeilenmarke* (tag; Unterabschnitt 2.2.1.2) oder ein *Suchmuster* (search pattern; Abschnitt 2.2.2) angegeben werden:

```
n-h<ebef>              'm+k...                /<smuster>/+k...
```

Bei der *aktuellen Zeile* (current line) kann der Punkt gesetzt oder ausgelassen werden,

```
.-h<ebef>                          +k...
```

Bequeme Kurzformen für Einzelschritte sind:

```
<ZA>-...                    <ZA>+...
<ZA>--...                   <ZA>++...
...                         ...
-...                        +...
--...                       ++...
...                         ...
```

wobei, von der adressierten beziehungsweise der aktuellen Zeile ausgehend, die erste oder die zweite vorhergehende (–) beziehungsweise die nachfolgende (+) Zeile erfaßt wird.

Als Beispiele wären zu betrachten,

```
*3-2n                       *3+2n
1 #include <stdio.h>        5 exit(0);
*.=                         *.=
3                           3
*-2n                        *+2n
1 #include <stdio.h>        5 exit(0);
*3--n                       *3++n
1 #include <stdio.h>        5 exit(0);
```

Zusammenhängende Zeilenbereiche (contiguous line ranges), die eine Ausgangsadresse <ZA> beziehungsweise die aktuellen Zeile umgeben, werden kodiert als,

```
<ZA>-h,<ZA>+k<ebef>                 -h,+k...
```

wobei sich der Bereich von *h* Zeilen *oberhalb* bis zu *k* Zeilen *unterhalb* <ZA> beziehungsweise der aktuellen Zeile über insgesamt h+k+1 aufeinanderfolgende Zeilen erstreckt.

Als Variationen, die von der jeweils aktuellen Zeile ausgehen, wären zu
betrachten,

```
-h, .<ebef>                              .,+k...
-h, -m...                                +k,+n...
```

wobei zwangsläufig h ≥ m beziehungsweise k ≤ n gelten muß. Der *Punkt*
(dot) muß als alleinstehende Primitive kodiert werden. Als einfaches Beispiel
wäre zu betrachten,

```
*.=                                      (aktuelle Zeile)
4
*-2,+1n                                  (relative Adressierung)
2 main()
3 { /* main-Programm */
4 puts("Hallo Freunde\n");
5 exit(0);
```

Bezüglich der *letzten Zeile* bestehen eigentlich nur die folgenden Möglichkeiten, einen relativen Bereich zu definieren:

```
$-h<ebef>              $-h,$...              $-h,$-m...
```

wobei wiederum h ≥ m gilt.

Mit dem *Semikolon* kann ein Zeilenbereich relativ zu einer vorgegebenen
Ausgangsadresse <ZA> (origin address) bestimmt werden, wobei gilt:

```
<ZA>;-h,+k<ebef>       entspricht       <ZA>-h,<ZA>+k<ebef>
```

was einen *Kontextbereich* (context range) darstellt, der sich von *h* Zeilen
oberhalb zu *k* Zeilen *unterhalb* von <ZA> über insgesamt h+k+1 aufeinanderfolgende Zeilen erstreckt. Als Beispiele wären zu betrachten,

```
*3;-1,+2n                   *1;/Hallo/;-1,+2n
2 main()                    3 { /* main-program */
3 { /* main-program */      4 puts("Hallo Freunde\n");
4 puts("Hallo Freunde\n");  5 exit(0);
5 exit(0);                  6 } /* Ende main */
```

In dem rechten Beispiel geht die Suche nach der Ausgangsadresse von der
ersten Zeile aus, was eine *zweifache Relativierung* darstellt.

Als Sonderfall ergibt sich unter Auslassung der Zwischenadresse:

```
<ZA>;+k<ebef>          entspricht       <ZA>,<ZA>+k<ebef>
```

wobei von <AA> ausgehend insgesamt k+1 aufeinanderfolgende Zeilen
erfaßt werden. Als Beispiel wäre zu betrachten,

```
*3;+2n                      *1;/Hallo/;+2n
3 { /* main-program */      4 puts("Hallo Freunde\n");
4 puts("Hallo Freunde\n");  5 exit(0);
5 exit(0);                  6 } /* Ende main */
```

2.3 Darstellungsbefehle

Einzelne Zeilen können einfachst durch Eingabe einer Adresse unnumeriert dargestellt werden,

```
*1                            */main()/
#include <stdio.h>            main()

*.                            *$
exit(0);                      } /* Ende main */
```

Bei Zeilenbereichen wird die jeweils letzte Zeile unnumeriert ausgegeben,

```
*1,3                          *1,$
{ /* main-program */          } /* Ende main */
```

Jede andere Form der *Textdarstellung* (text display) muß mit *Darstellungs- oder Listbefehlen* (display, list commands) erzwungen werden. Die folgenden Befehle stehen zur Verfügung:

...**l**   (list) Auflisten mit symbolischer Darstellung von Sonderzeichen;

...**n**   (number) Auflisten mit Zeilenummern;

...**p**   (print) Auflisten ohne Zeilenummern.

Die Befehle können sowohl auf einzelne Zeilen als auch auf *zusammenhängende Zeilenbereiche* (contiguous line ranges) angewandt werden, die durch eine der bereits besprochenen Methoden der Adressierung bestimmt werden (Abschnitt 2.1). Bei *Auslassung* der vorangestellten Zeilenadresse wird die *jeweils aktuelle Zeile* (current line) adressiert. Jeder dieser Befehle kann den Suchanweisungen g und v (Abschnitt 2.6) nachgeschaltet werden.

Als Beispiele wären zu betrachten:

```
*1,$n            *,p              *,l              *,ln
1 aaaaaa         aaaaaa           aaaaaa           1 aaaaaa
2     bbbbbb         bbbbbb       >bbbbbb          2 >bbbbbb
3 ccccc[Piep]    ccccc[Piep]      ccccc\007        3 ccccc\007
4 dddd           dddd             dd\033dd         4 dd\033dd
```

Mit n oder p wird der Text in ASCII-Darstellung numeriert beziehungsweise unnumeriert ausgegeben, wobei die *Ausgabe-Steuerzeichen* (print control characters) ihre Wirkung zeigen, wie zum Beispiel das Tabulatorzeichen und das Tonzeichen. Andere nichtdarstellbare Zeichen erscheinen nicht. Im Gegensatz dazu werden mit l nichtdarstellbare Zeichen durch Symbole oder Oktalwerte dargestellt, wie zum Beispiel das Tabulator-Zeichen (>), das Tonzeichen (\007) sowie das ESC-Zeichen (\033).

Jeder der drei Darstellungsbefehle kann mit jedem anderen paarweise kombiniert werden, wobei eigentlich nur die gezeigte Kombination ln (oder nl) sinnvoll ist.

2.4 Eingabebefehle

Texteingabebefehle (text input commands) versetzen den Editor in den *Eingabemodus* (input mode), der dann normalerweise mit einem Punkt am Anfang einer Zeile unmittelbar gefolgt vom Zeilenvorschub verlassen wird, um in den *Befehlsmodus* (command mode) zurückzukehren (Bild 2.1). Text kann sowohl *vor* als auch *nach* einer adressierten Zeile im Editierpuffer eingefügt werden. Adressierte Zeilen können durch neuen Text ersetzt werden.

Die folgenden Eingabefehle stehen zur Verfügung:

...**a**[l|n|p]   (append) Texteingabe *nach* der adressierten Zeile;
...**i**[l|n|p]   (insert) Texteingabe *vor* der adressierten Zeile;
...**c**[l|n|p]   (change) Ersetzen von adressierten Zeilen.

Die Befehle a und i können nur auf einzelne Zeilen angewandt werden, der Befehl c dagegen sowohl auf einzelne Zeilen als auch auf *zusammenhängende Zeilenbereiche* (contiguous line ranges), die durch eine der bereits besprochenen Methoden der Adressierung bestimmt werden (Abschnitt 2.2). Bei *Auslassung* der vorangestellten Zeilenadresse beziehen sich alle Befehle auf die *jeweils aktuelle Zeile* (current line). Jeder dieser Befehle kann — soweit sinnvoll — den Suchanweisungen g und v (Abschnitt 2.7) nachgeschaltet werden.

Mit einer der nachgestellten Optionen l (list), n (number) und p (print) wird die zuletzt eingegebene Zeile zurückgespiegelt, wobei das Ausgabeformat den gleichnamigen Listbefehlen (Abschnitt 2.3) entspricht.

Mit den Eingabebefehlen a (append) und i (insert) kann Zusatztext unmittelbar *nach* beziehungsweise *vor* einer adressierten Zeile inseriert werden,

```
*,n              *2a              *2i
1 aaaaaaaa       xxxxxxxx         xxxxxxxx
2 bbbbbbbb       yyyyyyyy         yyyyyyyy
3 cccccccc       .[RET]          .[RET]
```

Das Resultat ist dementsprechend unterschiedlich,

```
              *,n              *,n
              1 aaaaaaaa       1 aaaaaaaa
              2 bbbbbbbb       2 xxxxxxxx
              3 xxxxxxxx       3 yyyyyyyy
              4 yyyyyyyy       4 bbbbbbbb
              5 cccccccc       5 cccccccc
```

Um Text beginnend mit Zeile 1 einzugeben, muß die Adresse 0 mit **a**, und 1
mit **i** benutzt werden:

```
*,n                     *0al                    *1in
1 aaaaaaaa              uuuuuuuu                uuuuuuuu
2 bbbbbbbb              [TAB]vvvvvvvv           vvvvvvvv
3 cccccccc              .[RET]                  .[RET]
                       >uuuuuuuu                1 uuuuuuuu
```

wobei die zuletzt eingegebe Zeile mit der Option 1 beziehungsweise n
zurückgespiegelt wurde. Das Resultat ist übrigens diesem Fall identisch,

```
        *,n                     *,n
        1 uuuuuuuu              1 uuuuuuuu
        2 vvvvvvvv              2 vvvvvvvv
        3 aaaaaaaa              3 aaaaaaaa
        ...                     ...
```

Beim Auslassen der Zeilenadresse,

```
*a                      *i
...                     ...
```

wird von der *jeweils aktuellen Zeile* (current line) ausgegangen.

Zwei Sonderfälle sind zu beachten. Um Text am Ende des Editierpuffers
anzuhängen muß zwangsläufig nach der letzten Zeile mit a eingegeben werden:

```
*$a
...
```

Bei einem *leeren* Editierpuffer — also zumeist beim Anlegen einer neuen
Datei — muß die Texteingabe ebenfalls zwangsläufig mit a beginnen, da i ja
bereits eine nachfolgende Zeile voraussetzt!

Mit dem Eingabebefehl c (change) kann eine adressierte Zeile oder ein Zeilenbereich durch neuen Text ersetzt werden, wobei die adressierten Zeilen auf
jeden Fall gelöscht werden! Werden mehr Zeilen eingegeben, so wird der
Editierpuffer entsprechend erweitert, andernfalls verringert. Ohne jegliche
Adressenangabe wird die jewcils aktuelle Zeile ersetzt. Als Beispiel wäre zu
betrachten.

```
*,n                     *2c                     *2,4cp
1 aaaaaaaa              xxxxxxxx                zzzzzzzz
2 bbbbbbbb              yyyyyyyy                .[RET]
3 cccccccc              .[RET]                  zzzzzzzz
4 dddddddd
5 eeeeeeee
...
```

mit den Resultaten,

```
*,n                          *,n
1 aaaaaaa                    1 aaaaaaa
2 xxxxxxx                    2 zzzzzzz
3 yyyyyyy                    3 eeeeeee
4 ccccccc                    ...
...
```

Normalerweise schließt ein einzelner Punkt am Zeilenanfang unmittelbar gefolgt vom Zeilenvorschub die Texteingabe ab. Zur Eingabe einer Textzeile, die eben nur aus einem einzigen Punkt bestehen soll, muß der *Rückstrich* (backslash) als *Fluchtzeichen* (escape character) benutzt werden:

```
\.[RET]
```

Der Rückschritt **BS** (010) (backspace) kann ebenfalls mit dem Rückstrich geschützt eingegeben werden; wie zum Beispiel in:

```
... scho\[CTL_H]"nes Gru\[CTL_H]"n ...
```

womit die Umlaute durch Rückschritt und Überdrucken mit dem Doppelzitat (") auf einem älteren ASCII-Drucker dargestellt werden können.

Neben den *darstellbaren* (printable) ASCII-Zeichen akzeptiert der Editor im Eingabemodus auch die dem ASCII-Zeichensatz angehörenden *Steuerzeichen* (control characters) mit einer Oktalwertigkeit < 040 sowie das DEL-Zeichen (0177), wobei die bereits im Abschnitt 1.2.1 vorgestellten allgemeinen Eingabe- und Schutzregeln gelten.

2.5 Zeilenbefehle

Zeilenbefehle (line commands) dienen dazu, die *Reihenfolge* der Zeilen im Editierpuffer durch Löschen, Zusammenfügen, Verschieben oder Kopieren zu verändern; kurzum zum *Manipulieren von Zeilen* (line manipulations). Zeilenbefehle können den Inhalt von Zeilen *nicht* verändern. Die folgenden Zeilenbefehle stehen zur Verfügung:

```
...d[l|n|p]      (delete) Löschen eines Zeilenbereiches;
...j[l|n|p]      (join) Zusammenfügen zu einer einzigen Zeile;
...mh[l|n|p]     (move) Versetzen zur h-ten Zeile;
...th[l|n|p]     (transpose) Kopieren zur h-ten Zeile.
```

Die Befehle können sowohl auf einzelne Zeilen als auch auf *zusammenhängende Zeilenbereiche* (contiguous line ranges) angewandt werden, die durch eine der bereits besprochenen Methoden der Adressierung bestimmt werden (Abschnitt 2.2). Bei *Auslassung* der vorangestellten Zeilenadresse beziehen sich alle Befehle auf die *jeweils aktuelle Zeile* (current line). Jeder dieser Befehle kann — soweit sinnvoll — den Suchanweisungen g und v (Abschnitt 2.7) nachgeschaltet werden.

Mit einer der nachgestellten Optionen l (list), n (number) und p (print)
wird die erste modifizierte Zeile zurückgespiegelt, wobei das Ausgabeformat
den gleichnamigen Listbefehlen (Abschnitt 2.3) entspricht.

Mit dem Löschbefehl d (delete) können einzelne Zeilen, zusammenhängende Zeilenbereiche sowie der gesamte Editierpuffer gelöscht werden. Als
typisches Beispiel wäre zu betrachten

```
*1,4n              *2,3dn            *un
1 aaaaaaaa         2 dddddddd        4 dddddddd
2 bbbbbbbb         *,n               ...
3 cccccccc         1 aaaaaaaa
4 dddddddd         2 dddddddd
```

Zu beachten ist, daß mit der nachgestellten Option n die erste nachfolgende
Zeile numeriert zurückgespiegelt wird. Mit dem *Hilfsbefehl* (auxiliary command) u (undo) kann ein unbeabsichtigtes Löschen unverzüglich rückgängig gemacht werden.

Andere typische Anwendungsformen des Löschbefehls sind:

```
d                      1,$d                           ,d
```

wo die aktuelle Zeile beziehungsweise der gesamte Editierpuffer (edit buffer)
gelöscht wird.

Mit dem *Verkettungsbefehl* j kann ein *zusammenhängender Zeilenbereich*
(contiguous line range) zu einer einzigen Zeile zusammengefügt werden (joining lines):

```
*1,5n              *2,4jn
1 aaaaaaaa         2 bbbbbbbbcccccccddddddddd
2 bbbbbbbb         *1,3n
3 cccccccc         1 aaaaaaaa
4 dddddddd         2 bbbbbbbbcccccccddddddddd
5 eeeeeeee         3 eeeeeeee
```

wo mit der nachgestellten Option n die zusammengefügte Zeile numeriert
zurückgespiegelt wurde. Zu beachten ist, daß die Zeilen "nahtlos" (seamless)
zusammengefügt werden. Eventuell benötigte Trennzeichen sollten möglichst vorher mit dem Substitutionsbefehl s (Abschnitt 2.6) eingefügt werden. Beim Zusammenfügen größerer Zeilenbereiche ist die jeweils *maximale
Zeilenlänge* (maximal line size; typisch 512 Zeichen) im Auge zu behalten.
Ohne jegliche Adresse fügt j die aktuelle und die unmittelbar nachfolgende
Zeile zusammen.

Mit dem *Versetzungsbefehl* m (move) und dem *Kopierbefehl* t (transpose,
copy, command) können Zeilen und Zeilenbereiche <ZB> zu einer *Zieladresse* (target address) <ZA> versetzt beziehungsweise kopiert werden:

```
[<ZB>]m<ZA>[l|n|p]              [<ZB>]t<ZA>[l|n|p]
```

Bei Auslassung der *Ausgangsadresse* <ZB> wird die jeweils aktuelle Zeile adressiert. Die *Zieladresse* <ZA>, die *nicht* ausgelassen werden kann, muß sich auf jeweils eine einzelne Zeile beziehen. Insbesondere muß die aktuelle Zeile mit dem Punkt angegeben werden. Mit einer nachgestellten Option kann die zuletzt bewegte Zeile zurückgespiegelt werden.

Als einfachere Beispiele wären zu betrachten:

```
*,n                    *2,3mn4                *2,3tn4
1 11111111             4 33333333             6 33333333
2 22222222             *,n                    *,n
3 33333333             1 11111111             1 11111111
4 44444444             2 44444444             2 22222222
5 55555555             3 22222222             3 33333333
...                    4 33333333             4 44444444
                       5 55555555             5 22222222
                       ...                    6 33333333
                                              7 55555555
                                              ...
```

Zu beachten ist, daß der ursprüngliche Zeilenbereich beim Verschieben gelöscht wird, beim Kopieren dagegen erhalten bleibt.

Um Zeilen und Zeilenbereiche zum Anfang oder Ende des Editierpuffer zu verschieben oder zu kopieren, muß als Zieladresse die Nulladresse 0 beziehungsweise die Endadresse $ benutzt werden; wie zum Beispiel in,

```
*,n                    *2,3m0                 *2,3t$
1 11111111             *,n                    *,n
2 22222222             1 22222222             1 11111111
3 33333333             2 33333333             2 22222222
4 44444444             3 11111111             3 33333333
                       4 44444444             4 44444444
                                              6 22222222
                                              7 33333333
```

Zwei häufig ausgeführte Bewegungen sind das Vertauschen der aktuellen und der unmittelbar nachfolgenden Zeile sowie das Duplizieren der aktuellen Zeile, wozu die Befehlsformen m+ beziehungsweise t. benutzt werden,

```
*,n                    *2                     *1
1 11111111             2 22222222             1 11111111
2 22222222             *m+n                   *t.n
3 33333333             3 22222222             2 11111111
4 44444444
```

Im allgemeinen ist zu beachten, daß bei dem Versetzungsbefehl die Zieladresse *nicht* in dem zu bewegenden Zeilenbereich enthalten sein darf; beim Kopierbefehl ist ein derartiges *Überlappen* (overlapping) dagegen erlaubt:

```
*2,4m3                                 *2,4t3
? illegal move destination            ...
```

2.6 Zeilengebundene Substitution

Das Löschen, Modifizieren und Einschieben von Zeichenketten sind Hauptfunktionen eines Zeileneditors. Sie können mit recht geringem Aufwand effizient ausgeführt werden, sofern der Benutzer mit den Grundprinzipien der *zeilengebundenen Substitution* (in-line substitution) vertraut ist.

Der *Substitutionsbefehl* s (substitution command) wird ausschließlich dazu benutzt, *Zielmuster* (target strings) durch *Ersatzketten* (replacement strings) zu ersetzen. Das allgemeine Substitutionsschema verläuft von links nach rechts:

```
[<ZB>]s/<ziel>/<ersatz>/[i|g][l|n|p]
```

wobei zumeist der *Schrägstrich* / (slash) als *Begrenzer* (delimiter) der Zeichenketten benutzt wird.

Der Befehl kann sowohl auf einzelne Zeilen als auch auf *zusammenhängende Zeilenbereiche* (contiguous line ranges) angewandt werden, die durch eine der bereits besprochenen Methoden der Adressierung bestimmt werden (Abschnitt 2.2). Bei *Auslassung* der vorangestellten Zeilenadresse beziehen sich alle Substitutionen auf die *jeweils aktuelle Zeile* (current line). Der Befehl kann sinnvoll mit den Suchanweisungen g und v (Abschnitt 2.7) kombiniert werden.

Ohne die nachgestellte Zusatzoption i (index) oder g (global) wird nur die (von links nach rechts) *jeweils erste* Instanz des Zielmusters in einer Zeile ersetzt; mit dem Index i = 1, 2, ..., 512 wird die jeweils *i*-te, und mit g werden alle Instanzen ersetzt:

```
aaaaaaaa          aaaaaaaa          aaaaaaaa
*s/a/x/p          *s/a/x/3p         *s/a/x/gp
xaaaaaaa          aaxaaaaa          xxxxxxxx
```

Mit einer der nachgestellten Optionen l (list), n (number) und p (print) wird die zuletzt modifizierte Zeile zurückgespiegelt, wobei das Ausgabeformat den gleichnamigen Listbefehlen (Abschnitt 2.3) entspricht. Beim Auslassen des letzten Begrenzers wird die Zeile im Sinne von p widergespiegelt,

```
s/<ziel>/<ersatz>/p       entspricht       s/<ziel>/<ersatz>
```

Anstelle von Schrägstrichen kann fast jedes andere Zeichen als Begrenzer benutzt werden: s?...?...?   s:...:...:   s,...,..., usw.

Innerhalb des Ziel- oder Ersatzmusters enthaltene Begrenzer müssen einzeln mit dem *Rückstrich* \ (backslash) abgedeckt werden. Als einfacher Ausweg kann ein *alternativer Begrenzer* benutzt werden. Die beiden folgenden Befehle, die den Bruch '3/4' durch '3:4' ersetzen, sind daher äquivalent:

```
s/3\/4/3:4/       entspricht       s?3/4?3:4?
```

Mir einer leere Ersatzkette wird das Zielmuster aus der Zeile gelöscht :

```
...s/<ziel>//...
```

Um zum Beispiel das symbolische Steuerzeichen \n in der Zeile,

```
puts("Hallo Freunde\n");
```

zu löschen, wird kodiert:

```
*s/\\n//p
puts("Hallo Freunde");
```

was zugleich zeigen mag, daß der Rückstrich mit sich selbst abgedeckt werden muß!

Der Substitutionsbefehl kann auf Zeilenbereiche angewendet werden, die mit den oben besprochenen expliziten und impliziten Adressierungsformen bestimmt werden,

```
<bereich>s/<ziel>/<ersatz>/...
```

also wiederum einfachst:

```
*3,6s/main/Haupt/n
6 } /* Ende Haupt */
```

Zu beachten ist, daß mit der nachgestellten Option l, n oder p dabei nur die jeweils zuletzt modifizierte Zeile widergespiegelt wird.

Insbesondere kann der Substitutionsbefehl jedoch auf den gesamten Editierpuffer angewendet werden:

```
1,$s/<ziel>/<ersatz>/[g]...              ,s/.../.../[g]...
```

Mit der nachgestellten Option g werden dann alle sich im Editierpuffer befindlichen Instanzen des Zielmusters ersetzt.

Das *Zielmuster* (target string) kann immer dann ausgelassen werden, wenn es, *erstens*, mit dem unmittelbar vorhergehenden zusammenfallen soll,

```
*s/a/x            *s//y            *s//z
xaaaaaaa          xyaaaaaa         xyzaaaaa
```

oder, *zweitens*, mit dem *jeweils aktuellen Suchmuster* (search string) zusammenfallen soll; wie zum Beispiel bei der impliziten Adressierung (Abschnitt 2.2.2) oder bei der Suchanweisung G (Abschnitt 2.7),

```
*/main/                   *G/main/
main()                    main()
*//                       *[RET]
{ /* main-Programm */     { /* main-Programm */
*s//Haupt                 *s//Haupt
{ /* Haupt-Programm */    { /* Haupt-Programm */
...                       ...
```

Komplementär dazu kann die *Ersatzkette* (replacement string) durch ein alleinstehendes *Prozentzeichen* % (percent sign) symbolisiert werden, wenn sie mit einer unmittelbar vorhergehenden Substitution zusammenfallen soll; wie zum Beispiel in:

```
*3s/main/Haupt/p           *G/main/
{ /* Haupt-Programm */      ...
*6s//%/p                    { /* main-Programm */
} /* Ende Haupt */          *s//Haupt
...                         { /* Haupt-Programm */
                            } /* Ende main */
                            *s//%
                            } /* Ende Haupt */
                            ...
```

Um die Substitution eines einzelnen Prozentzeichens zu erzwingen, muß dieses mit dem Rückstrich abgedeckt werden:

```
s/.../\%/...
```

In allen anderen Fällen verliert das % seine substituierende Wirkung und braucht nicht geschützt zu werden.

In Verbindung mit der Suchanweisung g (Abschnitt 2.7) kann eine durchlaufend automatische Substitution erfolgen:

```
g/<smuster>/s//<ersatz>/...
```

wobei die Instanzen des Suchmusters in *allen* gefundenen Zeilen ersetzt werden; wie zum Beispiel in:

```
*g/main/s//Haupt/n
2 Haupt()
3 { /* Haupt-Programm */
6 } /* Ende Haupt */
```

was hier unrichtigerweise auch den Programmkopf einschließen würde. Richtig wäre in diesem Fall:

```
*3,6g/main/s//Haupt/n
3 { /* Haupt-Programm */
6 } /* Ende Haupt */
```

Bei den komplementären Suchanweisungen v und V (Abschnitt 2.7) kann *keine* automatischen Substitution des Suchmusters erfolgen, was wohl auch nicht sinnvoll wäre.

Sowohl Suchmuster als auch Zielmuster (search, target, patterns) können durch durch *lexikalische Ausdrücke* (REs; regular expressions) abstrakt bestimmt werden, um ganze Klassen von Zeichenketten als Textmuster kollektiv erfassen und manipulieren zu können. Dies wird im Kapitel 3 eingehend behandelt.

2.6.1 Adressierbare Substitution

Mit dem Ampersand & kann ein *Zielmuster* (target pattern) als Ganzes erfaßt
und beliebig oft in die Substitution inseriert werden. Dies kann dazu benutzt
werden, ein gegebenes Zielmuster zu vervielfältigen oder zu erweitern. Zum
Beispiel wird mit den Substitutionen,

```
s/<ziel>/&&/p                              s/<ziel>/&&&/p
...<ziel><ziel>...                         ...<ziel><ziel><ziel>...
```

das Zielmuster einfach unverändert verdoppelt beziehungsweise verdreifacht
substituiert usw.

Typische Beispiele von Zielmuster-Erweiterungen wären:

```
*s/leer/nicht&/p                           *s/Ziel/&muster/p
... nichtleer ...                          ... Zielmuster ...
```

wo "leer" zu "nichtleer", und "Ziel" zu "Zielmuster" erweitert wurden usw.

Das Prinzip gilt gleichermaßen für Suchmuster, die bei der impliziten Adressierung (Abschnitt 2.1.2) oder mit Suchanweisungen wie g (Abschnitt 2.6)
benutzt werden:

```
*/Zitat/s//"&"/p                           *g/Zeichen/s//ASCII-&/p
..."Zitat" ...                             ... ASCII-Zeichen...
```

Soll das Ampersand dagegen als eigenticher Bestandteil der Ersatzkette (target string) fungieren, so muß es mit dem Rückstrich abgedeckt werden:

```
... Firma und Co. ...
*s/und/\&/p
... Firma & Co. ...
```

Ein wesentlich anderes Problem ensteht, wenn Teile von langen und komplizierten Zeichenketten manipuliert werden sollen. Ein erstes, auf die *lexikalische Bestimmungssyntax* (lexical pattern syntax; Kapitel 3) vorgreifendes
Beispiel mag dies veranschaulichen:

```
s/\(Elementarteilchen\)b\(eschleunigungsverfahren\)/\1-B\2/p
... Elementarteilchen-Beschleunigungsverfahren ...
```

Hier wurde ein langes Zielmuster in zwei adressierbare Teilketten zerlegt, die
dann mit den Indexen \1 und \2 einzeln adressiert und unter Einschluß
von '-B' wieder zusammengefügt wurden. Das nicht adressierte Zeichen 'b'
wurde ausgelassen.

Das zugrundeliegende allgemeine Schema der *adressierbaren Zerlegung*
(addressable partitioning) ist, daß ein Zielmuster in *k adressierbare Teilketten*
(addressable substrings) zerlegt wird,

```
<Zielmuster> = \(<t₁>\)\(<t₂>\)...\(<tk>\)
```

die dann mit den Indexen \1, \2, ..., \k einzeln und in beliebiger Reihenfolge und Wiederholung abgegriffen werden können.

Ein weiteres Beispiel mag dies illustrieren. Mit dem Zielmuster `abrakad` ergibt sich,

```
*s/\(ab\)\(ra\)\(kad\)/\1ba \1 \1\2\3\1\2 \2\1/p
abba ab abrakadabra raab
```

Kryptische Quelltexte können auf diese Weise zu Klartext aufgeschlüsselt werden.

Zielmuster-Substitution und adressierbare Zerlegung kann sehr wirkungsvoll mit lexikalischen Such- und Bestimmungsmustern kombiniert werden, was verallgemeinert als *indexierte Kombination* von REs (indexed combinations) im Abschnitt 3.3.3 weitergeführt wird. Da die recht komplizierte Kodierungsform den interaktiven Gebrauch erschwert, können bei systematischer Anwendung Befehlsdateien (Skripte) programmiert werden, was im Abschnitt 2.11 weitergeführt wird. Die eben vorgestellten Substitutions- und Zerlegungsregeln gelten identisch für den Durchlauf-Editor **sed(1)** (Kapitel 6) sowie den Dualmode-Editor **ex(1)/vi(1)** (Kapiel 4 und 5). Mit dem lexikalischen Textfilter **grep(1)** (Abschnitt 8.1) können regelmäßige Textmuster nach dem Zerlegungsschema erfaßt werden.

2.6.2 Sonderzeichen und lexikalische Regeln

Der Editor interpretiert einen Satz von *Sonderzeichen* (special characters), deren Wirkungsbereich jedoch lokalisiert ist:

- In *Suchmustern* und in *Zielmustern*: `$ ^ . * [ ] \`
- In *Ersatzketten*: `& \` sowie ein alleinstehendes `%`

wobei der *Rückstrich* `\` (backslash)als *universelles Fluchtzeichen* (universal escape character) dient. Alle anderen *darstellbaren ASCII-Zeichen* (printable characters) werden als *gewöhnliche Zeichen* (ordinary characters) interpretiert. Die Schutzregeln für *ASCII-Steuerzeichen* (control characters) werden weiter unten besprochen.

Durch Abdecken mit dem Rückstrich können alle Sonderzeichen einschließlich des Rückstriches selbst in ihrem jeweiligen Wirkungsbereich zu gewöhnlichen Zeichen reduziert werden; wie zum Beispiel in,

```
*s/\[1985\]/(1985)/p          *s/etc/\&c/
... (1985) ...                ... &c...
```

wo die eckigen Klammern in dem Zielmuster, und das Ampersand in der Ersatzkette (target string) mit dem Rückstrich geschützt werden mußten. Der Wirkungsbereich der Sonderzeichen muß also im Auge behalten werden!

Der Rückstrich muß sowohl in Such- und Zielmustern als auch in Ersatzketten mit sich selbst abgedeckt werden; wie zum Beispiel in:

```
*s/\\t//                      *s/n/\\n/
```

Das Dollarzeichen $ (dollar sign) wurde bereits als symbolische Adresse der letzten Zeile im Editierpuffer vorgestellt. Seine zweite Funktion besteht darin, das Zeilenende in *Such- und Zielmustern* (search, target, pattern) symbolisch darzustellen, wobei zwangsläufig kein weiteres Zeichen folgen kann. Auf Grund dieser völlig unterschiedlichen Kontexte kann kein Konflikt zwischen den beiden Funktion entstehen. Zum Beispiel wird mit

```
*1,$s/$/+/p                    *1,$s/$100/DM 150/p
...+                           ... DM 150 ...
```

in beiden Fällen einerseits der gesamte Editierpuffer durchlaufen, und andererseits im ersten Beispiel an jedem Zeilenende ein '+' angehängt, wobei das $ in dem Zielmuster das Zeilenende symbolisiert, während im zweiten Beispiel das $ in dem Zielmuster $100 durch die nachfolgenden Nullen seiner symbolischen Funktion enthoben ist und deshalb nicht mit dem Rückstrich geschützt werden muß. Nur ein alleinstehendes $ muß geschützt werden; wie zum Beispiel in:

```
... das Dollarzeichen $ ist ...
*s/\$/'$'/p
... das Dollarzeichen '$' ist ...
```

Das *Caret* ^ (caret) symbolisiert in Such- und Zielmustern den Anfang einer Textzeile, wobei es zwangsläufig als allererstes Zeichen stehen muß. Zum Beispiel wird mit

```
*s/^/#/p                       s/2^5/2**5/p
# ...                          '... 2**5 ...
```

einerseits ein Dur-Zeichen (sharp sign) am Zeilenanfang eingeschoben, und andererseits das ^ als gewöhnliches Zeichen ersetzt. Nur ein alleinstehendes Caret muß mit dem Rückstrich geschützt werden.

Das Caret kann mit dem Dollarzeichen kombiniert werden, um Leerzeilen (empty lines) zu bestimmen,

```
*g/^$/...
```

Die Wirkungsweise und Anwendung dieser lexikalischen Sonderzeichen wird im Kapitel 3 eingehend besprochen.

Die im ASCII-Zeichensatz enthaltenen *Steuerzeichen* (control characters) mit einer Oktalwertigkeit < 040 sowie das **DEL**-Zeichen (0177) können durchaus legitime Bestandteile von *konformen Textdateien* (conforming text files) sein. Zeichenketten, die solche Steuerzeichen enthalten, können mit Such- und Zielmustern erfaßt und durch Ersatzketten substituiert werden, wobei die allgemeinen Eingabe- und Schutzregeln gelten (Abschnitt 1.2.1). Als Teilmenge dieser Steuerzeichen wären insbesondere die *Ausgabe-Steuerzeichen* (print control characters) zu betrachten, darunter der Rückschritt **BS** (010) (backspace), das horizontale Tabulator-Zeichen **HT** (011) (horizontal tab), der Zeilenvorschub **LF** (012) (line feed) sowie der Blattvorschub **FF** (014) (form feed). Diese und andere Steuerzeichen können allgemein mit dem Rückstrich sowohl in Such- und in Zielmustern als auch in *Ersatzketten* (target strings) abgedeckt werden; wie zum Beispiel in,

```
*,s/gruen/gru\[CTL_H]"n/
```

wo der Umlaut in "grün" mit dem Doppelzitat (zum Drucken auf einem älteren ASCII-Drucker) nachempfunden wird; und in,

```
*11,20s/^/\[CTL_J]\[CTL_I]/
```

ein Zeilenbereich doppelzeilig gemacht und gleichzeitig um eine Tabulatorenlänge eingerückt wird. Der Zeilenvorschub kann übrigens auch dazu benutzt werden, überlange Zeilen umzubrechen, was zusammen mit den Tabulatorvereinbarungen im Abschnitt 2.10.3 behandelt wird.

2.7 Suchanweisungen

Mit den beiden komplementären *Suchanweisungen* (search directives) g (get, global) und v (veto) können Zeilen, die ein vorgegebenes *Suchmuster* (search pattern) enthalten (g) beziehungsweise dieses *nicht* enthalten (v), automatisch der Reihe nach erfaßt und als *jeweils aktuelle Zeile* (current line) einem oder mehreren nachgeschalteten Befehlen zugeführt werden:

```
[<ZB>]g/[<smuster>]/[<ebef>...]        ...v?[<smuster>]?...
```

Der *Suchbereich* (search range) kann auf einen zusammenhängenden Zeilenbereich <ZB> beschränkt werden; bei Auslassung gilt der *gesamte Editierpuffer*.

Das Suchmuster kann von *willkürlichen Begrenzern* (arbitrary delimiters) umgeben werden, die nicht selbst darin enthalten beziehungsweise in diesem mit dem Rückstrich abgedeckt sind. Zum Beispiel können mit den beiden folgenden gleichwertigen Kodierungen alle Zeilen, die den Schrägstrich enthalten beziehungsweise *nicht* enthalten, erfaßt und mit dem Listbefehl n (Abschnitt 2.3) numeriert aufgelistet werden:

```
*g/\//n                    *v:/:n
3 { /* main-Programm */    1 #include <stdio.h>
6 } /* Ende main */        2 main()
                           4 puts("Hallo Freunde\n");
                           5 exit(0);
```

Bei Auslassung des Suchmusters beziehungsweise der gesamten Suchklausel einschließlich der Begrenzer, wie zum Beispiel in,

```
*g//n                      *vn
3 { /* main-Programm */    1 #include <stdio.h>
...                        ...
```

wird das *jeweils aktuelle Suchmuster* (current search pattern) benutzt, das vorhergehend mit einer Suchanweisung oder einer impliziten Adressierung (Abschnitt 2.2.2) beziehungsweise als Zielmuster mit dem Substitutionsbefehl (Abschnitt 2.6) benutzt wurde. Ohne jeglichen nachgestellten Befehl werden die erfaßten Zeilen einfach aufgelistet.

Der *Suchbereich* (search range) kann auf einen zusammenhängenden Zeilenbereich beschränkt werden, der durch jede zulässige Form der Adressierung (Abschnitt 2.2) bestimmt werden kann,

```
*3,$g/main                      *3,$v//n
{ /* main-program */            4 puts("Hallo Freunde\n");
} /* Ende main */               5 exit(0);
```

Umgekehrt können Zeilen, die ein vorgegebenes Suchmuster enthalten und somit jeweils zur *aktuellen Zeile* (current line) bestimmt werden, mittels *relativer Adressierung* (relative addressing; Abschnitt 2.1.3) zu *Kontextbereichen* (context ranges) der unmittelbar umgebenden Zeilen erweitert werden:

```
...g/<smuster>/-h,+k...      ...g/.../-h, ....      ...v/.../ .,+k ...
```

wie zum Beispiel in,

```
*g/Hallo/-1,+1n
3 { /* main-program */
4 puts("Hallo Freunde\n");
5 exit(0);
```

Die Suchanweisungen g und v können — soweit sinnvoll — als *Vorschaltbefehle* (prepended auxiliary commands) mit fast allen anderen Befehlen kombiniert werden. In Verbindung mit dem Zeilenlöschbefehl d können alle Zeilen gelöscht werden, die ein vorgebenes Suchmuster enthalten,

```
...g/^$/d                       ...g/^#/d
```

wie zum Beispiel alle Leerzeilen beziehungsweise alle Zeilen, die mit dem Dur-Zeichen beginnen.

In Verbindung mit dem Substitutionsbefehl s (substitute) können die gefundenen Suchmuster (search pattern) sogleich automatisch als Zielmuster (target string) ersetzt werden:

```
g/<smuster>/s//<ersatz>/
```

was bereits im Abschnitt 2.6 vorgestellt wurde. Auch hier sei nochmals daran erinnert, daß genau umgekehrt das *jüngste Zielmuster* nachfolgend das *aktuelle Suchmuster* bestimmt,

```
*s/main/Haupt                   *gp
} /* Ende Haupt */              main()
...                             ...
```

Die Suchanweisungen können mit den Eingabebefehlen a, i, und c
(Abschnitt 2.3) verknüpft werden, wobei das folgende Schema gilt,

```
...g/<smuster>/a\[RET]              ...v/.../i\[RET]
...  <Text>  ... \[RET]            ...        \[RET]
...                                ...
.[RET]                             .[RET]
```

Zu beachten ist, daß jede Eingabezeile mit dem Rückstrich unmittelbar
gefolgt vom Zeilenvorschub beginnt, und daß die Eingabe mit einem alleinstehenden Punkt am Zeilenanfang gefolgt vom Zeilenvorschub abgeschlossen wird.

Um zum Beispiel jeden Blockanfang in einem C-Programm mit einer Kom-
mentarzeile zu unterstreichen, wird kodiert:

```
*g/{/a\
/* -------------------- */\
.
*,n
...
3 { /* main-program */
4 /* -------------------- */
5 puts("Hallo Freunde\n");
...
```

Die Zeilenbefehle j (join), m (move) und t (transpose; line commands;
Abschnitt 2.5) können — soweit sinnvoll — mit den Suchanweisungen verknüpft werden. Um zum Beispiel alle Zeilen, die ein vorgegebenes Suchmuster enthalten, mit der unmittelbar nachfolgenden Zeile zu vereinen
beziehungsweise zu vertauschen oder zu verdoppeln, kann kodiert werden,

```
g/<smuster>/j          g/.../m+          g/.../t.
```

was sich auch auf größere Zeilenbereiche erweitern läßt.

Dateibefehle (file commands; Abschnitt 2.8) können ebenfalls den Suchanweisungen nachgestellt werden. Mit r (read) können sowohl Dateien als
auch die *Normalausgabe* (standard output) von Shell-Befehlen (Abschnitt
2.9) unmittelbar hinter jeder gefundenen Zeile eingelesen werden, wozu
allerding der Punkt gesetzt werden muß:

```
...g/<smuster>/.r <Datei>         ...g/.../.r !<S-Befehl>
```

Mit W können die gefundenen Zeilen in einer benannten Datei abgelegt, und
mit w in die *Normaleingabe* (standard input) von Shell-Befehlen eingespeist
werden:

```
...g/<smuster>/.W <Datei>         ...g/.../.w !<S-Befehl>
```

Bei Dateien muß W (Majuskel) benutzt werden, um die erfaßten Zeilen *anzuhängen* (appending) anstelle jeweils erneut zu überschreiben.

Das Besondere bei den beiden Suchanweisungen ist jedoch, daß sie mit
Befehlsfolgen (command sequences) verknüpft werden können, wobei das
folgende Schema sowohl für g als auch v gilt:

```
...g/[<smuster>]/<ebef1>\[RET]
                <ebef2>\[RET]
                 ...    [RET]
```

Zu beachten ist dabei, daß die Befehlsfolge mit dem Rückstrich unmittelbar
gefolgt vom Zeilenvorschub fortgesetzt und mit einem einfachen Zeilenvorschub abgeschlossen wird. Mit Ausnahme der beiden Suchanweisungen
selbst können alle Editierbefehle und fast alle Dateibefehle benutzt werden.

Die sich damit ergebenden Möglichkeiten können — im Rahmen eines Zeileneditors — als eine einfachere Art von *lexikalisch-assoziativer Transaktionsverarbeitung* (lexically-associative transaction processing) betrachtet
werden. Ein bezüglich der *lexikalischen Bestimmungssyntax* (lexical pattern
syntax; Kapitel 3) etwas vorgreifendes Beispiel mag dies veranschaulichen.

Eine *Stammdatei* (masterfile) von mehrsprachigen Meldungen soll systematisch variiert werden. Der Einfachheit halber soll jede Zeile mit einem Großbuchstaben 'D', 'E', 'F' ... als Schlüssel (key) beginnen,

```
*,p
D:Hallo Freunde
E:hello world
F:Bonjour monde
...
```

Alle englischsprachigen Meldungen sollen erfaßt, zu doppelzitierten Argumenten der C-Ausgabefunktion **puts(3S)** erweitert und dann in einer Zusatzdatei (include file) names pgmx.i abgelegt werden. Die Stammdatei selbst
darf dabei nicht verändert werden. Die durch g angetriebene *Transaktions-
gruppe* (transaction group) besteht aus insgesamt 4 Befehlen:

```
*g/E:\(..*\)/t.\
s//puts("\1");/\
.W pgmx.i\
.d
21
...
```

wobei das *Suchmuster* (search pattern) als *adressierbare Zerlegung* (addressable partitioning; Abschnitte 2.6.1 und 3.3.3) kodiert wird. Jede gefundene
Zeileninstanz wird zuerst mit t. verdoppelt, die Substitution mit s erfolgt
am Duplikat, das mit W (Majuskel) zur Datei pgmx.i ausgegeben und dann
mit .d wieder aus der Stammdatei gelöscht wird. Die Anzahl der jeweils
ausgegebenen Zeichen wird automatisch zurückgespiegelt: 21 ...

Die Auffangdatei kann sogleich inspiziert werden,

```
*e pgmx.i
...
*,p
puts("hello world");
puts("happy days are here again");
...
```

Im allgemeinen werden derartige Transaktionen jedoch kaum interaktiv ausgeführt, sondern zumeist in einer Befehlsdatei, oder *ed*-Skript (command file, script) getestet und entfehlert abgelegt, um dann zur wiederholten Anwendung zur Verfügung zu stehen (Abschnitt 2.10).

Mit den Varianten G und V (Majuskel) können Zeilen, die ein vorgegebenes Suchmuster enthalten beziehungsweise *nicht* enthalten, der Reihe nach einzeln abgegriffen und bearbeitet werden,

```
[<ZB>]G/<smuster>/              ...V?<smuster>?
... <smuster> ...               ... <smuster> ...
<Befehl> ...                    [RETURN]
...                             ...
```

wobei der Editor jede gefundene Zeile ausgibt, und dann auf einen Befehl wartet. Nur ein Befehl kann jeweils angewendet werden, worauf die nächste Zeile erscheint. Mit der Leereingabe wird unmittelbar zur nächsten Zeile übergegangen. Mit dem Ampersand kann der jeweils vorhergehende Befehl identisch wiederholt werden. Ein Beispiel mag dies veranschaulichen:

```
*G/main/
main()
*[RET]
{ /* main-program */
*s//Haupt
{ /* Haupt-program */
} /* Ende main */
*&
} /* Ende Haupt */
```

Der Suchvorgang endet automatisch am Ende des Editierpuffers und kann jederzeit mit der Interrupt-Taste abgebrochen werden.

Zu beachten ist, daß keiner der Eingabebefehle a, c, i und keiner der anderen Suchanweisungen g, v, ... mit G oder V angewandt werden kann!

2.8 Dateibefehle

Dateibefehle (file commands) beziehen sich auf Dateien, die eingelesen, ausgeschrieben und gegebenenfalls neu angelegt werden sollen, wozu die entsprechenden *Lese-* beziehungsweise *Schreibrechte* (read, write, permission) gewährleistet sein müssen (Abschnitt 1.2.3). Zum Neuanlegen einer Datei muß dazu noch das Schreibrecht für das *Mutterverzeichnis* (parent directory) bestehen. Die Erweiterung der Dateibefehle auf die Standard-Datenströme wird im nachfolgenden Abschnitt besprochen. Die folgenden Dateibefehle stehen zur Verfügung:

e|E `[<Dateiverweis>]`
nnn

(edit) Neuladen des Editierpuffers (edit buffer), wobei dessen aktueller Inhalt aufgegeben und aus der aktuellen beziehungsweise der benannten Datei neu eingelesen wird, die damit zugleich zur aktuellen wird. Falls kein Abspeichern seit der letzten Veränderung des aktuellen Editierpuffers stattfand, wird der Befehl e (Minuskel) mit einer Warnung (?) ignoriert und kann erst durch Wiederholung erzwungen werden. Bei E (Majuskel) entfällt die Abspeicherungsprüfung. Die Anzahl der eingelesenen Zeichen wird mit nnn angezeigt und die zuletzt eingelesene Zeile zur aktuellen bestimmt.

f `[<Dateiverweis>]`
(file) Die durch ihren *Verweis* (pathname) angegebene Datei wird zur *aktuellen Editierdatei* (current edit file) bestimmt. Ohne Argument wird der Verweis der jeweils aktuellen Datei angezeigt.

`[<ZA>]`**r** `[<Dateiverweis>]`
nnn

(read) Die angegebene Datei wird unmittelbar nach der mit <ZA> adressierten beziehungsweise der *letzten* Zeile in den aktuellen Editierpuffer eingelesen (appending); die *aktuelle Zeile* (current line) muß explizite mit dem Punkt erzwungen werden. Ohne Dateiverweis wird die jeweils *aktuelle Editierdatei* (current file) eingelesen. Die Anzahl der eingelesenen Zeichen wird mit nnn angezeigt und die zuletzt eingelesene Zeile zur aktuellen bestimmt.

`[<ZB>]`**w|W** `[<Dateiverweis>]`
nnn

(write) Ein Zeilenbereich <ZB> beziehungsweise der gesamte Editierpuffer wird in die aktuelle beziehungsweise in die benannte Datei ausgegeben. Eine bereits existierende Datei wird mit w (Minuskel) überschrieben und mit W (Majuskel) am Ende erweitert (appending). Eine neue Datei wird automatisch angelegt. Die Anzahl der ausgeschriebenen Zeichen wird mit nnn angezeigt. Die jeweils aktuelle Zeile bleibt unverändert.

2.9 Durchgriff zur Shell-Ebene

Im folgenden seien mit `<Sbef>` *generische* UNIX-Befehle (generic commands), integrierte *Shell-Anweisungen* (shell builtins) sowie private Anwendungsprogramme symbolisiert, die auf der Shell-Ebene aufgerufen und daher kurz und sinnfällig als *Shell-Befehle* bezeichnet werden können. Die nachfolgend vorgestellten Ansätze lassen sich auf *E/A-Umlenkung, zitierte Befehlsausführung* und *Pipelines* (Abschnitt 1.2.2) sowie auf multiple Befehle und Befehlsgruppen erweitern.

Mit dem vorangestellten *Ausrufungszeichen* '!' (prepended exclamation mark) als *Shell-Fluchtzeichen* (shell escape) kann ein Shell-Befehl unmittelbar aus dem Editor heraus aufgerufen werden (escaping, shell level):

```
!<Sbef> [<Argumente>]
```

Bei allen derartigen *Durchgriffen zur Shell-Ebene* (escaping, shell level) gibt der Editor eine Warnung aus, falls der Editierpuffer verändert wurde, ohne daß ein vorheriges Abspeichern stattfand.

Zum Beispiel kann ein kleineres Programm bequem aus dem Editor heraus mit dem einheimischen C-Kompiler **cc(1)** kompiliert und bei Erfolg auch aufgerufen werden:

```
*,p                            *!cc %
#include <stdio.h>             [<eventuelle Meldungen>]
main()                         !
{ /* main-Programm */          *!a.out
  puts("Hallo Freunde\n");     Hallo Freunde
  exit(0);                     !
} /* Ende main */              *
```

Zu beachten ist, daß der aktuelle Dateiverweis durch das Prozentzeichen `%` in der Befehlszeile substituiert werden kann. Eventuelle Fehlermeldungen werden unmittelbar durchgereicht. Die kompilierte *Ausführdatei* (executable file) wurde unter dem Basisnamen `a.out` als Befehl aufgerufen. Die Substitutionswirkung des Prozentzeichens kann mit dem Rückstrich unterbunden werden. Die alleinstehenden Ausrufungszeichen zeigen jeweils die beendete Ausführung des Befehls an.

Shell-Befehle, die Text über die *Normalausgabe* (standard output) ausgeben, können mit dem Dateibefehl e beziehungsweise E (edit; Abschnitt 2.8) nach dem folgenden Schema kombiniert werden:

```
e !<Sbef> ...                  E !<Sbef> ...
```

wobei die *Normalausgabe* des Befehls den aktuellen Inhalt des Editierpuffers überschreibt. Bei E entfällt die obligatorische Warnung, falls der Editierpuffer verändert wurde, ohne daß ein vorheriges Abspeichern stattfand. Der Shell-Befehl wird dann unverzüglich aufgerufen.

Ein typisches Beispiel wäre das Formatieren eines C-Programmes mit dem Hilfsprogramm **cb(1)** (C beautifier),

```
*e !cb progx.c
*,n
1   #include <stdio.h>
2   main()
3   { /* main */
4     puts("Hallo Freunde");
5     exit(0);
6   } /* end */
```

Zu beachten ist, daß das %-Zeichen in dieser Aufrufsform *nicht* zur Substitution des aktuellen Dateiverweises zur Verfügung steht! Ein weiteres typisches Beispiel wäre das Sortieren *in situ* mit dem Sortierbefehl **sort(1)**:

```
*f                              *e !sort namen
namen                           234
*,p                             *,p
zappa                           abba
bappa                           bappa
...                             ...
abba                            zappa
```

Andere Hilfprogramme, die auf gleiche Weise zum *Textfiltern* (text filter) *in situ* benutzt werden können, sind das Textmusterverarbeitungsprogramm **awk(1)**, die Formatierhilfe **fmt(1)**, der einfache Seitenformatierbefehl **pr(1)**, die erweiterte Formatiereinrichtung **nroff(1)** sowie der Durchlauf-Editor **sed(1)**.

Umgekehrt kann mit dem Dateibefehl r die *Normalausgabe* (standard output) eines Shell-Befehls nach einer adressierten beziehungsweise der jeweils letzten Zeile in den Editierpuffer (edit buffer) eingefügt werden, ohne daß der aktuelle Inhalt verloren geht,

```
[<ZA>]r !<Sbef> [<Argumente>]
```

Zum Beispiel kann der aktuelle Datumsvektor unmittelbar aus dem Shell-Befehl **date(1)** in den Textkopf eingelesen werden:

```
*0r !date
*n
1 Fri Aug 21 12:07:49 EDT 1990
```

Selektive *Textübertragung* (text grafting) aus anderen Textdateien oder sogar speziellen *Textbanken* (text bases) kann mit dem Durchlauf-Editor **sed(1)** und dem Suchbefehl **grep(1)** unter Anwendung lexikalischer Suchmuster ausgeführt werden, was in Kapitel 6 beziehungsweise Abschnitt 8.1 weitergeführt wird. Die nachfolgenden Beispiele sollen lediglich die Anwendung dieser Einrichtungen im Kontext des Zeileneditors veranschaulichen.

Eine einfachere Anwendungsform von *sed* besteht darin, einen Zeilenbereich aus einer Textbank abzugreifen und in den aktuellen Editierpuffer zu übertragen:

```
*35r !sed -n -e '68,80p' textbank
```

Hier wird der Zeilenbereich 68–80 zusammenhängend unmittelbar nach Zeile 35 in den aktuellen Editierpuffer eingefügt. Anstelle von Zeilennummern können lexikalische Suchmuster benutzt werden, wie zum Beispiel in,

```
62r !sed -n -e '/^a)/,/^$/p' textbank
```

wo ein mit dem Muster a) beginnender, und mit einer Leerzeile endender Paragraph abgegriffen und unmittelbar nach Zeile 62 in den aktuellen Editierpuffer eingefügt wird.

Mit dem Suchbefehl *grep* können Zeilen mit lexikalischen Suchmustern extrahiert werden, wie zum Beispiel in

```
15r !grep '^6\.[0-9] [A-Z].*' kap6
```

wobei alle Abschnittsüberschriften zweiter Ordnung "6.1 ...", "6.2 ... ", ... extrahiert und unmittelbar nach Zeile 15 in den aktuellen Editierpuffer eingefügt werden.

Bei besonderen Anwendungen, wo Text routinemäßig aus Textbanken extrahiert werden soll, kann ein spezielles Dienstprogramm als Shell-Skript oder C-Programm erstellt werden, das dann innerhalb des Editors aufgerufen wird:

```
78r !xtrakt 5,15 textbank
```

Der zu übertragende Text muß dabei über die *Normalausgabe* (standard output) ausgegeben werden.

Mit dem Dateibefehl w kann ein vorgegebener Zeilenbereich beziehungsweise der gesamte aktuelle Inhalt des Editierpuffers in die *Normaleingabe* eines Shell-Befehls eingespeist werden:

```
[<ZB>]w !<Sbef> [<Argumente>]
```

Zum Beispiel kann ein Zeilenbereich unmittelbar in den Auswertungsbefehl wc(1) eingespeist werden, der die Anzahl der Zeilen, Worte und Zeichen ermittelt,

```
*2,5w !wc
       4        8       64
```

Ein anderes typisches Beispiel ist die unmittelbare Ausgabe in eine Pipeline, die mit der Formatierhilfe **fmt(1)** beginnt und über den Seitenformatierer **pr(1)** zum Druckauftragsverwalter **lp(1)** führt:

```
w !fmt ... | pr ... | lp ...
```

2.10 Aufrufsoptionen und Betriebsanweisungen

Der Zeileneditor **ed(1)** kann mit den folgenden Optionen auf der Shell-Ebene aufgerufen werden (invocation options):

```
ed [-[s]] [-p <prompt>] [-x|-C] [<Dateiverweis>]
```

Mit einem alleinstehenden Minuszeichen '−' (SVR3) beziehungsweise mit −s (silent; SVR4) als Option wird die Ausgabe von Fehler- und Vollzugsmeldungen bei den Befehlen e und q sowie die Anzeige der Zeichenanzahl bei den übrigen Dateibefehlen abgestellt, was zumeist Anwendung bei der Ausführung von programmierten Befehlsdateien findet (Abschnitt 2.11). Mit den sich gegenseitig ausschließenden (mutually exclusive) Optionen −x und −C wird die *Verschlüsselungsanweisung* (encryption directive) X beziehungsweise C (Abschnitt 2.10.4) gleich eingangs aufgerufen.

Mit der Option −p kann eine beliebige Zeichenkette als *Befehlsprompt* (command prompt) bestimmt werden; wie zum Beispiel in,

```
$ ed -p ">" dateix
...
> ...
```

wobei das Winkelzeichen '>' allerdings mit *umgebenden Doppelzitaten* (enclosing double quotes) geschützt werden muß, da es ein Syntaxelement der Shell darstellt. Der Prompt kann nachträglich mit der Anweisung P (Abschnitt 2.10.2) ab- und angeschaltet werden.

Nachfolgend werden die *Betriebsanweisungen* (operating directives) von ed besprochen.

2.10.1 Beenden der Editier-Session

Normalerweise wird eine Editier-Session nach dem Abspeichern des aktuellen Editierpuffers mit der Anweisung q (quit) beendet. Falls kein Abspeichern seit der jüngsten Veränderung stattfand, wird das q lediglich mit einen Fragezeichen beziehungsweise bei Voreinstellung von H mit einer Warnung quittiert, um ein letztliches Abspeichern zu ermöglichen,

```
q                               q
?                               warning: expecting 'w'
```

Mit einem zweiten q wird der Editor dann unwiderruflich verlassen. Mit der Variante Q (Majuskel) kann der Editor jederzeit *par force* verlassen werden (forced exit).

Mit der ungeschützten Eingabe von *eof* gemäß **stty(1)** — also normalerweise [CTL_D] — kann der Editor sowohl im Eingabe- als auch im Befehlsmodus terminiert werden. Zur Eingabe kann *eof* mit dem **TTY**-Fluchtzeichen [CTL_V] (tty escape character) abgedeckt werden (Abschnitt 1.2.1.1).

2.10.2 Weitere Hilfsanweisungen

Der Editor arbeitet normalerweise ohne *Befehlsprompt* (command prompt),
was dem routinierten Benutzer kaum Probleme bereitet. Der gelegentliche
Benutzer kann einen besonders augenfälligen Befehlsprompt beim Aufruf
bestimmen oder nachträglich mit der Anweisung P an- und abschalten,
wobei der Asterisk * als invariantes Promptzeichen fungiert,

```
P                                    *P
*                                    ...
```

Der Editor gibt normalerweise keine expliziten *Fehlermeldungen* (diagno-
stics) aus, sondern protestiert nur milde mit dem Fragezeichen; der Fehlerzustand kann jedoch mit der Anweisung h (help) abgefragt werden,

```
*Unsinn                              *H
?                                    *Unsinn
*h                                   unknown command
unknown command
```

Die automatische Ausgabe von Fehlermeldungen kann mit der Anweisung H
(Majuskel) nach Belieben an- und abgeschaltet werden.

Mit der Anweisung u (undo) kann die zuletzt ausgeführte Veränderung des
Editierpuffers rückgängig gemacht, und mit einem weiteren u wieder hergestellt werden:

```
*s/abba/zappa/p                      *up
... zappa ...                        ... abba ...
```

Bei weiter zurückliegenden Veränderungen kann mit E der beim letzten
Abspeichern gegebene Zustand wieder hergestellt werden.

2.10.3 Dateiformat

Mit der unter **fspec(4)/PHB** beschriebenen Spezifikationsklausel kann die
Formatierung wie die *Anzahl von linksseitigen Leerzeichen* (left margin pad-
ding), die *Tabulator-Positionen* (tab stops) sowie die *Zeilenlänge* (line size)
für Textdateien festgelegt werden. Zum Beispiel werden mit der gleich am
Anfang einer Textdatei gesetzten Klausel,

```
<:m8 t16,20,30 s80:>
```

8 linksseitigen Leerzeichen, die Tabulator-Position 16, 20 und 30 sowie eine
maximale Zeilenlänge von insgesamt 60 Zeichen festgelegt. Die Klausel wird
jeweils beim Einlesen der Datei interpretiert — also *nicht* interaktiv! Dazu
muß noch das Schlüsselwort −tabs von **stty(1)** gesetzt sein. Beim Anlegen
einer neuen Datei kann die Klausel zuerst eingegeben und abgespeichert, und
dann mit dem Befehl e wieder eingelesen werden, bevor mit der Texteingabe
begonnen wird. Beim Auflisten und Abspeichern überlanger Zeilen und über-
zähliger Tabulatoren-Zeichen wird eine Fehlermeldung ausgegeben.

Die Einrichtung wird zumeist zum Bearbeiten von Quelldateien von Assembler- und Programmiersprachen benutzt, deren Statements mit festvorgegebenen Feld-Positionen kodiert wird (fixed field coding), darunter insbesondere Assembler und RPG sowie ältere Versionen von FORTRAN oder COBOL.

2.10.4 Automatische Textverschlüsselung

Der Editor kann zur unmittelbaren Bearbeitung *verschlüsselter* (encrypted) Textdateien benutzt werden; d. h. ein Zwischenspeichern von sensitiven *Klartext* (plain text) kann vermieden werden. Mit den Verschlüsselungsanweisungen C und X (encryption directives),

```
*C                                *X
Enter Key: ...                    Enter Key: ...
```

kann der Verschlüsselungsmodus nachträglich eingeschaltet werden, wobei eine Abfrage des *Schlüssels* (encryption key) erfolgt; bei Leereingabe wird der Verschlüsselungsmodus automatisch wieder abgeschaltet. Mit beiden Anweisungen erfolgt ein automatisches *Verschlüsseln* (encryption) beim *Abspeichern* mit dem Dateibefehl w (Abschnitt 2.8); der Unterschied liegt darin, daß bei C ein automatisches *Entschlüsseln* (decryption) beim *Einlesen* mit e und r (Abschnitt 2.8) erfolgt, während bei X erst eine heuristische Vorprüfung erfolgt. Das eigentliche Verschlüsselungsprinzip wird unter dem Eintrag **crypt(1)/BHB** beschrieben. Diese Einrichtung wird im allgemeinen *nicht* außerhalb der USA unterstützt.

2.10.5 Tastatursignale

Im interaktiven Betrieb reagiert der Editor nur auf das mit der jeweiligen Tastenbelegung von *intr* gemäß stty(1) erzeugte *Unterbrechungs-Signal* (keyboard interrupt) — normalerweise also [CTL_C] oder [DEL] —, *nicht* aber auf das Abbruch-Signal (*quit*; Abschnitt 1.2.1.1). Im Eingabemodus (input mode) führt eine Unterbrechung unverzüglich zum Befehlsmodus (command mode) zurück. Im Befehlsmodus kann damit ein gerade ablaufender Befehl abgebrochen werden, aber viel "gerettet" werden kann damit zumeist nicht. Der Editor quittiert eine Unterbrechung mit dem Fragezeichen ? beziehungsweise mit der Meldung interrupt.

Mit dem Unterbrechungs-Signal kann das Auflisten einer größeren Datei sowie das schrittweise Durchlaufen mit den Suchanweisungen G und V jederzeit abgebrochen werden. Andere Befehle laufen meist zu schnell ab, um ein rechtzeitiges Unterbrechen zu ermöglichen; insbesondere können mißlungene Editierbefehle mit dem Interrupt nicht mehr rückgängig gemacht werden. Anstelle dessen sollte dann sofort die Anweisung u (undo) benutzt werden.

2.10.6 Arbeitsverzeichnis und Sicherungsdatei

Der Editor benutzt *transiente Arbeitsdateien* (temporary working files) um
bestimmte Operationen, wie zum Beispiel das Verschieben oder Kopieren
von Zeilenbereichen, in mehreren Schritten sequentiell ausführen zu können.
Das Arbeitsverzeichnis, in welchen diese Arbeitsdateien angelegt werden,
wird nach der folgenden Hierarchie bestimmt:

`$TMPDIR`	Falls diese *Environment-Variable* existiert und mit dem *Verweis* (pathname) eines Verzeichnisses belegt ist, auf das der Benutzer Zugriff mit Lese- und Schreibrecht hat, wird dieses benutzt;
`/var/tmp`	andernfalls wird dieses Verzeichnis benutzt;
`/tmp`	letztendlich wird dann dieses Verzeichnis benutzt;

Beim *Abbruch* der Terminalverbindung (hangup; loss of line) im Dialogbetrieb empfängt der als *Tochterprozeß* (child process) der *Terminal-Shell*
ablaufende Editier-Prozeß das Signal SIGHUP, was normalerweise zu dessen
unverzüglichen Terminierung führt, wobei der aktuelle Inhalt des Editierpuffers noch in der *Auffangdatei* `$HOME/ed.hup` (recovery file) abgelegt
wird und beim erneuten Einloggen wieder zur Verfügung steht.

2.11 Programmiertes Editieren

Obzwar der *Durchlauf-Editor* **sed(1)** (stream editor; Kapitel 6) zweckmäßi-
ger zum programmierten Editieren größerer Textdateien ist, können mit **ed(1)**
bestimmte routinemäßige Editieraufgaben leichter ausgeführt werden. Ein
erster Vorteil von *ed* ist, daß der gesamte Editierpuffer global adressiert werden kann, und daß Zeilenbereiche von unten nach oben verschoben werden
können, was bei *sed* nicht möglich ist, da dieser nach dem Durchlaufverfahren arbeitet. Im Gegensatz zu *sed* liest *ed* seine Editierbefehle und -anweisun-
gen über die Normaleingabe ein, was ungemein praktische Anwendungen
erlaubt. Von besonderer Bedeutung in einer produktionsorientierten Situation
ist jedoch, daß eine *Befehlsdatei*, oder *ed*-Skript (command file, script) genau
so geschrieben werden kann, wie der interaktive Editier-Dialog am Terminal
ablaufen würde, was natürlich ein heuristisches Vorgehen und damit ein *rapid
prototyping* gerade bei schwierigen Editieraufgaben ungemein erleichtert.

Als erstes Beispiel wäre das routinemäßige Variieren von C-Quellkode mit
dem folgenden *ed*-Skript zu betrachten:

```
$ cat edskript
f
g/#define/s/DEBUG/noDEBUG/
g/printf(/s//fprintf(sterr,/g
w
q
```

Durch *Umlenken der Normaleingabe* (redirection, standard input) auf die Skriptdatei läuft der Editiervorgang programmiert ab:

```
$ ed progl.c < edskript [&]
782
progl.c
791
...
```

wobei der jeweilige Dateiname sowie die Anzahl der eingelesenen und der abgespeicherten Zeichen am Terminal ausgegeben werden. Mit dem optionalen Ampersand & können die Editier-Prozesse zur asynchronen Ausführung freigesetzt werden. Die Meldungen des Editors können durch *Umlenkung* der *Fehlerausgabe* (standard error) in einer Auffangdatei abgelegt werden:

```
$ ed progl.c < edskript >> edmeldung [&]
```

Eine gelegentlich sehr nützliche Variante ist die Umlenkung der Normaleingabe auf *mitfließende Daten* (instream, here, data), wozu die Dyade << mit einem ausreichend exotischen *Begrenzer* (delimiter) — hier E_n_d_E — gesetzt werden muß,

```
$ cat xskript
ed $1 <<E_n_d_E
g/#define/s/DEBUG/noDEBUG/
g/printf(/s//fprintf(sterr,/g
w $2
q
E_n_d_E
```

Mit den beiden *Argumentvariablen* $1 und $2 (argument variables)[2] werden die Verweise der Eingabe- und der Ausgabedatei in der Befehlszeile erfaßt und innerhalb des Skriptes substituiert, so das *ed* aus dem ersten Verweis einliest und zum zweiten ausschreibt,

```
$ xskript progx.c pgmx.c
...
```

Da *ed* seine Anweisungen über die *Normaleingabe* einliest, können diese von vorgeschalteten Programmen erzeugt und über eine Pipeline eingespeist werden. Als einfacheres Beispiel wäre die Substitution zu betrachten,

```
$ (/bin/echo "/DAT/c"; date; /bin/echo ".\nw\nq") | ed dateix
```

wo die Zeichenkette 'DAT' durch das mit **date(1)** erzeugte aktuelle Datum ersetzt wird. Diese Art der Befehlseingabe wird im Zusammenhang mit dem erzeugenden Differenzierbefehl **diff3(1)** in Abschnitt 8.3.3 noch einmal aufgegriffen.

---

2. Eine grundlegende Einführung in diese und verwandte Aspekte der Shell-Programmierung wird in KA1 (1992) gegeben.

3 Lexikalische Bestimmungssyntax

Bereits eingangs muß hervorgehoben werden, daß das UNIX-System gleich
zwei Arten von *lexikalischen Leistungsmerkmalen* (lexical capabilities)
unterstützt, deren gemeinsames Grundprinzip darin besteht, ganze Klassen
von Objekten zu erfassen und kollektiv manipulieren zu können. Dabei muß
jedoch grundsätzlich nach *Geltungsbereich* (scope) und *Semantik* (semantics)
unterschieden werden:

- Auf der *Shell-Ebene* (shell level) gelten die lexikalischen Substitutionsre-
geln der beiden Shells, mit denen lediglich die *Bezeichner* (identifier) von
Objekten des Dateisystems — insbesondere also die "Namen" von Dateien
und Verzeichnissen — kontextgebunden erzeugt und kollektiv erfaßt werden können. Dementsprechend soll denn auch begriffsbestimmend von
shell-artigen (*shell*-like) Leistungsmerkmalen die Rede sein.[1]

- Auf der *Textverarbeitungsebene* (text processing level) gilt die ursprünglich
für den Zeileneditor **ed(1)** konzipierte lexikalische Bestimmungssyntax
(lexical pattern syntax) zur Kodierung von abstrakten Textmustern mit
denen Klassen von *Zeichenketten* (character strings) kollektiv erfaßt und
manipuliert werden können. Dementsprechend soll begriffsbestimmend
von *ed*-artigen (*ed*-like) Leistungsmerkmalen die Rede sein.

Die beiden lexikalischen Kategorien sollten *trotz* anscheinender und ober-
flächlicher Gemeinsamkeiten *nicht* verwechselt oder — fast schlimmer noch
— gleichgestellt werden. Zwar ist zum Beispiel der Asterisk * beiderseits
als lexikalisches Sonderzeichen vertreten, doch seine *shell*-artige Funktion ist
die eines substituierenden *Metazeichens* (metacharacter), während seine *ed*-
artige Funktion die eines unbestimmten Multiplikators ist. Umgekehrt fungiert der *Punkt* ' . ' (dot) als ein *ed*-artiges Metazeichen, das ein beliebiges
ASCII-Zeichen darstellt, spielt aber auf der Shell-Ebene überhaupt keine
lexikalische Sonderrolle.

Hinsichtlich der *ed*-artigen lexikalischen Leistungsmerkmale sind drei besondere Anwendungsgebiete zu betrachten:

- *Editieren* und programmiertes *Modifizieren* von Textkörpern;
- Suchen und Extrahieren von Textmustern im Sinne von *lexikalisch-assoziativer* Informationsschöpfung;
- Entwicklung von *Umsetzern* (interpreters) und *Übersetzern* (compilers,
translators) für Emulatoren und zweckgebunde Anwendungssprachen.

---

1. Eine knappe aber vollständige Beschreibung der *shell*-artigen lexikalischen Leistungs
merkmale und -regeln ist unter den entsprechenden Einträgen csh(1) und sh(1)/BHB zu
finden. KA1 (1992) gibt eine ebenso grundlegende wie gründliche Einführung.

In der Grundform werden die *ed*-artigen lexikalischen Leistungsmerkmale einheitlich unterstützt von einheimischen Einrichtungen und Werkzeugen wie den Texteditoren **ed(1)**, **ex(1)/vi(1)** und **sed(1)**, den Auswertungs- und Suchbefehlen **expr(1)** und **find(1)**, dem lexikalischen Suchfilter **grep(1)** sowie dem Datei-Zerlegungsprogramm **csplit(1)**. Auf der *ed*-artigen Grundform aufbauende *erweiterte lexikalische Leistungsmerkmale* (extended lexical capabilities) werden von speziellen Werkzeugen unterstützt, darunter das Textmuster-Verarbeitungssystem **awk(1)**, der erweiterte Suchfilter **egrep(1)**, der lexikalische Präkompiler **lex(1)** sowie spezielle C-Bibliotheksfunktionen wie **regex(3S)**, **regcmp(3X)** und **scanf(3S)**.

3.1 Lexikalische Grundbegriffe

Eine im *Klartext* (plain text) vollständig angegebene und damit *singuläre Zeichenkette* (singular character string) ist natürlich eindeutig bestimmt und stellt in einem gegebenen lexikalischen Kontext nur sich selbst als *einzig mögliche Instanz* (sole instance) dar. Eine unvollständig angegebene und mit *lexikalischer Bestimmungssyntax* (lexical pattern syntax) zu einem *Textmuster* erweiterte Zeichenkette stellt dagegen eine *Klasse möglicher Instanzen* dar, die mit dem vorgegebenen Klartext identisch übereinstimmen und nur hinsichtlich der möglichen Zeichensubstitutionen variieren. Je unbestimmter ein Textmuster also ist, desto größer die Klasse der damit erfaßbaren Zeichenketten. Als vorgreifendes sinnfälliges Beispiel wäre das folgende Suchmuster zu betrachten, mit dem vier gleichklingende Namensvarianten (homophones) erfaßt werden können:

```
/M[ae][iy]er/
Maier
Mayer
Meier
Meyer
```

Textmuster (lexical patterns) sind also lexikalische Konstrukte, die Klassen von *kongruenten* (matching) Zeichenketten darstellen. Mit ihnen können allerdings nur solche Zeichenketten vollständig erfaßt werden, die sich *ausschließlich* der ASCII-NUL (00) aus ASCII-Zeichen gemäß **ascii(5)** zusammensetzen. Systemintern werden alle Zeichenketten mit der NUL als Begrenzer terminiert, weshalb diese auch nicht als eigentlicher Bestandteil einer Zeichenkette fungieren kann. Der logischen Geschlossenheit halber soll formal unterschieden werden zwischen,

• der *Null-Kette* (null string), die aus einer oder mehreren NULs besteht;

• *eigentlichen* oder *nichtleeren Zeichenketten* (proper, nonempty, character strings), die mindestens ein ASCII-Zeichen mit einer Oktalwertigkeit > 0 enthalten.

Textmuster bauen sich auf *regulären Ausdrücken* (RE: regular expression) auf, die ihrerseits die möglichen Zeichensubstitutionen bestimmen. REs werden wiederum ausschließlich mit dem ASCII-Zeichensatz kodiert, wobei zuerst von der grundsätzlichen lexikalischen Einteilung auszugehen ist:

- *Gewöhnliche Zeichen* (ordinary characters), die in jedem lexikalischen Kontext ausnahmslos nur sich selbst darstellen können.

- *Sonderzeichen* (special characters), die eine genau vorgegebene lexikalische Funktion (lexical function) im Kontext eines RE ausüben: $ * . [^

- Der *jeweilige Begrenzer* (applied delimiter) eines Textmusters, wie zum Beispiel der Schrägstrich oder das Fragezeichen in /<Muster>/ beziehungsweise in ?<Muster>?

- Ein *universelles Fluchtzeichen* (universal escape character), hier der Rückstrich \ (backslash), mit dem eine *rein symbolische* (purely literal) Interpretation von Sonderzeichen und Begrenzern erzwungen werden kann: \$ als $, * als * , ... usw. Insbesondere kann der Backslash mit sich selbst abgedeckt werden: \\ als \ .

- Die 6 Dyaden \{ , \} , \(, \) , \< , \> , die ebenfalls Bestandteile der lexikalischen Bestimmungssyntax sind. Im Grunde genommen handelt es sich dabei um eine *Aufwertung* bestimmter gewöhnlicher Zeichen durch den Backslash. Zur rein symbolischen Interpretation einer solchen Dyade muß lediglich der Backslash mit sich selbst abgedeckt werden: \\{ , ... , \\> . Der Rückstrich hat keinerlei aufwertende Wirkung auf alle übrigen gewöhnlichen Zeichen.

3.2 Primitive

Alle REs bauen sich auf *Primitiven* (primitives)[2] auf, die jeweils genau ein Zeichen *außer* dem *Zeilenvorschub* LF (line feed) darstellen:

c	Ein *gewöhnliches Zeichen* (ordinary character).
\s	Ein *abgedecktes Sonderzeichen* (escaped special character).
.	Der *Punkt* (dot) als *Metazeichen* (metacharacter), das jeweils genau ein *beliebiges Zeichen* darstellen kann.
[...]	*Gepaarte eckige Klammern* (paired square brackets), die jeweils genau ein Zeichen aus einer vorgegebenen Teilmenge darstellen und alle anderen Zeichen ausschließen:
[ahp]	die Zeichen *a, h, p;* alle anderen Zeichen ausschließend;
[[HT]]	das Leerzeichen und das Tabulator-Zeichen, letzteres *bloßliegend* (unprotected) [CTL_I]

---

2. Im Sinne von primären, irreduziblen Einheiten.

Mit dem Minuszeichen '−' kann ein inklusiver *Zeichenbereich* (inclusive character range) gemäß der ASCII-Sortierfolge (collating order) vorgegeben werden:

[h−m]	der Zeichenbereich *h, i, ..., m;*
[a−z]	alle ASCII-Kleinbuchstaben *a, b, ..., z* (lower case letters);
[A−Z]	alle ASCII-Großbuchstaben *A, B, ..., Z* (upper case letters);
[A−Za−z]	alle ASCII-Buchstaben;
[0−9]	die Ziffern (numerals) *0, 1, ..., 9;*
[0−9A−Za−z_]	die *alphamerischen* Zeichen (alphameric characters; Abschnitt 1.2.5);
[−~]	alle *darstellbaren* (printable) ASCII-Zeichen einschließlich des Leer- und des Minuszeichens.

Mit dem Caret ^ (caret) können einzelne Zeichen, Zeichengruppen sowie Zeichenbereiche ausgeschlossen (excluding characters, individual, grouped, ranges of) werden:

[^x]	alle Zeichen *außer x;*
[^ahp]	alle Zeichen *außer a, h, p;*
[^0−9]	keine Ziffern usw.

Innerhalb der eckigen Klammern (square brackets) verlieren die oben aufgeführten lexikalichen Sonderzeichen, Begrenzer sowie der Rückstrich und die Dyaden ihre lexikalische Wirkung und werden *rein symbolisch* (purely literally) interpretiert:

[$*.[^\...]	nur die Zeichen $ * . [^ \ ...
[^$*.[^\...]	alle Zeichen außer $ * . [^ \ ...

usw. Insbesondere kann also die linke eckige Klammer überall innerhalb der umgebenden Klammern eingesetzt werden. Für die rechte eckige Klammer, das Minuszeichen sowie das negierende Caret gelten die Regeln:

	Einbeziehen	Ausschließen
]	[ ]...]	[^]...]
−	[−...], [...−]	[^−...], [^...−]
^	[c...^...]	[^...^...]

Ein einzubeziehendes Caret darf also nicht unmittelbar hinter der linken Klammer stehen!

Als Sonderfälle wären noch zu betrachten,

[]^−]	nur die drei Zeichen] ^ −
[^]^−]	alle Zeichen außer] ^ −

usw.

3.3 Zusammengesetzte REs

Primitive REs — die ja jeweils nur ein Zeichen darstellen! — können zu komplexeren REs verknüpft werden (composite REs). Als einfachere Beispiele wären zu betrachten:

```
A.\.                      ..., A. ,A!. , ..., A0. , ..., Az. , ...
A[0-9]                    A0 ,A1 , ... ,A9
[Dd]e[mnrs]               Dem ,Den , ..., der , des
[0-9][*/+-][0-9]          0*0 , ..., 0/1 , ..., 5+6 , ..., 9-9
...
[1-9][0-9][0-9][0-9][0-9] genau 5 Ziffern
.....                     genau 5 willkürliche Zeichen
```

Die beiden letzten Beispiele deuten dann auch zugleich die Notwendigkeit *kodierter Wiederholung* (coded repetition) von Primitiven an, wobei zwei Formen zu betrachten sind: *unbestimmte* und *bestimmte* (indefinite, counted) Repetition.

3.3.1 Unbestimmte Repetition

Der Asterisk fungiert als *indefiniter Repetitionsoperator* (indefinite closure operator)[3] hinsichtlich einer unmittelbar vorangestellten Primitiven:

```
.*        Nullkette, ein willkürliches Zeichen, zwei Zeichen, ...
\.*       Nullkette, . , .. , ... , ...
\**       Nullkette, * , ** , *** , ...
a*        Nullkette, a , aa , aaa , ...
[ab]*     Nullkette, a , aa , ..., ab , aab , ..., b , bb , ..., bba , ...
a*b*      Nullkette, a , aa , ..., ab , aab , ..., b , bb , ..., bba , ...
```
usw.

d.h. die Primitive wird nullmal, einmal, zweimal, ... repetitiert. Da jede Zeichenkette die *Nullkette* logisch enthält,[4] würde ein solches Konstrukt als RE alle Zeichenketten unterschiedslos erfassen, was im allgemeinen sinnlos wäre. Unbestimmte Repetition wird daher zumeist mit einem fest vorgegeben Teilmuster kombiniert:

```
..*       mindestens ein willkürliches Zeichen
\.\.*     mindestens ein Punkt: . , .. , ... , ...
\*\**     mindestens ein Asterisk: * , ** , *** , ...
```

---

3. Der Terminus geht auf Kernighan and Pike (1984) zurück.
4. Ebenso wie jede Menge die leere Menge enthält.

`ab*`	`a , ab , abb , ...`
`a*b`	`b , ab , aab , ...`
`aa*bb*`	`ab , aab , abb , aabb , ...`
`[ab][ab]*`	`a , b , aa , ab , bb , ...`
`[a-z][a-z]*`	mindestens ein Kleinbuchstabe
`[A-Z][a-z]*`	ein Großbuchstabe optional gefolgt von Kleinbuchstaben
`[1-9][0-9]*`	mindestens eine Ziffer
`A.*z`	alle Zeichenketten, die mit A anfangen und mit z enden
`A *Z`	`A Z , A  Z , A   Z ,` ... d.h. mindestens ein trennendes Leerzeichen.

3.3.2 Bestimmte Repetition

Die folgenden Klauseln stehen zur *bestimmten Repetition* (definite repetition, closure) einer Primitiven P Verfügung:

`P\{m\}`	genau m Instanzen von P;
`P\{m,\}`	mindesten m Instanzen;
`P\{m,n\}`	m bis n Instanzen, $m < n$.

wobei gilt $m, n = 0, 1, ..., 256$. Zu beachten ist, daß zur *rein symbolischen* (purely literal) Interpretation der Dyaden, einzeln oder als umgebendes Paar, der Backslash mit sich selbst abgedeckt werden muß: `\\{ ... \\}` .

Als einfachere Beispiele wären zu betrachten:

`[0-9]\{6\}`	genau 6 Ziffern
`.\{3,\}`	mindesten 3 willkürliche Zeichen
`[a-z]\{1,8\}`	1 bis 8 Kleinbuchstaben
`M[ae][iy]e\{0,2\}r`	*Mair, Mayr, Meir, Meyr, Maier, ..., Meyeer*

usw.

Die Klausel `\{m,\}` entspricht der *unbestimmten* (indefinite) Repetition:

`a\{0,\}`	entspricht	`a*`
`a\{1,\}`	entspricht	`aa*`
`a\{2,\}`	entspricht	`aaa*`

usw.

3.3.3 Indexierte Kombinationen von REs

Primitive und zusammengesetzte REs können nach dem folgenden Schema mit Indexen zu komplexen Textmustern mit beliebigen Wiederholungen kombiniert werden:

```
...\(<RE1>\)...\(<RE2>\)...\i...\j...
```

wobei die von den Dyadenpaar \(...\) umgebenen REs von *links nach rechts aufsteigend enumeriert* werden. Mit dem Indexausdruck \i kann dann der *i*-te RE beliebig oft und in belieber Reihenfolge *identisch* wiederholt werden. Jeder Index muß individuell mit dem Backslash abgedeckt werden. Zu beachten ist, daß zur *rein symbolischen* (purely literal) Interpretation der Dyaden, einzeln oder als umgebendes Paar, der Backslash mit sich selbst abgedeckt werden muß: \\(...\\).

In der einfachsten Anwendung kann eine Teilkette beliebig oft wiederholt werden, wie zum Beispiel in:

```
\(....\)\1\1...\1
```

womit alle Zeichenketten mit einer Periodenlänge 4 erfaßt werden:

```
...123412341234...1234...
...
...xxxxxxxxxxxx...xxxx...
```

was — wie hier angedeutet — allerdings auch konstante Zeichenketten ausreichender Länge mit einschließt. Dies kann durch konkretere Muster vermieden werden:

```
\(abcd\)\1\1...\1
...abcdabcdabcd...abcd...
```

Zum anderen erfassen die Kombinationen,

```
\(.\)\(.\)\(.\).\3\2\1          \(.\)\(.\)\(.\)\3\2\1
```

alle zentro-symmetrischen beziehungsweise spiegelgleichen Zeichenketten der Art,

```
...abc0cba...          ...abccba...
...123x321...          ...123321...
...xxxxxxx...          ...yyyyyy...
```

was auch hier wieder konstante Zeichenketten ausreichender Länge mit einschließt; was wiederum durch konkretere Muster vermieden werden kann. Komplexe Kombinationen und Permutation von Zeichen und Zeichenfolgen können auf diese Weise einfachst bestimmt werden.

Um Daten der Form dd/mm/yy mit dem Substitutionsbefehl von **ed(1)**, **ex(1)** oder **sed(1)** auf yy/mm/dd umzustellen, wird kodiert,

```
...s?\([0-3][0-9]\)\(/[01][012]/\)\(9[0-9]\)?\3\2\1?...
```

wobei das Fragezeichen ? als Begrenzer fungiert.

3.4 Kontextbestimmung

Der *Kontext*, in dem ein Textmuster erkannt werden soll, kann durch weitere
Sonderzeichen (context determination) bestimmt werden.

Mit dem Caret `^` (caret) wird der Zeilenanfang bestimmt, so daß mit

```
^<Textmuster>
```

alle Zeilen erfaßt werden, die mit dem vorgegebenen Textmuster beginnen;
wie zum Beispiel in:

```
^^              alle Zeilen, die mit einem Caret beginnen;
^[^^]           ..., die nicht mit einem Caret beginnen;
^[A-Z]          ..., die mit einem Großbuchstaben beginnen;
```
usw.

Mit dem Dollarzeichen `$` (dollar sign) wird das Zeilenende unmittelbar vor
dem Zeilenvorschub (LF; line feed) bestimmt, so daß mit

```
<Textmuster>$
```

alle Zeilen erfaßt werden, die mit dem vorgegebenen Textmuster enden;
wie zum Beispiel in:

```
\$$             alle Zeilen, die mit einem Dollarzeichen enden;
[^$]$           ..., die nicht mit einem Dollarzeichen enden;
[0-9]\{4\}$     ..., die mit einer 4stelligen Ziffernfolge enden;
[A-Za-z]-$      ..., die mit einer Worttrennung enden;
```
usw.

Die beiden Zeilenkontexte können kombiniert werden,

```
^<Textmuster>$
```

womit alle Zeilen erfaßt werden, die ein vorgegebenes Textmuster enthalten;
wie zum Beispiel in:

```
^$              alle Leerzeilen;
^..*$           alle nichtleeren Zeilen;
^.$             alle Zeilen mit genau einem Zeichen;
^..$            ... mit genau zwei Zeichen;
^.\{10,\}$      ... mit mindestens 10 Zeichen;
```
usw.

Zum anderen erfaßt

```
^[A-Z].*[0-9]$
```

alle Zeilen, die mit einem Großbuchstaben beginnen und mit einer Ziffer enden; und

```
^[^^$]\{1,\}$
```

alle Zeilen, die weder das Caret noch das Dollarzeichen enthalten; usw.

Mit der vorangestellten Dyade `\<` in,

```
\<[Textmuster]
```

wird der linksseitige Kontext als *Wortgrenze* (word boundary) in dem Sinne bestimmt, daß die zu erfassende Zeichenkette unmittelbar einem nichtalphamerischen Zeichen folgt oder aber am Zeilenanfang steht, was bei normalem Text dem Wortanfang entspricht, sonst aber eine Erweiterung bedeutet. Als typische Beispiele wären zu betrachten:

```
\<M[ae][iy]er          \<varx
Maier...                ...(varx...
...und Mayer...         ...[varx...
...Ober-Meier...        ...&varx...
...Alias/Meyer...       ...ZE.varx...
..."Mayer...            ...'varx...
```

usw.

Durch Kombination mit dem Dollarzeichen können Worte erfaßt werden, die genau am Zeilenende stehen:

```
\<[Textmuster]$
```

Mit der nachestellten Dyade `\>` in

```
[Textmuster]\>
```

wird der rechtsseitige Kontext als Wortgrenze in dem Sinne bestimmt, daß die zu erfassende Zeichenkette unmittelbar einem nichtalphamerischen Zeichen vorangeht oder aber am Zeilenende steht, was bei normalem Text dem Wortende entspricht. Als typische Beispiele wären zu betrachten:

```
M[ae][iy]er\>          varx\>
...Maier und            ...varx)...
...Meier-Ober...        ...varx]...
...Meyer/Alias...       ...varx(
...Mayer....            ...varx,...
...Mayer:...            ...varx;...
...Mayer!...            ...varx"...
...Mayer?...            ...varx'...
...Mayer
```

usw.

Durch Kombination mit dem Caret können Worte erfaßt werden, die genau am Zeilenanfang stehen:

```
^[Textmuster]\>
```

Der rechts- und der linksseitige Kontext können kombiniert werden:

```
\<[Textmuster]\>
```

was bei normalem Text einem abgeschlossenen Wort entspricht und sonst eine Erweiterung bedeutet. Als typische Beispiele wären zu betrachten:

```
\<M[ae][iy]er\>              \<varx\>
...der Maier und...          ...(varx)...
...der Mayer?...             ...[varx]...
..."Meier"...               ...A.varx.Z...
Meyer
```

usw.

Zur rein symbolischen (purely literal) Interpretation der Dyaden, einzeln oder als umgebendes Paar, muß der Backslash mit sich selbst abgedeckt werden: `\\< ... \\>` .

Schließlich sei noch darauf hingewiesen, daß die Kombination mit dem Caret und dem Dollarzeichen redundant ist; d.h.

```
^\<[Textmuster]\>$        entspricht        ^[Textmuster]$
```

3.5 *egrep*-artige Erweiterung

Bestimmte *hochspezialisierte Werkzeuge* (advanced tools) wie awk(1) und lex(1) unterstützen eine auf der RE-Grundform aufbauende erweiterte Bestimmungssyntax, die ursprünglich für den lexikalischen Suchfilter egrep(1) (extended global regular expression processing) konzipiert wurde und dementsprechend benannt wird. Die erweiterte Syntax zeichnet sich durch zusätzliche Operatoren aus, mit denen REs assoziativ und logisch verknüpft sowie quantifiziert werden können. Die folgende Auflistung soll nur dem Vergleich und der Bezugsnahme dienen,

`(RE)`	Rundklammern zum Abgrenzen und Gruppieren von REs;
`(RE(RE)...)`	einschließlich assoziativer Verschachtelung;
`RE|RE|...`	Vertikalstrich zur exklusiven logischen Alternation (XOR);
`RE?`	keine oder genau eine Instanz des RE;
`RE*`	keine, eine oder mehr Instanzen des RE;
`RE+`	mindestens eine Instanz des RE;

Eine Weiterführung nebst Beispielen wird im Zusammenhang mit *egrep* im Abschnitt 8.1.2 gegeben.

4 Der erweiterte Zeileneditor ex(1)

Die als separate Einträge im Benutzerhandbuch aufgeführten *Befehle* ex(1) und vi(1) stellen lediglich zwei unterschiedliche *Betriebszustände* (operating modes) ein und desselben Binärprogrammes dar: *Zeilenmodus* (line mode) und *Vollschirmmodus* (full-screen, visual, mode). Das besondere Leistungsmerkmal dieses *Zweiweg-Editiersystems* (dual-mode editor) ist, daß beim Editieren beliebig zwischen den beiden Betriebszuständen hin- und hergeschaltete werden kann, ohne daß der Editor verlassen und zur Shell-Ebene zurückgekehrt werden muß. Bild 4.1 veranschaulicht das Übergangsschema (transition) zwischen den beiden Betriebszuständen.

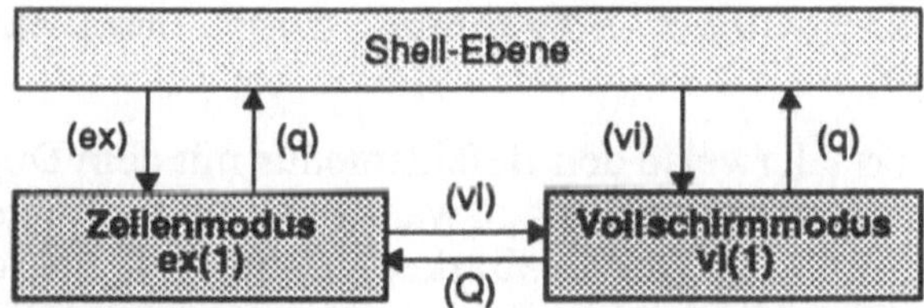

Bild 4.1: Übergänge zwischen Betriebszuständen ex(1) und vi(1)

Der *ex*-Modus stellt eine *Erweiterung* (extension) des Zeileneditors ed(1) (Kapitel 2) dar; d.h. im gemeinsamen Grundbereich sind Arbeitsweise und Befehlsvorrat im wesentlichen identisch. Insbesondere ist die auf der Zeilenstruktur basierende Arbeitsweise und die Grundform der Zeilenadressierung (Abschnitt 2.1) identisch in beiden Editoren. Bereits mit *ed* vertraute Benutzer werden kaum Schwierigkeiten haben, sich fortschreitend mit den erweiterten Leistungsmerkmalen (capabilities) von *ex* vertraut zu machen.

Im erweiterten Leistungsbereich stellt *ex* spezielle Arbeitshilfen wie adressierbare Textpuffer, Befehls- und Textmakros sowie eine leistungsfähigere Schnittstelle zur Shell-Ebene zur Verfügung. Ein Satz von ausgeklügelten Betriebsoptionen gewährleistet dazu noch eine weitgehende *Anpassungsfähigkeit* (adaptability) an individuelle und situationsbedingte Erfordernisse. Hinsichtlich der verwendbaren Terminaltypen ist *ex* nicht von vornherein auf den denkbar niedrigsten Standard eingestellt, sondern kann über die Terminal-Stammdatei automatisch dem jeweiligen Typ optimiert angepaßt werden. Zum Übergang auf den Vollschirmmodus sollten allerdings Video-Terminals benutzt werden, deren Leistungsmerkmale mindestens dem bekannten Typ VT100 (DEC) entsprechen oder besser noch darüber liegen.

ex arbeitet mit *konformen Textdateien* (conforming text files; Abschnitt 1.2.5). Dateien, die Bytes mit Oktalwertigkeiten > 0177 oder überlange Zeilen (> 512 Zeichen) enthalten, oder überhaupt keine durch den Zeilenvorschub LF (012) bestimmte Zeilenstruktur besitzen, können im allgemeinen mit älteren *ex*-Versionen (SVR3) von *nicht* sinnvoll bearbeitet werden.

4.1 Ein erster Einstieg

Von geringfügigen Unterschieden und Einzelheiten abgesehen, unterscheidet
sich der *erweiterte Zeileneditor* **ex(1)** (extended line editor) im gemeinsamen
Grundbereich nicht vom *einfachen* Zeileneditor **ed(1)**. In beiden Shells gilt
die einfache interaktive Aufrufsform:

```
ex [-<Optionen>] [<Dateiverweis>]
```

wobei der Editor sofort in den *Befehlsmodus* (command mode) eintritt und
bei Angabe einer existierenden und lesbaren Textdatei die Anzahl der eingelesenen Zeilen und Zeichen sowie gegebenenfalls das Fehlen der Schreibberechtigung (read only) angibt,

```
"<Dateiverweis>" [Read only] nnn lines, mmm characters
: ...
```

Der Editor zeigt normalerweise den Befehlsmodus mit dem Doppelpunkt ':'
(colon) am Zeilenanfang an, was jedoch wahlweise ab- und angeschaltet werden kann (Abschnitt 4.3). Der Lesbarkeit halber soll im folgenden der
Befehlsprompt (command prompt) vorerst vorausgesetzt werden.

Falls unter dem angegebenen Verweis *keine konforme Textdatei* (Abschnitt
1.2.5) aufgefunden wird, gibt der Editor eine zusätzliche Warnung aus,

```
... (345 non-ASCII)          oder              ... (Line too long)
: ...
```

was unter anderen bedeuten kann, daß die Datei Bytes mit einer Oktalwertigkeit > 0177, oder überlange Zeilen (> 512 Zeichen) enthält, oder nicht mit
einem Zeilenvorschub LF (012) abgeschlossen ist, und somit nicht als eigentliche Textdatei editiert werden kann. Der Editor sollte dann sofort mit der
emphatischen Anweisung q! (quit) verlassen werden. Ein Abspeichern mit
w (write) sollte auf keinen Fall erzwungen werden, da dann unter Umständen
eine beschädigte oder sogar völlig leere Datei ausgegeben wird.

Falls unter dem angegebenen Verweis *überhaupt keine Datei* aufgefunden
wird, antwortet der Editor mit einem entsprechenden Hinweis,

```
"<Dateiverweis>" [New file]
: ...
```

Wird der Dateiverweis beim Aufruf ganz ausgelassen,

```
$ ex
: ...
```

dann muß mit dem Dateibefehl f (file) nachträglich ein Verweis angegeben
werden, bevor der eventuell eingegebene Text mit dem Abspeicherbefehl w
abgespeichert werden kann,

```
:f progx.c                                  (Datei festlegen)
```

Ohne Argument gibt f den jeweils aktuellen Dateiverweis sowie eine
Zustandsmeldung aus,

```
:f                                       (Datei abfragen)
"progx.c" line k of nnn --pp%--
```

Eine neue Datei kann dann durch Texteingabe angelegt werden, was mit dem
Eingabefehl a (append) beginnt:

```
:a                                       (Eingabe beginnen)
#include <stdio.h>
main()
{ /* main program */
pust("Hallo Freunde\n");
exit(0);
} /* end main */
.[RET]                                   (Eingabe beenden)
:                                        (Befehlsmodus)
```

wobei der Editor normalerweise die Eingabe *ohne jegliche Aufforderung* ent-
gegennimmt. Ein einzelner Punkt '.' (single dot) genau am Zeilenanfang und
unmittelbar gefolgt von einem Zeilenvorschub beendet den Eingabemodus
und stellt den Befehlsmodus wieder her, was durch den Doppelpunkt angezeigt wird.

Der gesamte Inhalt, erfaßt mit dem *Prozentzeichen* % (percent sign), kann
nun mit dem Listbefehl nu (number) aufgelistet und inspiziert werden,

```
:%nu                                     (numeriert auflisten)
1  #include <stdio.h>
2  main()
3  { /* main program */
4  pust("Hallo Freunde\n");
5  exit(0);
6  } /* end main */
```

In Zeile 4 hat sich ein *Tippfehler* (typo) eingeschlichen, was sogleich mit dem
Substitutionsbefehl s (substitute) berichtigt werden kann:

```
:4s/pust/puts/p
4  puts("Hallo Freunde\n")
```

Das Anlegen der Datei kann nun mit den folgenden Schritten beendet werden, wobei die Befehle w (write) und q (quit) benutzt werden:

```
:w                                       (Abspeichern)
"pgmx.c" 6 lines, 98 characters          (Anzahl Zeilen und Zeichen)
:q                                       (Editor verlassen)
$                                        (Shell-Prompt)
```

Mit den normalen Voreinstellungen der Betriebsoptionen unterscheidet sich
die Arbeitsweise von *ex* im Grundbereich also nur wenig von ed(1). Wie das
obige gegebene Beispiel bereits gezeigt haben mag, ist insbesondere das Neuanlegen von Dateien nahezu identisch bei beiden Editoren.

Ein geringfügiger, aber gelegentlich doch irritierender Unterschied besteht jedoch bei dem Befehl n, der bei *ed* das *numerierte* Auflisten bewirkt, und bei *ex* dagegen die *nächste* Editierdatei aufruft (Abschnitt 4.10). Zum numerierten Auflisten kann bei *ex* sowohl das Dur-Zeichen # (sharp sign) als auch der explizite Befehl number beziehungsweise dessen Kürzel nu benutzt werden,

```
:1,5#                           :1,5nu
  1  #include <stdio.h>           1  #include <stdio.h>
  2  main()                       ...
  ...
```

Von dieser Ausnahme abgesehen haben alle anderen *gleichnamigen* Befehle eine identische Funktion in beiden Editoren. Unter Annahme der gemeinsamen Merkmale im Grundbereich sollen im folgenden lediglich die erweiterten Leistungsmerkmale und andere Besonderheiten von *ex* vorgestellt werden

4.2 Umschalten zwischen Betriebsmodi

Eines der hervorragenden Leistungsmerkmale von *ex* besteht darin, dynamisch zwischen dem Vollschirm- und dem Zeilenmodus hin- und herschalten zu können, ohne jedesmal das Programm zu verlassen und auf die Shell-Ebene zurückkehren zu müssen. Der Benutzer kann daher die inhärenten Vorteile der beiden Betriebsmodi jeweils selektiv ausnutzen.

Vom Aufruf auf der Shell-Ebene oder vom Übergang aus dem *vi*-Modus ausgehend arbeitet *ex* in jeweils einem von drei möglichen *Betriebszuständen* (operating states): *Befehlsmodus* (command mode), *Eingabemodus* (input mode) und *Zeilenöffnung* (open line mode). Der *Vollschirmmodus* (fullscreen mode) kann seinerseits unmittelbar aus *ex* heraus aufgerufen werden. Bild 4.2 stellt das erweiterte Aufrufs- und Übergangsschema (transition scheme) dar.-

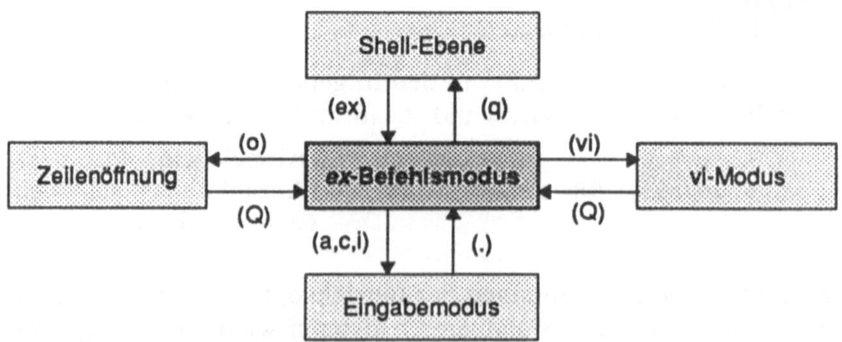

Bild 4.2: Betriebszustände und Übergänge im ex-Modus

Der Vollschirmmodus wird mit der Anweisung vi (visual) aufgerufen,

```
: [<ZA>]vi[<FG>]
```

unter optionaler Angabe der Zeilenadresse <ZA>, mit welcher das Editierfenster (edit window) beginnen soll; bei Auslassung gilt die aktuelle Zeile.
Durch optionale Angabe der anfängliche Fenstergröße <FG> (initial window size) kann die Voreinstellung für den gegebenen Terminaltyp variiert
werden. Zum Beispiel schaltet die Anweisung

```
:15vi20
...
```

zum *vi*-Modus mit einem Editierfenster von 20 Zeilen, das bei Zeile 15 im
aktuellen Editierpuffer beginnt.

Die meisten (aber nicht alle) Befehle und Anweisungen des *ex*-Modus stehen
identisch im *vi*-Modus zur Verfügung, wozu jeweils ein Doppelpunkt positi-
onsfrei eingegeben werden muß, um eine Befehlszeile am Fuß der Fensters
zu öffnen. Zum Beispiel wird mit der Anweisung set und der Betriebsop-
tions window,

```
[:]                          (Doppelpunkt positionsfrei eingeben)
:set window=24               (Befehlszeile am Fensterfuß)
```

die *aktuelle Fenstergröße* (current window size) auf 24 Zeilen heraufgesetzt.
Die Optionen und Argumente von set werden im Abschnitt 4.12 zusammenfassend aufgeführt.

Der *Zeilenmodus* kann aus dem Vollschirmmodus durch positionsfreie Eingabe des Großbuchstabens Q einfachst wieder hergestellt werden, worauf
der *Befehlsprompt* (command prompt) wieder erscheint:

```
[Q]                          (zurück zum Zeilenmodus)
:                            (Befehlsprompt)
```

Der *Zeilenöffnungsmodus* (open line mode) stellt eine reduzierte Form des
Vollschirmmodus mit einer Fenstergröße von einer Zeile dar, die lediglich
eine horizontale Bewegung der Schreibmarke zuläßt, nicht aber eine vertikale. Dieser Editiermodus eignet sich daher vorzüglich für fast alle handelsüblichen Schreibmaschinen-Terminals mit gleitenden Schreibkopf sowie
einfache Zeilenmonitore. Mit der Anweisung open, oder kurz o, kann ein
Zeilenbereich <ZB> selektiv zum Editieren adressiert werden:

```
: [<ZB>]o
...
```

Bei Auslassung der Adresse wird die jeweils aktuelle Zeile adressiert. Die
adressierten Zeilen werden dann der Reihe nach einzeln "geöffnet", um zum
vi-artigen topologischen Editieren (Abschnitt 5.6) zu Verfügung zu stehen.
Durch Drücken der Eingabetaste oder durch Eingabe des *Pluszeichens* (+)

kann die unmittelbar *nachfolgende*, und durch Eingabe des *Minuszeichens* (–) die unmittelbar *vorhergehende* Zeile geöffnet werden werden. Wenn vorhanden, können auch die vertikalen Schreibmarkentreibertasten im analogen Sinne benutzt werden. Durch positionsfreie Eingabe des Großbuchstabens Q wird der *open*-Modus beendet und der einfache Zeilenmodus wieder hergestellt,

```
[Q]                                    (zurück zum Zeilenmodus)
: ...
```

4.3 Befehlsmodus

Bei normaler *Voreinstellung* (default) zeigt *ex* den *Zeilenbefehlsmodus* (line editing command mode) mit dem Doppelpunkt ':' (colon) am Zeilenanfang an, was jedoch mit der Betriebsanweisung set durch Negierung der Betriebsoption prompt mit dem Präfix no wahlweise abgeschaltet, und durch Affirmation wieder angeschaltet werden kann,

```
:set noprompt                set prompt
...                          : ...
```

Das *Prompt-Zeichen* (prompt character) selbst kann nicht verändert werden. Die Option wird normalerweise im Dialogbetrieb angestellt und zumeist nur bei der Ausführung mit vorprogrammierten Befehlsdateien (Abschnitt 2.11) abgeschaltet.

Im Befehlsmodus erfolgt der eigentliche Dialog mit dem Editor, wobei *Befehle* (commands) und *Anweisungen* (directives) über *Befehlszeilen* (command lines) eingegeben werden. Als eine erste Besonderheit von *ex* ist zu beachten, daß *multiple Befehle über eine Zeile* (multiple commands) eingegeben werden können, wobei der *Vertikalstrich* | (vertical bar) als *Trennzeichen* (separator) zwischen den einzelnen Befehlen fungiert,

```
<bef1> | <bef2> | ...
```

wie zum Beispiel in,

```
:1list | $list | file
#include <stdio.h>$
} /* Ende main */$
"pgmx.c" line ... of ... --100%--
```

wo die erste und die letzte Zeile mit dem Listbefehl list (Abschnitt 4.5) aufgelistet werden, gefolgt vom Dateibefehl file (Abschnitt 4.10), der hier den aktuellen Dateistatus anzeigt. Zu beachten ist, daß bestimmte Befehle, die den Vertikalstrich als legitimes Argument interpretieren würden, wie zum Beispiel file und edit, aber auch Shell-Befehle (Abschnitt 4.11) sowie die Suchanweisungen g und v (Abschnitt 4.9) nur am Ende einer derartigen Befehlsfolge gesetzt werden können.

Eine weitere Besonderheit von *ex* ist, daß der Befehlsmodus *Kommentare* (comments) erlaubt,

```
... "<Kommentar>
```

wobei der Kommentartext mit einem *Doppelzitat* " (double quote) eingeleitet wird und sich bis zum Zeilenende erstreckt. Kommentare können sowohl unmittelbar am Zeilenanfang als auch nach einem Befehl beginnen,

```
:" Hallo Freunde            :$nu "letzte Zeile auflisten
:                           6 } /* end main */
```

Zu beachten ist, daß ein Kommentar nicht solchen Befehlen folgen darf, die das Doppelzitat als legitimes Argument interpretieren würden.

Von besondere Bedeutung für den Befehlsmodus ist die bereits eingangs gestreifte Anweisung set. Mit ihr können *Betriebsoptionen* (operating options) und *Optionsvariablen* (option variables) gesetzt werden, die das *Arbeitsverhalten* (operating chracteristics) des Editors bestimmen, wobei von sinnvollen *Voreinstellungen* (defaults) ausgegangen werden kann, die allerdings zum Teil systemspezifisch bestimmt sind. Mit den normalen Voreinstellungen der Optionen unterscheidet sich die Arbeitsweise von *ex* im Grundbereich jedoch nur wenig von ed(1). Im folgenden sollen die wichtigsten der zum Zeilenmodus relevanten Optionen und Optionsvariablen einführend vorgestellt werden. Eine zusammenfassende Beschreibung wird dann in den Abschnitten 4.12.2 und 5.12 gegeben.

Grundsätzlich muß bei *ex/vi* zwischen *Optionen* und *Optionsvariablen* unterschieden werden. Erstere fungieren als binäre Schalter, die mit und ohne dem Präfix no abgestellt beziehungsweise angestellt werden können, während letztere ein Wert zugewiesen werden muß; wie zum Beispiel in,

```
:set nomagic         :set mesg              :set sw=6
```

wo sw ein zulässiges Kürzel für shiftwidth ist. Die meisten, aber nicht alle Bezeichner können sinnfällig abgekürzt werden.

Mit einem nachgestellten Fragezeichen ? kann der aktuelle Status einer Betriebsoption beziehungsweise die jeweilige Belegung einer Optionsvariablen selektiv abgefragt werden,

```
:set ai?                     :set sw?
noautoindent                 8
```

Mit der Option number kann die automatische Zeilennumerierung bei der Aus- und Eingabe ab- und angeschaltet werden,

```
:set nonu                    :set nu
```

wobei nonu beziehungsweise nu als legitime Kürzel benutzt werden können. Die Wirkung zeigt sich sogleich beim einfachen Auflisten mit dem Befehl p (print),

```
:set nu?                           :set nu?
nonumber                           number
:%p                                :%p
#include <stdio.h>                  1 #include <stdio.h>
main()                             2 main()
...                                ...
} /* end main */                   6 } /* end main */
```

Bei `number` erfolgt eine *Eingabeaufforderung* (input prompting) mit der
jeweils nächsten Zeilennummer als Prompt; wie zum Beispiel beim *Anhän-gen* von Text mit dem Eingabefehl `a` (append),

```
:set nonu                          :set nu
:6a                                :6a
...                                7 ...
```

Dies wird im Zusammenhang mit den Eingabefehlen im Abschnitt 4.6 noch
einmal aufgegriffen.

Fehlerzustände (error conditions) können praktisch nur im Befehlsmodus
entstehen, da der Editor im Eingabemodus normalen ASCII-Text unbeschränkt einliest. Mit der Betriebsoption `terse` kann der Umfang und
Tenor von Fehler- und Ursachenmeldungen bestimmt werden:

```
:set terse                         :set noterse
:unsinn                            :unsinn
What?                              unsinn: Not an editor command
: ...                              : ...
```

Mit der Option `errorbells`, oder kurz `eb`, können Fehlerzustände aku-
stisch wahrnehmbar gemacht werden,

```
:set errorbells                    :set noeb
:unsinn                            :unsinn
[Piep]unsinn: Not ...              [Silentium]unsinn: Not ...
```

vorausgesetzt, daß das jeweilige Terminal Tonsignale erzeugen kann.

Mit der Option `flash` (SVR4) kann bei entsprechenden Video-Terminals
dazu noch ein *visuelles Signal* (flash) ausgegeben werden

```
:set flash                         :set noflash
:unsinn                            :unsinn
...[FLASH]unsinn: ...              ...
```

4.4 Zeilenadressierung

Die Topologie des *Editierpuffers* (edit buffer) gleicht identisch der von ed(1)
(Abschnitt 2.2), indem die Zeilen ganzahlig von **1** bis **N** von *oben nach unten*
(top down) durchnumeriert sind, wobei **N** die Gesamtzahl darstellt, die sich
mit dem Einfügen und Löschen von Zeilen entsprechend verändert. Neben
der *ersten Zeile* (**1**) ist auch hier die *aktuelle* (**.**) (current line) und die *letzte*
(**$**) Zeile logisch ausgezeichnet und jeweils eindeutig bestimmt, wobei die
Zeilennummern wiederum mit den Dyaden .= beziehungsweise $= abge-
fragt werden können.

Mit Ausnahme des alleinstehenden Kommas gelten alle in Tabelle 2.2 aufgeführten Adressierungsprimitiven von *ed*. Mit dem *Prozentzeichen* % (percent
sign) anstelle des Kommas kann der gesamte Editierpuffer erfaßt werden; d.
h. es gilt:

```
%...                       entspricht              1,$...
```

ex unterstützt alle Formen der expliziten, impliziten und relativen Zeilenadressierung (Abschnitte 2.2.1–2.2.3), wobei allerdings einige subtile Unterschiede und Besonderheiten zu beachten sind.

Zeilen, die ein vorgegebenes *Suchmuster* (search pattern) enthalten, können
implizite adressiert (implicit addressing) und zur aktuellen Zeile bestimmt
werden,

```
/<smuster>/...                       ?<smuster>?...
```

wobei die Suche *vorwärts* (/) beziehungsweise *rückwärts* (?) im Sinne von
aufsteigenden Zeilennummern von der jeweils aktuellen Zeile ausgeht, diese
aber selbst dabei *nicht* mit einschließt.

Soll der Ausdruck lediglich zur Zeilensuche, *nicht* aber als Adresssenprimi-
tive mit Befehlen benutzt werden, kann auch hier der zweite Begrenzer ausgelassen werden,

```
/<smuster>[RET]                       ?<smuster>[RET]
```

Eine *gefundene Instanz* des Suchmusters bestimmt automatisch die *jeweils
aktuelle Zeile*. Falls keine Instanz existiert, entsteht ein Fehlerzustand; die
aktuelle Zeile bleibt dann unverändert,

```
:set terse                       :set noterse
:/unsinn/                        :?nonsense
Fail                             Pattern not found
```

Mit einem leeren Begrenzerpaar,

```
//...                       ??...
```

beziehungsweise mit nur einem Begrenzer bei einfacher Zeilensuche,

`/[RET]`   `?[RET]`

wird der Editierpuffer dann vorwärts beziehungsweise rückwärts nach der
nächsten Zeileninstanz des jeweils *aktuellen Suchmusters* (current search pattern) durchsucht. Falls kein aktuelles Suchmuster definiert ist, wie zum Beispiel unmittelbar nach dem Aufruf von *ex*, entsteht ein Fehlerzustand, wobei
die aktuelle Zeile unverändert bleibt,

```
$ ex ...
...
:/[RET]
No previous regular expression
```

Zu beachten ist wiederum die *versteckte Wechselwirkung* (hidden interaction)
zwischen dem Suchmuster der impliziten Adressierung beziehungsweise der
Suchbefehle g und v (Abschnitt 4.9) und dem *Zielmuster* (target string)
des Substitutionsbefehls s (Abschnitt 4.8). Grundsätzlich gilt jedoch auch
hier, daß zu jedem Zeitpunkt nur *ein* aktuelles Suchmuster definiert sein kann.

Allerdings erlaubt *ex* eine Differenzierung: um das Zielmuster der jüngsten
Substitition auszublenden und das *zuletzt benutzte eigentliche Suchmuster*
wiederzubenutzen stehen zwei Dyaden zur Verfügung:

`\/...`   `\?...`

wie zum Beispiel in,

```
:/main/                   :/main/
2 main()                  2 main()
:s/(/(argc                :s/(/(argc
2 main(argc)              2 main(argc)
:\/                       ://
3 { /* main program */    4  puts("Hallo Freunde\n");
:\/                       ://
6 } /* Ende main */       5  exit(0);
...                       ...
```

wo das ursprüngliche Suchmuster main einerseits mit \/ weiterbenutzt,
und andererseits mit // durch die linke Klammer (ersetzt wird.

Der normalerweise im Sinne eines geschlossenen Bandes (wrap-around)
ablaufende Suchvorgang kann mit der normalerweise angestellten (default)
Betriebsoption wrapscan, kurz ws, wahlweise ab- und wieder angeschaltet werden,

`:set nows`   `:set wrapscan`

Bei nows terminiert der Suchvorgang dann am Ende (//) beziehungsweise
am Anfang (??) des Editierpuffers.

Mit der normalerweise *voreingestellten* (default) Betriebsoption `magic`,

`:set magic?`   beziehungsweise   `:set magic`
magic

gelten für *Suchmuster* (search patterns) die Regeln der lexikalischen Bestimmungssyntax von Textmustern (Kapitel 3). Die lexikalischen Sonderzeichen `. * [...]` müssen dann mit dem Rückstrich `\` (backslash) individuell abgedeckt werden, falls eine *rein symbolische Verwendung* (purely literal use) beabsichtigt ist. Umgekehrt wird mit

`:set nomagic`   beziehungsweise   `:set magic?`
nomagic

die lexikalische Wirkung der Sonderzeichen aufgehoben und kann nur durch Abdecken mit dem Rückstrich *individuell* wieder hergestellt werden.

ex unterstützt noch eine zweite Form der befehlsgebundenen, relativen Adressierung (relative addressing), die von einer *Ausgangsadresse* `<ZA>` ausgehend eine vorgegebene Anzahl `<N>` von nachfolgenden Zeilen durchläuft,

`[<ZA>]<Befehl>[<Optionen>] <N>`

wie zum Beispiel mit dem Listbefehl `nu`,

```
:/main/nu 3
2 main()
3 { /* main program */
4 puts("Hallo Freunde\n");
```

wo die Ausgangsadresse implizite mit dem Suchmuster `main` erzeugt wurde. Diese Form der Adressierung läßt sich auch bei anderen Zeilenbefehlen benutzen; wie zum Beispiel bei dem Löschbefehl `d` (delete),

`:2d 3`   `:u`

wo von Zeile 2 ausgehend die nacholgenden 3 Zeilen gelöscht werden — was sogleich mit der Anweisung `u` (undo) rückgängig gemacht wurde. Andere Zeilenbefehle, die mit dieser Adressierungsform benutzt werden können, sind die Befehle `c` (change), `j` (join), `l` (list) sowie `s` (substitute).

Ebenso wie *ed* (Abschnitt 2.2.1.2) unterstützt auch *ex* das *Markieren von Zeilen* (marking, tagging, lines) mit den 26 Kleinbuchstaben *a*, *b*, ..., *z*, was beim intensiven Editieren größerer Textkörper eine ungemeine Hilfe bedeuten kann. *Zeilenmarken* (line marks, tags) werden mit der Anweisung `mark` beziehungsweise der Abkürzung `ma` gesetzt; wie zum Beispiel in

`:2mark a`   `:5ma b`

wo Zeile 2 mit `a`, und Zeile 5 mit `b` markiert werden. Es gelten alle Formen der Einzelzeilenadressierung.

Auf markierte Zeilen beziehungsweise Zeilenbereiche kann dann bequem zugegriffen werden,

```
:'ap                            :'a,'b-1p
2  main()                       2  main()
:'bp                            3  { /* main program */
5  exit(0);                     4  puts("Hallo Freunde\n");
```

wobei genau ein *Einzelzitat* ' (single quote) dem Markierungsbuchstaben vorangestellt werden muß. Bei den meisten *ex*-Versionen kann überdies auch das vom *ed* herrührende k (key; Abschnitt 2.2.1.2) zur Zeilenmarkierung benutzt werden,

```
:3kc                            :'c
                                3  { /* main program */
```

Marken lassen sich als sinnfällige Entrittspunkte für den *vi*-Modus benutzen,

```
:'bvi
```

wobei die mit b markierte Zeile dann als erste Zeile im *vi*-Editierfenster erscheint (Abschnitt 5.2).

Als Besonderheit ist zu beachten, daß *ex* automatisch eine Marke für die jeweils vorherige Zeile setzt, die mit zwei unmittelbar aufeinander folgenden Einzelzitaten '' abgegriffen werden kann,

```
:1
     1   #include <stdio.h>
:5
     5   exit(0);
:''
     1   #include <stdio.h>
:''
     5   exit(0);
```

was eine bequeme Rückkehr zum unmittelbar *vorhergehenden Kontext* (previous context) ermöglicht.

4.5 Textdarstellung

Die *Textdarstellung* (text display) wird durch zwei Betriebsoptionen und eine Optionsvariable beeinflußt, deren *Voreinstellungen* (defaults) normalerweise sind,

```
:set nu?          :set list?         :set ts?
nonumber          nolist             tabstop=8
```

Bei `number` werden die Zeilen *immer* numeriert, und bei `list` werden der Zeilenvorschub **LF** (012) und das Tabulatorzeichen **HT** (011) *immer* symbolisch als `$` beziehungsweise als `^I` dargestellt. Der jeweilige Wert von `tabstop` bestimmt die Interpretation von `^I` bei der darstellenden Ausgabe.

Unabhängig von `list` werden alle anderen *nichtdarstellbaren ASCII-Steuerzeichen* (nonprintable control characters; Abschnitt 1.2.1) *immer* in der symbolischen Form `^A`, `^B`, ... dargestellt.

Ein erstes Kontrastbeispiel mag die einfache und kombinierte Wirkung der beiden Optionen sowie die Darstellung der Steuerzeichen veranschaulichen:

```
:set nu? list?       :set nu? list?       :set nu? list?
nonumber             number               number
nolist               nolist               list
:1,3                 :1,3                 :1,3
aaaaaaaa             1 aaaaaaaa           1 aaaaaaaa$
     bbbbbbbb        2       bbbbbbbb     2 ^Ibbbbbbbb$
c^Hc^[cc             3 c^Hc^[cc           3 c^Hc^[cc$
```

wobei zu beachten ist, daß die Steuerzeichen **BS** = `^H` und **ESC** = `^[` in allen drei Fällen symbolisch dargestellt wurden. Das Beispiel zeigt zugleich, daß *ex* Zeilenbereiche ohne nachgestellten Befehl vollständig auflistet.[1] Im folgenden sollen die Voreinstellungen `nonu` und `nolist` vorerst unterstellt bleiben.

Ein weiteres Kontrastbeispiel mag die differenzierte Wirkung der Optionsvariablen `tabstop` illustrieren:

```
:set ts?             :set ts=4            :set ts=1
tabstop=8            :1|p                 :1|p
:1|p                 ^Ibbbbbbbb$          ^Ibbbbbbbb$
^Ibbbbbbbb$              bbbbbbbb             bbbbbbbb
    bbbbbbbb
```

wobei `nolist` unterstellt ist. Zu beachten ist, daß `ts=0` unzulässig ist und automatisch durch die Zuweisung `ts=8` ersetzt wird.

---

1. ed(1) gibt dabei nur die letzte Zeile aus.

Einzelne Zeilen können durch bloße Angabe der Adresse aufgelistet werden:

```
:1                          :/main()/
#include <stdio.h>          main()
```

Mit dem *Punkt* ' . ' (dot) wird wiederum die jeweils aktuelle, und mit der Leereingabe die unmittelbar nachfolgende Zeile ausgegeben,

```
:.                          :[RET]
main()                      { /* main-program */
```

Mit einem *Pluszeichen* '+' (plus sign) wird ebenfalls die unmittelbar nachfolgende und mit einem *Minuszeichen* '–' (minus sign) die unmittelbar vorhergehende Zeile ausgegeben,

```
:+                          :-
puts("Hallo Freunde\n");    { /* main-program */
```

was sich sinngemäß auf mehrere Plus- oder Minuszeichen erweitert. Im allgemeinen gelten die Regeln der relativen Adressierung (Abschnitt 2.1.3).

Jede andere Form der Textdarstellung muß mit *List-* und *Darstellungsbefehlen* (list, display, commands) erzwungen werden. Tabelle 4.1 listet die zur Verfügung stehenden Befehle auf:

Befehl	Bedeutung
...l...	(list) Auflisten mit symbolischer Darstellung von Tabulatorzeichen und Zeilenende;
...nu... ...#...	(number) Auflisten mit Zeilenummern; ditto ... Synonym;
...p... ...P...	(print) einfaches Auflisten; ditto ... Synonym;
...z...	Kontextdarstellung;
[CTL_D]	Ausrollen eines Zeilenbereiches.

Tabelle 4.1: List- und Darstellungsbefehle von ex(1)

Bei den eigentlichen Listbefehlen ist die alternative Form der Adressierung sowie die Möglichkeit der Kombination von 1 und # zu beachten,

```
:2,4nu              :21 3               :21# 3
2 bbbbbb            bbbbbb$             2 bbbbbb$
3     ccccc         ^Icccccc$          3 ^Icccccc$
4 eeeee             eeeee$             4 eeeee$
```

wobei # die Zeilennumerierung bewirkt, während 1 den Zeilenvorschub LF (012) symbolisch als $, und das Tabulatorzeichen HT (011) als ^I darstellt. Mit der Betriebsoption list fallen 1 und p zusammen; bei number

fallen dagegen nu, # und p zusammen; mit beiden Optionen gleichzeitig
sind alle Listbefehle identisch und können beim Auflisten eines Zeilenbe-
reichs einfach weggelassen werden. Jeder der eigentlichen Listbefehle kann
den Suchanweisungen g und v (Abschnitt 4.9) nachgestellt werden.

Mit der jeweiligen Tastenbelegung des Parameters *eof* von stty(1) (Abschnitt
1.2.1.1) — normalerweise also [CTL_D] — kann von der *aktuellen Zeile*
(current line) ausgehend ein *zusammenhängender Zeilenbereich* (contiguous
line range) *ausgerollt* (scrolling) werden, dessen Länge von dem jeweiligen
Wert der Optionsvariablen scroll beziehungsweise der jeweils noch verbleibenden Anzahl Zeilen bestimmt wird:

```
:set scroll?
scroll=12
:[CTL_D]
#include <stdio.h>
...
} /* end main */
```

Die Vorbelegung von scroll entspricht normalerweise der halben Bild-
schirmgröße des jeweiligen Terminaltyps — also 12 bei 24-Zeilengeräten,
was jedoch nach Belieben verändert werden kann,

```
:set scroll=8
: ...
```

Mit dem Darstellungsbefehl z (display) kann eine mit <ZA> adressierte
Zeile mit einem *Kontextfensters* (context window) von <FG> Zeilen dargestellt werden,

```
:[<ZA>]z[+|-|.|=][<FG>][#][l]
```

wobei die zuletzt nachgestellten Optionen # und l im Sinne der gleichnamigen Listbefehle wirken. Hinsichtlich der Darstellungstopologie ergeben
sich vier unterschiedliche Möglichkeiten. In dem folgenden Beispielen soll
der Klarheit halber jeweils von der Option number ausgegangen werden,

```
:set nu                         :set nu
:4z+3                           :4z-3
4  puts("Hallo Freunde\n");     2  main()
5  exit(0);                     3  { /* main program */
6  } /* end main */            4  puts("Hallo Freunde\n");


:4z.3                           :4z=3
3  { /* main program */         3  { /* main program */
4  puts("Hallo Freunde\n");    -----------------------------
5  exit(0);                     4  puts("Hallo Freunde\n");

                                -----------------------------
                                5  exit(0);
```

Wenn *weder* `number` *noch* `list` gesetzt ist, kann eine *numerierte* beziehungsweise *interpretierte* Darstellung explizite mit nachgestellten Optionen erzwungen werden,

```
:4z.3 l                         :4z=3 #1
{ /* main program */$           3 { /* main program */$
^Iputs("Hallo Freunde\n");$     ---------------------------
 exit(0);$                      4 ^Iputs("Hallo Freunde\n");$
                                ---------------------------
                                5  exit(0);$
```

Der Darstellungsbefehl z kann mit allen Formen der Zeilenadressierung verbunden werden; insbesondere also auch mit Suchmustern und Zeilenmarken (line marks, tags),

```
:/<smuster>/z ...          : 'az ...              : ' 'z ...
```

was bei der Inspizierung größerer Textkörper eine beachtliche Arbeitshilfe bedeuten kann.

Bei Auslassung der Adresse wird die jeweils aktuelle Zeile abgegriffen, und ohne Angabe der Fenstergröße wird der jeweils aktuelle Doppelwert der bereits oben vorgestellten Optionsvariablen `scroll` benutzt.

4.6 Texteingabe

Tabelle 4.2 faßt die zur Verfügung stehenden *Texteingabebefehle* (text input commands) zusammen.

Befehl	Bedeutung
...a[!][#][l|p]	(append) Texteingabe *nach* der adressierten Zeile
...i[!][#][l|p]	(insert) Texteingabe *vor* der adressierten Zeile
...c[!][#][l|p]	(change) *Ersetzen* von adressierten Zeilen

Tabelle 4.2: Texteingabebefehle von ex(1)

Mit dem nachgestellten Ausrufungszeichen ' ! ' (exclamation mark) wird die jeweile Einstellung der Betriebsoption `autoindent` genau umgekehrt, was gleich nachfolgend weitergeführt wird. Mit den nachgestellten Optionen `#`, `l` oder `p` wird die jeweils zuletzt eingegebene Zeile zurückgespiegelt, wobei das Ausgabeformat den gleichnamigen Listbefehlen (Abschnitt 4.5) entspricht. Im übrigen sind die Befehle identisch mit den gleichnamigen Gegenstücken in ed(1) (Abschnitt 2.4). Insbesondere wird auch hier die Eingabe mit einem *ungeschützen* Punkt am Zeilenanfang unmittelbar gefolgt vom Zeilenvorschub beendet.

Im *Eingabemodus* (input mode) akzeptiert *ex* im Prinzip alle ASCII-Zeichen. Hinsichtlich der Eingabe von *Steuer-* und *Sonderzeichen* (control, special, characters) gelten die im Abschnitt 1.2.1 vorgestellten Schutzregeln, wobei insbesondere an das *TTY-Fluchtzeichen* (tty escape character) `[CTL_V]` erinnert sei. Darüber hinaus sind jedoch mehrere spezielle Betriebsoptionen von situationsbedingter Wichtigkeit.

*M*it der normalerweise (default) negierten Option `beautify`,

```
:set bf?              aber              :set bf
nobeautify                              ...
```

kann die Eingabe *ungeschützter* Steuer- und Sonderzeichen automatisch verhindert werden; lediglich die *Ausgabesteuerzeichen* (print control characters) `[CTL_I]` = HT (011), `[CTL_J]` = LF (012) und `[CTL_L]` = FF (014) werden dann noch ungeschützt angenommen.

Die Wirkungen der Betriebsoptionen `number` und `autoindent` müssen bei allen drei Eingabebefehlen in Betracht gezogen werden. Mit `number` und `nonu` kann die *auffordende Ausgabe von Zeilennummern* (line number prompting) angestellt beziehungsweise abgestellt werden,

```
:set nu?
number            :set nu            :set nonu
:5a               :10c 5             :3i
6 ...             10 ...             ...
```

Bei `c` kann — wie hier angedeutet — die alternative Form der Adressierung mit Anfangsadresse (10) und Anzahl (5) benutzt werden.

Mit der Option `autoindent`, oder kurz `ai` kann das automatische Einrücken der Eingabezeilen (automatic indentation) an- beziehungsweise abgestellt werden,

```
:set ai                          :set noai
:a                               :i
aaaaaa                           aaaaaa
      bbbbbb                     bbbbbb
            cccccc               cccccc
            dddddd               dddddd
[CTL_D]eeeeee                    ...
      ffffff
[CTL_D]
gggggg
...
```

Bei `ai` wird das jeweils vorhergehende Einrücken durch Leer- oder Tabulatorzeichen *kumulativ* beibehalten; die Schreibmarke rückt automatisch zur Anfangsposition der jeweils vorherigen Zeile nach rechts ein. Zum *Rücksetzen* der Schreibmarke muß die jeweilige Tastenbelegung des Parameters *eof* von **stty(1)** — normalerweise also `[CTL_D]` — benutzt werden, wobei die Anzahl der durchlaufenen Positionen durch den jeweiligen Wert der Optionsvariablen `shiftwidth`, kurz `sw` bestimmt wird, der *normalerweise* (default) 8 Zeichen beträgt, aber beliebig verändert werden kann,

`:set sw?`   `:set sw=4`
`shiftwidth=8`

Mit den Dyaden `a!`, `c!` und `i!` wird für die Dauer des jeweiligen Eingabevorganges `ai` zu *noai*, und umgekehrt *noai* zu *ai* verkehrt.

Normalerweise schließt ein einzelner *Punkt* (dot) am Zeilenanfang unmittelbar gefolgt vom Zeilenvorschub die Texteingabe ab. Zur Eingabe einer Textzeile, die eben nur aus einem einzigen Punkt bestehen soll, muß der *Rückstrich* (backslash) als *Fluchtzeichen* (escape character) benutzt werden:

`\.[RET]`

4.7 Zeilenmanipulationen

Im gemeinsamen Grundbereich gleichen die möglichen *Zeilenmanipulationen* (line manipulations) von *ex* im wesentlichen denen von ed(1) (Abschnitt 2.5), unterscheiden sich darüber hinaus jedoch durch einige Besonderheiten. Tabelle 4.3 listet die zur Verfügung stehenden *Zeilenbefehle* (line commands) auf.

Befehl	Bedeutung
...co...[#][1|p] **...t...[#][1|p]**	(copy) Kopieren eines Zeilenbereiches ditto … Synonym
...d..[#][1|p]	(delete) Löschen eines Zeilenbereiches
...j...[#][1|p]	(join) Intelligentes Zusammenfügen von Zeilen
...j!...[#][1|p]	Einfaches Zusammenfügen von Zeilen
..m..[#][1|p]	(move) Verschieben des Zeilenbereiches
...ya...	(yank) Ablegen eines Zeilenbereiches in einem Zeilenpuffer
...pu...	(put) Einschieben des Pufferinhalts

Tabelle 4.3: Zeilenbefehle von ex(1)

Mit den nachgestellten Optionen `#`, `1` oder `p` wird die jeweils zuletzt bewegte Zeile zurückgespiegelt, wobei das Ausgabeformat den gleichnamigen Listbefehlen (Abschnitt 4.5) entspricht.

Bei den Zeilenbefehlen ist das Zusammenspiel mehrerer Betriebsoptionen zu beachten. Mit der Optionsvariablen `report` wird die *Schwelle* (threshold) von Modifikationen festgelegt, bei deren Überschreitung automatisch eine entsprechende Mitteilung ausgegeben wird. Ein Kontrastbeispiel mit dem Löschbefehl mag dies sogleich veranschaulichen,

```
:set report          :set report?          ...
report=5             :report=5             :set report=0
:1,6d                :$d                    $d
6 lines deleted      :...                   1 lines deleted
```

Mit der Option `autoprint`, kurz `ap`, wird dagegen die jeweils *resultierende aktuelle Zeile* (resulting current line) widergespiegelt, wobei dann noch die Optionen `number` und `list` das Darstellungsformat bestimmen, was ein weiteres Kontrastbeispiel mit dem Löschbefehl veranschaulichen mag,

```
:set ap? nu? list? report?     :set ap? nu? list? report?
autoprint                      autoprint
nonumber                       number
nolist                         list
report=0                       report=0
:1d                            :1d
1 lines deleted                1 lines deleted
bbbbbbbb                       1  ^Icccccccc$
```

Bei `noautoprint` kann mit einer der nachgestellten Optionen #, 1 oder p die resultierende aktuelle Zeile zurückgespiegelt werden, wobei das Ausgabeformat den gleichnamigen Listbefehlen (Abschnitt 4.1.4) entspricht. Ausgenommen davon sind die Pufferbefehle `yank` und `put`.

Um die Wirkung der Zeilenbefehle zu untermalen, soll jedoch im folgenden von den Optionen `autoprint` und `number` sowie vom Nullwert der Optionsvariablen `report` ausgegangen werden,

```
:set ap nu report=0
```

Als Besonderheiten des Löschbefehls `d` sind sowohl die alternative Form der Adressierung als auch die *automatische Zwischenpufferung* (holdover buffering) der gelöschten Zeilen zu beachten,

```
1    aaaaaa              :1d 3
2    bbbbbb              3 lines deleted
3    ccccc               1    ddddd
4    ddddd               :$pu
5    eeeee               3 more lines after put
...                      5    ccccc
```

Mit dem *Pufferbefehl* `pu` (put) kann der unmittelbar zuvor gelöschte Zeilenbereich aus dem *unbenannten Auffangpuffer* (unlabelled holding buffer) abgegriffen und an einer beliebigen Adresse — hier am Ende des Editierpuffers — wieder inseriert werden, auch mehrfach. Die mit `d` ebenfalls mögliche adressierte Zwischenpufferung wird weiter unten im Zusammenhang mit dem Befehlen `yank` und `put` weitergeführt.

Der Verkettungsbefehl j (join), mit dem zwei oder mehr aufeinanderfolgende Zeilen zu einer einzigen Zeile zusammengefügt werden können (joining lines), ist in zwei Varianten vorhanden,

```
:3,4j                            :3j! 2
3 lines joined                   3 lines joined
3  ccccc dddddd eeeee            3  cccccddddddeeeee
```

wobei die *intelligente* Variante j automatisch je ein Leerzeichen zwischen den Zeilen einfügt, während die Dyade j! die Zeilen fugenlos verkettet. Zu beachten ist, daß die Gesamtlänge der resultierenden Zeile das jeweilige Maximum (normalerweise 1024 Zeichen) nicht überschreiten darf.

Der Zeilenkopierbefehl co und sein Synonym t (transpose)[2] fungieren identisch zum gleichnamigen Gegenstück in *ed*,

```
:%                 :1,2co $            :3,$t 0
1 aaaaaa           2 lines copyed      3 lines ted
2 bbbbbb           7 bbbbbb            3 eeeee
3 ccccc            : ...               : ...
4 dddddd
5 eeeee
```

wobei jeweils die linke Ausgangssitutation gilt. Wiederum zu beachten ist, daß mit den weiter oben unterstellten Betriebsoptionen die zuletzt kopierte Zeile numeriert widergespiegelt wird.

Der Versetzungsbefehl m (move) fungiert ebenfalls identisch zu seinem Gegenstück in *ed*,

```
:%                 :1,2m $             :3,$m 0
1 aaaaaa           2 lines moved       3 lines moved
2 bbbbbb           5  bbbbbb           3  eeeee
...                : ...               : ...
5 eeeee
```

Ein besonderes Leistungsmerkmal des *ex/vi*-Systems ist die adressierbare *Zwischenpufferung* (buffering) von Zeilen und Zeilenbereichen, wofür insgesamt 27 Puffer zur Verfügung stehen, von denen 26 als *benannte Puffer* (labelled buffers) mit den Kleinbuchstaben *a – z* explizite adressiert werden können, während ein unbenannter Puffer zur automatischen Aufnahme (und damit Wiederherstellung) von gelöschten Zeilen dient, was bereits weiter oben im Zusammenhang mit dem Löschbefehl d einführend vorgestellt wurde.

Sowohl mit d als auch mit dem *Pufferbefehl* yank können Zeilen und Zeilenbereiche identisch in Puffern abgelegt werden; der Unterschied liegt lediglich darin, daß bei ya keine Zeilen gelöscht werden.

---

2. Ein ausgesprochener *misnomer*.

Das folgende Kontrastbeispiel veranschaulicht dies noch einmal mit dem
unbenannten automatischen Puffer (unlabelled holding buffer),

```
:%                      :1d 3                   :1,3ya
1 aaaaaa                3 lines deleted         3 lines yanked
2 bbbbbb                :$pu                     :$pu
...                     3 more lines ...        3 more lines ...
5 eeeee                 5   cccccc              8   cccccc
```

Mit dem Pufferbefehl put wurde der Zeilenbereich dann wieder am Ende
des Editierpuffers inseriert.

Um einen Zeilenbereich mit (d) oder ohne (ya) Löschen in einem benannten
(labelled) Puffer abzulegen, wird kodiert,

```
<Zeilenbereich>[d|ya] <Puffer>
```

oder

```
<Zeilenadresse>[d|ya] <Puffer> <Zeilenanzahl>
```

wobei <Puffer> = a, b, ..., z den Puffer benennt, dessen vorheriger
Inhalt dann überschrieben wird und somit verloren geht. Durch Angabe eines
Großbuchstaben A, B, ..., C kann der jeweilige Inhalt jedoch erweitert
(appending, contents) werden.

Mit dem Pufferbefehl put kann der Inhalt eines mit <Puffer> = a, b,
..., z benannten Puffers dann an einer beliebigen Adresse inseriert werden,

```
<Zeilenadresse>pu <Puffer>
```

Als zusammenfassendes Kontrastbeispiel mit d und ya und dem benannten Puffer b wäre zu betrachten,

```
1   aaaaaa              :4,5d b                 :4,5ya b
2   bbbbbb              2 lines deleted         2 lines yanked
3   ccccc               :1d B 3                 :1ya B 3
4   ddddd               3 lines deleted         3 lines yanked
5   eeeee               :$pu b                  :$pu b
                        5 lines puted           5 lines puted
                        5   ccccc               10   ccccc
```

Benannte Puffer behalten ihre jeweiligen Inhalte auch beim Neuladen des
Editierpuffers (edit buffer) mit den Anweisungen e, E oder n (Abschnitt
4.10), was dazu benutzt werden kann, Teile von mehreren Dateien "einzu-
sammeln" (buffering) und dann auf eine weitere Datei zu übertragen.

4.8 Zeilengebundene Substitution

Die unter ed(1) gültigen Regeln der *zeilengebundenen Substitution* (in-line substitution; Abschnitt 2.6) gelten identisch unter *ex*, wobei jedoch wiederum einige Besonderheiten zu beachten sind. Die beiden Grundformen des Substitutionsbefehls `substitute`, kurz `s`, sind:

```
[<ZB>]s/<ziel>/<ersatz>/[g][c][p|#|l]

[<ZA>]s/<ziel>/<ersatz>/[g][c][<N>][p|#|l]
```

wobei `<ZB>` einen durch zwei Zeilenadressen bestimmten *zusammenhängenden Zeilenbereich* (contiguous line range) darstellt, während `<ZA>` eine Zeilenadresse bestimmt, von der ausgehend der Befehl auf insgesamt `<N>` *aufeinanderfolgende Zeilen* (consecutive lines) angewandt wird. Bei Auslassung der Adressen wird von der jeweils aktuellen Zeile ausgegangen.

Auch hier wird wiederum zumeist (aber nicht ausschließlich) der Schrägstrich (slash) als *Begrenzer* (delimiter) benutzt; alternativ kann jedes Zeichen, das weder Buchstabe noch Ziffer ist, benutzt werden. Der jeweilige Begrenzer darf *nicht ungeschützt* im Suchmuster enthalten sein und muß in diesem mit dem *Rückstrich* \ (backslash) abgedeckt werden. Der letzte Begrenzer kann ausgelassen werden, falls keine Option nachgestellt wird und der Zeilenvorschub unmittelbar folgt.

Ohne die Zusatzoption `g` (global) wird nur die jeweils (von links nach rechts) *erste* Instanz des *Zielmusters* (target string) durch die *Ersatzkette* (replacement string) ersetzt; mit `g` alle. Die Option `c` wird gleich nachfolgend weiter unten erläutert.

Bei `noautoprint` kann mit einer der nachgestellten Optionen `#`, `l` oder `p` die resultierende aktuelle Zeile zurückgespiegelt werden, wobei das Ausgabeformat den gleichnamigen Listbefehlen (Abschnitt 4.1.4) entspricht.

Mit `autoprint`, kurz `ap`, werden dagegen alle Substitutionen automatisch widergespiegelt, was mit der `noap` abgestellt werden kann,

```
:set autoprint              :set noap
:s/hello/Hallo/             :s/Hallo/hello/
...Hallo...                 :
```

Der aktuelle Wert der Optionsvariablen `report` bestimmt den Schwellenwert, bei dessen Überschreiten die Anzahl der Substitutionen gemeldet wird,

```
aaaaaa                      bbbbbb
:set report=2               :set report=0
:s/a/x/                     :s/b/y/
xaaaaa                      1 substitutions
:s/a/x/g                    ybbbbb
5 substitutions
```

Eine unerwartet hohe Anzahl von Substitutionen kann dann mit einem schnellen u (undo) noch rechtzeitig rückgängig gemacht werden.

Um die Wirkung des Substitutionsbefehls zu untermalen, soll im folgenden vorerst von den Optionen autoprint, **no**list und **no**number sowie vom Nullwert der Optionsvariablen report ausgegangen werden,

```
:set ap nolist nonu report=0
```

Als erste, einfachere Beispiele wären zu betrachten,

```
:p                      :1                      :#
aaaaaa                  bbbbbb$                 3 cccccc
:s/a/x/g                :s/^/\[TAB]/1           :s/^/#/#
6 substitutions         1 substitutions         1 substitutions
xxxxxx                  ^Ibbbbbb$               3 #ffffff
```

Mit der Option c (confirm) können mehrere Zielketten der Reihe nach abgegriffen und selektiv substituiert werden; wie zum Beispiel in der Zeile,

```
aabbaaccaaddaaee
```

wo alle Instanzen der Zielkette aa der Reihe nach erfaßt werden sollen, wozu die Optionskombination gc (global-confirm) gesetzt wird,

```
:s/aa/xx/gc
aabbaaccaaddaaee
^^y
xxbbaaccaaddaaee
    ^^[RET]
xxbbaaccaaddaaee
        ^^[RET]
xxbbaaccaaddaaee
            ^^y
2 substitutions
xxbbaaccaaddxxee
```

Mit einem y wird die jeweils erfaßte Instanz substituiert, und mit [RET] übersprungen. Mit der Interrupt-Taste (bzw. [CTL_C]) kann der Vorgang ohne jegliche weitere Substitutionswirkung jederzeit abgebrochen werden.

Auch hier muß die *Wechselwirkung* (interaction) zwischen dem *aktuellen Suchmuster* (current search pattern) und dem *Zielmuster* (target pattern) im Auge behalten werden. Einerseits wird das jüngste Zielmuster automatisch zum aktuellen Suchmuster in den Dyaden // und ?? sowie bei den Suchanweisungen g und v (Abschnitt 4.9). Andererseits kann das jüngste und damit aktuelle Suchmuster zugleich als Zielmuster fungieren:

```
/<smuster>/               s//<ersatz>/…
…<smuster>…               …<ersatz>…


/<smuster>/s//<ersatz>/…  g/<smuster>/s//<ersatz>/…
…<ersatz>…                …<ersatz>…
```

Als typisches Beispiel wäre zu betrachten,

```
:/Hallo Freunde/s//hello friends/#
4 puts("hello friends\n");
```

Von der jeweils vorherige Substitution ausgehend kann dann auch das Zielmuster durch Auslassung identisch beibehalten werden,

```
aabbaaccaaddaa...
:s/aa/xx/p                                  (vorherige Substitution)
xxbbaaccaaddaa...
:s//yy/p                                    (vorheriges Zielmuster ...)
xxbbyyccaaddaa...                           (aber vorherige Ersatzkette)
```

Mit der Tilde ~ als *Befehlskürzel* wird die jeweils unmittelbar vorhergehende *Ersatzkette* (replacement string) identisch beibehalten, selbst wenn das Zielmuster neu bestimmt wurde,

```
:/uu/                                       (neues Zielmuster ...)
5 uuvvsstt...
~p#
5 yyvvsstt...                               (aber vorherige Ersatzkette)
```

wobei übrigens noch die Option # nachgestellt wurde.

Mit dem Ampersand & als *Befehlskürzel* (command token) kann die jeweils unmittelbar vorhergehende Substitution identisch wiederholt werden,

```
:&l                                         (Substitution identisch
xxbbyyccyyddaa...$                                    ... wiederholt)
```

wobei übrigens noch die Option l nachgestellt wurde.

Mit einem alleinstehenden s kann die jeweils vorhergehende Substitution dagegen nur *ohne* jegliche nachgestellte Optionen wiederholt werden,

```
:s                                          (Substitution identisch
xxbbyyccyyddyy...                                     ... wiederholt)
```

was sich daraus ergibt, daß jedes nachfolgendes Zeichen ja nur als Begrenzer interpretiert werden kann!

Das Ampersand und die Tilde fungieren jedoch nicht nur als Substitutionskürzel, sondern auch bedingt als *Metazeichen* (metacharacters) im lexikalischen Sinne. Als Bedingung dafür gilt die normalerweise voreingestellte (default) Betriebsoption magic:

```
:set magic?              bzw.                :set magic
magic
```

Unter dieser Voraussetzung substituiert das *Ampersand* als *Zielmuster* (target pattern) in der *Ersatzkette* (replacement string),[3]

```
:s/Ziel/&muster/p          :s/Hallo/"&"/p
... Zielmuster ...         ... "Hallo" ...
```

Komplementär dazu substituiert dann die *Tilde* die jeweils vorherige *Ersatzkette*,[4]

```
aabbaacc...
:s/aa/xx/p                 (vorherige Substitution)
xxbbaacc...
:s/cc/~/p                  (vorherige Ersatzkette)
xxbbaaxx...
```

Beim *rein symbolischen Gebrauch* (purely literal use) in Zielmustern müssen die beiden Metazeichen individuell mit dem Rückstrich \ (backslash) abgedeckt werden; wie zum Beispiel in,

```
:s/Max und Moritz/Jack \& Jill/p
...Jack & Jill...
```

beziehungsweise in,

```
:s/tilde/wavy '\~'/p
...wavy '~'...
```

Die normale *Voreinstellung* von *ex/vi* ist, lexikalisch zwischen *Groß-* und *Kleinbuchstaben* (upper, lower, case letters) zu *unterscheiden* (case discrimination), was mit der negierten Option **no**ignorecase voreingestellt ist (default), aber mit ignorecase, oder kurz ic, abgestellt werden kann. Ein Kontrastbeispiel mag die Wirkung der Option bei Substitutionen veranschaulichen:

```
:set ic?
noignorecase               :set ic
:p                         :p
aaaAAA                     bbbBBB
:s/a/x/gp                  :s/b/y/gp
xxxAAA                     yyyyyy
```

In diesem Zusammenhang sind als weitere Besonderheit die beiden Dyaden \U (upper case) und \L (lower case) zu betrachten, mit denen bei noic ganze Zielketten zu Großbuchstaben beziehungsweise zu Kleinbuchstaben *umgewandelt* werden können (case converion); wie zum Beispiel in,

```
:s/happy/\U&/p             :s/DAYS/\L&/p
... HAPPY ...              ... days ...
```

---

3. Genau wie bei ed(1).

4. Anstelle des Prozentzeichens % bei ed(1).

Ganze Zeilen können einfachst umgewandelt werden,

```
happy days are here...              HAPPY DAYS ARE HERE...
:s/./\U&/gp                         :s/^.*$/\L&/p
HAPPY DAYS ARE HERE...              happy days are here...
```

wobei der Punkt '.' (dot) als unbestimmtes Metazeichen fungierte, und der Asterisk die unbestimmte Repetition bewirkte (Abschnitte 3.1 bzw. 3.2.1).

Die Anfangsbuchstaben von Worten können mit den Dyaden \u und \l zu Großbuchstaben (capitalization) beziehungsweise zu Kleinbuchstaben[5] umgewandelt werden können (case conversion); wie zum Beispiel in,

```
happy days are here...              Happy Days Are Here...
:s/happy/\u&/p                      :s/Happy/\l&/p
```

Durch entsprechende *Kontextmuster* (context pattern) Abschnitt 3.3) können ganze Zeilen umgewandelt werden,

```
Happy days are here...              happy Days Are Here...
:s/\<[a-z]*/\u&/gp                  :s/\<[A-Z]*/\l&/gp
Happy Days Are Here...              happy days are here...
```

Streng zu beachten in diesem Zusammenhang ist, daß bei einer Negierung von `magic`,

```
:set magic?             oder             :set nomagic
nomagic
```

sowohl die beiden Metazeichen & und ~ als auch die allgemeinen lexikalischen Primitiven (Abschnitt 3.1) ihre Wirkung verlieren und zu gewöhnlichen Zeichen revertieren. Lediglich die Kontextzeichen ^ (Zeilenanfang) und $ (Zeilenende) sowie die wortbegrenzenden Dyaden \< und \> behalten ihre Wirkung (Abschnitt 3.3). Bei `nomagic` kann die Wirkung von & und ~ jedoch durch Abdecken mit dem Backslash selektiv erzwungen werden.

Als eine besondere Form der zeilengebundenen Substitution wäre noch das *seitliche Verschieben* von Text (intelligent text shifting) zu betrachten. Mit einem oder mehreren gleichgerichteten Winkelzeichen,

```
[<ZB>]>>...                         [<ZB>]<<...
```

können Zeilenbereiche um eine entsprechende Anzahl von *Verschiebungseinheiten* (shift units) nach rechts beziehungsweise nach links verschoben werden. Die genau einem Winkelzeichen entsprechende Verschiebungseinheit wird durch den jeweiligen Wert der Optionsvariablen `shiftwidth` bestimmt. Die *effektive Verschiebung* (effective shift) besteht aus Tabulator-

---

5. Der im zeitgenössischen Englisch weniger geläufige Begriff *Kleinschreibung* kann durch den Terminus *minuscularization* elegant ausgedrückt werden.

zeichen **HT** (011) und Leerzeichen **SP** (040) und berechnet sich aus der nach
der Formel,

$$VE = t \times HT + r \times SP \quad \text{wo} \quad t = [n \times sw/ts], \quad ts > 0, \quad \text{und} \quad r = sw \bmod(ts)$$

beziehungsweise $VE = n \times sw \times SP$ bei $ts = 0$

wobei n die Anzahl der Winkelzeichen (angular bracket) darstellt, und sw und
ts die aktuellen Werte der Optionsvariablen `shiftwidth` und `tabstop`.
Ein Kontrastbeispiel mag dies sogleich für die Rechtsverschiebung veranschaulichen,

```
:set sw? ts?
shiftwidth=8        :set sw=3 ts?
tabstop=8           tabstop=8                   :set sw=1 ts=0
:l                  :l                          :l
aaaaaa$             bbbbbb$                     cccccc$
:>>l                :>>>l                       :>>>l
^I^Iaaaaaa$         ^I bbbbbb$                      cccccc$
```

Ein analoges Prinzip gilt für Linksverschiebungen.

4.9 Suchanweisungen

Mit der *Suchanweisung* g (global, search directive) können Zeilen, die ein
vorgegebenes *Suchmuster* (search pattern) enthalten automatisch der Reihe
nach erfaßt und als *jeweils aktuelle Zeile* (current line) einem oder mehreren
nachgeschalteten Befehlen zugeführt werden:

```
[<ZB>]g/[<smuster>]/[<ebef>...]
```

Komplementär dazu können Zeilen, die ein Suchmuster *nicht* enthalten,
erfaßt werden mit,

```
...g!/[<smuster>]/...                    ...v/.../...
```

wobei die Dyade g! und v (veto) Synonyme sind. Die interaktiven Varianten G und V (Majuskel) von *ed* stehen hier *nicht* zur Verfügung!

Im allgemeinen (aber nicht ausschließlich) wird der *Schrägstrich* (slash) als
Begrenzer (delimiter) des Suchmusters benutzt; alternativ können Zeichen,
die weder Buchstaben noch Ziffern sind, benutzt werden.[6] Der jeweilige
Begrenzer darf *nicht ungeschützt* im Suchmuster enthalten sein und muß in
diesem mit dem *Rückstrich* \ (backslash) abgedeckt werden. Der letzte
Begrenzer kann ausgelassen werden, falls keine Option nachgestellt wird und
der Zeilenvorschub unmittelbar folgt.

---

6. Im Gegensatz ed(1), wo willkürliche Begrenzer benutzt werden können.

Bei Auslassung des Suchmusters,

```
...g//...              ...g/[RET]              ...v??...
```

wird das *jeweils aktuelle Suchmuster* (current search pattern) benutzt, das
bereits mit einer anderen Suchanweisung oder einer impliziten Adressierung
(Abschnitt 4.4) beziehungsweise als *Zielmuster* (target pattern) mit dem Substitutionsbefehl (Abschnitt 4.8) bestimmt wurde. Um das Zielmusters der
jüngsten Substitution auszublenden und das *zuletzt benutzte eigentliche Suchmuster* wiederzubenutzen stehen auch hier (vgl. Abschnitt 4.4) die zwei Dyaden \/ und \? zur Verfügung:

```
...g\/...              ...g\/[RET]             ...v\?...
```

Ohne jeglichen nachgestellten Befehl werden die erfaßten Zeilen einfach aufgelistet, wobei das Darstellungsformat von den Betriebsoptionen `list` und
`number` bestimmt wird (vgl. Abschnitt 4.4),

```
:set nu?                 :set list?
number                   list
:g/main                  :g!//
2 main()                 #include <stdio.h>$
...                      ...
```

Jeder Suchanweisung kann ein *Suchbereich* (search range) vorgeschaltet werden, um die Suche auf einen *zusammenhängenden Zeilenbereich* (contiguous
line range) zu beschränken,

```
<ZA1>,<ZA2>g/[<smuster>]/...      <ZA1>;<ZA2>g!/.../...
```

wobei die üblichen Adressierungsformen gelten (Abschnitt 4.4). Bei Auslassung wird der gesamte *Editierpuffer* (edit buffer) erfaßt.

Umgekehrt können Zeilen, die das vorgegebene Suchmuster enthalten und
somit jeweils zur *aktuellen Zeile* (current line) bestimmt werden, durch *relative Adressierung* (relative addressing; vgl. Abschnitt 2.1.3) zu *Kontextbereichen* (context ranges) der unmittelbar umgebenden Zeilen erweitert werden:

```
...g/.../-h,+k ...      ...g!/.../-h,. ...      ...v/.../.,+k ...
```

Soweit von der Anwendung her sinnvoll können g und g! (beziehungsweise
v) als *Vorschaltbefehle* (prepended auxiliary commands) mit fast allen anderen Befehlen kombiniert werden; insbesondere also mit den List- und Eingabebefehlen (Abschnitte 4.5 und 4.6) sowie dem Substitutionsbefehl
(Abschnitt 4.8). Bei nachgeschalteten Substitutionen ist zu beachten, daß
einerseits das *aktuelle Suchmuster* das *Zielmuster* bestimmen kann, was
umgekehrt gilt.

Bei den Eingabebefehlen a (append), i (insert), und c (change) gilt das folgende Schema,

```
...g/<smuster>/a\[RET]              ...v/.../i\[RET]
...   <Text>  ... \[RET]            ...           \[RET]
...                                 ...
.[RET]                              ...           [RET]
...                                 :
```

Jede Eingabezeile beginnt mit dem *Rückstrich* \ (backslash) unmittelbar gefolgt vom Zeilenvorschub; die Eingabe endet mit einem alleinstehenden Punkt am Zeilenanfang gefolgt vom Zeilenvorschub beziehungsweise mit einem einfachen Zeilenvorschub falls kein weiterer Befehl folgen soll.

Mit der Ausnahme von ya (yank) können — soweit sinnvoll — alle *Zeilenbefehle* (line commands; Abschnitt 4.7) mit einer Suchanweisung verknüpft werden (vgl. Abschnitt 2.7). Bei *ex* kann dazu noch der Pufferbefehl pu (put) nachgestellt werden,

```
...g/.../pu                     ...g!/.../pu m
```

wobei der Inhalt des unbenannten beziehungsweise des mit m = *a, b, ..., z* benannten Puffers nach jeder gefundenen Zeileninstanz eingeschoben wird.

Dateibefehle (file commands; Abschnitt 4.10) können ebenfalls den Suchanweisungen nachgestellt werden, wobei die bereits im Abschnitt 2.7 vorgestellten Paradigmen im analogen Sinne gelten. Beim Abspeichern in einer Datei sollte die Form

```
...g/.../.w >> <Datei>
```

benutzt werden, um die Zeilen der Reihe nach *anzuhängen* (appending) anstelle die Datei jedesmal erneut zu überschreiben.

Ebenso wie bei ed(1) können die Suchanweisungen mit *Befehlsfolgen* (command sequences) zu *Transaktionsgruppen* (transaction groups) verknüpft werden, wobei das folgende Schema sowohl für g als auch g! beziehungsweise v gilt:

```
...g/[<smuster>]/<ebef1>\[RET]
                <ebef2>\[RET]
                  ...    [RET]
```

Zu beachten ist dabei, daß die Befehlsfolge mit dem Rückstrich unmittelbar gefolgt vom Zeilenvorschub fortgesetzt und mit einem einfachen Zeilenvorschub abgeschlossen wird. Mit Ausnahme der Suchbefehle selbst können alle Editierbefehle und fast alle Dateibefehle benutzt werden. Die sich damit ergebenden Möglichkeiten einer einfach mit dem Editor zu programmierenden Art von *lexikalisch-assoziativer Transaktionsverarbeitung* (lexically-associative transaction processing) wurden bereits im Abschnitt 2.7 erläutert und durch ein Beispiel illustriert.

4.10 Dateibefehle und -verwaltung

Die nachfolgend vorgestellten *Dateibefehle* (file commands) gelten sowohl
im *Zeilenmodus ex* (line mode) als auch im Vollschirmmodus *vi* (full-screen
mode); sie entsprechen im Grundbereich denen von ed(1) (Abschnitt 2.7).
Insbesondere müssen auch hier die zum Einlesen, Abspeichern und Neuanlegen von Dateien notwendigen *Lese-* und *Schreibrechte* (read, write, permissions; Abschnitt 1.2.4) vorhanden sein.

Darüber hinaus kann die Ausgabe durch drei Betriebsoptionen innerhalb von
ex/vi kontrolliert werden, deren normale Voreinstellungen (default) einen
gewissen Schutz gegen unerwünschtes Verändern und Überschreiben bereits
existierender Dateien sowie gegen den unbeabsichtigten Verlust des aktuellen
Inhalts des Editierpuffers (edit buffer) gewährleisten:

```
:set ro?              :set aw?              :set wa?
noreadonly            noautowrite           nowriteany
```

Bei `readonly` wird jeglicher Versuch des Abspeicherns mit einer Warnung
abgeblockt, was auch das automatische Abspeichern mit `autowrite` bei
den gleich nachfolgend besprochenen Befehlen `next` und `rewind` sowie
das Abspeichern in anderen benannten Dateien bei `writeany` miteinschließt. Eine Ausgabe kann dann nur noch mit *emphatischen Befehlsformen*
(emphasized command variants) wie `write!` erzwungen werden. Diese
und verwandte Einzelheiten werden nachfolgend im jeweiligen Kontext noch
einmal hervorgehoben.

ex/vi unterstützt den Betrieb mit *multiplen Editierdateien* (multiple edit files),
die wiederholt der Reihe nach zum Editieren eingelesen beziehungsweise zur
aktuellen Editierdatei (current edit file) bestimmt werden können. Die dazu
benötigte *Aufrufsliste* (argument list) kann sowohl beim Erstaufruf auf der
Shell-Ebene (multiple file invocation),

```
$ ex|vi [-<Optionen>] <Datei₁> <Datei₂>...
```

als auch danach mit dem Befehl `next` jederzeit neu eingegeben werden,

```
n|next <Datei₁> <Datei₂>...
```

was weiter unten noch einmal aufgegriffen und weitergeführt wird.

Die *Aufrufsliste* kann mit dem Befehl `args` angezeigt werden,

```
args
```

```
[<Datei₁>] <Datei₂>...
```

wobei die jeweils aktuelle Editierdatei durch umgebende eckige Klammern
gekennzeichnet wird.

Zwei Dateien sind bei *ex*/*vi* immer ausgezeichnet; ihre Verweise können durch spezielle Metazeichen substituiert werden:

%   Die *aktuelle Editierdatei* (current edit file) wird durch das *Prozent-zeichen* (percent sign) dargestellt;

die jeweils vorherige Datei, auch als *Alternativdatei* (alternate file) bezeichnet, wird durch das *Dur-Zeichen* (sharp sign) dargestellt.

Auf die aktuelle Datei kann mit Befehlen wie `edit`, `read` und `write` ohne explizite Verweisangabe zugegriffen werden; d.h.

```
read %              entspricht              read
write %                "                    write
```
usw.

Die Metazeichen können sowohl alleinstehend als auch in Verbindung mit Zeichenketten benutzt werden; wie zum Beispiel in,

```
edit #          write %.bck          read %.old
```

womit der Verweis der Alternativdatei unverändert beziehungsweise der mit dem Suffixen `.bck` und `.old` erweiterte Verweis der aktuellen Datei angegeben wird. Bei einer rein symbolischen Verwendung der beiden Meta-zeichen muß dagegen der Backslash benutzt werden; wie zum Beispiel in,

```
read text\%              write \#hold
```

womit Dateien mit den Basisnamen `text%` und `#hold` eingelesen bezie-hungsweise ausgegeben werden. Diese Begriffsbestimmungen sind verbind-lich für alle anderen Dateibefehle.

Die folgenden Dateibefehle (file commands) stehen zur Verfügung:

e|edit|ex [+*<Befehl>*] [#|*<Dateiverweis>*]

e! ...

Neuladen des *Editierpuffers* (edit buffer), wobei der aktuelle Inhalt aufgege-ben und aus der aktuellen beziehungsweise der Alternativdatei (#) bzw. der benannten Datei neu eingelesen wird, die damit zugleich zur aktuellen Datei (current edit file) wird. Der Verweis der aktuellen Datei sowie die Anzahl der daraus eingelesenen Zeilen und Zeichen wird bei erfolgreicher Ausführung angezeigt. Ein optionaler, durch ein vorangestelltes Pluszeichen gekenn-zeichneter Editierbefehl wird dann ausgeführt; wie zum Beispiel in,

```
:e  +1,3nu  pgmx.c
"pgmx.c" 6 lines, 98 characters
    1  #include <stdio.h>
    2  main()
    3  { /* main program */
:...
```

Falls kein Abspeichern seit der letzten Modifizierung des aktuellen Editierpuffers stattfand, wird `edit` mit einer Warnung ignoriert. Ein Neuladen kann dann nur mit der emphatischen Form `edit!` oder kurz `e!` erzwungen werden (was übrigens nach einer mißlungenen Modifikation äußerst nützlich sein kann). Zu beachten ist, daß die Option `autowrite` (Abschnitt 4.11) bei `e!` kein automatisches Abspeichern bewirkt.

f|file `[<Dateiverweis>]`

Die durch ihren *Verweis* (pathname) angegebene Datei wird zur *aktuellen Editierdatei* (current edit file) bestimmt, wobei die jeweils vorherige Datei zur Alternativdatei wird und mit dem Dur-Zeichen # zurückgerufen werden kann. Ohne Argument wird der Status der jeweils aktuellen Datei angezeigt.

n|next `[+<Editierbefehl>]`
n! ...

Neuladen des Editierpuffers mit der jeweils nächsten Datei aus der *Aufrufsliste* (argument list), wobei ein optionaler, durch ein vorangestelltes Pluszeichen gekennzeichneter Editierbefehl sogleich mit dem neu eingelesenen Text ausgeführt wird. Nach dem Ausschöpfen der Aufrufsliste entsteht ein Fehlerzustand. Mit dem gleich nachfolgend besprochenen Befehl `rewind` kann die Aufrufsliste jedoch auf den Ausgangszustand zurückgesetzt werden.

Die Aufrufsliste kann sowohl beim Erstaufruf auf der Shell-Ebene,

`$ ex [-<Optionen>] <Datei1> <Datei2>...`

als auch danach wiederholt mit `next` neu bestimmt werden,

n|next `<Datei1> <Datei2>...`

Die beiden Aufrufsformen können kombiniert werden,

n|next `[+<Editierbefehl>] <Datei1> <Datei2>...`
n! ...

womit eine neue Aufrufsliste eingegeben und die erste Datei daraus als aktuelle Datei eingelesen wird.

Falls kein Abspeichern seit der letzten Modifizierung des aktuellen Editierpuffers stattfand und die Option `autowrite` *nicht* gesetzt ist, wird `next` mit einer Warnung ignoriert. Ein Neuladen kann dann nur mit der emphatischen Form `next!` oder kurz `n!` erzwungen werden. Falls `autowrite` jedoch gesetzt ist, wird der jeweilige Inhalt des Editierpuffers (edit buffer) automatisch in der aktuellen Datei (current file) abgespeichert bevor ein Neuladen erfolgt. Ein Widerspruch entsteht, wenn sowohl `autowrite` als auch `readonly` gleichzeitig gesetzt sind.

Eng verwandt mit dem eben vorgestellten Befehl next ist

rew|rewind

rew! ...

(rewind) wodurch die Aufrufsliste auf den Ausgangszustand und damit auf die erste Datei zurückgesetzt wird, die auch sogleich erneut eingelesen wird. Hinsichtlich des jeweiligen Inhalts des Editierpuffers gilt identisch die obige Regel von next mit autowrite bei noreadonly. Auch hier kann mit rew! ein Rücksetzen und Neuladen ohne vorheriges Abspeichern des aktuellen Editierpuffers erzwungen werden.

[<ZA>] **r|read** *[<Dateiverweis>]*

(read) Die durch ihren Verweis angegebene Datei wird nach der *letzten* beziehungsweise der mit <ZA> adressierten Zeile in den aktuellen Editierpuffer eingelesen, wobei die Adresse 0 zulässig ist. Zu beachten ist, daß die *aktuelle Zeile* (current line) explizite mit dem Punkt angegeben werden muß. Ohne Dateiverweis wird die jeweils *aktuelle Editierdatei* (current edit file) eingelesen. Die Anzahl der eingelesenen Zeilen und Zeichen wird bei erfolgreicher Ausführung angezeigt.

[<ZB>] **w|write** *[<Dateiverweis>]*

... **w!|write!** ...

(write) Der gesamte Editierpuffer beziehungsweise ein explizit angegebener Zeilenbereich <ZB> wird in die *aktuelle Editierdatei* beziehungsweise in die benannte Datei ausgegeben, wobei deren Inhalt überschrieben wird. Zu beachten ist, daß die *aktuelle Zeile* explizite mit dem Punkt erfaßt werden muß. Die Anzahl der ausgegebenen Zeilen und Zeichen wird bei erfolgreicher Ausführung angezeigt.

Mit der emphatischen Variante write! kann die Ausgabe zur aktuellen Datei bei readonly erzwungen werden. Bei bereits *existierenden benannten Dateien* wird mit der Betriebsoption nowriteany die Ausgabe automatisch abgeblockt und kann ebenfalls nur mit w! unter der Voraussetzung des Schreibrechts erzwungen werden, wobei der jeweilige Inhalt dann überschrieben wird. Bei *neuen Dateien* muß die Schreibberechtigung für das jeweilige *Mutterverzeichnis* (parent directory) vorhanden sein.

Mit der nachgestellten Dyade **>>** (appended dyade) in,

[<ZB>] **w|write >>** *[<Dateiverweis>]*

... **w!|write! >>** ...

wird eine bereits existierende Dateien nicht überschrieben sondern *erweitert* indem der Inhalt des Editierpuffer am Ende der Datei angehängt wird (appending). Ansonsten gelten die gleichen Dateiregeln wie beim einfachen write.

Falls der Schreibbefehl `write` fehlschlägt, was zwar selten genug vorkommt, aber unter anderen auch durch Überschreiten der *Diskspeicherquote*
(disk storage quota) verursacht wird, kann mit dem Sicherungsbefehl

preserve

versucht werden, den Inhalt des Editierpuffers noch zu retten. Bei erfolgreicher Ausführung wird eine *Auffangdatei* (recovery file) namens

```
/var/preserve/<LID>/Exaaa<PID>           (SVR4)
```

beziehungsweise `/usr/preserve/...` (SVR3) angelegt, wobei `<LID>`
die *Login-Kennung* (login ID) des Benutzers, und `<PID>` die *Prozeßkennung*
(process ID) des Editierprozesses darstellt.

Eine mit `preserve` oder bei einem *Systemabsturz* (system crash) automatisch angelegte Auffangdatei kann mit der Aufrufsoption `-r` beziehungsweise mit der Anweisung `recover` unter Angabe des ursprünglichen
Basisnamens (basename) abgerufen werden,

```
$ ex -r <Basisname>              :recover <Basisname>
```

Das automatische Sichern von Arbeitsdateien wird im Unterabschnitt 4.12.8
noch einmal aufgegriffen und weitergeführt.

4.11 Durchgriff zur Shell-Ebene

Mit `<Sbef>` seien im folgenden wiederum generische UNIX-Befehle, eingebaute Shell-Anweisungen sowie private Anwendungsprogramme symbolisiert, die auf der Shell-Ebene aufgerufen und daher gemeinsam als *Shell-
Befehle* bezeichnet werden können. Die nachfolgend vorgestellten Durchgriffe (escaping, shell level) zur Shell-Ebene lassen sich analog auf *multiple
Befehle*, *Befehlsgruppen* und *Pipelines* (Abschnitt 1.2.2) erweitern.

Mit dem vorangestellten *Ausrufungszeichen* '`!`' (prepended exclamation
mark) als *Shell-Fluchtzeichen* (shell escape) kann ein Shell-Befehl unmittelbar aus dem Editor-Befehlsmodus heraus aufgerufen werden:

```
!<Sbef> [<Argumente>]
```

Dabei entsteht sofort die Frage, in welcher Shell der Befehl ausgeführt wird,
was insbesondere bei *integrierten Shell-Anweisungen* (shell builtins) und
Shell-Skripten (shell scripts) sowie bei der E/A-Umlenkung (I/O redirection)
von Bedeutung ist (vgl. Unterabschnitte 1.2.2.1, 1.2.2.4). Die ausführende
Shell wird durch die Optionsvariable shell bestimmt, wobei die Vorbelegung
der Environmentvariablen **$SHELL** entnommen wird; wie zum Beispiel in,

```
:set sh?                         :!echo $SHELL
shell=/bin/csh                   /bin/csh
```

wo die C-Shell, **csh(1)**, durch den *Verweis* (pathname) ihrer ausführbaren
Binärdatei vorgegeben ist.

Falls die Betriebsoption `autowrite` gesetzt ist, wird ein *jüngst modifizierter Editierpuffer* (edit buffer) automatisch in der *aktuellen Editierdatei* (current edit file) abgespeichert, bevor der Shell-Befehl ausgeführt wird. Bei
`noaw` wird dagegen nur eine Warnung ausgegeben, der Befehl aber dennoch
ausgeführt. Mit der negierten Option `nowarn` kann dazu noch die Warnung
abgestellt werden.

Zum Beispiel kann ein kleineres C-Programm bequem aus dem Editor heraus
mit dem einheimischen C-Kompiler **cc(1)** kompiliert und bei Erfolg sogleich
aufgerufen werden:

```
:%p                              :!cc %
#include <stdio.h>               [<Warn- oder Fehlermeldungen>]
main()                           !
{ /* main */                     :!a.out
  puts("Hallo Freunde\n");       Hallo Freunde
  exit(0);                       !
} /* end main */                 :
```

Zu beachten ist, daß der aktuelle Dateiverweis durch das Prozentzeichen `%` in
der Befehlszeile substituiert werden kann. Die alleinstehenden Ausrufungszeichen zeigen jeweils die beendete Ausführung des Befehls an. Falls kein
Abspeichern seit der jüngsten Modifizierung des Editierpuffers stattfand,
wird eine Warnung ausgegeben, der Befehl aber dennoch ausgeführt. Mit der
Betriebsoption `autowrite` kann jedoch ein vorhergehendes automatisches
Abspeichern erzwungen werden.

Für langwierigere Manipulationen auf der Shell-Ebene kann eigens eine *Subshell* aus dem Befehlsmodus aufgerufen werden,

```
:shell
$ ...                            (Dialog auf Shell-Ebene)
$ exit|[CTL_D]
:                                (Editor-Befehlsmodus)
```

Mit der Shell-Anweisung **exit(sh)** oder der jeweiligen Tastenbelegung von
eof of **stty(1)** — normalerweise also `[CTL_D]` — wird die Subshell terminiert und der Editor-Befehlsmodus wieder hergestellt (command mode resto-
red). Die aufgerufene Subshell wird ebenfalls durch die bereits oben
beschriebene Optionsvariable `shell` bestimmt.

Auch bei *ex/vi* können Shell-Befehle, die Text über die *Normalausgabe* (standard output) ausgegeben mit dem Dateibefehl `read` kombiniert werden:

```
[<ZA>]r|read !<Sbef> [<Argumente>]
```

wobei die Ausgabe des Befehls nach der *letzten* beziehungsweise der mit
`<ZA>` adressierten Zeile in den aktuellen Editierpuffer eingelesen wird,

wobei die Zeilenadresse 0 zulässig ist. Die *aktuelle Zeile* muß explizite mit dem Punkt angegeben werden. Zu beachten ist, daß das Ausrufungszeichen sich als Fluchtzeichen auf den Shell-Befehl bezieht und durch mindestens ein Leerzeichen von `read` getrennt sein muß.

Zum Beispiel kann mit **date(1)** das Datum, mit **pwd(sh)** der Verweis des aktuellen Arbeitsverzeichnisses (current working directory) und mit **ls(1)** der Basisname der aktuellen Datei unmittelbar am Kopf des Editierpuffers einge-lesen werden:

```
:0r !date; pwd; ls %              :0r !ls %
:1,3                              :0r !pwd
Fri Aug 21 12:07:49 EDT 1990      :0r !date
/home/hubert/projekt              ...
dateix
```

was sowohl mit *multiplen Befehlen* (multiple commands; Abschnitt 1.2.2.1) als auch durch eine Folge einzelner Befehle ausgeführt werden kann.

Textübertragung aus Textbanken kann mit dem Durchlauf-Editor **sed(1)** (Kapitel 6) sowie dem lexikalischen Suchbefehl **grep(1)** (Abschnitt 8.1.1) unter Anwendung lexikalischer Suchmuster ausgeführt werden, was bereits im Abschnitt 2.9 für *ed* umrissen wurde.

Umgekehrt können Shell-Befehle, die Text über die *Normaleingabe* (standard input) einlesen, mit dem Dateibefehl `write` kombiniert werden:

```
[<ZB>]w|write !<Sbef> [<Argumente>]
```

wobei der gesamte Editierpuffer beziehungsweise der angegebene Zeilenbe-reich unmittelbar in den Befehl eingespeist wird. Die *aktuelle Zeile* muß explizite mit dem Punkt erfaßt werden. Wiederum zu beachten ist, daß das Ausrufungszeichen sich als Fluchtzeichen auf den Shell-Befehl bezieht und durch mindestens ein Leerzeichen von `write` getrennt sein muß.

Zum Beispiel kann der gesamte Editierpuffer unmittelbar in den Auswer-tungsbefehl **wc(1)** eingespeist werden, der mit der Optionskombination −wc die Anzahl der Worte und Zeichen ermittelt:

```
:%w !wc -wc
    22      127                          (Anzahl Worte und Zeichen)
```

Ein besonderes Leistungsmerkmal von *ex/vi* ist jedoch, daß der Inhalt des Editierpuffers mit *externen Textfiltern* (external, text filter, processing) *in situ* bearbeitet werden kann, ohne daß der Editor dazu verlassen werden muß. Shell-Befehle, die Text sowohl über die *Normaleingabe* (standard input) ein-lesen als auch über die *Normalausgabe* (standard output) ausgeben, können im Befehlsmodus nach dem folgenden Schema aufgerufen werden:

```
<ZA1>,<ZA2> !<Sbef> [<Argumente>]
```

wobei der angegebene Zeilenbereich eingelesen und durch die Normalausgabe des Befehls ersetzt wird. Zu beachten ist, daß der Zeilenbereich nicht ausgelassen werden kann und explizite durch zwei Zeilenadressen angegeben werden muß.

Als ein erstes typisches Beispiel wäre wiederum das Sortieren *in situ* mit dem Sortierbefehl **sort(1)** (Abschnitt 8.2.1) zu betrachten, wobei die Option −r die *Sortierfolge* (collating order) verkehrt:

```
:%p                          :1,$ !sort -r
abba                         :%p
babba                        zappa
...                          ...
zappa                        babba
                             abba
```

Zu beachten ist, daß das %-Zeichen dabei *nicht* zur Angabe des gesamten Editierpuffers benutzt werden kann!

Ein weiteres Beispiel wäre das Formatieren eines C-Programmes mit dem Hilfsprogramm **cb(1)** (C beautifier),

```
:%#                          :1,$ !cb
 1   #include <stdio.h>      [<Meldungen>]
 2   main()                  :%#1
 3   { /* main */            1   #include <stdio.h>$
 4   puts("Hallo Freunde");  ...
 5   exit(0);                5   ^Iexit(0);$
 6   } /* end */             6   } /* end main */$
```

Andere Hilfprogramme, die auf gleiche Weise als Textfilter *in situ* benutzt werden können, sind die Formatierhilfe **fmt(1)**, der einfache Druckformatierer **pr(1)**, die erweiterte Formatiereinrichtung **nroff(1)** sowie der Durchlauf-Editor **sed(1)** und das Textverarbeitungsprogramm **awk(1)**.

4.12 Optionen und Betriebsanweisungen

Die *Ausgangsbedingungen der Editier-Session* (initial edit sesssion profile)
werden durch zwei sich etwas überlagernde Sätze von Optionen bestimmt:

* die *Aufrufsoptionen* (invocation options), die beim Aufruf auf der Shell-
  Ebene in der Befehlszeile gesetzt werden können;
* die *Betriebsoptionen* (operating options), deren systemspezifische Voreinstellungen über *Steuerdateien* (run control file) beziehungsweise über eine
  Steuervariable (control variable) anwendungsgerecht variiert werden
  können.

Darüber hinaus können fast alle Betriebsoptionen im Laufe einer Editier-Session variiert werden, um das *Arbeitsverhalten* (operating characteristics) des
Editors den jeweiligen Erfordernissen dynamisch anzupassen, was zum Beispiel beim Nacheditieren nicht konformer oder beschädigter Textdateien oder
bei anderen ungewöhnlichen Editieraufgaben eine beträchtliche Arbeitshilfe
bedeuten kann.

Mit *Betriebsanweisungen* (operating directives) können Optionen variiert
und jüngsten Modifikationen rückgängig gemacht werden. Zum Beenden
einer Editier-Session stehen mehrere Anweisungen zur Verfügung.

4.12.1 Aufrufsoptionen

Der erweiterte Zeileneditor **ex(1)** kann mit den folgenden Optionen auf der
Shell-Ebene aufgerufen werden:

```
ex|edit [-[s]][-L][-l][-R][-v][-x|-C]\
        [-t<Bezeichner>][-r[<Sicherungsdatei>]]\
        [-c|+<Editierbefehl>]\
        [<Editierdatei1> <Editierdatei2> ...]
```

Die *Einstiegsversion* **edit(1)** (starter version) unterscheidet durch eine besonders *anfängerfreundliche* Voreinstellungen von Betriebsoptionen: `novice`,
`report`, `showmode`, **no**`magic`. Tabelle 4.4 faßt die Aufrufsoptionen und
deren spezifische Bedeutung zusammen.

Der Editor kann mit *multiplen Editierdateien* aufgerufen werden (multiple
file invocation); wie zum Beispiel in

```
$ ex +53 main.c funk1.c funk2.c ...
```

wo `main.c` zuerst als *aktuelle Editierdatei* (current edit file) eingelesen und
mit `+53` die Zeile 53 sofort zur aktuellen Zeile (current line) bestimmt wird.
Die in der *Aufrufsliste* (argument list) nachfolgenden Dateien `funk1.c`
`funk2.c` ... können dann mit dem Befehl `next` (Abschnitt 4.10) der Reihe
nach zur aktuellen Editierdatei bestimmt und eingelesen werden.

Option	Bedeutung
`-[s]`	Mit dem alleinstehenden Minuszeichen (SVR3) beziehungsweise `-s` (SVR4) werden Meldungen und Warnungen abgestellt.
`-L`	Auflisten von automatisch angelegten Sicherungs- und Auffangdateiten (SVR4; vgl. auch `preserve`, Abschnitt 4.10).
`-l`	Voreinstellung von `lisp` und `showmatch` zum Editieren von Dateien, die LISP-Quellkode enthalten (Abschnitt 5.7).
`-R`	Voreinstellung von `readonly`; d. h. die Datei kann nur eingelesen, nicht aber modifiziert abgespeichert werden.
`-v`	Der Vollschirmmodus vi(1) (visual; Abschnitt4.2) wird unmittelbar aufgerufen.
`-x` `-C`	Der Verschlüsselungsbefehl X beziehungsweise C wird gleich eingangs ausgeführt (Unterabschnitt 4.1.2.6).
`-t...`	Die Anweisung `tag` wird gleich eingangs mit dem nachgestellten Bezeichner ausgeführt (Abschnitt 4.13) .
`-r...`	Die Dateibefehl `recover` wird gleich eingangs mit dem nachgestellten Dateiverweis ausgeführt (Abschnitte 4.10 und 4.12.8). Ohne Verweis werden alle vorhandenen Sicherungsdateien aufgelistet.
`+...` `-c...`	Der dem Pluszeichen (SVR3) beziehungsweise −c (SVR4) unmittelbar nachgestellte Editierbefehl wird gleich eingangs ausgeführt.

Tabelle 4.4: Aufrufsoptionen von ex(1)

4.12.2 Betriebsoptionen und Optionsvariable

Mit *Betriebsoptionen* (operating options) und *Optionsvariablen* (option variables) kann das Arbeitsverhalten (operating characteristics) des Editors gesteuert werden. Die Betriebsoptionen von *ex* sind *binär* und können mit der Anweisung `set` durch affirmative Nennung *angestellt* beziehungsweise durch Negierung mit dem Präfix no ab*gestellt* werden (enabling, disabling, options); wie zum Beispiel:

```
:set list                    :set nonumber
```

Den Optionsvariablen müssen dagegen *Werte* zugewiesen werden:

```
:set report=1                :set term=svt220
```

Multiple Einstellungen und Zuweisungen sind zulässig:

```
:set list nonumber report=1 term=svt220 ...
```

Mit einem nachgestellten Fragezeichen kann der jeweilige Status oder Wert
einer oder mehrerer Betriebsoption beziehungsweise Optionsvariablen selektiv abgefragt werden,

```
:set list? number? report? ...
list
nonumber
report=1
...
```

Ohne jegliches Argument listet `set` nur jene Optionen und Optionsvariablen auf, die von den für das jeweilige System gültigen Voreinstellungen
abweichen,

```
:set
list ... report=1 term=svt220 ...
```

Mit dem Argument `all` werden dagegen die aktuellen Einstellungen und
Werte *aller* für die jeweilige Version von *ex/vi* gültigen Betriebsoptionen und
Optionsvariablen aufgelistet,

```
:set all
autoindent              number                  noshowmode
...                     ...                     ...
magic                   shiftwidth=8            wrapmargin=0
mesg                    noshowmatch             nowriteany
```

wobei die relevante Zuordung zu *ex* oder *vi* allerdings nicht augenscheinlich
angezeigt wird. Die meisten (aber nicht alle) Optionen und Variablen können
mit sinnfälligen Kürzeln adressiert werden; wie zum Beispiel `autoindent`
mit *ai*, `numbered` mit *nu* und `shiftwidth` mit *sw*,

```
set ai nu sw=6 ...
```

Tabelle 5.8 (Abschnitt 5.12) listet die für *ex/vi* gültigen Optionen und Variablen sowie deren Kürzel und Vorbelegungen auf.

4.12.3 Voreinstellung des Arbeitsprofiles

Die *systemspezifischen Voreinstellungen* (system defaults) der *Betriebsoptionen* (operating options) und *Optionsvariablen* (option variables) können über
die *Steuerdatei* `.exrc` (run control file) beziehungsweise über die *Steuervariable* `$EXINIT` (control variable) vorgegeben werden, um ein *anwen-
dungsgerechtes Arbeitsprofil* (session profile) einzustellen. Darüber hinaus
können die *vi*-spezifischen Makro-Anweisungen `map` und `abbreviate`
gesetzt werden, was im Abschnitt 5.9 weitergeführt wird.

Die *Steuervariable* muß als *Environmentvariable* (environment variable)
angelegt werden, wobei multiple Befehle und Anweisungen durch den Verti-
kalstrich ' | ' (vertical bar) getrennt werden müssen. Beim Anlegen der Varia-

blen sind noch die Eigenheiten der jeweiligen Shell zu beachten. Als Beispiel
für die BOURNE-Shell wäre zu betrachten,

```
$ EXINIT='set exrc|set term=svt220 ...'        (Bourne-Shell)
$ export EXINIT
```

wo die Variable durch eine explizite Zuweisung definiert und dann mit der
Shell-Anweisung **export(sh)** (shell builtin) globalisiert, d.h. in das Shell-
Environmnent befördert wird. In der C-Shell muß dagegen die Anweisung
setenv(csh) benutzt werden,

```
% setenv EXINIT 'set exrc ...'                 (C-Shell)
```

Schon wegen der unvermeidlichen Leerzeichen und gegebenenfalls auch
wegen des Vertikalstriches muß die Zeichenkette mit schützenden Einzel-
oder Doppelzitaten umgeben werden (enclosing single, double, quotes).[7] Der
aktuelle Inhalt der Steuervariablen kann jederzeit mit der Anweisung **echo(*)**
inspiziert werden:

```
$ echo $EXINIT
set exrc ...
```

Die *Steuerdatei* wird als *konforme Textdatei* (conforming text file) angelegt
und behandelt, wozu normalerweise der Editor selbst benutzt wird. Die
Anweisungen und Befehle werden zeilenmäßig eingetragen,

```
$ cat .exrc
" Steuerdatei fuer C-Quellkode
set number nomesg ...
set report=1 ...
...
```

wobei auch *Kommentare* (comments) zulässig sind (SVR4), die mit einem
Doppelzitat " (double quote) beginnen und sich bis zum Ende der Zeile
erstrecken.

Die Steuerdatei kann in zwei oder mehr Varianten existieren:

`./.exrc`	Lokale Variante im *aktuellen Arbeitsverzeichnis* (current working directory);
`$HOME/.exrc`	Globale Variante im *Eigenverzeichnis* (homc directory) des jeweiligen Benutzers.

wobei der *gepunktete* (dotted) Basisname allen Varianten gemeinsam ist.

Der *Vorrang* (precedence) zwischen den beiden Steuerdateien und der Steuervariablen ist in Betracht zu ziehen, wobei zwischen älteren (SVR3) und
jüngeren (SVR4) Versionen des Editiersystems zu unterscheiden ist. Allen
Versionen ist jedoch gemeinsam, daß $EXINIT unmittelbar nach dem Aufruf

---

7. Eine grundlegende und gründliche Einführung in diese und verwandte Aspekte der Shell-
Ebene wird in KK1(1992) gegeben.

abgegriffen und die darin enthaltenen Anweisungen und Befehle ausgeführt werden. Falls die Variable nicht existiert, wird automatisch auf die globale Steuerdatei $HOME/.exrc zurückgegriffen. Bei den meisten älteren Versionen wird die lokale Variante ./.exrc dann automatisch ausgeführt.

Bei den jüngeren Versionen (SVR4) kann der Zugriff auf die lokale Steuerdatei ./.exrc mit der Option exrc explizte gesteuert werden. Falls exrc in $EXINIT gesetzt ist, wird nur die lokale Variante ausgeführt, nicht aber die globale. Umgekehrt wird bei noexrc in $EXINIT nur die globale Steuerdatei $HOME/.exrc ausgeführt. Wird exrc dagegen in der globalen Steuerdatei gesetzt, dann wird die lokale Variante nachfolgend ausgeführt.

Bei allen Versionen des Editiersystems gilt, daß von den systemspezifischen Voreinstellungen ausgehend nur die jeweils zuletzt gesetzten Betriebsoptionen und Optionsvariablen Gültigkeit haben.

4.12.4 Beenden der Editier-Session

Normalerweise wird eine Editier-Session mit der *letzten Editierdatei* und nach Abspeichern des *aktuellen Editierpuffers* mit der Anweisung quit beendet. Falls kein Abspeichern seit der jüngsten Veränderung des Pufferinhaltes stattfand, wird die Anweisung unter Ausgabe einer Meldung indefinite abgeblockt,

```
:quit
No write since last change ...
```

Falls dagegen die aktuelle *Aufrufsliste* (argument list; vgl. arg, Abschnitt 4.10) noch nicht ausgeschöpft ist, wird die Anweisung unter Ausgabe einer Meldung lediglich einmal ignoriert und erst beim zweiten Aufruf honoriert,

```
:q                              :q
2 more files to edit            $
```

Mit der emphatischen Variante q! kann der Editor jedoch jederzeit bedingungslos verlassen werden, wobei der aktuelle Inhalt des Editierpuffers, soweit noch nicht abgespeichert, unwiderruflich verlorengeht.

quit kann mit dem Dateibefehl write (Abschnitt 4.10) kombiniert werden,

```
wq  [<Dateiverweis>]            wq! ...
```

wobei der aktuelle Inhalt des Editierpuffers noch vor dem Beenden in der *aktuellen Editierdatei* (current edit file) beziehungsweise in der benannten Datei abgespeichert wird. Mit der emphatischen Variante wq! kann die Ausgabe im Sinne von w! bei readonly beziehungsweise bei nowriteany erzwungen werden.

Mit der Anweisung `xit` (exit),

```
x|xit [<Dateiverweis>]
```

wird der Editor bei `autowrite` im Sinne von `wq` verlassen, wobei ein Abspeichern jedoch nur bei einem jüngst veränderter Editierpuffer erfolgt, und sonst nicht. Bei `noaw` wird der Editor dagegen klaglos ohne Abspeichern verlassen.

Ein Aussteigen aus dem Editor kann weder mit den Tastatursignalen *intr* und *quit* noch mit *eof* von **stty(1)** (Abschnitt 1.2.1.1) erzwungen werden.

4.12.5 Weitere Hilfsanweisungen

Mit der Anweisung `undo` kann die *jüngste* Veränderung des Editierpuffers rückgängig gemacht,

```
:s/abba/zappa/p                    :undop
... zappa ...                      ... abba ...
```

und mit einem weiteren `u` wieder hergestellt werden,

```
:up
... zappa ...
```

d.h. die Anweisung fungiert als *binärer Kippschalter* (toggle switch). Bei erfolgreicher Ausführung wird die jeweils zuletzt wieder hergestellte Zeile zur aktuellen bestimmt; die unmittelbar vorhergehende Zeile kann dann immer noch mit der Dyade `''` (Abschnitt 4.4) abgegeriffen werden.

`undo` bezieht sich nur auf Veränderung im aktuellen Editierpuffer, die mit Eingabe- oder Zeilenbefehlen, Substitutionen oder dem Eingabebefehl `read` verursacht wurden. Die Wirkung der übrigen Dateibefehle sowie von Shell-Befehlen kann dagegen nicht rückgängig gemacht werden.

Als Ausweg bei weiter zurückliegenden Veränderungen kann mit `e!` der beim letzten Abspeichern gegebene Zustand des Editierpuffers wieder hergestellt werden.

Mit der Anweisung `ve` (version),

```
:version                           :ve
Version 3.8 ...                    Version SVR4.0
```

kann die jeweilige Version des Editors abgefragt werden, was zum Beispiel nützlich sein kann, wenn programmierte Befehlsdateien benutzt werden sollen, die von bestimmten Leistungsmerkmalen einer Version abhängig sind.

Programmierte Befehlsdateien, oder *ex*-Skripte (edit command files, scripts)
können mit der Anweisung so (source) interaktiv zur Ausführung aufgerufen werden,

```
$ cat befx                        :source befx
" ex-Befehlsdatei                 "pgmx.c" line ... of ...
set nu list                       1 #include <stdio.h>$
f                                 ...
1,5                               5 exit(0);$
```

Verschachtelung (nesting) von *ex*-Skripten ist zulässig; d.h. innerhalb eines
Skriptes können weitere mit so aufgerufen werden, wobei keine Beschränkung hinsichtlich der Verschachtelungstiefe besteht.

Beim Aufruf von *ex/vi* in interaktiven Shells, die *Auftragsverwaltung* (job
control) unterstützen, wie das bei den aktuellen Versionen (SVR4) der einheimischen Shells der Fall ist, kann der *Editierprozeß* (editing process)[8] mit der
Anweisung stop beziehungsweise der jeweiligen Belegung des Parameters
susp von **stty(1)** — normalerweise [CTL_Z] — suspendiert werden,

```
:stop                             :[CTL_Z]
Stopped                           Stopped
```

worauf der Ablauf synchron auf die aufrufende Shell-Ebene zurückfällt,
wobei die ausführende Shell ihre Ausführungsbereitschaft mit dem jeweiligen Shell-Prompt anzeigt; wie zum Beispiel in der C-Shell,

```
%                                            (C-Shell)
```

Mit der Shell-Anweisung **jobs(csh)** können alle jeweils suspendierten Jobs
aufgelistet werden; darunter alle Editierprozesse

```
% jobs                                       (Suspendierte Jobs)
...
[3]  + Stopped                    ex pgmx.c
...
```

Durch Angabe der Job-Nummer mit einem vorangestellten Prozentzeichen
kann der Editierprozeß jederzeit selektiv wieder aufgenommen werden,

```
% %3
ex pgmx.c
: ...                                        (Editierprozeß)
```

---

8. Im engeren Sinne eines UNIX-Prozesses (vgl. auch KA1 (1992)).

4.12.6 Automatische Textverschlüsselung

Ebenso wie ed(1) unterstützt *ex/vi* unmittelbaren Zugriff auf *verschlüsselte*
(encrypted) Textdateien; d.h. ein Zwischenspeichern von sensitiven *Klartext*
(plain text) kann vermieden werden. Mit den Verschlüsselungsanweisungen
C und X (encryption directives),

```
:C                              :X
Enter Key: ...                  Enter Key: ...
```

kann der Verschlüsselungsmodus nachträglich eingeschaltet werden, wobei
eine Abfrage des *Schlüssels* (encryption key) erfolgt; bei Leereingabe wird
der Verschlüsselungsmodus automatisch wieder abgeschaltet. Mit beiden
Anweisungen erfolgt ein automatisches *Verschlüsseln* beim *Abspeichern* mit
write (Abschnitt 4.10); der Unterschied liegt darin, daß bei C ein automatisches *Entschlüsseln* beim *Einlesen* mit edit und read erfolgt, während
bei X erst eine heuristische Vorprüfung erfolgt. Das eigentliche Verschlüsselungsprinzip wird unter dem Eintrag **crypt(1)/BHB** beschrieben. Die Einrichtung wird im allgemeinen *nicht* außerhalb der USA unterstützt.

4.12.7 Tastatursignale

Im interaktiven Betrieb reagiert der Editor nur auf das *Unterbrechungs-
Signal* (keyboard interrupt), welches mit der Tastenbelegung des Parameters
intr von **stty(1)** — normalerweise also [CTL_C] oder [DEL] — erzeugt
wird (Abschnitt 1.2.1.1), *nicht* aber auf das Abbruch-Signal (quit). Im *Eingabemodus* (input mode) führt das Interrupt-Signal unverzüglich zum *Befehlsmodus* (command mode) zurück, wobei die zuletzt eingegebene Zeile
verlorengeht. Im Befehlsmodus kann mit dem Interrupt-Signal ein gerade
ablaufender Befehl abgebrochen werden. Der Editor quittiert das Signal mit
der Meldung *Interrupt* und verharrt im Befehlsmodus. Eine interaktive
Editier-Session kann mit Tastatur-Signalen *nicht* abgebrochen werden.

Mit dem Interrupt-Signal kann zum Beispiel ein endloses Auflisten des
gesamten Editierpuffers jederzeit abgebrochen werden. Andere Befehle laufen meist zu schnell ab, um ein rechtzeitiges Unterbrechen zu ermöglichen;
insbesondere können mißlungene Substitutionen oder Zeilenmanipulationen
mit dem Interrupt nicht mehr rückgängig gemacht werden. Anstelle dessen
sollte dann sofort die Anweisung u (undo) benutzt beziehungsweise ein frü-
herer Zustand des Editierpuffers mit einem emphatischen e! wieder hergestellt werden.

Beim Durchgriff zur Shell-Ebene (Abschnitt 4.11) wird das Signal zuerst an
die ausführende Subshell weitergereicht, um von dieser an den jeweils ablaufenden Shell-Befehl weitergegeben zu werden, der dann auf die voreingestellte Art reagiert.

4.12.8 Arbeits- und Sicherungsdateien

Der Editor benutzt *transiente Arbeitsdateien* (temporary working files) um
bestimmte Operationen, wie zum Beispiel das Verschieben oder Kopieren
von Zeilenbereichen sowie das Zwischenspeichern von *benannten Puffern*
(named buffers; Abschnitt 4.7), in mehreren Schritten sequentiell ausführen
zu können. Die Arbeitsdateien werden als *konforme Textdateien* (conforming
text files) für die Dauer der Editier-Session in dem durch die Optionsvariable
`directory` bestimmten Verzeichnis angelegt. Mit der üblichen Vorbelegung `dir=/tmp` ergibt sich:

`/tmp/`**Ex**`<PID>`   Allgemeine Arbeitsdatei für Zeilenmanipulationen;

`/tmp/`**Rx**`<PID>`   Pufferdatei;

wobei der *Basisname* (basename) mit dem Präfix `Ex` beziehungsweise `Rx`
beginnt und mit der jeweiligen *Prozeßkennung* `<PID>` (current process ID)
des Editierprozesses vervollständigt wird. Die Dateien werden beim ord-
nungsgemäßen Beenden der Editier-Session automatisch gelöscht.

Beim Abbruch der Terminalverbindung sowie bei anderen *Kontingenzen*
(contingencies), die das Absenden des Signals SIGHUP an den Editierprozeß
verursachen, was auch einen Systemabsturz einschließt, wird versucht, den
aktuellen Inhalt des Editierpuffers noch zu sichern. Bei erfolgreicher Ausführung wird eine *Auffangdatei* (recovery file) namens

`/var/preserve/<LID>/`**Exaaa**`<PID>`   (SVR4)

beziehungsweise `/usr/preserve/...` (SVR3) angelegt, wobei `<LID>`
die *jeweiligen Login-Kennung* (login ID) des Benutzers, und `<PID>` die
jeweilige Prozeßkennung (process ID) des Editierprozesses darstellt.[9]

Die unter der jeweiligen Login-Kennung angelegten Auffangdateien können
mit der Aufrufsoption `-r` unter Auslassung eines Dateiverweises aufgelistet
werden,

```
$ ex -r
/var/preserve/Hubert:
On … at … saved … lines of file "progx.c"
...
```

Eine existierende Auffangdatei kann dann mit der Aufrufsoption `-r` beziehungsweise mit der Anweisung `recover` unter Angabe des ursprünglichen
Basisnamens zur Wiederverwendung abgerufen werden,

```
$ ex -r progx.c              :recover progx.c
...                             ...
```

---

9. Eine Zusammenfassung dieser und verwandter Begriffe ist unter intro(2)/PHB zu finden.
   KA1 (1992) enthält eine grundlegende Darstellung.

4.13 Objektbezogener Zugriff

Bei der Entwickelung und Pflege von größeren, *strukturierten Programmverbunden* (structured program suites, ensembles) bedeutet es zumeist eine enorme Arbeitserleichterung, vom Editor aus unmittelbar auf *Objekte* (objects) zugreifen zu können, die über diverse Bibliotheken und Quelldateien verstreut sind, ohne auf langwierige Listen von Verweisen zurückgreifen zu müssen. Das *ex/vi*-Editiersystem stellt eine besondere Einrichtung für den *objektbezogenen Zugriff* (object-oriented retrieval) zur Verfügung.

Mit der *Aufrufsoption* `-t` (invocation option),

```
ex ... -t <Bezeichner> ...
```

beziehungsweise mit der *Anweisung* `tag` (directive),

```
ta <Bezeichner>
```

kann auf eine durch seinen *Bezeichner* (identifier) angebene *Funktionsdefinition* (function definition) oder *Typungsvereinbarung* (type definition) zugegriffen werden; in dem Sinne, daß die Quelldatei als *aktuelle Editierdatei* (current edit file) eingelesen, und die definierende Zeile zur *aktuellen Zeile* (current line) bestimmt wird.

Als Beispiel sei ein C-Programmverbund zu betrachten, dessen *Hauptprogramm* `main(...)` (main program) in einer Quelldatei namens `progx.c` enthalten ist, die als aktuelle Editierdatei eingelesen wurde:

```
:f
progx.c ...
:%p
...
#include "progx.h"
...
static PERS team1[20];
...
main(int argc, char **argv, char **env)
{ /* main program */
  ...
  z = funk(1.2345,-1.2E+23);
...
```

Der Definition des Vektors `team1[...]` liegt die Typungsvereinbarung PERS (type definition) zugrunde, auf die mit der `tag`-Anweisung sofort zugegriffen werden kann,

```
:tag PERS
"progx.h" ... lines, ... characters
        } PERS;
```

Die Vereinbarung kann nun inspiziert und auch editiert werden,

```
:-4,.p
typedef {
        char nachname[16];
        char vorname[10];
        unsigned PLZ;
      } PERS;
:...
```

Von hier aus kann unmittelbar auf die Funktionsdefinition (function definition) von `funk (...)` zugegriffen werden,

```
:tag funk
"bib.c" ... lines, ... characters
double funk(float x, float y)
```

Der *Funktionskörper* (function body) kann nun inspiziert und auch editiert werden,

```
:...p
double funk(float x, float y)
{
 if(y) return double(x/y);
 else ...
}
:...
```

Die Inspektionsreise, die von der *Hauptdatei* (main module) ausgehend durch die Dateien `progx.h` und `bib.c` geführt hat, kann auf diese Weise fortgesetzt werden. Um aus irgendeiner anderen Datei zum Hauptprogramm zurückzukehren, muß (anstelle von *main*) der Großbuchstabe `M` unmittelbar gefolgt vom Namen der Hauptdatei kodiert werden,

```
:tag Mprogx
"progx.c" ... lines, ... characters
main(int argc, char **argv, char **env)
```

Das Hauptprogramm steht dann wieder zur Verfügung,

```
:...p
{ /* main program */
...
```

Der Grund für diese Kodierungsform liegt darin, daß mehrere Hauptprogramme gleichzeitig bearbeitet werden können; der Unterschied wird in diesem Fall mit dem Dateinamen erzwungen.

Beim Aufruf eines *nicht* definierten Bezeichners wird eine entsprechende Fehlermeldung ausgegeben,

```
:tag unsinn
unsinn: No such tag in tags file
```

Beim erfolgreichen Aufruf eines in einer *anderen* Datei enthaltenen Objektes
muß der *aktuelle Editierpuffer* (current edit buffer) aufgegeben und neu eingelesen werden. Mit der Betriebsoption `autowrite` kann jedoch ein automatisches Abspeichern bei jüngst modifizierten Pufferinhalt erzwungen
werden. Bei `noaw` wird dagegen eine Warnung ausgegeben und die Anweisung blockiert,

```
:tag ...
No write since last change ...
```

Mit der emphatischen Variante `ta!` kann das Neuladen jedoch unter Auf-
gabe des aktuellen Pufferinhaltes erzwungen werden.

Um mit `tag` arbeiten zu können, muß zuvor eine *Verweisdatei* (tag file)
angelegt werden, wozu der Befehl **ctags(1)** benutzt wird:

```
$ ctags -t progx.c lib.c ... progx.h ...
```

wobei alle C-Quelldateien mit dem Suffix `.c` sowie alle Kopfdateien mit
dem Suffix `.h` angegeben werden, die in das Verweisschema einbezogen
werden sollen. Mit der Option `-t` werden *Typungsvereinbarungen* (type
definitions) mit einbezogen, sonst nicht. Die Verweisdatei wird im *aktuellen
Arbeitsverzeichnis* (current working directory) angelegt und kann sogleich
mit dem Ausgabebefehl **cat(1)** inspiziert werden:

```
$ cat tags
...
Mprogx    progx.c /^main(int argc, char **argv, char **env)$/
PERS      progx.h 6
...
funk      bib.c   /^double funk(float x, float y)$/
...
```

Die Verweisdatei enthält die Bezeichner (identifier), gefolgt von der enthal-
tenden Quelldatei sowie die entweder als absolute Zeilennummer oder als
Suchmuster angegebene Zeilenadresse. Mit der Optionskombination `-tx`
kann das Verweisschema für einen Programmverbund (program suite, ensemble) tabelliert werden:

```
$ ctags -tx progx.c lib.c ... progx.h ...
PERS    6 progx.h     } PERS;
...
funk    41 bib.c       double funk(float x, float y)
main    8 progx.c      main(int argc, char **argv, char **env)
...
```

Zwei Optionsvariable sind in diesem Zusammenhang von Bedeutung,

```
:set tl?                          :set tags?
taglength=0                       tags=tags /usr/lib/tags
```

Mit `taglength` kann die maximale Anzahl von Zeichen festgelegt werden, die zur *lexikalischen Diskrimination* (lexical discrimination) der
Bezeichner benutzt werden sollen. Auf einer älteren Anlage könnten zum
Beispiel 7 Zeichen genügen; d.h. `tl=7`. Mit der *Voreinstellung* `tl=0`
(default) wird dagegen die gesamte Länge eines Bezeichners interpretiert.

Mit der Optionsvariablen `tags` können *Dateiverweise* (pathnames) zu
`tag`-Dateien bestimmt werden, die dann automatisch benutzt werden. Auf
diese Weise können diverse `tag`-Bibliotheken eingerichtet werden. Mit der
gezeigten Voreinstellung wird zuerst auf die Datei mit dem Basisnamen
`tags` in aktuellen Arbeitsverzeichnis zugegriffen.

Die `tag`-Einrichtung ist hauptsächlich für C-Quellkode konzipiert, kann aber
auch mit FORTRAN und PASCAL benutzt werden.

5 Der Vollschirm-Editor vi(1)

Beim *Vollschirm-Editieren* (full-screen editing) mit **vi(1)** treten natürlich die bekannten Vorteile der tastengesteuerten Arbeitsweise in den Vordergrund, die selbstredend mehr auf manueller *Geschicklichkeit* (dexterity) als auf Kenntnis formaler Regeln beruht. Allerdings kann der *vi* nur mit solchen Video-Terminals sinnvoll und produktiv benutzt werden, deren Leistungsmerkmale (capabilities) mindestens dem bekannten Typ **VT100** (DEC) entsprechen oder besser noch darüber liegen.

Vom Aufruf auf der Shell-Ebene oder vom Übergang aus dem *ex*-Modus ausgehend arbeitet *vi* in jeweils einem von fünf möglichen *Betriebszuständen* (operating states):

* *Operativmodus* (operative mode), der als zentraler Nexus fungiert und in dem das eigentliche *Vollschirmeditieren* (full-screen editing) mit tastengetriebenen Operatoren erfolgt;
* *Befehlsmodus* (command mode), in dem Editier- und Dateibefehle sowie Betriebsanweisungen eingegeben werden können;
* *Suchmodus* (search mode), in dem *lexikalische Suchmuster* (lexical search patterns) eingegeben werden können;
* *Eingabemodus* (input mode), in dem die Texteingabe erfolgt;
* *Filtermodus* (filter mode), wobei der Textkörper teilweise oder ganz ein be- oder verarbeitendes *Durchlaufprogramm* (text filter) durchläuft.

Bild 5.1 zeigt das erweiterte Aufrufs- und Übergangsschema unter Andeutung der dabei benutzten Befehle und Operatoren.

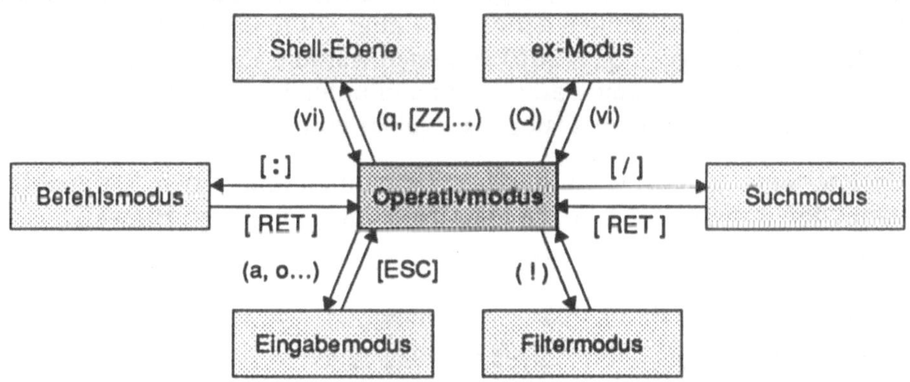

Bild 5.1: Betriebszustände und Übergänge im vi-Modus

Der *vi*-Operativmodus kann mit der Anweisung `vi` (visual; Abschnitt 4.2)
unmittelbar aus dem *ex*-Modus aufgerufen, und mit dem Operator `Q` (Majuskel; quit) zu diesem hin wieder verlassen werden,

```
... (ex-Modus) ...
: ...vi...              ... (vi-Modus) ...        ▮Q
                                            : ... (ex-Modus) ...
```

worauf der Doppelpunkt ':' (colon) als *ex*-Befehlsprompt (command
prompt) erneut erscheint.

5.1 Ein erster Einstieg

Die einfachste interaktive Aufrufsform auf der Shell-Ebene ist:

```
vi [-<Optionen>] [<Dateiverweis>]
```

wobei der Editor sofort in den Operativmodus eintritt und bei Angabe einer
bereits existierenden und lesbaren Textdatei einen Teil des Inhaltes darstellt
und die Anzahl der eingelesenen Zeilen und Zeichen sowie gegebenenfalls
das Fehlen der *Schreibberechtigung* (read only) anzeigt,

```
"<Dateiverweis>" [Read only] nnn lines, mmm characters
```

Falls unter dem angegebenen Verweis keine *konforme Textdatei* (Abschnitt
1.2.5) aufgefunden wird, gibt der Editor eine zusätzliche Meldung aus, wie
zum Beispiel,

```
... (345 non-ASCII)         oder         ... (Line too long)
```

was unter anderen bedeuten kann, daß die Datei Oktetts mit einer Oktalwertigkeit > 0177, oder überlange Zeilen (> 512 Zeichen) enthält, oder nicht mit
einem Zeilenvorschub LF (012) abgeschlossen ist, und somit nicht als eigentliche Textdatei editiert werden kann. Der Editor sollte dann sofort durch Eingabe der Zeichenfolge `:q!` (quit) verlassen werden. Ein Abspeichern sollte
auf keinen Fall erzwungen werden, da dann unter Umständen eine beschädigte oder sogar völlig leere Datei ausgegeben wird.

Falls unter dem angegebenen Verweis überhaupt keine lesbare Datei aufgefunden wird, antwortet der Editor mit einem entsprechenden Hinweis,

```
"<Dateiverweis>" [New file]
```

und verharrt im Operativmodus.

Wird der Dateiverweis beim Aufruf ganz ausgelassen,

```
$ vi
...
```

dann muß erst ein Verweis angegeben werden, bevor der eventuell eingegebene Text abgespeichert werden kann.

Um Datei- und andere Editierbefehle sowie Betriebsanweisungen eingeben zu können, muß zuerst durch Eingabe des *Doppelpunktes* (colon) an der *aktuellen Schreibmarkenposition* (current cursor position) — was hier wie nachfolgend beständig mit ▮: angedeutet werden soll — eine *Befehlszeile* (command line) am Fuß des Editierfensters geöffnet werden, wobei der Doppelpunkt (colon) sofort als Befehlsprompt widergespiegelt wird. Erst in diesem *Befehlsmodus* (command mode) kann der Dateibefehl f (file; Abschnitt 4.10) eingegeben und mit der Eingabetaste initiiert werden:

```
▮:                                (Doppelpunkt eingeben)

:f progx.c[RET]                   (Befehlsmodus: Datei festlegen)
```

Ohne jegliches Argument gibt f den jeweils aktuellen Dateiverweis sowie eine Zustandsmeldung aus,

```
:f[RET]                           (Datei abfragen)

"progx.c" line k of nnn --pp%--
```

Eine neue Datei kann durch Texteingabe angelegt werden, was mit dem *Eingabeoperator* a (append) beginnt, der einfach als Buchstabe an der aktuellen Schreibmarkenposition eingegeben wird, was hier wiederum mit ▮a angedeutete wird:

```
▮a#include <stdio.h>              (Eingabemodus)
main()
{ /* main program */
puts("Hallo Freunde\m");
exit(0);
} /* end main */[ESC]            (Eingabe beenden)
```

wobei der Editor die zeilenweise Eingabe schweigend entgegen nimmt. Mit der ASCII-Fluchttaste [ESC] (escape key) wird die Eingabe beendet und der Operativmodus wieder hergestellt.

Schon an dieser Stelle muß auf den Unterschied hingewiesen werden zwischen *Befehlen* und *Anweisungen* (commands, directives), die im *Befehlsmodus* eingegeben werden müssen, und *Operatoren* (operators), die jederzeit im *Operativmodus* eingegeben werden können. Erstere stellen eine Teilmenge des Befehlsvorrates von **ex(1)** dar; letztere sind auf den Vollschirmmodus **vi(1)** beschränkt.

Durch Setzen der Betriebsoption number mit der Anweisung set (Abschnitt 4.12.3),

```
▮:

:set nu                           (numeriert darstellen)
```

wird der eingegebene Text sogleich zeilenweise durchnumeriert dargestellt,

```
1   ■include <stdio.h>
2   main()
3   { /* main program */
4   puts("Hallo Freunde/n");
5   exit(0);
6   } /* end main */
```

wobei die Schreibmarke dabei am Anfang der ersten Zeile *geparkt* bleibt.

Zeile 4 enthält einen Fehler: es sollte \n statt /n sein. Die Korrektur kann auf zwei Arten durchgeführt werden. *Erstens*, im *Operativmodus*, durch Ansteuern der fehlerhaften Stelle mit den *Schreibmarken-Treibertasten* (cursor driver pad). Mit der Schreibmarke (cursor) genau über den Schrägstrich wird dieser mit dem Operator r (replace) durch den Rückstrich \ ersetzt, was hier nur symbolisch dargestellt werden kann,

```
4   puts("Hallo Freunde/n");
                       ■r\
4   puts("Hallo Freunde\n");
```

Zweitens, aber weniger im Sinne des Vollschirm-Editierens, kann die Korrektur im *Befehlsmodus* durchgeführt werden, wozu der *ex*-Substitutionsbefehl s (substitution command; Abschnitt 4.8) benutzt wird,

```
■:                                      (Befehlsmodus)
:4s:/:\\:p
4   puts("Hallo Freunde\n")
```

Das Anlegen der Datei kann nun mit den folgenden Schritten beendet werden, wobei die Befehle w (write) und q (quit) im *Befehlsmodus* benutzt werden, der jeweils erneut mit dem Doppelpunkt eingeleitet werden muß:

```
■:
:w                                      (Abspeichern)
"pgmx.c" 6 lines, 98 characters         (Anzahl Zeilen und Zeichen)
■:
:q                                      (Editor verlassen)
$                                       (Shell-Prompt)
```

Anstelle der zwei Befehlsschritte hätte auch die Befehlskombination wq im Befehlsmodus benutzt werden können,

```
■:
:wq                                     (Abspeichern und Beenden)
"pgmx.c" 6 lines, 98 characters         (Anzahl Zeilen und Zeichen)
$                                       (Shell-Prompt)
```

Anstelle von Befehlen im Befehlsmodus hätte schließlich auch der *Operator* ZZ (Majuskel) in *Operativemodus* benutzt werden können,

```
■ZZ                                     (Abspeichern und Beenden)
"pgmx.c" 6 lines, 98 characters         (Anzahl Zeilen und Zeichen)
$                                       (Shell-Prompt)
```

5.2 Grundprinzipien des Vollschirmbetriebs

Im Gegensatz zum *Zeileneditieren* (line editing), wo eben nur *ganze Zeilen* unmittelbar adressiert und erfaßt werden können, erlaubt das *Vollschirmeditieren* (full-screen editing) den unmittelbaren Zugriff auf Worte und einzelne Zeichen innerhalb von Zeilen. Die dafür benötigte Darstellungsebene wird als *Editierfenster* (edit window) bezeichnet. Ein Editierfenster wird auf der Shell-Ebene innerhalb einer *Dialogschnittstelle* (command interface; Abschnitt 1.2) aufgebaut, wobei es sich sowohl um den Vollschirm eines klassischen zeichenorientierten Monitors als auch um ein *Befehlsfenster* (command window) einer *grafischen Benutzeroberfläche* (GUIs; graphical user interface) handeln kann. GUIs können zumeist mehrere Befehlsfenster gleichzeitig unterstützen (multiple windowing), wozu allerdings auch grafikfähige Monitore benötigt werden. Im folgenden sollen jedoch lediglich die Leistungsmerkmale eines Video-Terminals der **VT100**-Klasse (DEC) unterstellt sein, der in einer Dialogschnittstelle betrieben wird.

Das *vi*-Editierfenster ist seinerseits topologisch unterteilt in ein *Textfenster* (text window) und eine *Hilfszeile* (auxiliary line), die zur Eingabe von Befehlen und Suchmustern (search pattern) sowie zur Anzeige von Meldungen dient. Bild 5.2 zeigt das Funktionalschema sowie die Begriffshierarchie. Das gezeigte Szenario spiegelt das eingangs gegebene Beispiel im Moment des Abspeichern mit dem Dateibefehl w im Befehlsmodus wider.

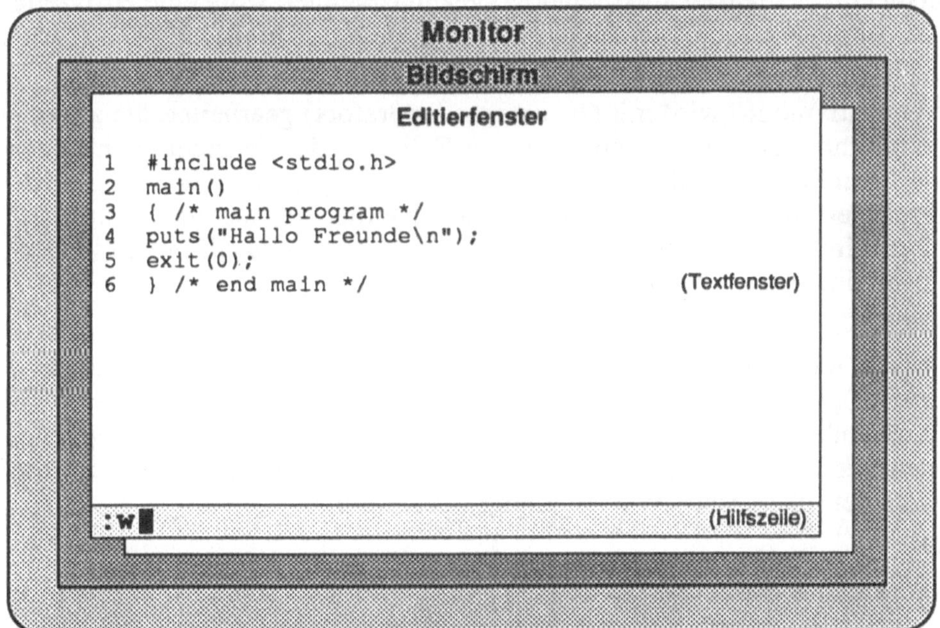

Bild 5.2: Funktionalschema des Vollschirmmodus

Die Höhe des *Textfensters* als Anzahl der Zeilen kann mit der Optionsvariablen window dynamisch bestimmt werden, wobei sowohl die Vorbelegung als auch der Maximalwert vom Terminaltyp abhängen,

```
:set term? wi?                               :set wi=16
term=svt1220 window=23                       ...
```

wie zum Beispiel bei einem Zeichen-Terminal vom Typ svt1220 (UNISYS). Die Größe des *Editierfensters* ergibt sich dann als wi+1; d.h. die *Hilfszeile* ist immer gewährleistet. Zu beachten ist, daß bei älteren (SVR3) Versionen von *vi* der Terminaltyp nicht während einer Editier-Session variiert werden kann; d.h. die Variable term kann *nicht* dynamisch verändert werden.

Der im Bild 5.2 gezeigten topologischen Unterteilung des Editierfensters in ein *Textfenster* und eine *Hilfszeile* (auxiliary line) entspricht die operationale Unterteilung in *Operativmodus* (operative mode) einerseits und *Befehls- und Suchmodus* (command, search, mode) andererseits, was der grundsätzlichen funktionalen Unterteilung in *Operatoren* (operators) einerseits, und in *Befehle und Anweisungen* (commands, directives) sowie *Suchausdrücke* (search expressions) andererseits entspricht. Dies wird in den nachfolgenden Abschnitten getrennt behandelt.

Beim Aufruf auf der Shell-Ebene oder beim Übergang vom *ex*-Modus tritt der Editor normalerweise sofort in den *Operativmodus* (operative mode) ein, und kehrt aus dem Befehls-, Such- und Eingabemodus auch sofort in diesem zurück. Der Operativmodus selbst ist durch das Verharren der *Schreibmarke* (cursor) im *Textfenster* (text window) gekennzeichnet, wobei die Hilfszeile entweder ganz geschlossen und unsichtbar ist oder allenfalls eine jüngst ausgegebene Meldung enthält.

Im Operativmodus wird mit *Operatoren* (operators) gearbeitet, die zusammen mit ihren *Operanden* (operands) als Zeichen oder Zeichenfolgen an der jeweiligen Schreibmarkenposition unbesehen eingegeben und unmittelbar interpretiert und ausgeführt werden, ohne daß die Eingabe widergespiegelt und eine Initiierung mit der Eingabetaste abgewartet wird.[1] Diese Besonderheit soll durch die folgende symbolische Schreibweise angedeutet werden:

▌Q...   ▌...I...   ▌..F

wobei — wie angedeutet — je nach Position der Operanden noch zwischen *Präfix-*, *Infix-* und *Postfix*-Operatoren (prefix, infix, postfix, operators) zu unterscheiden ist. Als eine häufige Sonderform sind Operatoren mit optional vorangestellten *Zähler* (counter, prepended) zu betrachten, wobei n > 1 die Anzahl der identischen Wiederholungen bestimmt:

▌nH   ▌nK...

---

1. Im Gegensatz zu Befehlen und Anweisungen sowie Suchausdrücken, die in der Hilfszeile widergespiegelt und mit der Eingabetaste initiiert werden.

Fehlerhafte oder unbeabsichtigte Operatorausdrücke, die noch nicht vollständig eingegeben und daher noch nicht ausgeführt sind, können — *sollten!* — sofort *gelöscht* werden (cancelling), wozu zwei *Hilfsoperatoren* (auxiliary operators) zur Verfügung stehen,

▌... [ESC]   ▌... [CTL_[]

d.h. die ASCII-Fluchtaste beziehungsweise die Kombination der Steuertaste mit der *linken eckigen Klammer* (left square bracket): CTL_ [.

Zum *Auffrischen* beziehungsweise zum *Wiederherstellen des Textfensters* (refreshing, redrawing, text window) stehen Hilfsoperatoren zur Verfügung,

▌... [CTL_L]   ▌... [CTL_R]

wobei [CTL_R] als *Alternative* zu [CTL_L] fungiert, falls dieses mit einer Schreibmarkensteuertaste zusammenfällt.

Für *vi* gelten identisch die bereits im Abschnitt 2.2 für ed(1) vorgestellten und im Abschnitt 4.2 für ex(1) beibehaltenen Begriffe der *aktuellen Editierdatei* (current edit file) und des *Editierpuffers* (edit buffer), wobei grundsätzlich von der Zeilenstruktur einer *konformen Textdatei* (conforming text file; Abschnitt 1.2.5) ausgegangen wird.

Im folgenden soll vorerst von einem *nichtleeren* Editierpuffer ausgegangen werden; die Texteingabe im Operativmodus wird im Abschnitt 5.7 eingehend behandelt. Von kleineren Textkörpern einmal abgesehen, kann das *Textfenster* (text window, display) den Inhalt des Editierpuffers im allgemeinen nur teilweise darstellen. Um andere Teile darzustellen, muß der Text *ausgerollt* (scrolling) beziehungsweise das Fenster verschoben werden,[2] was im folgenden beständig als *absolute Verschiebung* (absolute displacement) bezeichnet werden soll. Ein Textfenster, daß keine absolute Verschiebung erfährt, soll der Klarheit halber als *stationär* (stationary) bezeichnet werden.

Innerhalb eines stationären Textfensters bestimmt die Schreibmarke die *jeweils aktuelle Zeile* (current line), wobei die laterale Position der Marke innerhalb der Zeile keine Rolle spielt. Das *vertikale* Verschieben der Schreibmarke innerhalb eines stationären Fensters soll im folgenden beständig als *relative Verschiebung* (relative displacement) bezeichnet werden.

Für *absolute Verschiebungen* (absolute displacements) des Textfensters stehen die in Tabelle 4.1 aufgelisteten Operatoren zur Verfügung, wobei die Parameter window und scroll die aktuellen Werte der Optionsvariablen window und scroll (option variables) darstellen; letztere mit der typischen *Vorbelegung* (default): scroll = [window/2].

---

2. Eine Frage der Dialektik übrigens, ob der Textkörper durch das Fenster läuft oder das Fenster über den Textkörper gleitet (alibi vs. alias).

Operator	Wirkung
[n] [CTL_F] [n] [CTL_B]	Vorwärts- bzw. Rückwärtsverschiebung des Textfensters um jeweils (window–2) bzw. (n × window – 2) Zeilen.
[m] [CTL_D] [m] [CTL_U]	Vorwärts- bzw. Rückwärtsverschiebung des Textfensters um jeweils scroll bzw. m Zeilen.
[m] [CTL_E] [m] [CTL_Y]	Vorwärts- bzw. Rückwärtsverschiebung des Textfensters um jeweils eine bzw. m Zeilen.
[h] z [RET] [h] z. [h] z–	Der *Anfang* bzw. die *Mitte* bzw. das *Ende* des Textfensters wird zur aktuellen bzw. zur *h*-ten Zeile verschoben.

Tabelle 5.1: Absolute Verschiebungsoperatoren von vi(1)

Als Beispiele wären zu betrachtent:

█[CTL_F]   █3[CTL_B]

wobei das Textfenster um (window – 2) Zeilen vorwärts beziehungsweise um (3 × window – 2) Zeilen rückwärts verschoben wird;

█4[CTL_D]   █[CTL_U]

wobei das Textfenster um 4 Zeilen vorwärts beziehungsweise um scroll Zeilen rückwärts verschoben wird;

█[CTL_E]   █5[CTL_Y]

wobei das Textfenster um eine Zeile vorwärts beziehungsweise um 5 Zeilen rückwärts verschoben wird.

Der Operator z (Minuskel) verschiebt das Textfenster dagegen relativ zur aktuellen Zeile; wie zum Beispiel in,

█z[RET]   █z.   █56z–

wobei der obere Fensterrand beziehungsweise die Fenstermitte zur aktuellen Zeile, und der untere Fensterrand zur 56. Zeile verschoben werden.

In allen Fällen wandert die Schreibmarke innerhalb des Fensters mit, um dann am oberen beziehungsweise unteren Rand "anzustoßen" (bumping).

Ein *direkter Zugriff* (direct referencing) auf Zeilen des Textkörpers kann entweder eine relative oder eine absolute Verschiebung verursachen, nicht aber beides zugleich. Im ersten Fall liegt die adressierte Zeile noch innerhalb des aktuellen Textfensters, im zweiten schon außerhalb. Zu unterscheiden ist zwischen Verschiebungen, die durch direkten Zugriff auf Zeilen, und solchen, die durch Bewegungen der Schreibmarke verursacht werden. Ersteres soll gleich nachfolgend behandelt werden. Die Steuerung der Schreibmarke wird im Abschnitt 5.5.2 eingehend behandelt.

5.3 Befehlsmodus

Nur im *Befehlsmodus* (command mode) können Dateibefehle und Betriebsanweisungen ungekürzt eingegeben werden; der *Operativmodus* (operative
mode) selbst stellt keine Operatoren dafür zur Verfügung.

Der Befehlsmodus wird aus dem Operativmodus mit dem *Doppelpunkt als
Operator* (colon operator) — hier wiederum mit ▮: angedeutet — eingeleitet,
worauf dieser als Befehlsprompt am Anfang der Hilfszeile widergespiegelt
wird, was durch die folgende Schreibweise angedeutet werden soll:

```
▮:
:...
```

Das Promptzeichen kann weder verändert noch mit der negierten Betriebsoption `noprompt` abgestellt werden. Durch Leereingabe `[RET]`, mit `[ESC]`,
`[BS]` beziehungsweise `[CTL_H]` oder mit der jeweiligen Tastenbelegung
des Parameters *intr* von stty(1) (Abschnitt 1.2.1.1) — normalerweise also
`[CTL_C]` oder `[DEL]` — kann der Befehlsmodus sofort verlassen und der
Operativmodus wieder hergestellt werden. Jede andere Eingabe wird als
Befehl interpretiert, der dann mit der Eingabetaste initiiert werden muß,

```
:<Befehl>[RET]
```

was im folgenden denn auch zumeist unterstellt wird. Eine fehlerhafte oder
ungültige Eingabe wird je nach Einstellung der Betriebsoption `terse` mit
einer kurzen oder längeren Fehlermeldung quittiert, worauf der Operativmodus sofort wieder hergestellt wird:

```
▮:                                  ▮:
:set terse?                         :set terse
noterse                             ▮:
▮:                                  :unsinn
:unsinn                             What?
unsinn: Not an editor command
```

Die weitaus meisten *ex*-Befehle und -Anweisungen können im *vi*-Befehlsmo-
dus benutzt werden, wobei die im Abschnitt 4.3 vorgestellten syntaktischen
Regeln gelten. Insbesondere zulässig sind *multiple Befehle* (multiple com-
mands), die mit dem Vertikalstrich '|' (vertical bar) getrennt werden, und
Kommentare (comments), die mit dem Doppelzitat " (double quote) beginnen und sich bis zum Ende der Befehlszeile (command line) erstrecken,

```
:<bef1> | <bef2> | ...            :... "<Kommentar>
```

Als Beispiel wäre zu betrachten,

```
:1#1 | $#1 " erste und letzte Zeile auflisten
1  #include <stdio.h>$
6  } /* Ende main */$
[Hit return to continue]
```

Bei darstellenden Befehlen und Anweisungen bleibt die Ausgabe solange erhalten, bis mit der Eingabetaste zum Operativmodus zurückgekehrt wird.

Alle im *ex*-Modus zulässigen Formen der Zeilenadressierung (Abschnitt 4.2) sind im *vi*-Befehlsmodus identisch zulässig. Insbesondere kann durch Eingabe einer Zeilennummer oder eines Suchmusters (search pattern) die aktuelle Zeile im Textfenster (text window) neu bestimmt werden,

```
■:                      ■:                      ■:
 :n                      :/<Suchmuster>          :?...?
```

Allerdings steht für die implizite Adressierung mit Suchmustern der gleich nachfolgend besprochene *vi*-Suchmodus zur Verfügung.

Mit wenigen Ausnahme, darunter insbesondere die Eingabebefehle a, c und i und deren dyadische Varianten a!, c! und i! (Abschnitt 4.6) sowie der Anweisung open (Abschnitt 4.2), können die weitaus meisten *ex*-Befehle und -Anweisungen im Befehlsmodus benutzt werden, wobei jedoch zu unterscheiden ist zwischen *funktionaler Notwendigkeit*, wie zum Beispiel bei Betriebsanweisungen, Dateibefehlen und Durchgriffen zur Shell-Ebene, und *prinzipieller Zulässigkeit*, wie zum Beispiel bei den Such-, List- und Zeilenbefehlen. Bestimmte Zeilenmanipulationen (line manipulations), wie das Versetzen größerer und unübersichtlicher Zeilenbereiche, lassen sich jedoch einfacherer — und insbesondere für Anfänger *sicherer* — im Befehlsmodus durchführen.

Eine gewisse Sonderrolle kommt jedoch dem *ex*-Substitutionsbefehl s (substitute; Abschnitt 4.8) zu, denn nur mit ihm können multiple zeilengebundene Substitutionen (in-line substitution) auch über ganze Zeilenbereiche hinweg sicher und effzient ausgeführt werden, wobei die *ed*-artigen lexikalischen Leistungsmerkmale für Such- und Zielmuster zur Verfügung stehen, was bei den Substitutionsoperatoren im Operativmodus (Unterabschnitt 5.6.3.2) *nicht* der Fall ist.

Eine mit s im Befehlsmodus ausgeführte Substitution kann mit dem *Operator* & im Operativmodus beliebig oft in der jeweils aktuellen Zeile identisch wiederholt werden,

```
■:
 :s/.../.../...                          ■&
```

Andere *ex*-Befehle, obwohl im Prinzip zulässig, sind im allgemeinen kaum zur Anwendung im *vi*-Befehlsmodus geeignet. Ein typisches Beispiel sind die Suchanweisungen g und g! (bzw. v). Da wo Umstände ein ausgesprochenes Zeileneditieren erforderlich machen, sollte denn auch mit dem Operator Q in den *ex*-Modus übergegangen werden.

5.4 Suchmodus

Der *Suchmodus* (search mode) wird aus dem *Operativmodus* mit dem Schrägstrich oder dem Fragezeichen als *Operator* — hier mit ▮/ beziehungsweise ▮?
angedeutet — eingeleitet, worauf das Zeichen als Prompt und Begrenzer
(delimiter) am Anfang der *Hilfszeile* (auxiliary line) widergespiegelt wird,
was durch die folgende Schreibweise angezeigt werden soll:

```
▮/                            ▮?
/...                          ?...
```

Durch Leereingabe [RET], mit [ESC], [BS] beziehungsweise [CTL_H]
oder mit [CTL_C] beziehungsweise [DEL] — kann der Operativmodus
unmittelbar wieder hergestellt werden. Durch Leereingabe kann der Suchvorgang mit dem jeweils *aktuellen Suchmuster* (current search pattern) wiederholt werden. Jede andere Eingabe wird jedoch als ein *neues Suchmuster* (new
search pattern) interpretiert,

```
/<Suchmuster>...              ?<Suchmuster>...
```

Falls das Suchmuster *ohne* nachfolgende Relativierung benuzt werden soll,
kann der nachfolgende Begrenzer ausgelassen und der Suchvorgang mit der
Eingabetaste initiiert werden,

```
/<Suchmuster>[RET]            ?<Suchmuster>[RET]
```

wobei die Suche von der *aktuellen Zeile* ausgehend vorwärts (/) beziehungsweise rückwärts (?) durch den Editierpuffer (edit buffer) verläuft.

Relativierung ist zulässig, wobei von zwei Grundformen auszugehen ist. Zum
einem kann bezüglich der gesuchten Zeileninstanz relativiert werden,

```
/<Suchmuster>/-h...           ?<Suchmuster>?+k ...
```

Zum anderen kann der Ausgangspunkt der Suche bestimmt werden,

```
/<smuster1>/;/<smuster2>...
```

wobei das Semikolon die Suchausdrücke trennt. Insbesondere kann, von der
aktuellen Zeile ausgehend, die *n*-te Instanz eines Suchmusters durch eine entsprechende Anzahl von *identischen* Suchausdrücken adressiert werden.

Die beiden Grundformen können beliebig oft und mit jeder Suchrichtung
(search direction) kombiniert werden,

```
/<smuster1>/-h;?<smuster2>?+k ... [RET]
```

wobei jedoch letztendlich mit der Eingabetaste eine Initiierung des Suchvor-
ganges erfolgen muß.

Durch Leereingabe oder mit einem identischen zweiten Begrenzer,

```
▮/                            ▮?
/[RET]                        ??[RET]
```

kann der Suchvorgang mit dem jeweils *aktuellen Suchmuster* (current search pattern) beliebig oft wiederholt werden, was jedoch jedesmal mit der Eingabetaste initiiert werden muß.

Als Alternative dazu stehen die beiden *Zugriffsprimitiven* n und N (next) zur Verfügung,

■n   ■N

mit denen der Suchvorgang in der jeweils eingeschlagenen Richtung (n) beziehungsweise im genau umgekehrten Sinne (N) fortgesetzt werden kann. Im Gegensatz zu / und ? können n und N mit anderen Operatoren verknüpft werden.

Auch hier kann der normalerweise im Sinne eines geschlossenen Bandes (wrap-around) ablaufende Suchvorgang mit der normalerweise angestellten (default) Betriebsoption wrapscan gesteuert werden,

`:set nows`   `:set wrapscan`

Bei nows terminiert der Suchvorgang am Ende (//) beziehungsweise am Anfang (??) des Editierpuffers.

Mit den Betriebsoptionen magic und ignorecase,

`:set magic?`   `:set ic?`
`magic`   `noignorecase`

die normalerweise (default) angestellt beziehungsweise abgestellt ist, gelten für Suchmuster die Regeln der *lexikalischen Bestimmungssyntax* von Textmustern (lexical pattern syntax; Kapitel 3). Die lexikalischen Sonderzeichen . * [...] müssen dann mit dem Rückstrich \ (backslash) individuell abgedeckt werden, falls ein *rein symbolischer Gebrauch* (purely literal use) beabsichtigt ist. *Groß- und Kleinbuchstabenunterscheidung* (case discrimination) ist gesichert.

Umgekehrt wird mit

`:set nomagic`   `:set noic`

die lexikalische Wirkung der Sonderzeichen beziehungsweise die Groß- und Kleinbuchstabenunterscheidung aufgehoben. Die Wirkung der lexikalischen Sonderzeichen kann dann nur durch Abdecken mit dem Rückstrich individuell wieder hergestellt werden.

Eine gefundene Instanz des Suchmusters bestimmt die *aktuelle Zeile* (current line), wobei die Schreibmarke (cursor) am Anfang der *Zielkette* (target string) verharrt. Nur bei einer nachfolgenden Relativierung verbleibt die Schreibmarke am Zeilenanfang. Falls keine Instanz des Suchmusters existiert oder eine Relativierung die Grenzen des Editierpuffers überschreiten würde, entsteht ein Fehlerzustand, wobei die aktuelle Zeile unverändert bleibt.

5.5 Zugriffsmethoden

Im Operativmodus wird der *lineare* Begriff der *aktuellen Zeile* (current line) durch die jeweilige Position der Schreibmarke in der Zeile zum *zweidimensionalen* Begriff der *aktuellen Schreibmarkenposition* (current cursor position) im Textfenster erweitert. Dem entspricht die grundsätzliche Einteilung der Zugriffsmethoden (access methods) nach Zugriffszielen (targets),

- *Zeilen*, wobei die Schreibmarke am *Anfang* der adressierten Zeile verharrt;
- *Textsegmente* und *-elemente* innerhalb von Zeilen, wobei mehrere Zeilen und ganze Zeilenbereiche durchlaufen (traversed) werden können.

Diese Unterscheidung ist besonders wichtig bei modifizierenden Operationen wie Löschen und Substituieren, die sowohl ganzzeilig als auch teilzeilig erfolgen können, was sowohl durch den Operator als auch durch das Zugriffsziel bestimmt werden kann.

Der *Zeilenanfang* (beginning of a line, line start) soll in diesem Zusammenhang als das jeweils erste Zeichen verstanden werden, das *kein Standardtrennzeichen* (standard separator) darstellt, also *weder* ein Leerzeichen SP (040) noch ein Tabulatorzeichen HT (011) ist.

5.5.1 Direkter Zugriff

Der *direkte Zugriff auf Zeilen* (direct line addressing) kann sowohl durch *explizite* als auch *implizite* Zeilenadressierung erfolgen. Das Resultat eines direkten Zugriffes ist, daß die adressierte Zeile zur aktuellen bestimmt wird, was entweder eine Verschiebung der Schreibmarke innerhalb eines stationären *Textfensters* (text window) oder aber eine Verschiebung des Textfensters selbst mit sich bringt.

Jede der für *ex* zulässigen Arten der Zeilenadressierung (Abschnitt 4.2) kann im *Befehlsmodus* (command mode; Abschnitt 5.3) benutzt werden; insbesondere also auch explizites Adressieren mit absolute Zeilennummern,

```
■:                    ■:                    ■:
:1[RET]               :123[RET]             :$[RET]
```

Ein Gleiches gilt für *relatives Adressieren* (relative addressing),

```
■:                    ■:                    ■:
:-3[RET]              :+5[RET]              :$-8[RET]
```

Zeilenmarken (line marks) können im Befehlsmodus sowohl gesetzt als auch angesprungen werden,

```
■:                              ■:
:20ma[RET]                      'a[RET]
```

Implizite Adressierung (implicit addressing) mit *lexikalischen Suchmustern* (lexical search patterns) kann sowohl im Befehlsmodus als auch im speziell dafür vorgesehenen *Suchmodus* (search mode; Abschnitt 5.4) durchgeführt werden,

```
■:                              ■?
:/<Suchmuster>/[RET]            ?<Suchmuster>?[RET]
```

Diesen typischen Formen der Adressierung im Zeileneditiermodus entsprechen die nachfolgend vorgestellten *Zugriffsprimitiven* (addressing primitives) im Operativmodus.

Mit der *Postfix-Primitiven* G (Majuskel; goto) können Zeilen explizite durch absolute Zeilennummern adressiert werden. Zum Beispiel wird mit,

```
■123G                           ■G
```

auf Zeile 123 beziehungsweise ohne jegliche Nummer auf die *letzte* Zeile zugegriffen. Die Schreibmarke verharrt jeweils am *Zeilenanfang*.

Zur *relativen Adressierung* von der aktuellen Zeile ausgehend werden die Primitiven − (minus) und + (plus) benutzt; wie zum Beispiel in,

```
■3-                             ■5+
```

wobei die 3. Zeile *oberhalb* beziehungsweise die 5. *unterhalb* der aktuellen Zeile adressiert wird. Die Schreibmarke verharrt jeweils am Zeilenanfang.

Zeilenmarkierung (line marking) wird wie bei *ex* unterstützt. Mit dem *Präfix*-Operator m (mark) kann die *aktuelle Schreibmarkenposition* (current cursor position) und damit die *aktuelle Zeile* (current line) mit einem der 26 Kleinbuchstaben a, b, ..., z markiert werden.

```
■ma                             ■mz
```

Zum Zugriff auf markierte Zeilen steht sowohl das *Einzelzitat* ' (single quote) als auch das Ausführungszitat ` (exec quote) als *Präfix-Primitive* zur Verfügung,

```
■'a                             ■`z
```

wobei die genaue Position der Marke innerhalb der Zeile beziehungsweise lediglich der Anfang der Zeile angesprungen wird. Die Zeilenmarkierung bleibt beim Hin- und Herschalten zwischen dem *ex*-Modus und dem *vi*-Modus erhalten.

Mit den Dyaden '' (single quote) und `` (exec quote) kann auf den jeweils vorherigen *Zeilenkontext* (previous line context) zugegriffen werden,

```
■''                             ■``
```

wobei die letzte Schreibmarkenposition innerhalb der Zeile beziehungsweise lediglich der Anfang der Zeile angesprungen wird.

Die beiden Zugriffsprimitiven fungieren im Sinne von binären Kippschaltern (toggle switch).

Der implizite Zugriff geht von einem *aktuellen Suchmuster* (current search pattern) aus, das entweder bereits im *Suchmodus* (search mode; Abschnitt 5.4) definiert wurde oder aber im *Befehlsmodus* (command mode; Abschnitt 5.3) als *Zielmuster* (target pattern) in einer Substitution fungierte. Falls ein aktuelles Suchmuster definiert ist, kann mit den Primitiven n und N (next) implizite auf Zeilen zugegriffen werden,

■n   ■N

wobei der Suchvorgang in der bereits durch die Begrenzer des Suchmusters vorgegebenen Richtung (n) beziehungsweise im genau umgekehrten Sinne (N) verläuft. Die gefundene Zeileninstanz wird zur aktuellen Zeile bestimmt und die Schreibmarke verharrt am Anfang der Zielkette.

Falls kein aktuelles Suchmuster definiert ist beziehungsweise keine Instanz existiert, entsteht ein Fehlerzustand mit einer entsprechenden Meldung,

■n   ■N
No previous regular expression   Pattern not found

Die Schreibmarke verharrt dann unverändert auf der aktuellen Zeile.

5.5.2 Schreibmarkenbewegungen

Hier soll zunächst von einem nichtleeren stationären Textfenster ausgegangen werden. Für die *Bewegung der Schreibmarke* (cursor movement) innerhalb des Textfensters stehen zwei *Freiheitsgrade* (degrees of freedom) zur Verfügung, indem die Schreibmarke zu jeder Zeile gefahren werden kann, und innerhalb jeder Zeile von einem Ende zum anderen. Zu beachten ist jedoch, daß die Marke das Zeilenende *nicht* überschreiten kann.

Vom rein funktionellen Standpunkt her muß zwischen zwei Arten der Schreibmarkenbewegung unterschieden werden:

• manuelles *Fahren* der Schreibmarke mit Treibertasten;
• topologisches und selektives *Ansteuern* von vorgegebenen Zielen;

Dies soll in den folgenden Unterabschnitten vorgestellt werden.

5.5.2.1 Manuelles Fahren

Die allereinfachste Art des Zugriffs auf Textelemente besteht darin, die
Schreibmarke (cursor movement, driving) manuell über das Textfenster *zu
fahren*, wozu Operatoren und zumeist auch dedizierte Treibertasten (cursor
driver pad) zur Verfügung stehen. Bild 5.3 zeigt das funktionale Schema der
Tastenzuordnung, wobei die multiplen Zuordnungen von Operatoren zu den 4
Richtungen zu beachten sind. Die gezeigten Positionen [H], [M] und [L]
werden im nachfolgenden Unterabschnitt besprochen.

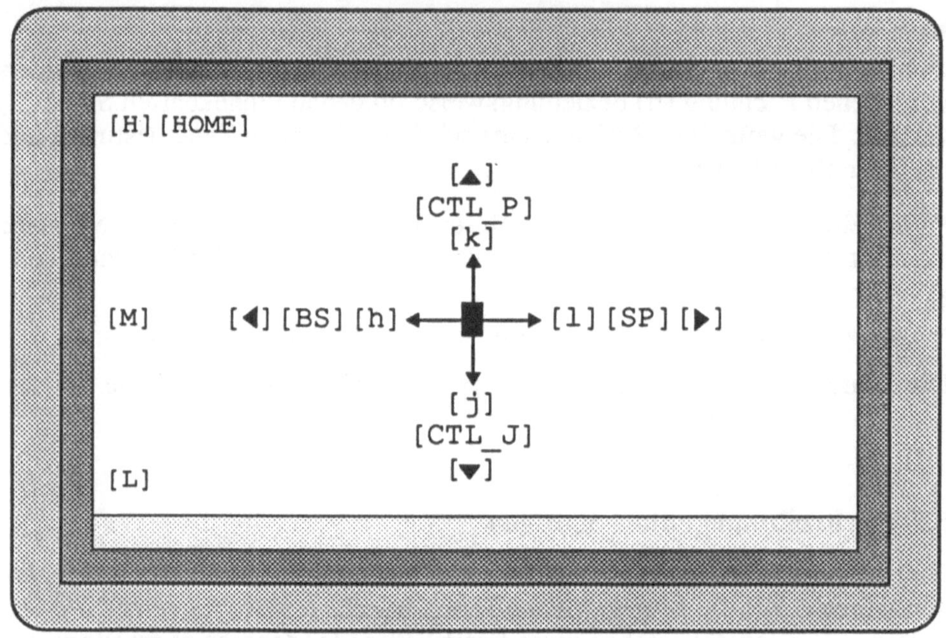

Bild 5.3: Schema der manuellen Schreibmarkensteuerung

Die Schreibmarke kann zu jeder Zeile gefahren werden, und innerhalb jeder
Zeile von einem Ende zum anderen. Die horizontale Bewegung ist beiderseitig durch Zeilenanfang und -ende begrenzt; d. h. die Schreibmarke kann *nicht*
darüber hinaus gefahren werden. Die vertikale Bewegung ist dagegen nicht
begrenzt: das Textfenster kann durch *Anstoßen* (bumping) mit der Schreibmarke in der entsprechenden Richtung verschoben werden. Mit einem *vorangestellten Zähler* (counter) können die Bewegungen zu *multiplen Sprüngen*
(multiple jumps) quantifiziert werden. Zum Beispiel wird mit den

▌3 [BS]   ▌4k   ▌5 [▼]

die Schreibmarke um 3 Positionen nach *links* beziehungsweise um 4 Positionen nach *oben* beziehungsweise um 5 Positionen nach *unten* gefahren. Bei
vertikalen Bewegungen folgt die Schreibmarke übrigens nach Möglichkeit
der rechtsseitigen Kontur des Textkörpers.

5.5.2.2 Lokales Ansteuern

Bei dieser Art der Schreibmarkenbewegung wird ein *lokales Ziel* (local target) innerhalb des Textfensters (text window) vorausgesetzt, das unmittelbar angesteuert werden soll. Tabelle 5.2 listet die dafür zur Verfügung stehenden *lokalen Zugriffsprimitiven* (local addressing primitives) auf.

Primitive	Wirkung
[n] [HOME] [n]H	Unmittelbares Ansteuern der linken oberen Ecke (home) des Textfensters, wobei mit dem optional vorangestellten n der Abstand in Zeilen vom oberen Fensterrand bestimmt wird.
M	Ansteuern der Mittelzeile (middle).
[n]L	Ansteuern der linken unteren (lower) Ecke des Textfensters, wobei mit dem optional vorangestellten n der Abstand in Zeilen vom unteren Fensterrand bestimmt wird.
^ 0 [n]$	Anfang (^, 0) beziehungsweise Ende ($) der aktuellen beziehungsweise der *n*-ten nachfolgenden Zeile.
n|	Ansteuern der *n*-ten Position innerhalb der aktuellen Zeile.
[n]f<x> [n]F<x>	Ansteuern der ersten beziehungsweise der *n*-ten Instanz des Zeichens <x> in der aktuellen Zeile, vorwärts- (f) beziehungsweise rückwärts (F) von der aktuellen Position ausgehend.
[n]t<x> [n]T<x>	Wie f beziehungsweise F, nur daß die Schreibmarke unmittelbar *vor* beziehungsweise *hinter* dem angesteuerten Zeichen verharrt.
[n]; [n],	Einmaliges beziehungsweise *n*-maliges Wiederholen der unmittelbar vorhergehenden Zugriffsoperation f, F, t oder T im *gleichen* (;) beziehungsweise im *umgekehrten* (,) Sinne.
%	Bei verschachtelten Klammerausdrücken der Arten (... (...) ...), {...{...}...}, [...[...]...] wird von einer Klammer ausgehend die jeweils entsprechende gegenüberliegende Klammer angesteuert.

Tabelle 5.2: Primitive zum lokalen Ansteuern

Zum Beispiel wird mit,

∎H   ∎M   ∎2L

die linke obere Ecke des Textfensters beziehungsweise die Mittelzeile beziehungsweise die zweitvorletzte Zeile angesteuert (vgl. auch Bild 5.3); während mit,

∎^   ∎20| ∎2$

der Anfang der aktuellen Zeile beziehungsweise Position 20 beziehungsweise das Ende der nächsten Zeile angesteuert wird.

Zum anderen aber wird mit,

▌2f+   ▌F=   ▌3;

die *übernächste* Instanz des Zeichens + *vorwärt* beziehungsweise die *unmittelbar vorhergehende* Instanz von = *rückwärts* angesteuert; letzteres wird dann 3-fach im *gleichen* Sinne wiederholt. Schließlich wird mit,

▌t)   ▌3T[▌,

die *nächste* Instanz des Zeichens) *vorwärts* beziehungsweise die *dritte vorhergehende* Instanz von [*rückwärts* angesteuert; letzteres wird dann im entgegengesetzten Sinne wiederholt.

Mit dem Prozentzeichen werden bei verschachtelten Klammerausdrücken einander entsprechende Klammer angesteuert,

```
... funk(gunk(...punk(a,b,...),...),...)...
          ▌                     ▌%
```

was insbesondere bei **LISP**-ähnlichen Quellkode eine ungemeine Arbeitshilfe bedeuten kann. In diesem Zusammenhang sei auch auf die nachfolgend besprochene Betriebsoption `lisp` verwiesen.

5.5.3 Topologischer Zugriff

Ein hervorragendes wenngleich weniger bekanntes Leistungsmerkmal von *vi* ist der *topologische Zugriff* (topological referencing) auf *strukturelle Textelemente* (structural text elements), wobei von einer *verschachtelten Hierarchie* (nested hierarchy) von topologischen Elementen ausgegangen wird, aus denen sich der Textkörper zusammensetzt: *Worte* (words), *Zeichenketten* (character strings), *Sätze* (sentences), *Paragraphen* und *Sektionen*. Bild 5.4 zeigt das Schema, wobei die gemeinsame links- beziehungsweise rechtsseitige *Ausrichtung* der jeweils untergeordneten Elemente an den *Grenzen* der jeweils übergeordneten Elemente zu beachten ist (boundary alignment).

Der topologische Zugriff kann eine enorme Arbeitshilfe bedeuten, sowohl bei der Bearbeitung von hochstrukturierten Texten, die der Formatierung mit **nroff(1)**/**troff(1)** zugeführt werden sollen, als auch bei der Erstellung und Pflege von Quelldateien von Symbolsprachen wie **LISP**, die mit weitgehend verschachtelten Klammerausdrücken arbeiten.

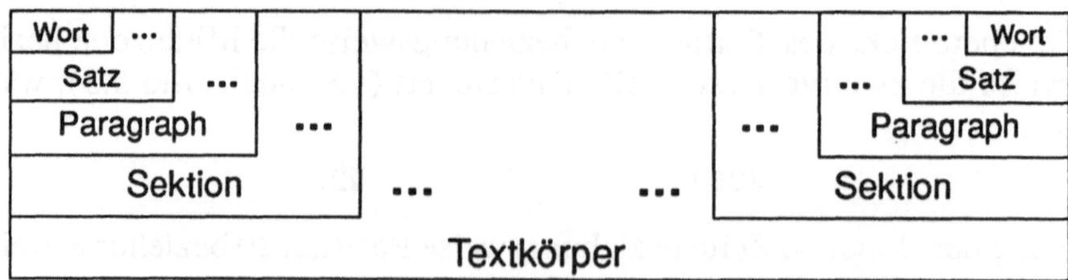

Bild 5.4: Hierarchie und Ausrichtung der Textelemente

Der Zugriff auf die *strukturellen Textelemente* ist unabhängig von der jeweiligen lexikalischen Komposition eines Textkörpers. In den folgenden Unterabschnitten sollen die dafür zur Verfügung stehenden speziellen Operatoren als Zugriffsprimitive vorgestellt werden.

5.5.3.1 Worte und Zeichenketten

Eine homogene Zeichenkette (homogeneous character string), die sich entweder nur aus rein *alphamerischen* sonst aber nur aus rein *nichtalphamerischen Zeichen* (purely alphameric, nonalphameric; Abschnitt 1.2.5) soll im folgenden als *Wort* (word) definiert sein, was im Gegensatz zu *heterogenen Zeichenketten* (heterogeneous character string) verstanden werden muß, die dann keine Worte mehr, sondern eben *nur* Zeichenketten im *verbleibenden Sinne* (residual sense) darstellen. Umgekehrt stellt natürlich jedes Wort eine Zeichenkette im allgemeinen Sinne dar.

Zeichenketten und Worte werden durch die *Standardtrennzeichen* (standard separators) — also das Leerzeichen SP (040), das Tabulatorzeichen HT (011) sowie den Zeilenvorschub LF (012) — begrenzt und getrennt. Die Standardtrennzeichen können also in diesem Kontext niemals selbst Teil einer Zeichenkette geschweige denn eines Wortes sein.

Worte und Zeichenketten sind die kleinsten Strukturelemente, auf die kontextfrei zugegriffen werden kann. Tabelle 5.3 listet die dafür zur Verfügung stehenden *Zugriffsprimitiven* (addressing primitives) auf.

Primitive	Wirkung
[n]w [n]b	(Minuskel) Anfang des nächsten beziehungsweise des *n*-ten **Wortes**, *vorwärts* (w) beziehungsweise *rückwärts* (b) von der jeweils aktuellen Position ausgehend.
[n]W [n]B	(Majuskel) Wie oben w und b, aber auf **Zeichenketten** erweitert.
[n]e [n]E	Ende des aktuellen beziehungsweise des *n*-ten **Wortes** (e) beziehungsweise **Zeichenkette** (E).

Tabelle 5.3: Operatoren zum Zugriff auf Worte und Zeichenketten

Die folgenden drei Kontrastbeispiele zeigen die Ausgangs- und Endpositionen der Schreibmarke:

```
...[[[abcde]]] x...          ...[[[abcde]]] x...
   ▮w    ▮                        ▮W    ▮

...[[[abcde]]] x...          ...[[[abcde]]] x...
   ▮   ▮b                        ▮   ▮B

...[[[abcde]]] x...          ...[[[abcde]]] x...
   ▮e    ▮                        ▮E        ▮
```

5.5.3.2 Textelemente höherer Ordnung

Textelemente höherer Ordnung (higher-order text elements) sind *Satz* (sentence), *Paragraph* (paragraph) und *Sektion* (section). Die folgenden formalen Definitionen gehen von der Negierung der Betriebsoption `lisp` aus,

```
:set lisp?                       :set nolisp
nolisp
```

Die Bedeutung von `lisp` wird nachfolgend besprochen.

Ein *Satz* ist ein Textelement, welches mit einem *Interpunktionszeichen* (punctuation marks) endet, unmittelbar gefolgt entweder vom Zeilenvorschub LF (012) oder von genau zwei Leerzeichen SP (040). Als Interpunktionszeichen gelten in diesem Kontext der Punkt '.' (dot), das Ausrufungszeichen '!' (exclamation mark) sowie das Fragezeichen '?' (questionmark). Anfang und Ende eines Paragraphen und einer Sektion bestimmen Anfang beziehungsweise Ende des ersten beziehungsweise des letzten Satzes. Anfang und Ende von Sätzen fallen *immer* mit den Anfang beziehungsweise Ende von Worten und Zeichenketten zusammen. Umgekehrt werden Anfang und Ende eines Satzes durch Anfang beziehungsweise Ende eines Paragraphen oder einer Sektion bestimmt.

Ein *Paragraph* ist ein *zusammenhängender Zeilenbereich* (contiguous line range), welcher mit einer *Leerzeile* (empty line) oder einem *Begrenzer* (delimiter) der Form `.XY` oder `.Z` beginnt und sich bis zum nächsten Paragraphenanfang beziehungsweise zum Ende des Textkörpers fortsetzt; wie zum Beispiel,

```
.LP                      .P                            .bp
Starting new para ...    Neuer Paragraph ...           ...
...                      ...
```

Der Begrenzer setzt sich aus maximal zwei Zeichen zusammen, die mit den Optionsvariablen `paragraphs` und `sections` *paarweise* bestimmt werden, mit der typischen Voreinstellung für Paragraphen:

```
:set para?
paragraphs=IPLPPPQPP LIpplpipbp
```

was den üblichen Bezeichnern von Paragraphen-Makros der *ms*-Bibliothek sowie von *nroff*-Anweisungen entspricht. Bei der Zuweisung sind auch Ziffern und Sonderzeichen zulässig; Leerzeichen müssen individuell mit dem *Rückstrich* \ (backslash) abgedeckt werden; der Rückstrich jedesmal mit sich selbst,

```
:set para=12<<...                :set para=Z\ \\\\...
```

womit die Begrenzer `.12`, `.<<`, ... beziehungsweise `.Z`, `.\\`, ... festgelegt werden.

Anfang und Ende von Paragraphen fallen *immer* mit dem Anfang beziehungsweise Ende von Sätzen, Worten und Zeichenketten zusammen. Umgekehrt bestimmen Anfang und Ende einer Sektion Anfang beziehungsweise Ende éines Paragraphs.

Eine *Sektion* (section) ist ein *zusammenhängender Zeilenbereich* (contiguous line range), welcher mit einer linken geschweiften Klammer { (left brace) oder einem *Begrenzer* (delimiter) der Form .AB oder .C beginnt und sich bis zum nächsten Sektionsanfang beziehungsweise zum Ende des Textkörpers fortsetzt; wie zum Beispiel,

```
{/* main program */      .NH                      .H
...                      Neuer Abschnitt ...      ...
                         ...
```

Die Begrenzer werden mit der Optionsvariablen `section` festgelegt:

```
:set sect?                               :set sect=@@34H\ xy...
sections=NHSHH HUnhsh
```

wobei die bereits oben vorgestellten lexikalischen Regeln gelten. Auch hier werden oft die Bezeichner von *nroff*-Makros benutzt, was auch der üblichen Vorbelegung entspricht. Anfang und Ende einer Sektion bestimmen zugleich Anfang und Ende von Paragraphen, Sätzen, Worten und Zeichenketten. Umgekehrt werden Anfang und Ende von Sektionen letztendlich durch den Anfang und das Ende des Textkörpers bestimmt.

Auf die eben definierten Strukturelemente kann mit Primitiven kontextfrei zugegriffen werden, wobei die Schreibmarke auf den jeweils adressierten Begrenzer springt. Tabelle 5.4 listet die dafür zur Verfügung stehenden *Zugriffsprimitiven* (addressing primitives) auf, wobei die *negierte* Betriebsoption `nolisp` unterstellt ist.

Primitive	Wirkung (*nolisp*)
`[n] (` `[n] )`	Anfang des aktuellen beziehungsweise des *n*-ten **Satzes**, *vorwärts* ') ' beziehungsweise *rückwärts* ' (' laufend.
`[n] {` `[n] }`	Anfang des aktuellen beziehungsweise des *n*-ten **Paragraphen**, *vorwärts* ' } ' beziehungsweise *rückwärts* ' { ' laufend.
`[n] [[` `[n] ]]`	Anfang der aktuellen beziehungsweise der *n*-ten **Sektion**, *vorwärts* ']] ' beziehungsweise *rückwärts* ' [[' laufend.

Tabelle 5.4: Zugriff auf Textelemente höherer Ordnung

Mit der Betriebsoption `lisp` gelten erweiterte Regeln, die ursprünglich auf die symbolische Programmiersprache **LISP** [3] zugeschnitten waren, sich aber auch in anderen Anwendungskontexten gut bewähren können.

Am stärksten erweitert bei *lisp* ist die Wirkung der beiden *Satz*-Operatoren
(und **)**, die jetzt auf die mit Rundklammern verschachtelten *symbolischen
Ausdrücke* (s-expressions) der LISP-Sprache eingestellt sind. Zum Beispiel
können S-Ausdrücke wie Sätze der Reihe nach abgegriffen beziehungsweise
gezählt übersprungen werden. Einander entsprechende Rundklammern eines
S-Ausdruckes können von innerhalb abwechselnd mit **(** und **)** abgegriffen
werden, in welchen Zusammenhang übrigens auch auf die Betriebsoption
showmatch verwiesen wird (Abschnitt 5.7).

Die beiden *Paragraph*-Operatoren **{** und **}** sind bei *lisp* in dem Sinne
erweitert, daß die äußeren Rundklammerpaare Paragraphen definieren, die
jetzt der Reihe nach abgegriffen beziehungsweise gezählt übersprungen werden können.

Die als Sektions-Operatoren fungierenden Dyaden **[[** und **]]** sind bei *lisp*
am geringsten erweitert, in dem Sinne nur, daß neben der linken geschweiften
Klammer **{** (left brace) auch die linke Rundklammer **(** (left parenthesis) am
Zeilenanfang stehend einen Sektionsanfang definiert.

5.6 Operatives Editieren

Die hauptsächlichen Editier-Operationen im *Operativmodus* (operative
mode) sind das Löschen, Verschieben und Kopieren sowie das Substituieren
von Textsegmenten und -elementen, die gezielt mit der Schreibmarke abgegriffen werden. Die für dieses *operative Editieren* (operative editing) zur Verfügung stehenden Modifikationsoperatoren entsprechen der strukturellen
Hierarchie der bereits definierten Textelemente: *Zeichen* (characters), *Worte*
(words), *Sätze* (sentences), *Zeilen* (lines), *Paragraphen* (paragraphs) und
Sektionen (sections), wobei die im Abschnitt 5.5.3 vorgestellten formalen
Strukturdefinitionen gelten.

Mit Ausnahme der gleich nachfolgend zuerst vorgestellten lokalen Zeichenoperationen, deren Wirkung unmittelbar von der jeweiligen Position der
Schreibmarke ausgeht und auf die aktuelle Zeile beschränkt ist, können die
weiter unten vorgestellten topologischen Operationen mit allen in den vorhergehenden Abschnitten vorgestellten Zugriffsprimitiven über Zeilengrenzen
hinweg verknüpft werden.

---

3. LISP (list processing) wurde von J. McCarthy et al. um 1960 am Massachusetts Institute
   for Technology (M.I.T.) entwickelt. Die Hochsprache wird auch heute noch im Zusammenhang mit symbolischer Listenverarbeitung benutzt.

Im Gegensatz zum zeilenorientierten Editieren, das von formalen Regeln ausgeht und schon deshalb im allgemeinen zu einer bedächtigeren Arbeitsweise einlädt, entstehen beim operativen Editieren wegen der weitgehend auf *manueller Geschicklichkeit* (dexterity) beruhenden Arbeitsweise häufig unbeabsichtigte *Flüchtigkeitsfehler* (fat fingers), die sogleich rückgängig gemacht werden sollten (undoing), wofür einige spezielle *Hilfsoperatoren* (auxiliary operators) zur Verfügung stehen.

Zum ersten sei daran erinnert, daß fehlerhafte oder unbeabsichtigte Operatorausdrücke, die noch nicht vollständig eingegeben und daher noch nicht ausgeführt sind, noch rechtzeitig *gelöscht* werden können (cancelling),

█...[ESC]							█...[CTL_[]

wozu die *ASCII-Fluchttaste* [ESC] (escape key) beziehungsweise die Kombination der Steuertaste mit der linken eckigen Klammer: CTL_[benutzt wird.

Zum zweiten kann mit u (Minuskel; undo) die jüngste Modifikation rückgängig gemacht werden, und mit einem weiteren u nach dem *binären Kippschalter-Prinzip* (toggle switch) wieder hergestellt werden, was auch zeilenübergreifende Veränderungen (line-spanning modifications) mit einschließt. Im Gegensatz dazu können mit U (Majuskel; Undo) alle bisherigen Veränderungen in der aktuellen Zeile (current line) rückgängig gemacht werden, soweit die Schreibmarke diese noch nicht verlassen hat,

█u								█U

Bei einer hoffnungslos verfahrenen Situation kann letztendlich der aktuelle Inhalt des *Editierpuffers* (edit buffer) aufgegeben und mit dem emphatischen Dateibefehl :e! auf den Stand des letzten Abspeicherns zurückgeführt werden.

Zum identischen Wiederholen der *jüngsten modifizierenden Operation* (most recent modifying operation, repeating) steht der *Punkt* '.' (dot) als Hilfsoperator zur Verfügung. Ein etwas vorgreifendes Beispiel mag dies für das identisch wiederholte Löschen von abgegrenzten Textsegmenten innerhalb von Zeilen illustrieren.

```
...aaa,bbb,...          ...bbb,ccc...          ...ccc,...
   █df,                    █.                     █.
...bbb,...              ...ccc,...              ...   ...
```

5.6.1 Zwischenpufferung

Ein besonderes Leistungsmerkmal des operativen *vi*-Editierens ist das *Zwischenpuffern* (holdover buffering) von Textsegmenten und -elementen, die beim Löschen oder Substituieren selektiv beziehungsweise zwangsläufig entfernt werden. Einerseits werden diese *Textabschnitte* automatisch in einem *unbenannten Auffangpuffer* (unlabelled holding buffer) abgelegt, dessen jeweiliger Inhalt mit den Pufferoperatoren p und P (put) abgegriffen und an beliebiger Stelle und beliebig oft wieder in den Textkörper eingefügt werden kann,

█[n]p   █[n]P

wobei der Pufferinhalt mit p (Minuskel) unmittelbar *nach*, und mit P (Majuskel) unmittelbar *vor* der aktuellen Position der Schreibmarke einmal beziehungsweise *n*-mal hintereinander eingefügt wird. Zu beachten ist, daß der unbenannte Puffer bei jeder *destruktiven Operation* erneut überschrieben wird. Neben dem einen unbenannten stehen noch 9 *enumerierte* Puffer zum automatischen Auffangen gelöschter Zeilenbereiche zur Verfügung, was jedoch erst im Unterabschnitt 5.6.3.1 sinnvoll weitergeführt werden kann.

Zum anderen kann bei destruktiven Operationen — wie eben Löschen und Substituieren — der dabei zu entfernende Textabschnitt auch selektiv einem *benannten Puffer* (labelled buffer) zugewiesen, aus diesem dann gezielt wiederabgegriffen und an beliebiger Stelle eingefügt werden (addressable buffering),

█"<L>p   █"<L>P

wobei <L> = a, b, ..., z einen der 26 Kleinbuchstaben darstellt und mit einem *Doppelzitat* " (double quote) angeführt werden muß.

Hinsichtlich der *Übertragbarkeit* (transitivity) der Pufferinhalte sind zwei Aspekte zu beachten. *Erstens*, beim *Neuladen* des Editierpuffers als auch beim Wechseln der Editierdatei behalten *alle Puffer* ihre jeweiligen Inhalte unverändert bei, was insbesondere beim Übertragen von Textabschnitten von einer Datei in eine andere wichtig ist (text grafting).

Zweitens, beim Umschalten zum *ex*-Modus bleiben die Inhalte der 26 benannten Puffer *a–z* erhalten und können dort mit dem Befehl put zeilenweise wieder eingefügt werden (Abschnitt 4.8). Umgekehrt bleiben die im *ex*-Modus geladenen benannten Puffer beim Umschalten zum *vi*-Modus erhalten.

Das Zwischenpuffern soll nachfolgend wiederholt im Zusammenhang mit den Lösch- und Substitutionsoperationen aufgegriffen und durch Beispiele veranschaulicht werden. Eine Weiterführung erfolgt dann im Zusammenhang mit dem Abgriffsoperator y im Abschnitt 5.6.3.3.

5.6.2 Zeichenoperationen

Zum *Löschen* und *Überschreiben* beziehungsweise zum *Substituieren* von Zeichen und Zeichenfolgen *innerhalb* einer Zeile (deleting, replacing, inline character sequences) stehen *Zeichenoperatoren* (character operators) zur Verfügung, deren Wirkung von der jeweiligen Position der Schreibmarke ausgeht, aber grundsätzlich auf die aktuelle Zeile beschränkt bleibt und nicht in die unmittelbar angrenzenden Zeilen hineinlaufen kann. Tabelle 5.5 listet die zur Verfügung stehenden Zeichenoperatoren auf.

Operator	Wirkung
["<L>] [n] x	(Minuskel) Löschen des jeweils mit der Schreibmarke erfaßten Zeichens. Mit dem optionalen Zähler n werden die unmittelbar nachfolgenden n−1 Zeichen ebenfalls gelöscht. Der Text wird dabei zwangläufig nach *links* verschoben.
["<L>] [n] X	(Majuskel) Löschen des unmittelbar vor der Schreibmarke liegenden Zeichens, bis einschließlich des erstens Zeichen am Zeilenanfang, aber nicht darüber hinaus. Mit dem optionalen Zähler n werden die davorliegenden n−1 Zeichen ebenfalls gelöscht. Der Text wird zwangläufig nach *links* verschoben.
[n] r...	(Minuskel) Überschreiben des jeweils mit der Schreibmarke erfaßten Zeichens durch das Zeichen ... Mit dem optionalen Zähler n werden die nachfolgenden n−1 Zeichen *identisch ersetzt*. Der Text bleibt auf jeden Fall *stationär*.
[n] R.. [ESC]	(Majuskel) Von der Schreibmarke ausghend überschreibt die nachfolgende, mit der Fluchttaste abgeschlossene Zeichenkette ... eine entsprechende Anzahl von Zeichen. Ein optional vorgestellter Zähler n fungiert als *Multiplikator*, wobei der Text dann zwangläufig nach *rechts* verschoben wird.
["<L>] [n] s... [ESC]	(Minuskel) Substituieren des jeweils mit der Schreibmarke erfaßten Zeichens durch die nachfolgend eingegebene und mit der Fluchttaste abgeschlossene Zeichenkette ... Mit dem optionalen Zähler werden n Zeichen ersetzt, wobei der Text sowohl nach *links* oder *rechts* verschoben werden als auch *stationär* bleiben kann.

Tabelle 5.5: Zeichenoperatoren

Jede dieser *Zeichenoperationen* (character operation) kann durch einen vorangestellten Ganzzahlparameter n als *Zähler* (counter) modifizert werden. Die mit den Operatoren x, X und s entfernten Zeichen oder Zeichenfolgen werden immer in dem unbenannten Auffangpuffer (unlabelled holding buffer) aufgefangen und können optional einem mit <L> = a, b, ..., z benannten Puffer (labelled buffer) zugewiesen werden.

Als Beispiele des *Zeichenlöschoperators* x (Minuskel; character delete operator) wären zu betrachten,

```
...abcdefghi          ...abcdefghi          ...abcdefghi
   ▌x                    ▌3x                    ▌3x
...abcdfghi           ...abcghi             ...abcdefg
```

wobei zu beachten ist, daß der Löschvorgang das *Zeilenende* nicht überschreiten kann! Die jüngst entfernten Zeichen beziehungsweise Zeichenfolgen können mit jeden der beiden Pufferoperatoren p und P (put) beliebig oft und an beliebiger Stelle wieder eingefügt werden,

```
...abcdfghi           ...abcghi             ...abcdefg
   ▌2p                   ▌P                    ▌p
...abcdfeeghi         ...defabcghi          ...hiabcdefg
```

Das Löschen mit X (Majuskel) verläuft in genau umgekehrter Richtung von rechts nach links,

```
ABCDEFGH...           ABCDEFGH...           ABCDEFGH...
   ▌x                    ▌3X                   ▌3X
ABCEFGH...            AEFGH...              BCDEFGH...
```

wobei zu beachten ist, daß der Löschvorgang den *Zeilenanfang* nicht überschreiten kann! Die entfernten Zeichen und Zeichenfolgen stehen zum nachträglichen Einfügen mit p oder P zur Verfügung.

Als ein gelegentlich recht nützliches Korollar wäre das abgezählte Vervielfachen sowie das Verschieben von Zeichen und Zeichenfolgen durch Verknüpfung der Operatoren zu betrachten,

```
...abCdefgh           ...abCDEghi           ...abCDEfghi
   ▌x3p                  ▌3xp                  ▌3x2p
...abdCCCefh          ...abfCDEhi           ...abfCDECDEghi
```

sowie das rechts- oder linkseitige *Vertauschen* (swapping) zweier Zeichen,

```
...abcdefghi                    ...ABCDEFGI
   ▌xp                             ▌Xp
...abcedfghi                    ...ABDCEFGI
```

Auf ähnliche Weise lassen sich zahllose andere *Kunstgriffe* (tricks) entwikkeln.

Mit den *Überschreibungsoperator* r (Minuskel; replace operator) können einzelne beziehungsweise abgezählt viele Zeichen *in situ* überschrieben werden,

```
...abcdefghi                    ...abcdefghi
   ▌rC                             ▌3rD
...abCdefghi                    ...abDDDfghi
```

Im Gegensatz dazu können mit R (Majuskel) einzelne beziehungsweise abgezählt viele Zeichen *in situ* überschrieben werden, wobei der vorangestellte *Zähler* (counter) dazu noch als *Multiplikator* (multiplier) fungiert,

```
...abcdefghi                        ...abcdefghi
   ▮RCDE[ESC]                          ▮3RCDE[ESC]
...abCDEfghi                        ...abCDECDECDEdefghi
```

Bei den Überschreibungsoperatoren findet jedoch *kein* Zwischenspeichern der zwangsläufig entfernten Zeichen und Zeichenfolgen statt!

Mit dem *Substitutionsoperator* s (substitution operator) können einzelne beziehungsweise abgezählt *n* Zeichen *in situ* ersetzt werden,

```
...abcd$fghi          ...abcd$fghi          ...abcd$fghi
   ▮3sCDE[ESC]            ▮3sCDEX[ESC]          ▮3sCD[ESC]
...abCDEfghi          ...abCDEXfghi          ...abCDfghi
```

wobei die zu ersetzende Zielfolge von Zeichen sichtbar mit dem Dollarzeichen $ abgegrenzt wird. Die entfernten Zeichen und Zeichenfolgen stehen zum nachträglichen Wiedereinfügen mit p oder P zur Verfügung.

5.6.3 Topologische Operationen

Im Gegensatz zu den zeilengebundenen Zeichenoperationen können mit den *topologischen Operationen* (topological operations) alle strukturellen Textelemente *zeilenübergreifend* (line-spanning) modifiziert werden, wobei insbesondere die *topologischen Zugriffsprimitiven* (topological addressing primitives) voll zur Anwendung kommen. Die folgenden Operationen sind zu betrachten:

- das Abgreifen,
- das Substituieren
- sowie das Löschen von Textelementen.

Der *Wirkungsbereich* (effective range) einer solchen Operation erstreckt sich beiderseitig von der aktuellen Schreibmarkenposition ausgehend zum Anfang beziehungsweise Ende eines definierten Textelementes, wobei ein topologischer Operator <Q> von links nach rechts mit einem Zugriffsausdruck <Z> verknüpft wird,

```
▮...<Q>...<Z>...
```

wobei — wie angedeutet — gegebenenfalls weitere Operanden vorangestellt, eingeschoben oder nachgestellt werden können. In den weitaus meisten Fällen kann eine Operation mit einem optional vorangestellten oder eingeschobenen *Zähler* n (counter) modifiziert beziehungsweise abgezählt wiederholt werden,

```
▮...[n]<Q><Z>...                    ▮...<Q>[n]<Z>...
```

was nachfolgend im konkreten Zusammenhang aufgegriffen und weitergeführt werden soll. Tabelle 5.6 faßt die anwendbaren *Zugriffsprimitiven*
(addressing primitives) noch einmal zusammen. Auch hier sei daran erinnert,
daß das Resultat der jüngsten Operation mit u (Minuskel; *undo*) rückgängig
gemacht werden. Eine modifizierte Zeile kann nur dann mit U (Majuskel;
Undo) wiederhergestellt werden, wenn die vorhergehenden Operationen keinen der Endpunkte überschritten hat.

<z>	Ziel
[<n>]G	Anfang der *n*-ten bzw. der letzten Zeile.
'<m>	Anfang der mit <m> markierten Zeile.
`<m>	Position der *Marke* <m>.
' '	Anfang der vorhergehenden Zeile.
` `	Vorhergehende Schreibmarkenposition.
n N	Die jeweils nächste Instanz des *aktuellen Suchmusters* in der aktuellen (n) bzw. umgekehrten (N) Suchrichtung.
H M L	Linke obere Ecke des Textfensters, beziehungsweise Mitte, beziehungweise linke untere Ecke.
— +	Anfang der unmittelbar oberhalb beziehungsweise unmittelbar unterhalb angrenzenden Zeile.
^ $	Anfang beziehungsweise Ende der aktuellen Zeile.
<n>|	Die n-te Position in der aktuellen Zeile.
f<z> F<z> t<z> T<z>	Vorwärts- beziehungsweise Rückwärtsansteuern des Zeichens <z>.
; ,	Wiederholen des jüngsten f-, F-, t- oder T-Zugriffes in gleicher beziehungsweise umgekehrter Richtung.
w W b B	Anfang des nächsten Wortes beziehungsweise der nächsten Zei- chenkette vorwärts beziehungsweise rückwärts laufend.
e E	Ende eines Wortes bzw. einer Zeichenkette vorwärts laufend.
( )	Satz-Anfang beziehungsweise -Ende.
{ }	Paragraph-Anfang beziehungsweise -Ende.
[[ ]]	Sektions-Anfang beziehungsweise -Ende.

Tabelle 5.6: Zusammenfassung der Zugriffsprimitiven

5.6.3.1 Löschen und Versetzen von Textsegmenten

Zum *Löschen* von Textsegmenten und -elementen, die mit einer *Zugriffsprimitiven* <Z> abgegrenzt sind, wird der Operator d (delete) nach den folgenden Anwendungsschemata benutzt,

▌["<L>] [n] d<Z>   **▌["<L>] d[n] <Z>**

wo <L> = a, b, ..., z einen der 26 *benannten Puffer* (labelled buffer) bezeichnet, in welchem der entfernte Textabschnitt optional abgelegt werden soll. Der Kleinbuchstabe muß mit genau einem *Doppelzitat* " (double quote) angeführt werden. Der entfernte Textabschnitt wird dazu noch automatisch in dem unbenannten Auffangpuffer zwischengespeichert, was gleich nachfolgend veranschaulicht werden soll. Mit dem optionalen Zähler n kann der Löschvorgang beziehungsweise der Zugriff abgezählt wiederholt werden, was zum gleichen Resultat führt.

In der wohl einfachsten Anwendungsform werden *Worte* — also homogene Zeichenketten — mit den *Zugriffsprimitiven* b, e und w teilweise beziehungsweise ganz gelöscht; wie zum Beispiel in,

```
...x Hallo y...        ...x Hallo y...        ...x Hallo y...
   ▌db                    ▌de                    ▌"adw
...x llo y...          ...x Ha y...           ...x y...
```

wobei der entfernte Text automatisch in dem unbenannten Auffangpuffer beziehungsweise gezielt in dem benannten Puffer "a abgelegt wurde und mit dem Pufferoperator p oder P (put) beliebig oft an gleicher oder anderer Stelle wieder eingefügt werden kann,

```
▌3p                    ▌P                     ▌"ap
...HaHaHa...           ...llo...              ...Hallo...
```

wobei p (Minuskel) *nach*, und P (Majuskel) *vor* der aktuellen Schreibmarkenposition einfügt. Diese Art der *Zwischenpufferung* (holdover buffering) und des Wiedereinfügens von gelöschtem Text soll auch im folgenden unterstellt bleiben.

Multiple Worte (multiple words) können abgezählt gelöscht werden, wobei der *Zähler* (counter) sowohl dem Operator als auch der Zugriffsprimitiven vorangestellt werden kann; wie zum Beispiel in,

```
...x Hallo Freunde y...        ...x Hallo Freunde y...
   ▌d2w                                        ▌2db
...x y...                      ...x y...
```

Der Löschvorgang kann sich eventuell über mehrere Zeilen erstrecken.

Bei *heterogenen Zeichenketten* (heterogeneous character strings), die nichtalphamerische Zeichen enthalten, wie das bei C-Quellkode der Fall ist, ist der subtile Unterschied zwischen den Majuskeln und den Minuskeln Varianten der Zugriffsprimitiven zu beachten; wie zum Beispiel mit b und B in,

```
... puts("Hallo"); ...              ... puts("Hallo"); ...
        ■db                                 ■dB
... puts("llo"); ...                ... llo"); ...
```

sowie mit e und E in,

```
... puts("Hallo"); ...              ... puts("Hallo"); ...
        ■de                                 ■dE
... puts("Ha"); ...                 ... puts("Ha ...
```

und analog mit w und W in vergleichbaren Situationen.

Innerhalb von Zeilen können Textsegmente mit den Zugriffsprimitiven f, F
und t, T gelöscht werden; wie zum Beispiel Statements und Klauseln in C-
Quellkode,

```
...; a = b + c + d; ...             ...; a = b + c + d; ...
   ■"adf;                                          ■dT=
...; ...                            ...; a = d; ...
```

wobei der gelöschte Text dann wieder in den Puffern zur Verfügung steht,

```
   ■"ap                                     ■P
... a = b + c + d; ...              ... b + c + ...
```

Mit einem vorangestellten oder eingeschobenen *Zähler* n (counter) können
auch diese Löschoperationen abgezählt wiederholt werden,

```
   ■"andf;                                           ■dnT=
```

wobei der Löschvorgang sich eventuell über mehrere Zeilen erstrecken kann.
Zu beachten ist, daß der Zähler gegebenenfalls immer dem Pufferverweis folgen muß.

Der Inhalt von *Zeilen* kann mit dem Caret ^ und dem Dollarzeichen $ als
Zugriffsprimitive (caret, dollar sign) teilweise oder ganz gelöscht werden;
wie zum Beispiel in,

```
aaaaabbbbb             aaaaabbbbb             aaaaabbbbb
    ■d^                     ■"cd$             ■D
bbbbb                  aaaaa                  (Leerzeile)
```

wobei D (Majuskel) ein Synonym für die Dyade d$ ist. Zu beachten ist,
daß dabei lediglich eine *Leerzeile* resultiert; d.h. die Zeile selbst wurde in diesem Fall *nicht* gelöscht. Das entfernte Textsegment steht wiederum in den
unbenannten beziehungsweise mit "c benannten Puffer zur Verfügung.

Ein Wiederholungszähler ist übrigens nur bei d$ und damit bei D, nicht
aber bei d^ zulässig,

```
■nd$                   ■dn$                   ■nD
```

wobei dann auch die n−1 nachfolgenden Zeilen mitgelöscht werden!

In der nächsthöheren Größenordnung können von der aktuellen Schreibmarkenposition ausgehend *Sätze* (sentences), *Paragraphen* (paragraphs) und *Sektionen* (sections) gelöscht werden (deleting), wobei die bereits in Tabelle 5.6 aufgelisteten Zugriffsprimitiven gelten,

```
■nd(          ■"adn(          (Satz-Anfang)
■nd)          ■"bdn)          (Satz-Ende)
■nd{          ■"adn{          (Paragraph-Anfang)
■nd}          ■"bdn}          (Paragraph-Ende)
■nd[[         ■"adn[[         (Sektion-Anfang)
■nd]]         ■"bdn]]         (Sektion-Ende)
```

Zu beachten ist, daß der *optionale* Zähler n sowohl vor dem Operator d als auch vor der Zugriffsprimitive gesetzt werden kann; letzteres bewährt sich insbesondere bei vorangestellten Pufferverweisen wie "a..., "b... usw.

Im Gegensatz zu den obigen Löschoperationen, wo der Löschvorgang von der *jeweils aktuellen Schreibmarkenposition* (current cursor position) ausgeht und somit den verbleibenden Teil der aktuellen Zeile unberührt läßt, können *zusammenhängende Zeilenbereiche* (contiguous line ranges) vollkommen *ganzzeilig* gelöscht werden, wobei insbesondere die im Abschnitt 5.5.1 vorgestellten Zugriffsprimitiven benutzt werden können.

Als ein erstes Beispiel wäre das Löschen *relativ bestimmter Zeilenbereiche* (relative line ranges, deleting) zu betrachten:

```
■3d-          ■"ad3-          ■d5+          ■"b5d+
```

womit einschließlich der aktuellen Zeile insgesamt 4 Zeilen oberhalb beziehungsweise 6 Zeilen unterhalb gelöscht und in den benannten Puffer "a beziehungsweise "b abgelegt werden. Der Zähler kann sowohl dem Operator d als auch der Zugriffsprimitiven vorangestellt werden, muß aber auf jeden Fall dem Pufferverweis folgen.

Zum ganzzeiligen Löschen der aktuellen Zeile steht als Operatorvariante die Dyade dd zur Verfügung,

```
■"<L>[n]dd
```

Mit dem optionalen Zähler werden dann noch die nachfolgenden n−1 Zeilen mitgelöscht.

Im Gegensatz zu diesen relativen Formen dazu muß das Löschen von *absolut bestimmten Zeilenbereichen* (absolut line ranges, deleting) betrachtet werden,

```
■d1G          ■dG          ■"cd23G
```

womit der von einschließlich der aktuellen Zeile ausgehende und sich bis zur ersten beziehungsweise zur letzten beziehungsweise zur 23. Zeile erstreckende Bereich *ganzzeilig* gelöscht und in dem benannten Puffer "c abgegelegt wird.

Innerhalb der Grenzen, die durch das aktuelle *Textfenster* (text window) gesetzt sind, können Zeilenbereiche gelöscht werden; wie zum Beispiel in,

■dH   ■dM   ■"gdL

womit der von der aktuellen Zeile ausgehende und sich bis einschließlich zur ersten beziehungsweise zur mittleren beziehungsweise zur letzen Zeile des Textfenster erstreckende Bereich gelöscht und in "g abgelegt wird.

Zeilenmarken <m> = a, b, …, z (marks, tags; Abschnitt 5.5.1) können als Zugriffsprimitive mit dem Löschoperator verknüpft werden,

■d'<m>   ■d`<m>

wobei mit dem *Einzelzitat* ' (single quote) *ganzzeilig* bis einschließlich der markierten Zeile gelöscht wird. Im Gegensatz dazu wird bei dem *Ausführungszitat* ` (exec quote) nur bis einschließlich der Markenposition innerhalb der Zeile gelöscht.

Im Prinzip können auch die auf den jeweils *vorhergehenden Kontext* (previous context) verweisenden Dyaden '' und `` (Abschnitt 5.5.1) als Zugriffsprimitive mit dem Löschoperator verknüpft werden,

■d''   ■d``   (Kontextverweis)

wobei mit dem Einzelzitaten ganzzeilig, und mit dem Ausführungszitaten nur bis einschließlich der Markenposition gelöscht wird. Solche Operationen würden jedoch zumeist nur von sehr geübten *vi*-Benutzern in Betracht gezogen werden.

Im *lexikalischen Sinne* (lexical sense) können, wiederum von der aktuellen Schreibmarkenposition ausgehend, zusammenhängende Textsegmente und Zeilenbereiche gelöscht werden, die mit dem *jeweils aktuellen Suchmuster* (current search pattern) abgegrenzt sind,

■dn   ■dN   (aktuelles Suchmuster)

wobei n in der jeweils *aktuellen Suchrichtung* (current search direction) steuert, und N genau umgekehrt (Abschnitt 5.5.1). Das aktuelle Suchmuster kann sowohl im *Suchmodus* (search mode; Abschnitt 5.4) explizite bestimmt werden als auch von der jüngsten, im *Befehlsmodus* (command mode; Abschnitt 5.3) ausgeführten Substitution herrühren.

Neben dem unbenannten automatischen Auffangpuffer (unlabelled holding buffer) und den 26 mit *a–z* benannten Allgemeinzweckpuffern (labelled buffers) stehen mit **SVR4** [4] noch 9 weitere Auffangpuffer zur Verfügung, die Zeilen und Zeilenbereiche automatisch auffangen, welche beim *zeilenüber-*

---

4. Auch bei jüngeren **SVR3**-Versionen sowie bei den meisten **BSD**-Versionen des *vi*-Editors.

greifenden (line-spanning) Löschen entfernt wurden. Diese *enumerierten Auffangpuffer* (enumerated holding buffers) werden nach einem *LIFO-Prinzip* (last-in-first-out) verwaltet, wobei Puffer **1** die jeweils zuletzt gelöschten Zeilen enthält, Puffer **2** die unmittelbar vorhergehenden, Puffer **3** vorvorhergehenden, und so weiter. Die Pufferinhalte können dann ebenfalls mit den Operatoren p und P (put) beliebig oft und an beliebiger Stelle wieder eingefügt zu werden. Das folgende Beispiel mag dieses zyklische Belegungsprinzip (cyclical assignment principle) veranschaulichen,

```
...                     ...                     ...
aaaaaa                  aaaaaa                  aaaaaa
bbbbbb                  bbbbbb                  bbbbbb
ccccc                   ccccc                   ccccc
ddddd                   ddddd                   █3dd
eeeee                   eeeee                   ...
fffff                   █2dd
█dd                     ...
...
```

wobei die Folge der Löschoperationen von links nach rechts verläuft. Die aufgefangenen Zeilen stehn dann unter Bezug auf die folgerichtige Puffernummer wieder zur Verfügung,

```
...                     ...                     ...
█"1p                    █"2P                    █"3p
aaaaaa                  ddddd                   fffff
bbbbbb                  eeeee
ccccc
```

wobei wiederum darauf hingewiesen sei, daß mit p (Minuskel) der Zeileneinschub *unterhalb*, und mit P (Majuskel) *oberhalb* der aktuellen Zeile beginnt.

Das *Versetzen* (moving, transposing) von Textabschnitten wird in zwei Schritten durchgeführt. Zuerst wird der selektierte Abschnitt mit d in einen Puffer "hineingelöscht"; danach wird der Pufferinhalt an der neuen Schreibmarkenposition mit p oder P wieder eingefügt. Soll der Textabschnitt eigentlich nur kopiert, *nicht* aber versetzt werden, so wird der gelöschte Textabschnitt vorher schnell mit einem u (undo) wiederhergestellt. In der Regel sollte jedoch zum beabsichtigten Kopieren der Pufferoperator y (yank) benutzt werden, was weiter unten im Unterabschnitt 5.6.3.3 weitergeführt wird.

5.6.3.2 Substitution von Textelementen

Zum *Substituieren* von Textelementen und -segmenten (substituting), die mit
einer *Zugriffsprimitiven* <Z> abgegrenzt sind, steht der Operator c
(change) nach den folgenden Anwendungsschemata zur Verfügung,

■["<L>] [n] c<Z>... [ESC]   ■["<L>] c [n] <Z>... [ESC]

wo <L> = a, b, ..., z wiederum einen *benannten Puffer* (labelled buffer), und
n einen optionalen *Zähler* (counter) darstellen. Die nachfolgende *Ersatzkette*
... (replacement string) wird mit der ASCII-Fluchttaste abgeschlossen.

Der Substitutionsvorgang kann in zwei Phasen verstanden werden: einer vorhergehenden *Löschphase*, deren *Ausmaß* (extent) mit dem Dollarzeichen $
angezeigt, und einer nachfolgenden *Eingabephase* (delete, input, phase), die
mit der Fluchttaste abgeschlossen wird. Tatsächlich reduziert sich der Vorgang beim Auslassen der Ersatzkette zu einem reinen Löschvorgang; d.h.

■...c<Z>...$ [ESC]   entspricht   ■...d<Z>

Dementsprechend gelten alle bereits oben für den Löschoperator d vorgestellten Zugriffsregeln, was sich auch in den nachfolgenden Beispielen
widerspiegeln mag.

Die Eingabephase beginnt unmittelbar nach der Zugriffsprimitiven und endet
erst mit dem ersten ungeschützten ASCII-Fluchtzeichen,

■...c<Z>...$ ...   ...■[ESC]

was dem *Eingabemodus* (input mode) entspricht, wobei dann die entsprechenden Eingaberegeln gelten (Abschnitt 5.7).

In der einfachsten Anwendungsform werden *Worte* — also *homogene Zeichenketten* (homogeneous character strings) — mit den Zugriffsprimitiven b,
e und w teilweise beziehungsweise vollständig ersetzt; wie zum Beispiel in,

```
...x $allo y...        ...x Hall$ y...        ...x Hall$ y...
   ■cbje[ESC]          ■cei[ESC]              ■"acwHi[ESC]
...x jello y...        ...x Hi y...           ...x Hi y...
```

wobei — wie angedeutet — das zu ersetzende Textsegment mit einem Dollarzeichen $ sichtbar abgegrenzt wird.

Wie beim Löschoperator wird auch hier der entfernte Text automatisch in
dem unbenannten Auffangpuffer beziehungsweise gezielt in einem benannten Puffer wie "a abgelegt und kann mit p oder P (put) wiederum beliebig oft an gleicher oder anderer Stelle wieder eingefügt werden,

```
■3p                   ■P                    ■"ap
...HaHaHa...          ...allo...            ...Hallo...
```

wobei wiederum daran erinnert sei, daß p (Minuskel) *nach*, und P (Majuskel) *vor* der aktuellen Schreibmarkenposition einfügt.

Multiple Worte (multiple words) können durch einen vorangestellten Zähler substituiert werden; wie zum Beispiel mit 2 Worten in,

```
...x Hallo Freunde$ y...
    █c2whello friends[ESC]
...x hello friends y...
```

und

```
...x $Hallo Freunde y...
                █2cbHi there[ESC]
...x Hi there y...
```

wobei der Zähler sowohl dem Operator als auch der Zugriffsprimitiven vorangestellt werden kann. Bei einer größeren Anzahl von Worten kann sich der Substitutionsvorgang eventuell über mehrere Zeilen erstrecken.

Beim Substituieren von *heterogenen Zeichenketten* (heterogeneous character strings) ist der subtile Unterschied zwischen den Majuskeln und den Minuskeln Varianten der Zugriffsprimitiven zu beachten; wie zum Beispiel mit b und B in,

```
... puts("H$llo"); ...            ... $uts("Hallo"); ...
        █cbhe[ESC]                        █cBprintf("he[ESC]
... puts("hello"); ...            ... printf("hello"); ...
```

und analog mit e, E und w, W in vergleichbaren Szenarien.

Innerhalb von Zeilen können Textsegmente mit den Zugriffsprimitiven f, F und t, T erfaßt und substituiert werden; wie zum Beispiel *Statements* und *Klauseln* in C-Quellkode,

```
...; a = b + c + $; ...           ...; a = $ + c + d; ...
    █"act;b += a[ESC]                     █cT= e * f[ESC]
...; b += a; ...                  ...; a = e * f + d; ...
```

wobei der dabei zwangläufig gelöschte Text wieder in den Puffern zur Verfügung steht,

```
  █"ap                            █P
... a = b + c + d; ...            ... b + c + ...
```

Mit einem optionalen *Zähler* n (counter) können auch diese Substitutionsoperationen abgezählt wiederholt werden,

```
    █"ancf;...                            █ncT=...
```

wobei der Substitutionsvorgang eventuell über mehrere Zeilen ausgedehnt wird. Wiederum gilt, daß der Zähler immer dem Pufferverweis folgen muß. In solchen Fällen kann der Zähler übrigens auch unzweideutig der Zugriffsprimitiven vorangestellt werden,

```
    █"acnf;...                            █cnT=...
```

Der *Inhalt von Zeilen* (line contents) kann mit dem Caret `^` und dem Dollar-zeichen `$` (caret, dollar sign) als Zugriffsprimitive teilweise oder ganz sub-stituiert werden,

```
$aaaaaaaaa          aaaaaaaaa$          aaaaaaaaa$
  ▌c^xxxx[ESC]            ▌c$yyy[ESC]  ▌"fCzzzzzzz[ESC]
xxxxaaaaaa          aaaaaaayyy         zzzzzzz
```

wobei `C` ein Synonym für die Dyade `c$` ist. Der dabei entfernte Text steht in dem benannten Puffer `"f` zur Verfügung.

Ein Wiederholungszähler ist übrigens nur bei `c$` und damit bei `C`, nicht aber bei `c^` zulässig,

```
▌nc$...[ESC]         ▌cn$...[ESC]         ▌nC...[ESC]
```

wobei dann auch die n−1 nachfolgenden Zeilen mitgelöscht werden.

In der nächsthöheren Größenordnungen (higher order) können dann von der aktuellen Schreibmarkenposition ausgehend *Sätze* (sentences), *Paragraphen* (paragraphs) und *Sektionen* (sections) substituiert werden, wobei die in Tabelle 5.6 aufgelisteten Zugriffsprimitiven gelten,

```
▌nc(...[ESC]         ▌"acn(...[ESC]        (Satz-Anfang)
▌nc)...              ▌"bcn)...             (Satz-Ende)
▌nc{...              ▌"acn{...             (Paragraph-Anfang)
▌nc}...              ▌"bcn}...             (Paragraph-Ende)
▌nc[[...             ▌"acn[[...            (Sektion-Anfang)
▌nc]]...             ▌"bcn]]...            (Sektion-Ende)
```

Wiederum zu beachten ist, daß der optionale Zähler sowohl vor dem `c` als auch vor der Zugriffsprimitive gesetzt werden kann; letzteres bewährt sich insbesondere bei vorangestellten Pufferverweisen.

Für zusammenhängende Zeilenbereiche gelten analog die im Abschnitt 5.5.1 vorgestellten Zugriffsprimitiven. Als erstes wäre wiederum das Substituieren *relativ* bestimmter Zeilenbereiche (relative line ranges) zu betrachten:

```
▌3c-...[ESC]              ▌"ac3-...[ESC]

▌c5+...[ESC]              ▌"b5c+...[ESC]
```

womit einschließlich der aktuellen Zeile insgesamt 4 Zeilen oberhalb bezie-hungsweise 6 Zeilen unterhalb substituiert werden. Der Zähler (counter) kann sowohl dem `c` als auch der Zugriffsprimitiven vorangestellt werden, muß aber auf jeden Fall dem Pufferverweis folgen.

Mit der Variante `cc` und dessen Synonym `S` (Majuskel) wird die gesamte aktuelle Zeile substituiert; d.h. es gilt,

```
▌[n]cc...[ESC]           gleich              ▌[n]S...[ESC]
```

Mit dem vorangestellten Zähler werden dann noch die nachfolgenden n−1 Zeilen mitsubstituiert.

Für das Substituieren *absolut* bestimmter Zeilenbereiche (absolute line ranges) gilt,

```
▮c1G..,[ESC]          ▮cG...[ESC]          ▮"gc15G...[ESC]
```

womit der von einschließlich der aktuellen Zeile ausgehende und sich bis zur *ersten* beziehungsweise zur *letzten* beziehungsweise zur 15. Zeile erstrekkende Bereich ganzzeilig substituiert und in den unbenannten beziehungsweise dem benannten Puffer `"g` abgelegt wird.

Innerhalb der Grenzen, die durch das aktuelle *Textfenster* (text window) gesetzt sind, können Zeilenbereiche substituiert werden,

```
▮cH...[ESC]          ▮cM...[ESC]          ▮"gcL...[ESC]
```

womit der von der aktuellen Zeile ausgehende und sich bis einschließlich zur ersten beziehungsweise zur mittleren beziehungsweise zur letzen Zeile des Textfenster erstreckende Bereich substituiert wird.

Im Gegensatz zum Löschoperator `d` ist das Verknüpfen des Substitutionsoperators `c` mit den Suchoperatoren `n` und `N` (Abschnitt 5.5.1),

```
▮cn...                      ▮cN...
```

nicht immer sinnvoll definiert und kann zu recht unerwarteten, unerwünschten Resultaten führen.[5]

Auch hier stehen neben dem einen unbenannten automatischen Auffangpuffer und den 26 mit *a, b, ..., z* benannten Allgemeinzweckpuffern die 9 *enumerierten Auffangpuffer 1, 2, ..., 9* (enumerated holding buffers) zur Verfügung, die Zeilen und Zeilenbereiche auffangen, die bei *zeilenübergreifenden* (line-spanning) Substitutionen entfernt wurden. Die Pufferinhalte können dann ebenfalls mit den Operatoren `p` und `P` (put) beliebig oft und an beliebiger Stelle wieder eingefügt zu werden,

```
...▮"1p...                      ...▮"2P...
```

wobei das bereits weiter oben im Zusammenhang mit dem Löschoperator beschriebene zyklische Belegungsprinzip (cyclical assignment principle) zu beachten ist.

---

5. Was bei verschiedenen BSD- und SVR4-Versionen von *vi* festgestellt wurde.

5.6.3.3 Puffern und Einfügen von Textelementen

Zum selektiven Abgreifen und Zwischenpuffern (selective buffering) von Textsegmenten und -elementen, die mit einer *Zugriffsprimitiven* <Z> abgegrenzt sind, steht der Pufferoperator y (yank) nach dem folgenden Anwendungsschemata zur Verfügung,

■["<L>] [n]**y**<Z>　　　　　　　　　■["<L>]**y**[n]<Z>

wo <L> = a, b, ..., z　einen *benannten Puffer* (labelled buffer) darstellt, und n den optionaler Zähler. Bei Auslassung des Pufferverweises wird der abgegriffene Text im *unbenannten Auffangpuffer* (unlabelled holding buffer) abgelegt. Die *numerierten Auffangpuffer* (enumerated buffers) können zwar mit y benutzt werden, sollten aber ihrer Funktion als automatische Auffangpuffer vorbehalten bleiben, da die Inhalte ja *nicht* permanent gesichert sind!

Für y gelten alle in Tabelle 5.6 zusammengefaßten Zugriffsprimitiven, wobei die Verknüpfungsregeln und -formen denen des Löschoperators d identisch gleichen. Von besonderem Interesse ist das Abgreifen und Puffern von *zusammenhängenden Zeilenbereichen* (buffering, contiguous line ranges), wobei die relative Bestimmung wiederum zuerst zu betrachten ist:

■3y–　　　　　　　　　　　　　■"ay3–

■y5+　　　　　　　　　　　　　■"b5y+

womit einschließlich der aktuellen Zeile insgesamt 4 Zeilen *oberhalb* beziehungsweise 6 Zeilen *unterhalb* abgegriffen werden. Der Zähler kann sowohl dem y als auch der Zugriffsprimitiven vorangestellt werden, muß aber auf jeden Fall dem Pufferverweis folgen.

Zum Abgreifen und Puffern der *aktuellen Zeile* (current line) steht die Variante yy mit dem Synonym Y (Majuskel) zur Verfügung; d.h. es gilt,

■[n]yy　　　　　　　　entspricht　　　　　　　　■[n]Y

Mit dem optionalen Zähler werden dann noch die n–1 folgenden Zeilen miterfaßt.

Für das Puffern absolut bestimmter Zeilenbereiche gilt analog zu d,

■y1G　　　　　　■yG　　　　　　■"gy18G

womit der von einschließlich der aktuellen Zeile ausgehende und sich bis zur ersten beziehungsweise zur letzten beziehungsweise zur 18. Zeile erstreckende Bereich ganzzeilig erfaßt und in dem unbenannten beziehungsweise in dem benannten Puffer "g abgelegt wird.

Der Inhalt eines Puffers kann mit den Operatoren p und P (put) beliebig oft an gleicher oder anderer Stelle wieder in den Textkörper eingefügt werden, wobei allerdings bestimmte Unterschiede zu beachten sind.

Der *erste Unterschied* betrifft die Wirkungsweise von p und P in Abhängigkeit vom jeweiligen Pufferinhalt. Falls der Inhalt mit einer Neuzeile beginnt, fügt p (Minuskel) *unterhalb*, und P (Majuskel) *oberhalb* der aktuellen Zeile ein, unabhängig von der jeweiligen Schreibmarkenposition innerhalb der Zeile. In allen anderen Fällen fügt p (Minuskel) *hinter*, und P (Majuskel) *vor* der aktuellen der Schreibmarkenposition ein.

Der *zweite Unterschied* betrifft den vorangestellten *Zähler*, der nur beim unbenannten Auffangpuffer zulässig ist, wie zum Beispiel in

■3p   ■12P

nicht aber bei den benannten und numerierten Puffern!

In diesem Zusammenhang sei übrigens auch wieder an die *Übertragbarkeit* (transitivity) der Puffer erinnert:

* Beim *Neuladen* des Editierpuffers (edit buffer) als auch beim Wechseln der Editierdatei behalten *alle Puffer* ihre jeweiligen Inhalte unverändert bei, was insbesondere beim Übertragen von Textabschnitten von einer Datei in eine andere wichtig ist (text grafting).
* Beim Umschalten zum *ex*-Modus bleiben die Inhalte der 26 benannten Puffer *a–z* erhalten und können dort mit dem Befehl put zeilenweise wieder eingefügt werden (Abschnitt 4.7). Umgekehrt bleiben die im *ex*-Modus geladenen benannten Puffer beim Umschalten zum *vi*-Modus erhalten.

5.6.4 Zeilenumbruch

Mit dem *Verkettungsoperator* J (Majuskel; join) können zwei oder mehr unmittelbar nachfolgende Zeilen zu einer einzigen Zeile *zusammengefügt* werden (joining lines) ,

■[n]J

wobei jeweils ein Leerzeichen eingefügt wird,

```
aaa■J...aaaa           aaaaa...aaaa■bbbbbb...bbbb
bbbbbb...bbbb          ...
...
```

und die Schreibmarke auf dem ersten eingefügten Leerzeichen verharrt,

```
aaa■3J...aaaa          aaaaa...aaaa■bbbbbb...bbbb ccccc...cccc
bbbbbb...bbbb          ...
ccccc...cccc
...
```

Da diese Operation keinerlei Text entfernen kann, erfolgt auch kein Zwischenpuffern igrendwelcher Art. Mit einem schnellen u (undo) kann die ursprüngliche Zeilenfolge notfalls wiederhergestellt werden.

Umgekehrt können Zeilen einfachst durch Ersetzen eines Leerzeichen durch den Zeilenvorschub oder durch dessen Inserierung nach oder vor einem günstigen Zeichen zerlegt werden,

■r[RET]   ■a[RET][ESC]   ■i[RET][ESC]

wozu der Operator r (replace; Abschnitt 5.6.2) beziehungsweise die gleich nachfolgend vorgestellten Eingabe-Operatoren a (append) und i (insert) benutzt werden können. Der Zeilenvorschub wird normalerweise mit der Eingabetaste [RET] erzeugt.

5.7 Eingabemodus

Im *Eingabemodus* (input mode) akzeptiert *vi* im Prinzip alle ASCII-Zeichen. Hinsichtlich der Eingabe von *Steuer-* und *Sonderzeichen* (control, special, characters) gelten die im Abschnitt 1.2.1 vorgestellten Schutzregeln, wobei insbesondere an das **TTY**-Fluchtzeichen (tty escape character) [CTL_V] erinnert sei. Darüber hinaus sind noch drei spezielle Betriebsoptionen von situationsbedingter Bedeutung.

Erstens, mit der normalerweise (default) negierten Option beautify,

:set bf?   aber   :set **bf**
nobeautify   ...

kann die Eingabe ungeschützter Steuer- und Sonderzeichen automatisch unterbunden werden; lediglich die *Ausgabesteuerzeichen* (print control characters) [CTL_I] = **HT** (011), [CTL_J] = **LF** (012) und [CTL_L] = **FF** (014) werden dann noch ungeschützt angenommen.

Zweitens, mit der normalerweise ebenfalls negierten Option showmatch,

:set sm?   aber   :set **sm**
noshowmatch   ...

kann bei der Eingabe von Ausdrücken, die mit *geschweiften Klammern* (braces) {...{...}...} oder *Rundklammern* (parentheses) (...(...)...) verschachtelt sind, ein *paarweises Abgleichen* (pairwise matching) einander entsprechender Klammern erzwungen werden, was beim Editieren von Quelldateien symbolischer Sprachen wie **LISP** eine ungemeine Arbeitshilfe bedeuten kann. In diesem Zusammenhang sei auch auf die Betriebsoption lisp (Unterabschnitt 5.5.3.2) verwiesen.

Drittens, mit der normalerweise wiederum negierten Option slowopen,

:set slow?   aber   :set **slow**
noslowopen   ...

wird die visuelle Wiedergabe der Eingabe bis zum Abschluß verzögert, was jedoch nur bei einem einfacheren und langsameren (dumb, unintelligent) Terminals beziehungsweise bei einer sehr langsamen Terminalverbindung (slow line) Anwendung finden mag.

Ein hervorragendes Leistungsmerkmal von *vi* liegt darin, *Substitutions-Makros* (substitution macros) definieren zu können, die bei der Eingabe automatisch in Zeichenketten umgewandelt werden, wofür die Anweisungen `abbreviate` und `map!` zur Verfügung stehen. Dies wird gleich nachfolgend im Abschnitt 5.9 separat weitergeführt.

Je nach Art der Eingabeoperation kann die Texteingabe als reine *Zeileneingabe* oder als *Zeichenketten-Eingabe* erfolgen. Letzteres ist eingangs auf die aktuelle Zeile beschränkt, erweitert sich aber mit dem ersten eingegebenen Zeilenvorschub zur Zeileneingabe.

5.7.1 Zeileneingabe

Die *Zeileneingabe* (line input) wird von der aktuellen Zeile ausgehend mit den Eingabeoperatoren `o` und `O` (open) eingeleitet,

```
abba babba ...o                    ...
...                                <Zeilentext>
<Zeilentext>                       ...
...                                ...[ESC]
...[ESC]                           Abba Babba ...O
```

wobei sofort eine Zeile *unterhalb* (Minuskel) beziehungsweise *oberhalb* (Majuskel) zur Eingabe *geöffnet* wird. Der Text wird dann zeilenweise eingegeben und unmittelbar mit der ASCII-Fluchttaste `[ESC]` (escape key) abgeschlossen. Es gelten die üblichen Eingaberegeln (Abschnitt 1.2.1); insbesondere muß ein einzugebendes ESC-Zeichen mit dem TTY-Fluchtzeichen `[CTL_V]` abgeschirmt werden.

Neben den beiden Betriebsoptionen `number` und `autoindent` (Abschnitt 4.6), ist die normalerweise mit dem Wert 0 belegte Optionsvariable `wrapmargin` für die Zeileneingabe im *vi*-Modus von besonderer Bedeutung,

```
:set wm?                aber              :set wm=20
wrapmargin=0                              ...
```

was die *effektive Zeilenlänge* (effective line size) als die Differenz cols – wm bestimmt, wobei cols die für den jeweiligen Terminaltyp vorgegebene *Schirmbreite* (screen width) als Anzahl der *Spalten* (columns) vorgibt, also zumeist 80 bei *Zeichenterminals* (character terminals).[6] Längere Eingabezeilen werden unter Einfügung eines Zeilenvorschubes **LF** (012) automatisch an *Wortgrenzen* (margin alignment, word boundaries) umgebrochen.

---

6. Einzelheiten sind unter dem Eintrag **terminfo(4)/SHB** zu finden.

Bei älteren oder *einfacheren* (dumb) Terminals ist in diesem Zusammenhang noch die Betriebsoption `redraw` von Bedeutung,

```
:set redraw                    :set noredraw
```

Bei `redraw` wird die aktuelle Eingabezeile nach jedem eingegebenen Zeichen aufgefrischt zurückgespiegelt (redrawing), was natürlich mit einem beträchtlich höherem E/A-Leistungsaufwand verbunden ist.

5.7.2 Positionsgebundene Eingabe

Positionsgebundene Eingabe (positional input) erfolgt einerseits automatisch bei den Überschreibungs- und Substitutionsoperatoren R, s und c (Abschnitte 5.6.2 und 5.6.3.2). Andererseits stehen auch zwei spezielle Operatoren zur positionsgebundenen Eingabe zur Verfügung:

```
▮[n]a...[ESC]                   ▮[n]i...[RET]
                                ... [RET]
                                ... [ESC]
```

Mit a (append) wird der Text unmittelbar *hinter*, und mit i (insert) unmittelbar *vor* der aktuellen Schreibmarkenposition eingefügt, wobei der rechts verbleibenden Zeilentext zwangsläufig weiter nach rechts verschoben wird. In beiden Fällen wird die Eingabe mit der Fluchttaste [ESC] abgeschlossen.

Die Eingabe kann mit der Eingabetaste [RET] über beliebig viele Zeilen forgesetzt werden, wobei dann die oben vorgestellten Regeln des Zeileneingabemodus gelten; insbesonder kommt dann die Wirkung der Betriebsoptionen `number`, `autoindent` und `showmatch` sowie der Optionsvariablen `wrapmargin` zum Tragen.

Mit dem optional vorangestellten Zähler n (count) wird die eingegebene Zeichenkette bis zum ersten Zeilenvorschub beziehungsweise bis zum abschließenden [ESC] genau *n*-mal identisch reproduziert, was ein Kontrastbeispiel sofort verdeutlichen mag,

```
/*▮20a-[RET]                    ...|▮4i-+-|[ESC]
/*------------------...-[RET]   ...|-+-|-+-|-+-|-+-|...
Anfang ...[RET]                 ...
... <TEXT> [RET]
...
... Ende[ESC]
```

Links wird das Minuszeichen genau 20 mal wiederholt, was sich nur bis zum ersten Zeilenvorschub erstreckt, danach wird die Texteingabe einfach zeilenweise fortgesetzt. Rechts wird ein vorgegebenes Zeichenmuster genau 4 mal identisch innerhalb der aktuellen Zeile reproduziert.

5.8 Filtermodus

Zeilenbereiche (line ranges), *Sätze* (sentences), *Paragraphen* (paragraphs) und *Sektionen* (sections; Unterabschnitt 5.5.3.2), die mit einer Zugriffsprimitiven <Z> abgegrenzt sind, können mit *Durchlaufprogrammen* (text filters) selektiv *in situ* gefiltert werden,

```
█[n]!!            █![n]<Z>            █[n]!<Z>
!...             !...                !...
```

wobei das *Ausrufungszeichen* ! (exclamation mark) als Operator fungiert und n einen optionalen *Zähler* (counter) darstellt. Beim erfolgreichen Eintritt in den *Filtermodus* (filter mode) wird das Ausrufungszeichen in der Hilfszeile (auxiliary line) als Befehlsprompt widergespiegelt.

Mit der Rückschrittaste [BS] (backspace) oder der jeweiligen Tastenbelegung des Parameters *intr* von stty(1) (Abschnitt 1.2.1.1) — normalerweise also [CTL_C] oder [DEL] — kann der Filtermodus sofort verlassen und der Operativmodus wieder hergestellt werden. Jede andere Eingabe wird als Shell-Befehl interpretiert, der dann mit der Eingabetaste noch initiiert werden muß,

```
!<Shell-Befehl>[RET]
```

Eine fehlerhafte oder ungültige Eingabe wird mit einer Fehlermeldung quittiert, worauf der Operativmodus sofort wieder hergestellt wird.

Als erstes typisches Beispiel eines solchen *Textfilters* (text filter) in situ wäre das Formatieren eines C-Programmes mit dem Hilfsprogramm cb(1) (C beautifier),

```
...                          ...
main()                       main()
{ /* main-program */█!{      █{ /* main-program */
puts("Hallo Freunde\n");         puts("Hallo Freunde\n");
exit(0);                         exit(0);
} /* Ende main */            } /* Ende main */
...                          ...
```

```
!cb[RET]                     (Hilfszeile)
```

Von der aktuellen Zeile ausgehend wurde der main-Block mit der Zugriffsprimitiven } als Paragraph (Abschnitt 5.5.3.2) erfaßt und dem Durchlaufprogramm *cb* zugeführt, und von diesen dann formatiert zurückgegeben (formatting in situ). Der Befehlsausdruck wurde in der mit ! geöffneten Hilfszeile am Fuß des Editierfensters eingeben. Der Ansatz ist typisch für die externe Verarbeitung *in situ* (external processing).

Ein weiteres Beispiel wäre wiederum das Sortieren eines Zeilenbereiches (sorting line range) *in situ* mit dem Sortierbefehl **sort(1)** (Abschnitt 8.2.1) zu betrachten:

```
...                              ...
zappa...▮26!!                    ▮abba...
pappa...                         babba...
...                              ...
abba...                          zappa...
...                              ...

!sort[RET]                       (Hilfszeile)
```

Zusammen mit der aktuellen Zeile wurden die 25 nachfolgenden Zeilen *zappa...*, *pappa...*, ..., *abba...* alphabetisch sortiert. Der Sortierbefehl wurde in der Hilfszeile eingeben.

Andere typische Abgriffsformen sind,

```
▮!nG              ▮!h-              ▮!k+
!...              !...              !...
```

womit der sich von der aktuellen bis zur *n*-ten Zeile beziehungsweise sich über h −1 Zeilen *oberhalb* beziehungsweise sich über k−1 *unterhalb* erstrekkende Zeilenbereich erfaßt und dem Filter zugeführt wird.

Weitere Hilfprogramme, die auf gleiche Weise als Textfilter *in-situ* benutzt werden können, sind die Formatierhilfe **fmt(1)**, der einfache Druckformatierer **pr(1)**, die erweiterte Formatiereinrichtung **nroff(1)** sowie der Durchlauf-Editor **sed(1)** und das Textmuster-Verarbeitungsprogramm **awk(1)**.

5.9 Anwendungsgerechte Anpassung: Makros

Effizientes und produktives Vollschirmeditieren erfordert eine anwendungsgerechte und ergonomische *Anpassung* der jeweiligen Tastatur an die zentrale Teilmenge der am häufigsten benutzten Anweisungen, Befehle und Operatoren. Eine solche, im wesentlichen objektbezogenen Anpassung kann im allgemeinen kaum — zumindest nicht über einen längeren Zeitraum hinweg — durch das rein persönliche Merkmal der *manuellen Geschicklichkeit* (manual skills) — um nicht zu sagen *Fingerfertigkeit* (dexterity) — ersetzt werden.

Obzwar Design und funktionelle Anordnung moderner Tastaturen ein hohes Maß an ergonomischen Kriterien und damit auch eine weitgehende Standardiserung verkörpern, gibt es bisher noch keinen Design und keine Tastenanordnung, die sowohl als *universal* als auch als *optimal* hinsichtlich der Vielzahl möglicher Editieraufgaben betrachtet werden kann.

Dazu kommt, daß es bis heute kein einziges Editiersystem gibt, das Anspruch auf universelle Optimalität erheben kann, geschweige denn von der Fachwelt dahingehend akzeptiert werden würde. Und, von abstrakten und kategorischen Kriterien einmal ganz abgesehen, es gibt mit Sicherheit kein Editiersystem, das sich einer ungetrübten Akklamation erfreuen kann, geschweige denn einen universellen *popularity contest* gewinnen würde. Wovon die *einheimischen* (native) UNIX-Editoren nicht ausgenommen sind.

Der wesentliche und entscheidende Unterschied liegt darin, daß mit *vi* ein beträchtliches Maß an *Optimierung* (optimization) durch *Anpassung* (adaptation, customization) erzielt werden kann, wobei diese nicht nur auf hardware- und anwendungsspezifische Einzelheiten beschränkt ist, sondern auch auf individuelle Unterschiede und persönliche Eigenheiten des jeweiligen Benutzers erweitert werden kann. Der Schlüssel dazu liegt *einerseits* in programmierten Befehlsdateien, oder *Skripten* (command files, scripts), die mit der Anweisung `source` (Abschnitt 4.12.5) sowohl unter *ex* als auch im *vi*-Befehlsmodus aufgerufen werden können, und andererseits in *Makros* (macros), die wie Operatoren unmittelbar auf der Tastatur zur Verfügung stehen. Sowohl *Operativ-Makros* (operative macros) als auch *Substitutions-Makros* (substitution macros) können definiert werden.

Zu beachten ist, daß alle Makros beim Verlassen von *ex/vi* unwiderruflich verloren gehen; eine Möglichkeit des Abspeicherns besteht nicht. Jedoch können Makro-Definitionen sowohl in die Steuerdatei `.exrc` (run control file) als auch in die Steuervariable `$EXINIT` (control variable) eingetragen werden, wobei die im Abschnitt 4.12.3 beschriebenen Regeln gelten.

Eine sehr große Anzahl von Makros kann das *Antwortverhalten* (response) des Systems deutlich verschlechtern, da die Eingabe ja laufend mit der Liste der Makro-Bezeichner verglichen werden muß!

5.9.1 Operativ-Makros

Operativ-Makros (operative macros) dienen zur funktionalen Zusammenfassung von komplizierten oder häufig benutzten Operatorkombinationen sowie von allen im Befehls- und Suchmodus zulässigen Befehlen und Anweisungen einschließlich von Suchausdrücken (Abschnitte 5.3 und 5.4).

Zwei Arten von Operativ-Makros werden im *vi*-Modus unterstützt:

- *abgebildete Makros* (mapped macros), die auf einen Bezeichner abgebildet werden;

- *gepufferte Makros* (buffered macros), die in einem benannten Puffer abgelegt und über diesen aufgerufen werden.

Beide Arten von Makros können nur im *Operativmodus* (operative mode), nicht aber im Befehls-, Such oder Eingabemodus benutzt werden.

5.9.1.1 Abgebildete Makros

Mit der Anweisung map wird ein Makro definiert und auf einem *Bezeichner* (identifier) *abgebildet* (mapping onto),

```
:map  <Bezeichner>  <Makro-Text>[RET]
```

wobei der Bezeichner und der nachfolgende Makro-Text durch mindestens ein *Standardtrennzeichen* (standard separator) getrennt sind. Die Definition wird mit der Eingabetaste abgeschlossen. Bereits existierende Makros mit identischem Bezeichner werden ohne Warnung überschrieben. Als erste Beispiele wären die beiden Definitionen zu betrachten,

```
:map  *f    :f[CTL_V][RET][RET]
```

sowie

```
:map  ]i    i[CTL_I][CTL_V][ESC]
```

mit der Wirkung,

```
█*f                              aaaaaa...
"dateix" line … of …             █]i
                                    █aaaaaa...
```

Mit dem Makro *f, der den Dateibefehl f (file; Abschnitt 4.10) aufruft, wird der aktuelle Dateistatus angezeigt. Mit]i wird ein Tabulatorzeichen [CTL_I] *vor* der aktuellen Schreibmarkenposition eingefügt. Zu beachten ist, daß der erste Zeilenvorschub [RET], der den Dateibefehl initiiert, und das Fluchtzeichen [ESC], das die Eingabe des Tabulatorzeichens abschließt, beide mit [CTL_V] abgeschirmt werden müssen. Die Wahl eines *Präfixes* (prefix) — hier '*' und ']' — wird zumeist durch den bestmöglichen Zugriff hinsichtlich der gegebenen Tastenanordnung bestimmt.

Die *Länge* (length) des Makro-Bezeichners ist auf maximal 10 ASCII-Zeichen beschränkt; eingebettete Trenn- und Sonderzeichen sowie Zeilenvorschübe müssen mit [CTL_V] individuell abgeschirmt werden. Der Bezeichner sollte aber nach Möglichkeit auf einen *Anschlag* (one keystroke) beschränkt sein. Bezeichner, die mit einem *alphamerischen Zeichen* (alphameric character) beginnen sollen, sind auf ein *einziges* derartiges Zeichen beschränkt.

Makros können auf *Funktionstasten* (function keys) abgebildet werden, wofür zwei Methoden zur Verfügung stehen. Die Bezeichner #0, #1, ... sind für die enurmerierten Funktionstasten [F1], [F2], ... reserviert.[7] Darüber hinaus können die automatisch erzeugten *Zeichenfolgen* (automatic character sequences) von Funktions- und Sondertasten unmittelbar als Makro-Bezeichner eingegeben werden, wobei allerdings jede Folge mit dem TTY-Fluchtzeichen [CTL_V] abgeschirmt werden muß. Ein Kontrastbeispiel mag dies sogleich veranschaulichen,[8]

```
:map #5   d^                    :map   [CTL_V][F6]
                                      ^[[229z    d$
```

Mit der Funktionstaste [F5] wird dann bis zum Anfang, und mit [F6] bis zum Ende der aktuellen Zeile gelöscht,

```
aaaa...                         ...bbbb
█[F5]                           █[F6]
...                             ...
```

Unzulässige Bezeichner (inadmissible identifier) werden mit einer Fehlermeldung zurückgewiesen,

```
:map crap ...
Too dangerous to map that
```

Bei längeren Bezeichnern ist die Wirkung der normalerweise (default) angestellten Betriebsoption timeout in Betracht zu ziehen,

```
:set timeout?            aber            :set notimeout
timeout                                  ...
```

Bei timeout ist das *Akzeptanzinterval* (acceptance interval) auf genau eine Sekunde beschränkt. Ein während dieser Zeitspanne nicht vollständig eingegebener Bezeichner wird nicht als Makro erkannt, was mit einem warnenden Ton- oder Blinksignal (bell; audible, ton, visual, signal; flash) angezeigt wird. Bei notimeout wird dagegen die vollständige Eingabe des Bezeichners — bis zu maximal 10 Zeichen — abgewartet.[9]

---

7. Wobei allerdings davon auszugehen ist, daß der Terminaltyp korrekt in der *Terminalstammdatei* (terminal capability database) eingetragen ist. Einzelheiten sind unter unter terminfo(4)/SHB zu finden.

8. Auf einer Tastatur vom Typ SUN-4

Die eigentliche Makro-Definition ist auf 100 ASCII-Zeichen beschränkt; Leer- und Tabulatorzeichen brauchen nicht, alle Sonderzeichen sowie Zeilenvorschübe jedoch müssen individuell mit [CTL_V] abgeschirmt werden. Die Definition kann sich aus allen im Operativmodus zulässigen Operatorkombinationen sowie allen im Befehls- und Suchmodus zulässigen Befehlen und Anweisungen beziehungsweise Suchausdrücken (Abschnitte 5.3 und 5.4) zusammensetzen. Die folgenden typische Beispiele mögen dies illustrieren.

Zum Rückwärts- beziehungsweise Vorwärtsverschieben des *Textfensters* (text window; Abschnitt 5.2) werden der Bequemlichkeit halber häufig Funktionstasten (function keys) bestimmt; wie hier beispielsweise [F1]

```
:map  #1  [CTL_V][CTL_B][RET]
```

und [F2],[10]

```
:map   [CTL_V][F2]
          ^[[225z    [CTL_V][CTL_F][RET]
```

Auf gleiche Weise können die anderen Verschiebungsoperatoren wie [CTL_U] und [CTL_D] auf Funktionstasten oder sinnvolle Kürzel abgebildet werden.

Die beiden Makros,

```
:map ]h    /Hallo/[CTL_V][RET][RET]
:map [CTL_V][ESC]D   ceEXPLETIV DELETED[CTL_V][ESC]
```

haben die selbstredende Wirkung

```
...█]h
... Hallo ...
  █[ESC]D
... EXPLETIV DELETED ...
```

Bei der Programmentwicklung erweisen sich Makros der folgenden Art als recht nützlich,

```
:map ]c   :w[CTL_V][RET]:! cc %[CTL_V][RET][RET]
```

womit der *Editierpuffer* (edit buffer) zuerst mit dem Dateibefehl w (write; Abschnitt 4.10) in der *aktuellen Editierdatei* (current edit file) abgespeichert, und diese dann mit dem *einheimischen* (resident) C-Compiler **cc**(1) kompiliert wird. Die dabei erzeugte *Ausführdatei* a.out kann sogleich mit einem weiteren Makro aufgerufen werden,

```
:map *a   :!a.out[CTL_V][RET][RET]
```

---

9. Was bei häufiger fehlerhafter Eingabe eine zwangsläufige Verlangsamung mit sich bringt. Aus genau diesem Grund steht die Option timeout zur Verfügung.

10. Auf einer Tastatur vom Typ SUN-4.

Ohne jegliches Argument listet `map` alle jeweils abgebildeten Makros auf
(displaying macros),

```
:map .
...
up          ^[[A                 k
down        ^[[B                 j
...
f1          ^[[224z              ^B
...
f5          ^[[228z              d$
*a          *a                   :!a.out^M
]c          ]c                   :w^M:! cc %^M
...
```

wobei die erste Spalte den symbolischen Namen angibt, die zweite den
eigentlichen Bezeichner, und die dritte die Definition interpretiert darstellt.

Verschachtelung (nesting) von Makros ist zulässig und mit der Betriebsoption
`remap` auch voreingestellt (default). Mit den obigen Definitionen kann der
zusammengesetzte Makro (composite macro) definiert werden,

```
:map    )g    ]c *a
```

wobei die Komponenten-Makros (component macros) weiterhin einzeln zur
Verfügung stehen. Mit **no**`remap` kann die Aufrufsverschachtelung abgestellt werden.

Makros können mit der Anweisung `unmap` einzeln gelöscht werden (deleting macros),

```
:unmap  <Bezeichner>[RET]              :unmap ]c[RET]
```

5.9.1.2 Gepufferte Makros

Gepufferte Makros (buffered macros) werden in einem der 26 *benannten Puffer* (labelled buffers) abgelegt, wobei im einfachsten Falle unter anderem
nach dem folgenden Schema verfahren werden kann:

```
▌o<Makro-Definition>[ESC] "<L>dd              ▌@<L>
```

d.h. mit dem Eingabeoperator `o` (open; Abschnitt 5.7.1) wird eine Zeile unterhalb der aktuellen Schreibmarkenposition geöffnet, mit der Makro-Definition
belegt und mit der Fluchttaste abgeschlossen. Die neue Zeile wird dann in
einen mit `<L>` = a, b, ..., z benannten Puffer "hineingelöscht", wozu der
Zeilenlöschoperator `dd` (Unterabschnitt 5.6.3.1) benutzt wird. Mit dem *at-
Zeichen* '@' (at-sign) als *Präfix* (prefix) wird der Puffer dann als Makro aufgerufen.

Ein Beispiel mag dies sogleich veranschaulichen,

```
■o
cwEXPLETIV DELETED[CTL_V][ESC][ESC]"ddd
... Hallo ...
  ■@d
... EXPLETIV DELETED ...
```

Zu beachten ist, daß das die erste Instanz von [ESC] Teil des Makros ist, während die zweite dessen Eingabe abschließt.

Makros, die eine Folge von Zeilen- oder Suchbefehlen enthalten sollen, können analog definiert werden:

```
■o                              ■o
:<Befehl1>[RET]                 :w[RET]
:<Befehl2>[RET]                 :!cc %[RET]
...                             [ESC]"cd2-
:<Befehlk>[RET]                 ...
[ESC]"<L>dk-                    ■@c
```

d.h. *k* beziehungsweise 2 Befehlszeilen werden proforma eingegeben, mit [ESC] abgeschlossen und dann mit der Operatorkombination dk- in den Puffer "<L> beziehungsweise "c "hineingelöscht". Der Makro kann dann mit @<L> beziehungsweise @c aufgerufen werden.

Anstelle von o (Minuskel) kann der Eingabeoperator O (Majuskel) benutzt werden. Anstelle einer Proforma-Eingabe kann auch der Pufferoperator Y (Majuskel; Unterabschnitt 5.6.3.3) mit vorbereiteten Definitionszeilen benutzt werden:

```
<Makro-Definitionszeile>
■"<L>Y
```

sowie bei Definitionen, die sich über mehrere Zeilen erstrecken,

```
<Definitionszeile1>
<Definitionszeile2>
...
<Definitionszeilek>
■"<L>yk-
```

Im Gegensatz zu den *abgebildeten* (mapped) Makros können *gepufferte* Makros mit den Pufferoperatoren p oder P (put; Unterabschnitt 5.6.3.3) in den Editierpuffer zurückgegeben, dort modifiziert und dann erneut in einen Puffer geladen beziehungsweise in einer Datei abgespeichert werden,

```
(Zurückgeben)          (Modifizieren)          (Abspeichern)
...
■"cp                   ...
:w                     :w hold                 ...
:cc %                  :cc -c hold             ■:
...                    ■"ky2-                  :w Macs
```

5.9.2 Substitutions-Makros

Substitutions-Makros (substitution macros) dienen zur Abkürzung von längeren, komplizierteren oder häufig einzugebenden Zeichenketten und Textsegmente.

Zwei Arten von Substitutions-Makros werden im *vi*-Modus unterstützt:

- *Abkürzungen* (abbreviations), die nur im engeren Sinne von Worten während der Eingabe substituiert werden.
- *Abbildungen* (mappings), die in jedweden Eingabekontext substituiert werden;

Beide Arten von Makros können sowohl im Eingabe- als auch im Befehls- und Suchmodus (input, command, search, mode) benutzt werden, *nicht* aber im Operativmodus.

5.9.2.1 Abkürzungen

Mit der Anweisung `abbreviate` kann eine Folge von Zeichenketten durch ein *Kürzel* (token, acronym) dargestellt werden (abbreviation),

```
:ab  <Kürzel>  <Zeichenkette1>  [<Zeichenkette2> ...][RET]
```

wie zum Beispiel in,

```
:ab  tgif  Thank Goodness it's Friday[RET]
```

Jede im engeren Sinne eines alleinstehenden Wortes eingegebene Instanz des Kürzels, die nicht unmittelbar an ein *alphamerisches Zeichen* (alphameric character; Abschnitt 1.2.5) grenzt, wird dann sofort durch die Zuweisung ersetzt,

```
... und er sagte: "tgif"▮
... und er sagte: "Thank Goodness it's Friday"▮
```

Sowohl das Tabulatorzeichen als auch der Zeilenvorschub kann in die Zuweisung eingebettet werden; *letzteres* muß allerdings mit dem TTY-Fluchtzeichen (tty escape character) abgedeckt werden,

```
:ab  tgif  Thank Goodness[CTL_V][RET][CTL_I]it's Friday
...
... tgif▮
... Thank Goodness
        it's Friday▮
```

Als Kürzel sind alle alphamerischer Zeichenfolgen zulässig, wobei zumeist *sinnige* (mnemonic) Zeichenkombinationen benutzt werden.

Häufig benutzte oder fest vorgegebene Phrasen können auf Funktionstasten abgebildet werden, wobei der Makro-Bezeichner sowohl symbolisch als auch durch Drücken der Taste eingegeben werden kann; wie zum Beispiel in,[11]

```
:ab #3 which is to say
```

wo [F3] auf die Phrase *"which is to say"*, und

```
:ab [CTL_V][F4]
      ^[[227z  beziehungsweise
```

wo [F4] auf *"beziehungsweise"* abgebildet wird. Wiederum zu beachten ist, daß die Funktionstasten individuell mit [CTL_V] abgeschirmt werden müssen.

Selbstbezogene Rekursion (self-referential recursion) wird erkannt und mit einer entsprechenden Fehlermeldung zurückgewiesen,

```
:ab  abba  ...  abba
no tail recursion
```

Ohne jegliche Argumente listet abbreviate alle aktuellen Abkürzungen auf (diplaying macros),

```
:ab
...
sqx      sqx         supercalifragilisticexpialidocious
tgif     tgif        Thank Goodness^M^Iit's Frida
...
f3       ^[[226z     which is to say
...
```

wobei die erste Spalte den symbolischen Namen angibt, die zweite den eigentlichen Bezeichner, und die dritte die eigentliche Substitution darstellt.

Störende oder sonstwie unerwünschte Abkürzungen können mit der Anweisung unabbreviate einfachst gelöscht (deleting macros) werden,

```
:una  <Kürzel>[RET]            :una  tgif[RET]
```

Abbkürzungen werden nicht nur im Eingabemodus substituiert, sondern auch im Befehls- und Suchmodus, was auch Definitionen miteinschließt. Zum Beispiel ergeben sich mit der Abkürzung,

```
:ab  abc      aaa.bbb.ccc
```

die Substitutionen,

```
█:                       █/                    █:
:file abc █              /abc █                :ab xx  X... abc █
:file aaa.bbb.ccc █      /aaa.bbb.ccc █        :ab X... aaa.bbb.ccc █
```

---

11. Auf einer Tastatur vom Typ SUN-4.

5.9.2.2 Abbildungen

Mit der emphatischen Anweisung `map!` wird eine Folge von Zeichenketten
auf einen *Bezeichner abgebildet* (identifier, mapping onto),

```
:map!   <Bezeichner>   <Text-Substitution>[RET]
```

wobei *Standardtrennzeichen* (standard separator) die Argumente trennen. Im
übrigen gelten die bereits oben für die verwandte Anweisung `map` vorgestellten lexikalischen Regeln.

Im Gegensatz zu *Abkürzungen* (abbreviations), die nur im engeren Sinne von
abgegrenzten Worten substituieren, werden *Abbildungen* (mappings) in jedweden lexikalischen Kontext substituiert. Ein Kontrastbeispiel mag dies
sogleich veranschaulichen. Mit der *Abbildung* eines im Englischen recht häu-
figen Infixes,

```
:map!   .e lementar[RET]
```

ergibt sich im Eingabemodus,

```
... e.e█                      ... supp.e█
... elementary█               ... supplementaries█
```

Im Gegensatz dazu wird die *Abkürzung*,

```
:ab   ay anyways[RET]
```

nur als eigenständiges Wort substituiert,

```
... and, ay,█                 ... alway█
... and, anyways,█            ... always█
```

Häufig benutzte oder fest vorgegebene Substitutionen können auf Funktionstasten abgebildet werden, wobei der Bezeichner sowohl symbolisch als auch
durch Drücken der Taste eingegeben werden kann,[12]

```
:map! #8 AAA.BBB.CCC         :map! [CTL_V][F9] XXX.YYY.ZZZ
```

Abbildungen werden sowohl im Eingabemodus als auch im Befehls- und
Suchmodus substituiert, was auch Definitionen miteinschließt. Zum Beispiel
ergeben sich mit,

```
:map! uvw   UUVVWW
```

die Substitutionen,

```
█:                    █?                      █:
:file uvw█            ?uvw█                    :map! xx   X... uvw█
:file UUVVWW█         ?UUVVWW█                 :map! X... UUVVWW█
```

---

12. Auf einer Tastatur vom Typ SUN-4.

Der Bezeichner einer Abbildung kann nur mit dem Eingabefluchtzeichen
gegen unerwünschte Substitution abgeschirmt werden,

```
...[CTL_V]uvw...█            ...[CTL_V][F9]...█
```

was insbesondere auch bei der Neubelegung eines bereits benutzten Bezeichners zu beachten ist,

```
:map! uvw█          aber        :map! [CTL_V]uvw uuu.vvv.www
:map! UUVVWW█
```

Verschachtelung (nesting) ist zulässig, wobei zwischen unmittelbarer Substitution *in situ*,

```
:map! ]f   funk("uvw█
:map! ]f   funk("uuu.vvv.www█
```

und *indirekter* Substitution unterschieden werden muß

```
:map! ]g   gunk("[CTL_V]uvw")
```

mit den zwar anfänglich identischen Substitutionswirkungen,

```
...]f█                       ...]g█
...funk("uuu.vvv.www█        ...gunk("uuu.vvv.www█
```

Die indirekt substituierte Abbildung kann jedoch durch Neubelegung wie ein
Argument variiert werden,

```
:map! [CTL_V]uvw   XXX.YYY.ZZZ
```

was jetzt in unterschiedlichen Wirkungen resultiert,

```
...]f█                       ...]g█
...funk("uuu.vvv.www█        ...gunk("XXX.YYY.ZZZ█
```

Auf ähnliche Weise können Abbildungen als *Argumente* in operativen
Makros substituiert werden. Mit der Abbildung,

```
:map! .d  DELETED
```

als Argument-Substitution in den Operativ-Makro,

```
:map  ]d   cw[CTL_V].d[CTL_V][ESC][RET]
```

und ähnlich in dem gepufferten Makro,

```
█o
cw[CTL_V].d[CTL_V][ESC][ESC]"ddd
```

ergibt sich dann,

```
... Hallo ...                ... Freunde ...
  █]d                          █@d
... DELETED ...              ... DELETED ...
```

Die Abbildung .d kann beliebig variiert werden, was sich dann in der Wirkung der operativen Makros widerspiegelt.

Ohne jegliches Argument listet `map!` alle jeweils abgebildeten Substitutionen auf (displaying macros),

```
:map!
...
.e         .e          lementar
...
uvw        uvw         uuu.vvv.www
...
f9         ^[[232z     XXX.YYY.ZZZ
...
```

wobei die erste Spalte den symbolischen Namen angibt, die zweite den eigentlichen Bezeichner, und die dritte die eigentliche Substitution darstellt.

Unerwünschte Abbildungen können mit der Anweisung `unmap!` einzeln gelöscht werden (deleting macros), wobei der Bezeichner wiederum mit `[CTL_V]` abgeschirmt werden muß,

```
:unmap!    [CTL_V]<Bezeichner>[RET]
```

wie zum Beispiel in,

```
:unmap! [CTL_V].e              :unmap! [CTL_V][F9]
```

5.10 Beenden der Vollschirm-Session

Eine Vollschirm-Session kann mittelbar durch Eintritt in den *ex*-Modus beziehungsweise in den *Befehlsmodus* (command mode; Abschnitt 5.3) und den damit zur Verfügung stehenden *ex*-Anweisungen (Abschnitt 4.12.4) beendet werden,

```
▌Q                             ▌:
:  ... (ex-Modus) ...          :  ... (Befehlsmodus) ...
```

Mit der Operator-Dyade `ZZ` (Majuskel) kann dagegen die Session unmittelbar aus dem *Operativmodus* (operative mode) heraus beendet werden, wobei eine sofortige Rückkehr zur Shell-Ebene erfolgt,

```
▌ZZ
$  ... (Shell-Ebene) ...
```

Ein seit dem letzten Abspeichern modifizierter Editierpuffer (edit buffer) wird dabei automatisch in der aktuellen Editierdatei (current edit file) abgespeichert, was auch mit `noautowrite` *nicht* abgestellt werden kann. Lediglich bei einer noch nicht ausgeschöpften *Aufrufsliste* (argument list; Abschnitt 4.10) wird der Operator unter Ausgabe einer Meldung ignoriert,

```
... more files to edit
```

und erst bei wiederholter Eingabe honoriert.

5.11 Aufrufsoptionen

Der Vollschirmmodus **vi(1)** kann mit den folgenden Optionen (invocation
options) auf der Shell-Ebene aufgerufen werden:

```
vi|vedit|view [-L][-l][-R][-x|-C][-w<ws>]\
              [-t<Bezeichner>][-r[<Sicherungsdatei>]]\
              [-c|+<Befehl>]\
              [<Editierdatei1> <Editierdatei2> ...]
```

Tabelle 5.7 listet die Optionen und deren spezifische Bedeutung auf.

Option	Bedeutung
-L	Auflisten von automatisch angelegten Sicherungs- und Auffangdateiten (SVR4; vgl. auch `preserve`, Abschnitt 4.10).
-l	Voreinstellung von `lisp` und `showmatch` zum Editieren von Dateien, die LISP-Quellkode enthalten (Abschnitt 5.7).
-R	Voreinstellung von `readonly`; d. h. die Editdierdatei kann nicht modifizert werden.
-x -C	Der Verschlüsselungsbefehl X beziehungsweise C wird gleich eingangs ausgeführt (Abschnitt 4.12.6) .
-w...	Die Größe des Textfensters wird eingangs auf `<ws>` Zeilen festgelegt.
-t...	Die Anweisung `tag` wird gleich eingangs mit dem nachgestellten Bezeichner ausgeführt (Abschnitt 4.13) .
-r...	Die Dateibefehl `recover` wird gleich eingangs mit dem nachgestellten Dateiverweis ausgeführt (Abschnitte 4.10 und 4.12.8). Ohne Verweis werden alle vorhandenen Sicherungsdateien aufgelistet.
+... -c...	Der dem Pluszeichen (SVR3) beziehungsweise -c (SVR4) unmittelbar nachgestellte Editierbefehl wird gleich eingangs ausgeführt.

Tabelle 5.7: Aufrufsoptionen von vi(1)

Der Editor kann mit *multiplen Editierdateien* aufgerufen werden (multiple
file invocation); wie zum Beispiel in

```
$ vi +50 main.c funk1.c funk2.c ...
```

wo `main.c` zuerst als *aktuelle Editierdatei* (current edit file) eingelesen
und mit `+50` das *Textfenster* (text window) gleich eingangs über der Zeile
50 aufgespannt wird. Die in der *Aufrufsliste* (argument list) nachfolgenden
Dateien `funk1.c funk2.c` ... können dann mit dem Befehl `next`
(Abschnitt 4.10) der Reihe nach zur aktuellen Editierdatei bestimmt und eingelesen werden.

Bei der Varianten **view(1)** wird automatisch die *Betriebsoption* readonly gesetzt, was der *Aufrufsoption* −R entspricht, und zumeist nur zum *Sichten* (viewing) von Dateien benutzt wird.

Bei der Einstiegsversion (starter version) **vedit(1)** (SVR4) wird automatisch eine "anfängerfreundliche" Kombination von Betriebsoptionen und Optionsvariablen eingestellt, was neben der Negierung **no**magic auch die Voreinstellungen novice und showmode sowie report=1 (Abschnitte 4.7 und 4.8) einschließt.

5.12 Betriebsoptionen und Optionsvariable

Tabelle 5.8 faßt die *Betriebsoptionen* (operating options) und *Optionsvariablen* (option variables) zusammen, wobei die *gemeinsamen* Optionen und Variablen mit *(ex/vi)*, und die jeweils *exklusiven* mit *(ex)* beziehungsweise *(vi)* gekennzeichnet sind.

Bezeichner Abkürzung Voreinstellung	Bedeutung
autoindent ai **noai**	(ex/vi) Automatisches Einrücken bei Zeileneingabe, wobei die jeweils aktuelle Position eingenommen wird. Rücksetzen zur vorhergehenden Position mit [CTL_D] (Abschnitt 4.6).
autoprint **ap**	(ex/vi) Automatisches Widerspiegeln von Modifikationen bei Substitutionen und Zeilenbefehlen (Abschnitte 4.7 und 4.8)
autowrite aw **noaw**	(ex/vi) Automatisches Abspeichern des aktuellen Editierpuffers bei allen Dateibefehlen, die ein Neueinlesen verursachen, sowie bei Shell-Befehlen (Abschnitte 4.10 und 4.11).
beautify bf **nobf**	(ex/vi) Entfernen aller Sonderzeichen bei der Texteingabe. Ausgenommen sind das Tabulatorzeichen **HT**, der Zeilenvorschub **LF** und der Blattvorschub **FF** (Abschnitte 4.6 und 5.7).
directory **dir=/tmp**	(ex/vi) Bestimmt das Verzeichnis, in dem die transienten Arbeits- und Pufferdateien abgelegt werden (Abschnitt 4.12.8).
ed- compatible **noed- compatible**	(ex; nur bei ehemaliger Version 3) Beim substitute-Befehl (Abschnitt 4.8) fungieren die nachgestellten Optionen c und g zusätzlich wie binäre Kippschalter, während mit r ein alleinstehendes s wie ein ~ anstelle von & interpretiert wird.

Tabelle 5.8: Betriebsoptionen und Optionsvariablen von ex(1)/vi(1)

Bezeichner Abkürzung Voreinstellung	Bedeutung

`errorbells`
`eb`
`noeb`
	(ex) Fehlermeldungen werden mit einem Tonsignal (audible signal, bell) angekündigt und mit Video-Umkehrung ausgegeben (Abschnitt 4.3).

`flash` **`fl`**	(ex/vi) Fehlermeldungen werden zusätzlich mit einem Blinksignal (visible bell, flash) angekündigt (Abschnitt 4.3).
`hardtabs` **`ht=8`**	(ex/vi) Einstellung der Tabulatorspalten am Monitorschirm, als Anzahl von Zeichen ausgedrückt.

`ignorecase`
`ic`
`noic`
	(ex/vi) Der Unterschied zwichen Groß- und Kleinbuchstaben in Such- und Zielmustern wird aufgehoben (Abschnitte 4.4, 4.8 und 5.4).

`lisp` **`nolisp`**	(ex/vi) Spezielle Anpassung an die symbolische Programmiersprache **LISP**, was sowohl die Zugriffsprimitiven als auch das Eingabeformat betrifft (Abschnitte 4.6 und 5.5.3.2)
`list` **`nolist`**	(ex/vi) Symbolische Darstellung des Tabulatorzeichens als `^I` und des Zeilenvorschubs als `$` (Abschnitt 4.5).
`magic`	(ex/vi) Die lexikalische Wirkung von Metazeichen und anderen Sonderzeichen in Such- und Zielmustern wird bei **no**`magic` aufgehoben (Abschnitte 4.4 und 4.8).
`mesg`	(ex/vi) Interaktive Mitteilungen anderer Benuzter mit **write(1)** werden bei **no**`mesg` abgeblockt.

`number`
`nu`
`nonu`
	(ex/vi) Der Text wird mit Zeilennummern aufgelistet. Bei der Eingabe fungiert die laufende Zeilennummer als Aufforderungszeichen (Abschnitte 4.5 und 4.6)

`open`	(ex) Bei `noopen` kann weder der `vi`- noch der `open`-Modus von *ex* aus aufgerufen werden (Abschnitt 4.2).
`optimize` **`opt`**	(ex/vi) Die Ausgabe zum Monitor wird optimiert; was zumeist unter Auslassung des Zeilenanfangzeichens **CR** erfolgt.

`paragraphs`
`para`
`para=IPLPPPQPP LIpplpipnpb`
	(vi) Zeichenpaare der Form `.IP`, `.LP`, ... zum Begrenzen von Paragraphen (Abschnitt 5.5.3.2)

`prompt`	(ex) Im Befehlsmodus erscheint das Aufforderungszeichen ':'.

<u>Tabelle 5.8: Betriebsoptionen und Optionsvariablen von ex(1)/vi(1)</u>

Bezeichner Abkürzung Voreinstellung	Bedeutung
readonly ro **noro**	(ex/vi) Das Überschreiben der aktuellen Editierdatei wird abgeblockt und kann nur mit Emphase wie in `write!` erzwungen werden (Abschnitt 4.10).
redraw **noredraw**	(vi) Bei positionsgebundener Eingabe (Abschnitt 5.7.2) wird die rechtsseitige Textverschiebung nach jedem Zeichen zurück gespiegelt. Sinnvoll nur bei sehr einfachen Monitoren!
remap	(vi) Aufrufsverschachtelung von Makros (Abschnitt 5.9).
report **report=5**	(ex/vi) Die Zahl von Modifikationen, bei deren Überschreitung automatisch eine Meldung ausgegeben wird (Abschnitt 4.7).
scroll **scroll=wi/2**	(ex/vi) Anzahl der Zeilen, die mit dem Befehl z im *ex*-Modus (Abschnitt 4.5), und mit den Operatoren `[CTL_D]` und `[CTL_U]` im *vi*-Modus (Abschnitt 5.2) dargestellt werden.
sections **sections=NHSHH HUuhsh+c**	(vi) Zeichenpaare der Form `.NH`, `.SH`, ... zum Begrenzen von Sektionen (Abschnitt 5.5.3.2)
shell **sh=$SHELL**	(ex/vi) Ausführende Subshell beim Durchgriff zur Shell-Ebene (Abschnitt 4.11).
shiftwidth sw **sw=8**	(ex/vi) Anzahl der Zeichen beim Rücksetzen des automatischen Einrückens bei ai im Eingabemodus (Abschnitt 4.7) sowie beim rechts- und linksseitigen Verschieben (Abschnitt 4.8).
showmatch sm **nosm**	(vi) Bei der Eingabe von verschachtelten Ausdrücken der Art (...(...)...) und {...{...}...} erfolgt ein visuelles paarweises Abgleichen, was bei **LISP** nützlich ist (Abschnitt 5.7).
showmode smd **nosmd**	(vi) Die Betriebszustände werden in der Statuszeile angezeigt (Abschnitt 5.2).
slowopen slow **noslow**	(vi) Verzögerung der visuellen Wiedergabe der Eingabe bis zum Abschluß, was nur bei einfacheren Terminals bzw. bei langsameren Terminalverbindungen benutzt wird (Abschnitt 5.7).
tabstop **ts=8**	(ex/vi) Das Tabulatorzeichen **HT** wird durch eine entsprechende Anzahl von Leerzeichen **SP** ersetzt (Abschnitt 4.5).

Tabelle 5.8: Betriebsoptionen und Optionsvariablen von ex(1)/vi(1)

Bezeichner Abkürzung Voreinstellung	Bedeutung
taglength **tl=0**	(ex/vi) Anzahl von diskrimierenden Zeichen in Objektbezeichnern. Mit **0** werden alle Zeichen benutzt (Abschnitt 4.13).
tags **tags=/usr/lib/tags**	(ex/vi) Dateiverweise zu `tag`-Dateien (Abschnitt 4.13).
term **term=$TERM**	(ex/vi) Typbezeichner des jeweiligen Terminals gemäß Eintrag in der Terminal-Stammdatei.
terse **noterse**	(ex/vi) Wesentlich kürzere Warnungen und Fehlermeldungen (Abschnitt 4.3).
timeout	(vi) Akzeptanzintervall von genau 1 Sekunde bei der Eingabe von Makro-Bezeichnern (Abschnitt 5.9.1).
warn	(ex/vi) Warnung beim Durchgriff zur Shell-Ebene falls der jüngst modizierte Inhalt des Edierpuffer noch nicht abgespeichert wurde (Abschnitt 4.11).
window **wi=<Z>**	(vi) Größe des Textfensters als die Anzahl <Z> von dargestellten Textzeilen (Abschnitt 5.2).
wrapscan **ws**	(ex/vi) Die Suche mit einem Suchmuster verläuft im Sinne eines geschlossenen Bandes (Abschnitte 4.4 und 5.4).
wrapmargin **wm=0**	(vi) Bestimmt die effektive Zeilenlänge als die rechtsseitige Distanz zum Fensterrand (Abschnitt 5.7.1).
writeany wa **nowa**	(ex/vi) Erlaubt das Abspeichern in anderen, bereits existierenden Dateien, was andernfalls blockiert ist und nur mit `write!` erzwungen werden kann (Abschnitt 4.10).

Tabelle 5.8: Betriebsoptionen und Optionsvariablen von ex(1)/vi(1)

6 Der Durchlauf-Editor sed(1)

Das Anwendungsgebiet des *Durchlauf-Editors* **sed(1)** (stream editor), wie übrigens das eines programmierbaren Editors überhaupt, läßt vielleicht am besten mit den Schlüsselworten eines der Haupturheber (McMahon, 1978) beschreiben:

* Dateien, die einfach zu massiv, zu groß sind für produktives interaktives Editieren;
* Editieraufgaben, die zu langwierig und kompliziert sind, um effizient im Dialogbetrieb ausgeführt werden zu können;
* Multiple globale Editierfunktionen, die während eines einzigen Durchlaufes (single pass) effizient und sicher ausgeführt werden sollen.

Aber selbst bei diesen Anwendungskriterien, die insbesondere für eine produktionsintensive Arbeitsumgebung gelten mögen, können die Editiervorgänge im Prinzip immer noch mit einem der herkömmlichen Dialog-Editoren wie ed(1) oder ex(1)/vi(1) nachvollzogen werden, selbst wenn beträchtlich höherer Arbeitsaufwand und Fehlerrisiko damit verbunden sind.

Darüber hinaus ergeben sich jedoch Anwendungen auf der Shell-Ebene, die kaum noch mit einem Dialog-Editor nachvollzogen werden können; zumindest nicht ohne groteske Verrenkungen und Umwege. Als illustrierendes Beispiel wäre das Editieren einer Shell-Variablen (shell variable) zu betrachten. Eine Variable `$xpath` enthält eine Folge von *Weisern* (paths) zu Befehls- oder Arbeitsverzeichnissen,

```
$ echo $xpath
... /usr/bin:/usr/etc/:/usr/lib: ...
```

wo das Ausgangsverzeichnis `/usr` durch `/usr/local/`... ersetzt werden soll, jedoch *ohne* mühsame Neubelegung. Der Ansatz mit *sed* ist erstaunlich einfach,[1]

```
$ xpath=`echo $xpath | sed -e "s:usr:usr/local:g"`
```

wobei die *Normalausgabe* (standard output; Unterabschnitt 1.2.2.4) einer innerhalb von umgegebenden *Ausführungszitaten* (exec quotes) aufgerufenen *Pipeline* unmittelbar auf die Variable zurückgeführt wird,

```
$ echo $xpath
... /usr/local/bin:/usr/local/etc/:/usr/local/lib: ...
```

---

1. Ungemein beliebtes Beispiel, nicht nur als akademische Prüfungsfrage, sondern auch als nebensächlicher Punkt in Vorstellungsgesprächen mit Experten. Verursacht dann gelegentlich eine milde Panik. Fachleute zucken mit keiner Wimper.

6.1 Aufruf und Optionen

Der Durchlauf-Editor wird nach dem folgenden Schema und Optionen (invocation options) auf der Shell-Ebene aufgerufen:

```
sed   [-n] [-e <Befehlsfolge> ...]\
          [-f <Skript> ...]\
          [<Eingabedatei> ...]
```

Mit der symbolischen Option −n wird die normalerweise angestellte *Durchlaufausgabe* (default output) abgestellt; d.h. es werden nur selektierte Zeilen ausgegeben, was nachfolgend im konkreten Zusammenhang wiederholt aufgegriffen und weitergeführt wird.

Mit der Argumentoptionen −e kann jeweils eine *Befehlsfolge* (command sequence) in der Befehlszeile angegeben werden; wie zum Beispiel in,

```
... sed ...  -e '/^[0-9]/d' ...
```

womit alle Zeilen entfernt werden, die mit einer Ziffer beginnen. Zu beachten ist, das lexikalische Sonderzeichen — hier die beiden eckigen Klammern — entweder durch individuelles Abdecken mit dem Rückstrich \ (backslash) oder — wie gezeigt — durch umgebende Einzel- oder Doppelzitate geschützt werden müssen. Überlange Befehlsfolgen können mit dem Rückstrich unmittelbar gefolgt vom Zeilenvorschub über mehrere Zeilen *fortgesetzt* werden (command line continuation).

Die Argumentoption −e kann wiederholt mit verschiedenen Befehlsfolgen gesetzt werden, die dann in der angegebenen Reihenfolge logisch verkettet ausgeführt werden,

```
... sed ...  -e '/^[0-9]/d' -e 's/\<[Tt]h[ai][st]\>//g' ...
```

Mit der Argumentoptionen −f kann jeweils eine Befehlsdatei (command file), kurz *Skript* (script) angegeben werden,

```
... sed ...  -f <Skript1> [-f <Skript2> ... ] ...
```

Die Option kann wiederholt mit verschiedenen Skripten gesetzt werden, die dann in der angegebenen Reihenfolge *logisch verkettet* (logically concatenated) ausgeführt werden.

Die beiden Argumentoptionen −f und −e schließen einander nicht aus, sondern werden in der jeweils angegebenen Reihenfolge logisch verkettet,

```
... sed -e '/^[0-9]/d' ... -f skript1.sed ...
```

Eine oder mehrere Eingabedateien können angegeben werden; bei Auslassung erfolgt die Texteingabe automatisch über die *Normaleingabe* (standard input); die Textausgabe erfolgt immer über die *Normalausgabe* (standard output). *sed* kann daher sowohl als *vorgeschaltete* als auch *zwischengeschaltete* als auch *nachgeschaltete Stufe* (initial, intermediate, subsequent stage) in einer *Pipeline* eingesetzt werden,

```
sed ... | ...        ... | sed ... | ...        ... | sed ...
```

Meldungen werden immer über die *Fehlerausgabe* (standard error) ausgegeben. Der Benutzer kann also sehr flexibel über die E/A-Disposition verfügen, wobei die im Abschnitt 1.2.2.4 vorgestellten allgemeinen Prinzipien der E/A-Steuerung auf der Shell-Ebene gelten.

Bei normaler Ausführung gibt *sed* den Nullwert als *Exit-Kode* (exit code; Abschnitt 1.2.2.2) zurück; bei Syntax- und Programmierfehlern 1, und bei *fatalen Laufzeitfehlern* (fatal runtime errors) einen Wert von 2.

Ein einfaches aber recht typisches Beispiel aus der lexikalischen Textverarbeitung mag die Anwendung veranschaulichen. Aus einem ASCII-*Textstrom* (text stream) sollen im *Durchlaufverfahren* (stream editing) alle Artikel, Konjunktive usw. zwecks Weiterverarbeitung ersatzlos entfernt werden. Die folgende *Pipeline* stellt ein typisches Laufzeitszenario dar,

```
... <Textquelle> | sed -f skript.sed | <Textfilter> ...
```

Der aus einer *Textquelle* (text source) — vielleicht sogar sporadisch — austretende *Textstrom* (text stream) wird in den Durchlauf-Editor als erste *Zwischenstufe* (intermediate stage) eingespeist, dort *massiert* (massaged) und dann an einen nachgeschalteten *Textfilter* (text filter) weitergeleitet.

Der Durchlauf-Editor wird mit einer programmierten Befehlsdatei, kurz *Skript* (command file, script) aufgerufen, das unter anderem Substitutionsbefehle enthält,

```
$ cat skript.sed
...
s/\<[AIai][nts]\{0,1\}\>//g
...
s/\<[Tt]he[mn]\{0,1\}\>//g
s/\<[Tt]h[ai][st]\>//g
s/\<[Tt]h[eo]se\>//g
...
```

Die zu entfernenden Wortarten[2] — hier Artikel und Präpositionen — werden mit *regulären Ausdrücken* (RE; regular expressions; Kapitel 3) erfaßt.

---

2. Wie z. B. beim Abstrahieren von Stich- und Sachworten.

6.2 Arbeitsweise

Der Durchlauf-Editor arbeitet in *Editiertakten* (edit cycles), die sich an den eingelesenen Eingabezeilen orientieren und mit Befehlen gesteuert werden können. Der *Eingabestrom* (input stream) *treibt* (drives) den Editor also gewissermaßen im *Zeilentakt* (line cycle).

Jede neu eingelesene Zeile wird zuerst zu einem *Arbeitspuffer* (pattern space) transferiert, der mit dem Ende des vorherigen Taktes teilweise oder ganz gelöscht wurde. Die Editierbefehle werden dann in der programmierten Reihenfolge auf den jeweils neu geladenen Inhalt des Arbeitspuffers angewandt, der danach automatisch über die *Normalausgabe* (standard output) ausgegeben wird, falls die Ausgabe nicht mit der Option −n auf selektierte Zeilen beschränkt ist. Der aktuelle Editiertakt endet normalerweise mit der ersten Instanz des Befehls q (quit), spätestens aber beim *Ende des Eingabestromes* (end of file). Bild 6.1 veranschaulicht die *getaktete Arbeitsweise* (operating principle) des Durchlauf-Editors.

Im Gegensatz zu *dialogorientierten* Zeileneditoren wie ed(1) und ex(1), wo der gesamte Textkörper in einem *Editierpuffer* (edit buffer) unbeschränkt zur Verfügung steht, ist eine wahlfreie globale Adressierung bei einem Durchlauf-Editor wie *sed* nicht möglich, da der Textkörper den Editor nur *einmal*

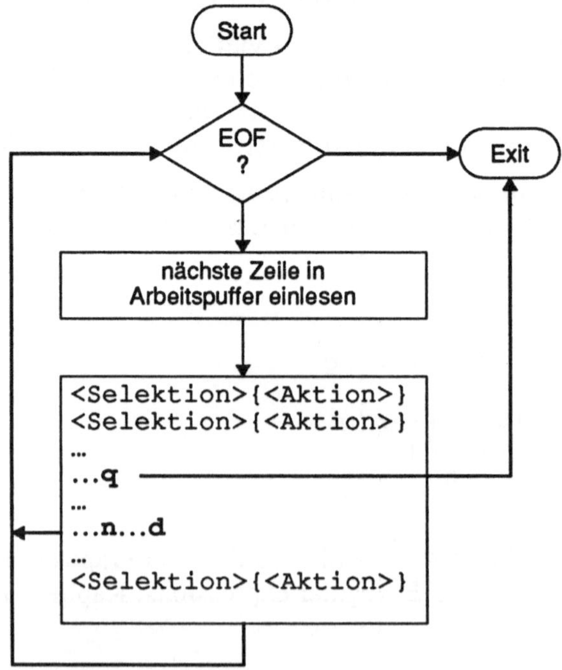

Bild 6.1: Getaktete Arbeitsweise von sed(1)

pro Aufruf *durchläuft* (one pass processing). Aus genau diesem Grunde soll denn auch im folgenden beständig von *Selektion* (selection) anstelle von Adressierung (addressing) die Rede sein. Bestimmte Operationen, wie zum Beispiel das Rückwärtsversetzen und -kopieren von Zeilen, sind dabei zwangsläufig eingeschränkt.

Zwei wichtige Leistungsmerkmale von *ed* sind bei *sed* jedoch fast identisch vorhanden. Erstens stehen der Substitutionsbefehl sowie implizite Zeilenselektion durch Suchmuster zur Verfügung. Und zweitens wird die *lexikalische Bestimmungssyntax* (lexical pattern syntax; Kapitel 3) zur Formulierung von Such- und Zielmustern voll unterstützt. In diesem Zusammenhang sei denn auch McMahon (1978) noch einmal zitiert: "... *sed* ist ein geradliniger Abkömmling (linear descendant) des Zeileneditors ed(1) ... Das auffälligste Verwandtschaftsmal ist die gemeinsame Bestimmungssyntax von lexikalischen Mustern ..."

6.3 *sed*-Skripte

sed-Skripte sind *konforme Textdateien* (conforming text file; Abschnitt 1.2.5) gemäß **ascii(5)** mit der üblichen *Wort-* und *Zeilenstruktur*, die durch die *Standardtrennzeichen* (standard separators) bestimmt wird. Überlange Statements können mit dem Rückstrich \ (backslash) unmittelbar gefolgt vom Zeilenvorschub über mehrere Zeilen fortgesetzt werden (line continuation), was jedoch nach Möglichkeit nur an *Wortgrenzen* (word boundary) erfolgen sollte. Die Fortsetzung endet mit dem ersten ungeschützen Zeilenvorschub. Die Skriptdateien können bestens mit den einheimischen Texteditoren **ed(1)** oder **ex(1)/vi(1)** angelegt und gepflegt werden.

sed-Skripte können *Kommentare* (comments) enthalten, die mit dem *Dur*-Zeichen # (sharp sign) beginnen und sich bis zum ersten *ungeschützten* Zeilenvorschub erstrecken, was auch über mehrere Zeilen fortgesetzt werden kann:

```
... # Kommentar ...        # You are a child \[LF]
...                          of the universe \[LF]
                             ...
```

Als wichtige *Eigenheit* (idiosyncrasy) bei Kommentaren ist zu beachten, daß eine erste Zeile mit einem n unmittelbar nach dem Dur-Zeichen,

```
#n ...
```

die *Option* n anstellt, womit die normale Durchlaufausgabe (default output) abgestellt wird; d.h. es werden nur selektierte Zeilen ausgegeben, was nachfolgend im konkreten Zusammenhang weitergeführt wird.

Leerzeilen (empty lines) können der Übersichtlichkeit halber beliebig oft und an beliebiger Stelle eingefügt werden; sie werden bei der Ausführung einfach übergangen.

Die eigentliche Programmstruktur setzt sich aus zwei Arten von *ausführbaren* (executable) Statements zusammen:

- Selektion-Aktion-Paare, die aus einer Selektionsklausel und einer Aktion aus einzelnen oder gruppierten Befehlen bestehen
- Sprungmarken, die als Ziele von Verzweigungsbefehlen fungieren.

Da *sed*-Skripte während eines Taktes von oben nach unten linear durchlaufen (top-down sequential execution) werden, sind die relativen Positionen der ausführbaren Statements von Wichtigkeit.

6.4 Selektion-Aktion-Paare

In der einfachen Form setzten sich *S/A-Paare* (selection-action pairs) aus einer *Selektionsklausel* (selection clause) und einem einzigen Befehl als *Aktion* (action) zusammen:

```
<Selektion><Befehl>
```

Der *Rang* (rank) einer Selektionen wird durch die Anzahl der *Zugriffsprimitiven* (addressing primitives) bestimmt. Eine Selektion vom Rang 0 enthält keine einzige Zugriffsprimitive und damit auch keine Selektionsklausel; wie zum Beispiel in,

```
s/^/\[CTL_I]/
```

womit alle durchlaufenden Zeilen erfaßt und mit dem Tabulatorzeichen eingerückt werden.

Selektionen vom Rang 1 enthalten jeweils *genau eine*, und Selektionen vom Rang 2 jeweils *genau zwei* Zugriffsprimitive, um Zeilen beziehungsweise zusammenhängende Zeilenbereiche zu erfassen; wie zum Beispiel in,

```
/^$/d                          4,11s/^/#/
```

womit alle Leerzeilen beziehungsweise der Zeilenbereich 4–11 *selektiert* und — als einzige Aktion — gelöscht beziehungsweise modifiziert werden. Die Zeilenselektion wird nachfolgend im Unterabschnitt 6.4.2. weitergeführt.

Der *Rang eines Befehles* (command rank) entspricht dem zulässigen Maximalrang einer vorangestellten Selektion: *sed*-Befehle können vom Rang 0, 1 oder 2 sein. Als Beispiele wären zu betrachten:

```
:fin                  /^.stp/a                  5,12d
```

wo der Doppelpunkt ':' (colon) als Sprungmarkenbefehl den Rang 0, der Eingabebefehl a den Rang 1, und der Löschbefehl d den Rang 2 hat.[3]

---

3. Was im originären Schrifttum durch den eingeklammerten Rang angedeutet wird:
   (0) :... ; *(1)* a... ; *(2)* d...

Beim Verknüpfen eines Befehls mit einer *inkompatiblen Selektion* (incompatible selection) entsteht ein fataler Fehlerzustand mit Exit-Kode 1.

Selektionen vom Rang > 0 müssen immer mit einer Aktion verknüpft werden, andernfalls entsteht ein Fehlerzustand mit Exit-Kode ≠ 0. Aktionen können sowohl alleinstehende Befehle als auch Befehlsgruppen sein.

6.4.1 Befehlsgruppen

Befehle können mit geschweiften Klammern (braces) zu *Befehlsgruppen* (command groups) unter gemeinsamen Selektion zusammengefaßt werden,

```
<Selektion> { # Anfang Gruppe ...
        <Befehl₁>
        <Befehl₂>
        ...
    } # Ende Gruppe ...
```

wobei die linke geschweifte Klammer der Selektionsklausel unmittelbar auf derselben Zeile folgen muß und selbst optional von einem Kommentar gefolgt werden kann. Die Gruppe besteht aus einer Folge von Befehlszeilen, die mit der rechten Klammer auf einer weiteren Zeile abgeschlossen wird. Optional kann ein abschließender Kommentar folgen.

Im allgemeinen wird davon ausgegangen, daß die in einer Gruppe enthaltenen Befehle logisch kompatibel (logically compatible) hinsichtlich des gemeinsamen Selektionsranges sind. Typische Beispiele sind Folgen von verketteten Substitutionen; wie zum Beispiel in,

```
/fprintf/ { # Anfang Auskommentieren
        s:^:/* :
        s:$: */:
    } # Ende Auskommentieren
```

wo alle Zeilen, die den Funktionsbezeichner `fprintf` enthalten, auskommentiert werden; mit dem Resultat,

```
...
/* ... fprintf ... */
...
```

S/A-Gruppen können verschachtelt werden,

```
<Selektion A> { # Anfang A ...
        <Befehl>
        ...
        <Selektion B>  { # Anfang A.B ...
                <Befehl>
                ...
            } # Ende A.B ...
        ...
    } # Ende A ...
```

wobei die Selektionen von außen nach innen im Sinne von *logischen Konjunktionen* (logical conjunctions) als eine Folge von **ANDs** verknüpfen. Damit ergeben sich flexible und effiziente Möglichkeiten der *logischen Faktorisierung* (logical factoring).

Eine typische Art der Verschachtelung beginnt mit einer kategorischen Vorwahl (categorical preselection), innerhalb welcher dann weitere S/A-Gruppen ausgeführt werden; wie zum Beispiel in diesem Ansatz,

```
14,48 { # Anfang Zeilenbereich ...
       ...
      /^..*$/ { # Anfang nichtleere Zeilen ...
           s/^/\[TAB]/
             ...
           } # Ende nichtleere Zeilen ...
       ...
     } # Ende Zeilenbereich ...
```

6.4.2 Zeilenselektion

Eine *Selektion* (selection) bestimmt, ob die sich die jeweils im Puffer befindlichen Zeilen der nachgestellten Befehlsgruppe zugeführt werden. Ein vor- oder rückgreifende Selektion (prospective, retrospective, selection) ist dabei nicht möglich, da die Zeilen nocht nicht beziehungsweise nicht mehr zur Verfügung stehen.

Mit Ausnahme von relativer Adressierung und Zeilenmarkierung, unterstützt *sed* im Sinne der *Zeilenselektion* alle unter ed(1) zulässigen Formen der absoluten und impliziten Zeilenadressierung (Abschnitte 2.2.1 und 2.2.2). Eine *Selektionsklausel* (selection clause),

```
<Selektion> :   | <Z> | <Z1>,<Z2>
```

kann vom *Rang* (rank) 0 sein, d. h. leer, in welchem Fall alle einströmenden Zeilen erfaßt werden, oder sich gemäß Rang 1 oder 2 aus ein oder zwei *Zugriffsprimitiven* <Z> (addressing primitives) zusammensetzen, mit denen Zeilen beziehungsweise Zeilenbereiche erfaßt werden. Als Zugriffsprimitive stehen zur Verfügung,

```
h                          eine absolute Zeilennummer;
$                          Symbol für die letzte Zeile;
/<smuster>/                ein Suchmuster.
```

Absolute Zeilennummern (absolute line number) werden im Sinne der laufenden Zeilennummerierung des Eingabestromes interpretiert. Individuelle Zeilennummern beziehungsweise Zeilenbereiche müssen daher im voraus bekannt sein, da ja keine anderen Auswahlkriterien zu deren Bestimmung angewandt werden können. Sowohl Einzelzeilen als auch zusammenhängende Zeilenbereiche (contiguous line ranges) können mit Zeilennummern selektiert werden,

```
h <Befehlsgruppe>              h,k ...
```

wobei gilt: $1 \leq h \leq k \leq N$; mit N als der als bekannt vorauszusetzenden Gesamtzahl von Zeilen. Die letzte Zeile kann wie üblich mit dem *Dollarzeichen* $ (dollar sign) adressiert werden,

```
$ <Befehlsgruppe>              h,$ ...
```

Für *implizite Zeilenadressierung* mit *Suchmustern* (search patterns) steht die *lexikalische Bestimmungssyntax* (lexical pattern syntax; Kapitel 3) uneingeschränkt zur Verfügung,

```
/<smuster>/ ...
```

wobei der *Schrägstrich* (slash) normalerweise als *Begrenzer* (delimiter) fungiert. Im Suchmuster enthaltene Schrägstriche müssen entweder individuell mit dem *Rückstrich* \ (backslash) abgedeckt werden oder der Begrenzer selbst muß mit dem Rückstrich auf ein alternatives Zeichen umdefiniert werden; wie zum Beispiel in den gleichwertigen Ausdrücken,

```
/3\/4\ ...                     \:3/4: ...
```

wo in beiden Fällen der Bruch 3/4 als Suchmuster fungiert, in letzteren aber der Doppelpunkt ':' (colon) als alternativer Begrenzer benutzt wurde. Der Suchvorgang muß passiv im Sinne eines Durchlauffilters verstanden werden.

Ebenso wie bei den Zeileneditoren beinhaltet die leere Dyade // (null pattern) das jeweils *aktuelle Suchmuster* (current search pattern),

```
//...
```

Sowohl einzelne Zeilen als auch zusammenhängende Zeilenbereiche (contiguous line ranges) können implizite selektiert werden,

```
/<smuster>/<Befehlsgruppe>   /<sm1>/,/<sm2>/...
```

Zusammenhängende Zeilenbereiche erstrecken sich *vorwärts* im Sinne der einströmenden Zeilen von der jeweils ersten Instanz des ersten Suchmusters zur jeweils ersten Instanz des zweiten, was auch einzelne Zeile mit beiden Instanzen miteinschließen kann.[4] Falls keine Instanz des zweiten Suchmusters auftaucht, erstreckt sich der erfaßte Zeilenbereich bis zum Ende des Datenstromes. Multiple Selektion sowohl von einzelnen Zeilen als auch von Zeilenbereichen ist ebenfalls möglich.

---

4. Im Gegensatz zu ed(1) und ex(1).

Zeilennummern und Suchmuster können kombiniert werden,

```
h,/<smuster>/ <Befehlsgruppe> /<sm>/,k ...
```

wobei jedoch höchstens nur ein, und möglicherweise auch kein Zeilenbereich selektiert wird.

Eine Selektion kann explizite *negiert* werden, was einer *Exklusion* der selektierten Zeilen und Zeilenbereichen gleichkommt. Das Ausrufungszeichen ! (exclamation mark) fungiert als *logischer Negationsoperator* (logical negation operator) einer vorangestellten Selektion,

```
<Selektion> !<Befehl>        <Selektion> !{...}
```

wobei das Ausrufungszeichen unmittelbar von einem Befehl beziehungsweise der linken Klammer einer Befehlsgruppe gefolgt sein muß; dazwischenliegende Leerzeichen verursachen einen Fehlerzustand.

Als einfachere Beispiele wären zu betrachten,

```
!p                           0 !p
```

womit *keine Zeile* beziehungsweise *alle Zeilen*, und

```
1 !p                         $ !p
```

womit *alle Zeilen außer der ersten* beziehungsweise *alle Zeilen außer der letzten* selektiert und mit dem Ausgabebefehl p ausgegeben werden.

Das Prinzip läßt sich insbesondere auf *implizite Adressierung* mit *Suchmustern* (search patterns) anwenden,

```
/UNIX/ !...                  /^.*$/ !...
```

wobei links alle Zeilen, die *nicht* die Zeichenkette 'UNIX' enthalten, selektiert werden. Rechts erfolgt eine *kategorische Nullselektion* (null selection) durch Negieren der Tautologie einer *leeren oder nichtleeren* Zeile dar.

Beispiel von negierten *Zeilenbereichen* (excluded line ranges) sind,

```
9,21 !...                    :/*:,:*/: !...
```

wobei links die den Zeilenbereich 9–21 umgebenden Zeilen 1, 2,...,8, 22, ... selektiert werden. Rechts werden alle Zeilen *außerhalb* eines mit den Dyaden /* und */ abgegrenzten Kommentarbereiches selektiert, wobei übrigens der Doppelpunkt ':' (colon) als *alternativer Begrenzer* (alternate delimiter) benutzt wird.

6.5 Ablaufsteuerung

sed stellt eine einfache aber für Editierzwecke völlig ausreichende Art von *Ablaufsteuerung* (flow of control) zur Verfügung, wobei drei Ebenen zu betrachten sind,

* der Ablauf innerhalb eines Editiertaktes;
* das Beenden und Neustarten des Editiertaktes;
* Beenden der Ausführung.

Mit dem *Sprungbefehl* b (branch command) kann im Sinne eines *goto* sowohl bedingungsfrei als auch bedingungsgebunden zu einer Marke gesprungen werden (unconditional, conditional, branching),

```
...                              ...
b <Sprungmarke>                  <Selektion> b <Sprungmarke>
...                              ...
: <Sprungmarke>                  : <Sprungmarke>
...                              ...
```

Als Ziel einer Selektion wird eine *Marke* (label) mit einem Doppelpunkt am Zeilenanfang eingeleitet und darf von keinen weiteren Statement — auch keinen Kommentar — in derselben Zeile gefolgt werden.

Der *Geltungsbereich* (scope) einer Marke erstreckt sich auf das ganze *sed*-Skript; eine Marke darf also nur jeweils nur einmal als Ziel gesetzt werden, obgleich mehrfach als Argument von Sprungbefehlen. Marken dürfen überall im Skript eingefügt werden; unbenutzte Marken sind zulässig. Die Marke selbst kann sich aus maximal 8 *alphamerischen Zeichen* (alphameric characters) zusammensetzen.

Der *Sprungbefehl* b kann sowohl mit oder ohne Sprungmarke als auch mit oder ohne Selektion benutzt werden, was insgesamt 4 Möglichkeiten ergibt,

```
<Selektion> b <Sprungmarke>        b <Sprungmarke>
<Selektion> b                      b
```

Ohne Selektion fungiert b im Sinne einer bedingungsfreien Verzweigung (unconditional branching); ohne Sprungmarke erfolgt ein Transfer zum logischen Skriptende, womit die nächste Zeile eingelesen und ein neuer *Editiertakt* (edit cycle) gestartet beziehungsweise das Skript terminiert wird. Als einfaches Beispiel wäre zu betrachten,

```
...
/AIX/    b aix
         s/^/\[TAB]/
         b ...
: aix
         s/^/AIX: /
...
```

Alle Zeilen, die `AIX` enthalten, werden mit `AIX:` als Präfix versehen; alle anderen Zeilen werden eingerückt. Diese Art der *logischen Dichotomie* (logical dichotomy) kann mit einer Selektion allein nicht immer erzielt werden. Der Ansatz läßt sich zu einer Art von *logischer Leiter* (logical ladder) im Sinne des von der C-Sprache und C-Shell her bekannten *switch-case*-Konstruktes erweitern,

```
/AIX/     b aix
/BIX/     b bix
...
          b ...
...
aix:
          ...
          b ...
bix:
          ...
          b ...
...
```

Als Variante von `b` steht der Prüf- und Sprungbefehl `t` (test and branch) zur Verfügung:

```
<Selektion> t <Sprungmarke>        t <Sprungmarke>
<Selektion> t                      t
```

Der Befehl kann durch eine optional vorangestellte Selektion bedingt oder bedingungsfrei aufgerufen werden. Dann, wenn eine unmittelbar vorhergehende Substitution in der selektierten beziehungsweise in der aktuellen Zeile erfolgreich war, wird die nachgestellte Sprungmarke beziehungsweise das logische Programmende angesteuert.

Eine typische Anwendung besteht darin, alle durch eine vorhergehende Substitution enstandenen Leerzeilen zu löschen:

```
...
/^$/ t s_leer
...
: s_leer
  d
...
```

Der Befehl `t` wird auch häufig zum Entfehlern komplexerer *sed*-Skripte benutzt.

Die beiden Steuerbefehle können beliebig mit anderen Befehlen und Anweisungen gruppiert werden. Gruppenübergreifende Sprünge sind über alle Verschachtelungsebenen hinweg zulässig; insbesondere kann in verschachtelte Gruppen hineingesprungen werden.

Der *aktuelle Editiertakt* (current edit cycle) kann unter verschiedenen Modalitäten beendet und neu gestartet werden, durch die Befehle d (delete) und n (next) bewirkt wird,

```
<Selektion>d              <Selektion>n
```

Mit d wird der aktuelle Inhalt des *Arbeitspuffers* (pattern space) gelöscht, und mit n noch über die *Normalausgabe* (standard output) ausgegeben, bevor ein neuer Editiertakt mit dem Einlesen der nächsten Zeile in den Puffer gestartet wird. Die beiden Befehle können beliebig mit anderen kompatiblen Befehlen gruppiert werden.

Zum Beenden der Ausführung steht der Befehl q (quit) zur Verfügung,

```
[<Zeile>]q
```

wobei der aktuelle Inhalt des Arbeitspuffers unwiderruflich verloren geht. Der Befehl kann sowohl allein stehen als auch mit Zeilenselektionen verbunden werden; wie zum Beispiel in,

```
q              56q              /^.stp/q
```

wo die Ausführung innerhalb der Befehlsfolge beziehungsweise mit Zeile 56 beziehungsweise mit der ersten Zeile endet, die mit .stp beginnt.

6.6 Editierbefehle

Mit *Editierbefehlen* (editing commands) kann der Inhalt des *Arbeitspuffers* (pattern space) modifizert werden,

- Transponieren von Zeichenfolgen;
- Zeilengebundene Substitution mit steuerbarer Ausgabe;
- Löschen sowie Vorwärtsversetzen und -kopieren von Zeilen und Zeilenbereichen;
- Zeilenweise Texteingabe;

Editierbefehle können beliebiger mit sich selbst und anderen Befehlen und Anweisungen zu Befehlsgruppen (Abschnitt 1.2.2) zusammengefaßt werden.

6.6.1 Transponieren von Zeichenfolgen

Mit dem Befehl y können ASCII-Zeichenfolgen *transponiert* werden (character translating, mapping),

```
<Selektion>y/C1C2...Ck/Z1Z2...Zk/ ...y?C1C2...Ck?Z1Z2...Zk?
```

wobei $C_1, C_2, ..., C_k$ und $Z_1, Z_2, ..., Z_k$ zwei gleichlange Folgen von ASCII-Zeichen sind, die dann eineindeutig aufeinander abgebildet werden (one-one mapping); was der Grundfunktion des Transponierbefehls **tr(1)** entspricht.

Anstelle des Schrägstrichs kann jedes andere Zeichen, das in keiner der beiden Folgen enthalten ist, als *alternativer Begrenzer* (alternate delimiter) benutzt werden. Der Transponierbefehl ist mit allen Formen der Zeilenselektion kompatibel und kann mit anderen kompatiblen Befehlen gruppiert werden.

Die Einrichtung wird häufig zum Transponieren von Groß- auf Kleinbuchstaben und umgekehrt benutzt,

```
...y/AB...Z/abc...z/                    ...y?abc...z?AB...Z?
```

kann aber auch zum einfacheren (und bequemeren) *Verwürfeln* (scrambling) von Klartext sowie zum entsprechenden *Entwürfeln* (unscrambling) benuzt werden.

6.6.2 Zeilengebundene Substitution

Der *Substitutionsbefehl* s (substitution command) wird dazu benutzt, *Zielmuster* (target strings) durch *Ersatzketten* (replacement strings) zu ersetzen. Das *zeilengebundene* Substitutionsschema (in-line substitution) verläuft wie bei ed(1) von links nach rechts:

```
<Selektion>s/<ziel>/<ersatz>/[i|g][p]   [w <Dateiname>]
```

Mit der nachgestellten Ganzahloption $i = 1, 2, \ldots, 512$ wird die jeweils *i*-te Instanz des Zielmusters ersetzt; bei Auslassung nur die erste, und bei g (global) alle Instanzen. Mit p (print) wird eine erfolgreich modifizierte Zeile über die Normalausgabe (standard output), und mit w (write) zusätzlich oder alternativ zu einer benannten Datei ausgegeben.

Von dieser letzten Einzelheit abgesehen, gelten identisch die Anwendungsregeln von ed(1) (Abschnitt 2.6); insbesondere die lexikalischen Schutzregeln hinsichtlich der Begrenzer und möglicher Sonderzeichen. Für die Formulierung von Zielmustern steht die *lexikalische Bestimmungssyntax* (lexical pattern syntax; Kapitel 3) uneingeschränkt zur Verfügung.

Der Substitutionsbefehl ist mit allen Formen der Zeilenselektion kompatibel und kann mit anderen kompatiblen Befehlen gruppiert werden. Die Wechselwirkung von Substitutionen mit dem Prüf- und Sprungbefehl t (test and branch instruction; Abschnitt 5.1.6) ist gegebenenfalls im Auge zu behalten.

6.6.3 Löschen von Zeilen

Mit dem Löschbefehl d (delete),

```
<Selektion>d
```

werden einzelne Zeilen und zusammenhängende Zeilenbereiche aus dem
Textstrom gelöscht; in dem Sinne, daß der jeweils selektierte Inhalt des
Arbeitspuffers (pattern space) nicht mehr ausgegeben und aufgegeben wird.
Im Gegensatz zu *ed* und *ex* ist jedoch zu beachten, daß die *absoluten* Zeilen-
nummern der nachfolgenden Zeilen nicht verändert werden; d.h. mit

```
1,10d
```

behalten bei mehr als 10 Eingabezeilen die nachfolgenden Zeilennummern
11, ... noch unverändert ihre Gültigkeit, was bei den Zeilenditoren *nicht* der
Fall wäre!

Mit der Ausführung von d endet zugleich der *aktuelle Editiertakt* (current
edit cycle, terminating), was auch sinnvoll ist, da der Inhalt des Arbeitspuffers logisch nicht mehr zur Verfügung steht. Alle nachfolgenden Editierbefehle werden einfach übersprungen. Mit dem Einlesen einer neuen Zeile aus
dem Textstrom beginnt dann ein neuer Editiertakt.

Der Löschbefehl d ist mit allen Formen der Zeilenselektion kompatibel und
kann mit anderen kompatiblen Befehlen gruppiert werden, wobei der relativen Position Beachtung zu schenken ist.

Mit der Variante D (Majuskel),

```
<Selektion>D
```

wird nicht der gesamte aktuelle Inhalt des Arbeitspuffers gelöscht, sondern
nur die erste logische Zeile bis einschließlich des Zeilenvorschubes. Nur bei
einem leeren Puffer wird eine neue Zeile eingelesen. In beiden Fällen wird
der Editiertakt erneut gestartet.

An diesem Punkt entsteht natürlich die Frage, wie der Arbeitspuffer mehr als
eine logische Zeile enthalten kann. Mit der Anweisung N (next) wird eine
neue Zeile aus dem Textstrom eingelesen und als logische Zeile dem aktuellen Inhalt des Arbeitspuffers *angehangen* (appending contents, pattern
space). Zeilenvorschübe trennen die logischen Zeilen im Arbeitspuffer. Dies
wird nachfolgend im Abschnitt 6.9 aufgegriffen und weitergeführt.

6.7 Texteingabe

Texteingabe (input mode) kann durch *mitfließenden Text* (instream text) in
der Befehlsfolge als auch durch Eingabe aus externen Dateien erfolgen. In
beiden Fällen werden die eingegebenen Zeilen in den ausströmenden Textstrom eingefügt, ohne daß eine Erhöhung der nachfolgenden Zeilennummern
erfolgt. Der eingefügte Text kann während des gleichen Durchlaufes nicht
weiter modifiziert werden.

6.7.1 Mitfließender Eingabetext

Zum positionsgebundenen *Einfügen* von mitfließenden Eingabetext
(instream input text) *nach* beziehungsweise *vor* einer selektierten Zeile stehen die *Eingabebefehle* (text input commands) a (append) und i (insert)
zur Verfügung. Der selektierte Originaltext bleibt dabei unter den ursprünglichen Zeilennummern erhalten.

Im Gegensatz dazu können selektierte Zeilen oder Zeilenbereiche des Origi-
naltextes durch mitfließenden Eingabetext *ersetzt* werden, wozu der Eingabebefehl c (change) zur Verfügung steht. Dieser Befehl kann ebenfalls mit
anderen kompatiblen Befehlen gruppiert werden.

Bei beiden Eingabearten bleibt der nachfolgende Originaltext unter den
ursprünglichen Zeilennummern erhalten!

Im folgend soll <Z> für a und i eine Einzelzeile, und für c sowohl eine
Einzelzeile als auch einen Zeilenbereich symbolisieren. Mit <E> soll einer
der Befehle a, c oder i symbolisiert sein. Dann gilt das allen drei Eingabefehlen gemeinsame Eingabeschema,

```
...
<Z><E>\
<erste Eingabezeile>\[RET]
...                   \[RET]
<letzte Eingabezeile>[RET]
<nächstes Statement>
...
```

wobei die Eingabe mit dem Rückstrich \ (backslash) eingeleitet und dann
zeilenweise fortgesetzt wird bis zur letzten Eingabezeile, die mit einem einfachen Zeilenvorschub abgeschlossen wird.

Zu beachten ist, daß dieses Schema sich auf nur *Skriptdateien* (script files)
bezieht, in denen der Eingabetext als Teil der Befehlsfolge mitfließt. Für Eingabetext, der seinerseits als Teil einer mit der Argumentoption −e mitfließenden Befehlsfolge in der Befehlszeile mitfließt, gelten dann zusätzlich
noch die lexikalischen Eingaberegeln der jeweiligen Shell. Dies wird weiter
unter noch einmal aufgegriffen und weitergeführt.

Da Skriptdateien ebenfalls als *konforme Textdateien* (conforming text files) angelegt werden müssen, gelten für *Sonder-* und *Steuerzeichen* (special characters) zuerst die Eingaberegeln des jeweiligen Editiersystems — also zum Beispiel von ed(1) or ex(1)/vi(1). Hinsichtlich der Eingabe bei *sed* gilt, daß der Rückstrich, soll er selbst Teil des Eingabetextes sein, in jeder Instanz mit sich selbst abgedeckt werden muß,

```
... a\
... \\ ...\
...
```

Als *lexikalische Eigenheit* (idiosyncrasy) ist zu beachten, daß Leer- und Tabulatorzeichen am Zeilenanfang normalerweise verlorengehen und nur mit einem anführenden Rückstrich erhalten bleiben,

```
\  ...\[RET]                      \[TAB] ...\[RET]
```

Als typisches Anwendungsbeispiel von i wäre das Einfügen eines Urhebervorbehaltes am Anfang von C-Quelldateien zu betrachten,

```
1i\
/* ------------------------------\
\[TAB]COPYLEFT NOTICE\
\ This program may be freely ...\
\      ...\
--------------------------------*/
...
```

wo die Überschrift mit dem Tabulatorzeichen, und der nachfolgende Paragraph mit mehreren Leerzeichen eingerückt und mit dem anführenden Rückstrich geschützt werden.

Bei Eingabetext, der mit der Argumentoption −e auf der Shell-Ebene mitfließt, gelten dazu noch die lexikalischen Eingaberegeln der jeweiligen Shell. Ein Kontrastbeispiel mag dies sogleich veranschaulichen,

In einer Textdatei sollen Zeilen, die das Kürzel .HF enthalten, durch zwei Zeilen ersetzt werden, im folgenden Sinne,

```
...                              ...
.HF                              Hallo Freunde!!
...                              ---------------
                                 ...
```

Mit der Argumentoption −e fließt der Ersatzbefehl c nebst seinem mitfließenden Ersatztext als *zitierte Zeichenkette* (quoted character string) in der Befehlszeile mit,

```
(BOURNE-Shell)                   (C-Shell)
$ sed -e '/\.HF/c\               % sed -e '/\.HF/c\\
>Hallo Freunde!!\                Hallo Freunde\!!\\
>---------------\                ---------------\\
...' dateix                      ...' dateix
```

In der BOURNE-Shell erfolgt eine *automatische Fortsetzung* (automatic continuation) von zitierten Zeichenketten, was normalerweise durch das linke Winkelzeichen > als *Fortsetzungsprompt* (continuation, secondary, prompt) angezeigt wird und mit dem abschließen Zitat endet.

In der C-Shell erfolgt dagegen keine automatische Fortsetzung von zitierten Zeichenketten; die Fortsetzung muß mit dem Rückstrich \ (backslash) explizite erzwungen werden, was in jeweils zwei Rückstrichen resultiert. Darüber hinaus muß auch das Ausrufungszeichen ! (exclamation mark) mit dem Rückstrich geschützt werden, falls es unmittelbar von sich selbst oder einem alphamerischen Zeichen gefolgt wird.[5]

6.7.2 Eingabe aus externen Dateien

Zum positionsgebundenen Einfügen von Eingabetext aus einer *benannten Datei* (named file) steht der Eingabebefehl r (read) zur Verfügung,

```
<Z>r <Dateiverweis>
```

Der Text wird im Sinne von a (append) unmittelbar hinter einer selektierten Zeile <Z> eingefügt, wobei der Originaltext unter den ursprünglichen Zeilennummern erhalten bleibt. Der Befehl kann mit allen anderen kompatiblen Befehlen unter Einzelselektionen gruppiert werden.

Der Eingabebefehl wird zumeist dazu benutzt, häufig benutzte externe Textsegmente aus Bibliotheken (oder Textbanken) im Sinne eines *include* einzulesen. Typische Anwendungen sind Kennungen, Adressen, Urheber- und Eigentumsvorbehalte (proprietary notices) und ähnliche Hinweise.

---

5. Eine ausführliche Beschreibung der lexikalischen Leistungsmerkmale und Eigenheiten der beiden einheimischen UNIX-Shells wird in KA1(1992) gegeben.

6.8 Textausgabe

Die *Textausgabe* (text output) kann bei *sed* sowohl über die *Normalausgabe* (standard output) als auch über *benannte Dateien* (named files) erfolgen. Ersteres kann im Sinne der Listbefehle von ed(1) (Abschnitt 2.3) verstanden werden; letzteres im Sinne des Ausgabebefehles w (write; Abschnitt 2.8).

Unabhängig vom Verlauf des eigentlichen Editiervorgang gibt *sed* eine identische Kopie des Eingabestromes über die Normalausgabe aus, was nur mit der Aufrufsoption −n in der Befehlszeile,

```
... sed -n ...
```

oder einer ersten Zeile der kommentar-ähnlichen Form,

```
#n ...
```

unterbunden werden kann. Mit n werden dann nur noch selektierte Zeilen — soweit nicht gelöscht — über die Normalausgabe ausgegeben. Die folgenden, in der BOURNE-Shell ausgeführten Kontrastbeispiele mögen dies erhellen.

```
$ sed -e '/main/p' pgmx.c       $ sed -n -e '/main/p' pgmx.c
#include <stdio.h>              main()
main()                         { /* main-program */
main()                         } /* Ende main */
{ /* main-program */
{ /* main-program */
puts("Hallo Freunde\n");
exit(0);
} /* Ende main */
} /* Ende main */          .
```

Ohne die Option n wird jede Zeile des Eingabestromes zusammen mit den selektierten Zeilen — hier `main` — ausgegeben. Mit n werden dagegen nur die selektierten Zeilen ausgegeben.

Zur Ausgabe von selektierten Zeilen und Zeilenbereichen über die Normalausgabe stehen die Befehle p, P (print) und l (list) zur Verfügung,

```
<Selektion>p            ...P                    ...l
```

Mit p (Minuskel) wird der gesamte Inhalt des *Arbeitspuffers* (pattern space) ausgegeben; mit P (Majuskel) dagegen nur die jeweils erste logische Zeile. l (Minuskel L) fungiert wie p, nur daß *nichtdarstellbare Zeichen* (unprintable characters) symbolisch als Oktalwerte der Form \00 − \177 ausgegeben werden.

Mit dem *Gleicheitszeichen* (equal sign) = als Befehl kann die absolute Zeilennummer der aktuellen Zeilenselektion im Arbeitspuffer ausgegeben werden,

```
=             <Zeile>=              <Selektion>{...
                                    =
                                    ...}
```

wobei zu beachten ist, daß dem Gleicheitszeichen maximal nur eine Zeilenselektion, nicht aber ein Zeilenbereich unmittelbar vorangestellt werden kann, was jedoch — wie angedeutet — durch Gruppierung umgangen werden kann.

Mit dem *Dateibefehl* w (write) können selektierte Zeilen und Zeilenbereiche zu einer benannten Datei ausgegeben werden,

```
<Selektion>w  [<Dateiverweis>]
```

Bei Auslassung des Dateiverweises erfolg die Ausgabe über die Normalausgabe. Eine bereits existierende Datei wird nur beim ersten Aufruf von w überschrieben; bei jedem weiteren Aufruf wird die Ausgabe automatisch am Ende angehängt (appending output file, sed).

Die Ausgabebefehle sind mit allen Formen der Zeilenselektion kompatibel und können beliebig mit anderen kompatiblen Befehlen gruppiert werden.

6.9 Verwaltung des Arbeitspuffers

Der Arbeitspuffer wird im originären Schriftum (McMahon, 1978) als *pattern space* bezeichnet, was in dem Sinne zu verstehen ist, daß sich der Inhalt mit *Such-* und *Zielmustern* (search, target, patterns) wahlfrei adressieren läßt. Der Pufferinhalt muß im erweiterten Sinne als die *aktuelle Zeile* (current line) verstanden werden. Tatsächlich enthält der Arbeitspuffer zumeist ja auch nur die jeweils eingelesene Zeile, die bereits im Eingabestrom mit dem Zeilenvorschub abgegrenzt war. Darüber hinaus fungiert der Arbeitspuffer jedoch als FIFO-Silo (stack), in dem Sinne, daß Zeilen am Ende angehängt (appending) und am Anfang entfernt (popping lines) werden können, wobei der Zeilenvorschub LF (line feed) die einzelnen Zeilen logisch trennt, weshalb dann auch von *logischen Zeilen* (logical lines) im Puffer die Rede ist.

Zu beachten ist, daß die Kapazität des Arbeitspuffers (pattern space size) beschränkt ist, zumeist auf 4Kb oder auch weniger. Beim Überschreiten durch Einlesen einer überlangen Zeile oder durch wiederholtes Anhängen von Zeilen kann ein übler *Laufzeitfehler* (runtime error) entstehen, wobei die Ausführung bedingungslos abgebrochen und ein Exit-Kode von 2 gesetzt wird.

Mit dem Befehl N (next) wird die jeweils nächste Zeile des Eingabestromes an den aktuellen Pufferinhalt *angehängt* (appending),

```
<Selektion>N
```

wobei der trennende Zeilenvorschub (line feed) erhalten bleibt und bei Substitutionen symbolisch mit \n erfaßt werden kann. Durch wiederholtes Setzen von N wird eine entsprechende Anzahl von Zeilen angehängt, wobei die absolute Zeilennummer des Pufferinhaltes entsprechend erhöht wird.

Erst in diesem Zusammenhang erhalten die Varianten des Ausgabe- und des Löschbefehls ihre besondere Bedeutung:

- mit dem Ausgabebefehl P (Majuskel) wird nur die jeweils erste logische Zeile ausgegeben; mit p (Minuskel) dagegen der gesamte Inhalt;
- mit dem Löschbefehl D (Majuskel) wird die jeweils erste logische Zeile bis einschließlich des begrenzenden Zeilenvorschubes gelöscht; mit d (Minuskel) dagegen der gesamte Inhalt; in beiden Fällen wird ein neuer Editiertakt gestartet.

Ein Beispiel mag die Pufferbelegung veranschaulichen. Gegeben sei der folgende *enumerierte* Teil eines einlaufenden Textstromes,

```
...
2  bbbbbbbbbbbb
3  cccccccccccc
4  dddddddddddd
5  eeeeeeeeeeee
...
```

Dann produzieren die links gezeigten Befehlsgruppen das rechts aufgelistete Resultat,

```
...
4  {=
   p
   }
2  {
      =                      ...
                             2
      P                      bbbbbbbbbbbb
      =                      2
      p                      bbbbbbbbbbbb
      N
      N
      =                      4
      P                      bbbbbbbbbbbb
      =                      4
      p                      bbbbbbbbbbbb
                             cccccccccccc
                             dddddddddddd
      D
      p
   }
                             4
                             cccccccccccc
                             dddddddddddd
...                          ...
```

Die Selektion geht von Zeile 2 aus, die anfangs als alleiniger Pufferinhalt mit
P und p unterschiedslos auch unter der Zeilennummer 2 ausgegeben wird.
Mit den nachfolgenden zwei Instanzen von N werden zwei weitere Zeilen
eingelesen und dem Pufferinhalt (pattern space, contents) angehangen, was
dann unter der Zeilennummer 4 geführt wird. Mit P (Majuskel) wird dann
nur die erste logische Zeile, und mit p der gesamte Pufferinhalt ausgegeben.
Mit D (Majuskel) wird die erste logische Zeile gelöscht und der Editiertakt
zugleich erneut gestartet, so daß das unmittelbar nachfolgenden p gar nicht
mehr ausgeführt wird. Der *nächste* Takt beginnt mit der Ausgabe des unter
der Zeilennummer 4 verbliebenen Pufferinhaltes, was übrigens auch die Reihenfolge der Befehlsgruppen erklären mag.

Als ein weiteres Beispiel wäre das *Zusammenfügen von Zeilen* (joining lines)
zu betrachten, wofür kein eigener Befehl zur Verfügung steht, und was daher
nur mit Puffermanipulationen ausgeführt werden kann. Auszugegehen ist von
dem Textstrom,

```
...
5 eeeeeeeeeee
6 fffffffffff
7 ggggggggggg
8 hhhhhhhhhhh
9 iiiiiiiiiii
...
```

Dann produziert die links aufgelistete Befehlsgruppe das rechts gezeigte
Resultat,

```
...
6 {
    N
    N
    s/\n/ /g
    =                      8
    p                      fffffffffff ggggggggggg hhhhhhhhhhh
    ...                    ...
  }
...
```

Mit der eingelesenen Zeile 6 wird die Aktionsgruppe ausgeführt: zwei weitere Zeilen werden dem Arbeitspuffer angehangen, alle trennden Zeilenvorschübe werden symbolisch mit \n erfaßt und durch ein Leerzeichen ersetzt,
worauf weitere Manipulationen an der zusammengefügten Zeile ausgeführt
werden können. Wiederum zu beachten ist, daß die zusammengefügte Zeile
intern im Arbeitspuffer (pattern space) mit der Zeilennummer 8 geführt wird
— falls keine weiteren Zeilen angehangen werden.

6.10 Zwischenpufferung

sed stellt einen *Zwischenpuffer* (holding buffer) zur Verfügung, in dem der aktuelle Inhalt des *Arbeitspuffers* (pattern space) ganz oder teilweise abgelegt werden kann, um dann wieder abgerufen beziehungsweise ausgetauscht werden zu können. Die *Pufferkapazität* (holding buffer size) ist ebenfalls zumeist auf 4Kb beschränkt; beim Überschreiten entsteht ein *Laufzeitfehler* (runtime error), wobei die Ausführung bedingungslos abgebrochen und ein Exit-Kode von 2 gesetzt wird.

Insgesamt 5 *Pufferbefehle* (buffer commands) stehen zum Austausch der Pufferinhalte zur Verfügung:

g   (get) der Inhalt des Zwischenpuffers wird in den Arbeitspuffer kopiert, wobei dessen jeweiliger Inhalt überschrieben wird;

G   (Majuskel) der Inhalt des Zwischenpuffers wird dem des Arbeitspuffers unter Einfügung eines Zeilenvorschubes angehangen;

h   (holdover) der Inhalt des Arbeitspuffers wird in den Zwischenpuffer kopiert, wobei dessen jeweiliger Inhalt überschrieben wird;

H   (Majuskel) der Inhalt des Arbeitspuffers wird dem des Zwischenpuffers unter Einfügung eines Zeilenvorschubes angehangen;

x   (exchange) die Pufferinhalte werden ausgetauscht.

Nur mit den Pufferbefehlen können Zeilen vorwärts versetzt oder kopiert werden (moving, copying; line manipulations). Als erstes Beispiel wäre das Duplizieren einer Zeile zu betrachten. Mit dem Textstrom,

```
...
1 aaaaaaaaaaa
2 bbbbbbbbbbbb
3 cccccccccccc
...
```

ergibt die links aufgelistete Befehlsgruppe das rechts gezeigte Resultat,

```
...
2 {
    =                        2
    p                        bbbbbbbbbbbb
    h
    G
    =                        2
    p                        bbbbbbbbbbbb
    ...                      bbbbbbbbbbbb
  }
...                          ...
```

Mit h wurde Zeile 2 als Kopie im *Zwischenpuffer* abgelegt, um dann sogleich dem sich im *Arbeitspuffer* (pattern space) befindlichen Original angehangen zu werden.

Als nächstes wäre das *Vertauschen* (exchange) zweier aufeinander folgender
Zeilen zu betrachten. Mit dem Textstrom,

```
...
4  dddddddddddd
5  eeeeeeeeeeee
6  ffffffffffff
7  gggggggggggg
...
```

ergeben die beiden Befehlsgruppen das rechts gezeigte Resultat,

```
...
5  {
     h
     d
   }
6  {                        ...
     p                      ffffffffffff
     x
     p                      eeeeeeeeeeee
   }
...                         ...
```

Schließlich wäre noch das *Kopieren* eines Zeilenbereiches (coyping line
range) zu betrachten. Mit dem Textstrom,

```
 ...
 7  gggggggggggg
 8  hhhhhhhhhhhh
 9  iiiiiiiiiiii
10  jjjjjjjjjjjj
11  kkkkkkkkkkkk
 ...
15  oooooooooooo
 ...
```

ergeben die beiden Befehlsgruppen das rechts gezeigte Resultat,

```
...
8,10 {
       H                      ...
       p                      hhhhhhhhhhhh
       ...                    iiiiiiiiiiii
     }                        jjjjjjjjjjjj
...                           ...
   15 {
       p                      oooooooooooo
       g                      hhhhhhhhhhhh
       ...                    iiiiiiiiiiii
       p                      jjjjjjjjjjjj
     }                        ...
...
```

d.h. der Zeilenbereich 8–10 wurde unmittelbar hinter die Zeile 15 kopiert.

Um den Zeilenbereich lediglich zu *versetzen* (moving line range), würde jegliche Ausgabe in der ersten Aktionsgruppe unterbleiben,

```
...
8,10 H
...
15 {                                    ...
      p                                  oooooooooooooo
      g                                  hhhhhhhhhhhhhh
      ...                                iiiiiiiiiiiiii
      p                                  jjjjjjjjjjjjjj
      }                                  ...
...
```

6.11 Primitive und Befehle

Tabelle 6.1 faßt die Primitiven und Befehle (primitives, commands) von *sed* unter Angabe des *Ranges* (rank) zusammen, wobei 0 überhaupt keine Selektion, 1 eine Einzelzeile und 2 einen Zeilenbereich bedeuten (Abschnitt 6.4.2).

Befehl	Rang	Bedeutung
#	0	Leerzeile bzw. Kommentar, wird übersprungen (Abschnitt 6.3)
#n	0	Option −n: keine Durchlaufsausgabe (Abschnitt 6.8)
: <M>	0	Sprungmarke (Abschnitt 6.5)
=	1	Ausgabe der aktuellen Zeilennummer (Abschnitt 6.8)
a\... c\... i\...	1	(append) Anhängen bzw. (change) Ersetzen bzw. (insert) Einfügen des nachfolgenden Textes (Abschnitt 6.7.1)
b [<M>] t [<M>]	2	Bedingungsfreier bzw. bedingter Sprungbefehl mit optional nachgestellter Sprungmarke; bei Auslassung Ende des Skriptes (Abschnitt 6.5)
d D	2	Löschen des gesamtem Inhaltes bzw. der ersten logischen Zeile des aktuellen Arbeitspuffers; Beenden des aktuellen Arbeitstaktes (Abschnitt 6.6.3)
g G	2	Der Inhalt des *Arbeitspuffers* wird durch den des *Zwischenpuffers* ersetzt bzw. erweitert (Abschnitt 6.10)
h H	2	Der Inhalt des *Zwischenpuffers* wird durch den des *Arbeitspuffers* ersetzt bzw. erweitert (Abschnitt 6.10)

Tabelle 6.1: Primitive und Befehle von sed(1)

Befehl	Rang	Bedeutung

`l`
`p`
`P`
	2	Textausgabe *mit* bzw. *ohne* symbolische Interpretation von Steuerzeichen des gesamten Inhaltes bzw. der ersten Zeile des Arbeitspuffers (Abschnitt 6.8)

`n`	2	Starten eines neuen Arbeitstaktes unter Ausgabe des aktuellen Inhaltes des Arbeitspuffers und Einlesen einer neuen Zeile (Abschnitt 6.5)
`N`	2	Anhängen der nächsten Eingabezeile an den aktuellen Inhalt des Arbeitspuffers (Abschnitt 6.9)
`q`	1	Bedingungsfreies Beenden der Ausführung (Abschnitt 6.5)
`r <Datei>`	1	Einlesen aus einer externen Datei und bedingungsfreies Einfügen in den Ausgabestrom (Abschnitt 6.7.2)
`s/.../.../...`	2	Substitutionsbefehl (Abschnitt 6.6.2)
`w <Datei>`	2	Ausgabe zu einer Benannten Datei (Abschnitt 6.8)
`x`	2	Austausch der aktuellen Inhalte des Arbeits- und des Zwischenpuffers (Abschnitt 6.10)
`y`	2	Transponieren von Zeichenfolgen (Abschnitt 6.6.1)

Tabelle 6.1: Primitive und Befehle von sed(1)

7 Das Textmuster-Verarbeitungssystem awk(1)

Das *Textmuster-Verarbeitungssystem* (pattern scanning and processing language) **awk(1)**[1] stellt eine C-artige Hochsprache (C-like high-level language) zur Verfügung, die speziell für die Verarbeitung komplexer Textmuster entwickelt wurde und in dieser Hinsicht auch vorbildlich konzipiert ist. In *awk* verbinden sich die ausgeprägten lexikalischen Leistungsmerkmale, die auf den regulären Ausdrücken der *ed*-artigen Bestimmungssyntax von Suchmustern aufbauen, mit relationaler und logischer Auswertung, die auf Vergleichen und bool'schen Operationen beruht, zur Grundlage einer sehr leistungsfähigen *lexikalisch-assoziativen Informationsverarbeitung* (lexically-associative information processing) mit einem enormen Anwendungspotential insbesondere in der *kontextgebundenen Textauswertung* (context-dependent text analysis).

awk arbeitet mit *konformen Textdateien* (conforming text files; Abschnitt 1.2.5) mit den üblichen Attributen. Wiederum zu beachten ist, daß bei älteren Versionen (SVR3) Zeichen mit einer Oktalwertigkeit > 0177 auf 7 Bit reduziert oder schlimmstenfalls überhaupt nicht ausgegeben werden, was insbesondere bei der *Umlautdarstellung* (umlaut representation) mit erweiterten Zeichensätzen wie **PC-8** und **Latin-1** (ISO 8859/1) zu verzerrten Resultaten führen kann. Neuere Versionen von *awk* und insbesondere **nawk(1)** (SVR4) erlauben den Durchsatz von 8-Bit-Zeichen innerhalb einer entsprechend eingestellten Arbeitsumgebung (8 bit clean environment).

awk geht von einer *zweistufigen* (two-level) Textstruktur aus, deren Elemente *Sätze* (records) und *Felder* (fields) sind, die durch definierte *Trennzeichen* (separators) abgegrenzt sind. Als voreingestellte Trennzeichen fungieren,

- der Zeilenvorschub **LF** (line feed) als *Satztrennzeichen* (record separator);
- das Leerzeichen **SP** (space, blank) und das Tabulatorzeichen **HT** (tab character) als *Feldtrennzeichen* (field separator).

In *konformen Textdateien* mit der üblichen Struktur werden also die Zeilen als *Sätze*, und die Worte als *Felder* interpretiert. Diese voreingestellte Interpretation kann mit Aufrufsoptionen und internen Systemvariablen dynamisch variiert werden, was nachfolgend im jeweiligen Kontext aufgegriffen und weitergeführt wird.

Sätze sind die größten, und Felder die kleinsten *Textelemente*, die als *Ganze* erfaßt und manipuliert werden können. Darüber hinaus stehen spezielle Funktionen zur Manipulation einzelner Zeichen und abgegrenzter Zeichenfolgen zur Verfügung.

---

1. Nach den Urhebern Aho, Weinberger und Kernighan (1978) benannt.

7.1 Aufruf und Optionen

Das *klassische* **awk**(1) wird nach dem folgenden Schema und mit den folgenden Optionen (invocation options) auf der Shell-Ebene aufgerufen:

```
awk   [-F<c>]   [<Befehlsfolge>|-f <Skript>]\
                [<Variable>=<Wert>] ...\
                [<Eingabedatei> ...]
```

Mit der Argumentoption −F... kann ein beliebiges ASCII-Zeichen <c> als *alternatives Feldtrennzeichen* (alternate field separator) angegeben werden; bei Auslassung gelten bis zur eventuellen Belegung von internaler Systemvariablen das Leer- und das Tabulatorzeichen.

Bei einfachen Anwendungen kann eine *awk*-Befehlsfolge (command sequence) unmittelbar in der Befehlszeile angegeben werden; andernfalls kann mit der Argumentoption −f der Verweis einer *Befehlsdatei* (command file) — im folgenden wiederum *Skript* (script) genannt — angegeben werden. Die beiden Optionen können jeweils nur einmal gesetzt werden und *schließen einander aus* (mutually exclusive options).

Nur sehr einfache Befehlsfolgen können ungeschützt angegeben werden; im allgemeinen müssen eingebettete Sonderzeichen mit umgebenden *Einzel- oder Doppelzitaten* (enclosing single, double, quotes) geschützt werden. Als ein sehr einfaches Beispiel einer mitfließenden Befehlsfolge wäre das Absuchen eines Textkörper mit logisch verknüpften lexikalischen *Suchmustern* (search pattern) zu betrachten,

```
$ awk '/UNIX/ && (/user/ || /programmer/)' ...
...
... users of UNIX systems ...
... UNIX system programmers ...
...
```

was zugleich auch die enormen lexikalisch-assoziativen Verarbeitungsmöglichkeiten andeuten mag, die mit *awk* gegeben sind.

Als *Zuweisungsparameter* (keyword parameter) können interne Variable angelegt und mit vorgegebenen Werten vorbelegt (initializing) werden. Insbesondere können durch Vorbelegung der Systemvariablen RS und FS die *Satz-* und *Feldtrennzeichen* (record, field, separators) gleich eingangs neu bestimmt werden; wie zum Beispiel in,

```
% ... awk ...   RS='|'   FS=':' ...
```

wo der Vertikalstrich als Satz-, und der Doppelpunkt als Feldtrennzeichen bestimmt werden. Die Auswirkung der Trennzeichen wird im nachfolgenden Abschnitt 7.4 vorgestellt.

Eine oder mehrere *Eingabedateien* (input files) können angegeben werden; bei Auslassung erfolgt die Texteingabe automatisch über die *Normaleingabe* (standard input); die Textausgabe erfolgt immer über die *Normalausgabe* (standard output). *awk* kann daher sowohl als *vorgeschaltete* als auch *zwischengeschaltete* als auch *nachgeschaltete Stufe* (initial, intermediate, subsequent stage) in einer *Pipeline* eingesetzt werden,

```
awk ... | ...        ... | awk ... | ...         ... | awk ...
```

Meldungen werden immer über die *Fehlerausgabe* (standard error) ausgegeben. Der Benutzer kann also sehr flexibel über die E/A-Disposition verfügen, wobei die im Abschnitt 1.2.2.4 vorgestellten allgemeinen Prinzipien der E/A-Steuerung auf der Shell-Ebene gelten.

Bei normaler Ausführung gibt *awk* den Nullwert als *Exit-Kode* (exit code; Abschnitt 1.2.2.2) zurück; bei Syntax- und Programmierfehlern 1, und bei *fatalen Laufzeitfehlern* (fatal runtime errors) einen Wert von 2.

Als einfaches aber typisches Beispiel interaktiver Anwendung wäre das selektive Abgreifen und Umordnen von Worten (selective fetching, rearranging, words) in der Normalausgabe von Listbefehlen zu betrachten; wie zum Beispiel von **ls(1)**,

```
$ ls -l
-rw-rw-r--  1 hubert     55 Jan 11 12:23 abba
-rw-rw-r--  1 hubert     32 Feb 22 10:15 babba
...
-rw-rw-r--  1 hubert     29 Dec 28 16:45 zappa
```

was dann bequem über eine Pipeline in *awk* eingespeist werden kann,

```
$ ls -l | awk '{print $NF, $1}'
abba   -rw-rw-r--
babba  -rw-rw-r--
...
zappa  -rw-rw-r--
```

Das jüngere **nawk(1)** (new *awk*; SVR4) unterscheidet sich vom klassischen *awk* darin, daß die Argumentoption −f... mehrfach gesetzt werden kann und daß die Zuweisungsparameter jetzt als Argumentoptionen (argument options) mit dem Präfix −v... definiert sind:

```
... nawk -f <Skript1>   -f <Skript2> ...\
        -v <Variable1>=<Wert1> ...\
        ...
```

7.2 Arbeitsweise

awk arbeitet in *Verarbeitungstakten* (processing cycles), die sich an den eingelesenen Sätzen orientieren und darüber hinaus mit speziellen Befehlen und Instruktionen gesteuert werden können. Ähnlich wie bei **sed(1)** (Kapitel 6) wird das Programm also gewissermaßen vom *Eingabestrom* (input stream) *angetrieben* (driven), wobei die eigentliche Verarbeitung auch wiederum durch *Selektion-Aktion-Paare* (selection-action pairs) erfolgt. Im Gegensatz zu *sed* ist die Eingabestruktur nicht auf Zeilen und Worte im herkömmlichen Sinne beschränkt, sondern kann auf fast willkürlich definierbare *Sätze* (records) und *Felder* (fields) erweitert werden.

Der *Anfangszustand* (initial state) am Programmstart unmittelbar nach dem Aufruf ist definiert und kann mit der Selektion BEGIN als Prolog erfaßt und mit Aktionen wie das Vorbelegen von Variablen belegt werden. Danach setzt die Schleife der eigentlichen Verarbeitungstakte ein, die erst mit dem Ende des Eingabestroms (EOF) oder dem Befehl exit endet. Der *Endzustand* (final state) kann mit der Selektion END als Epilog erfaßt und mit abschließenden Aktionen wie die Ausgabe von kumulativen Resultaten belegt werden. Bild 7.1 veranschaulicht die *Arbeitsweise* (operating principle) von *awk*.

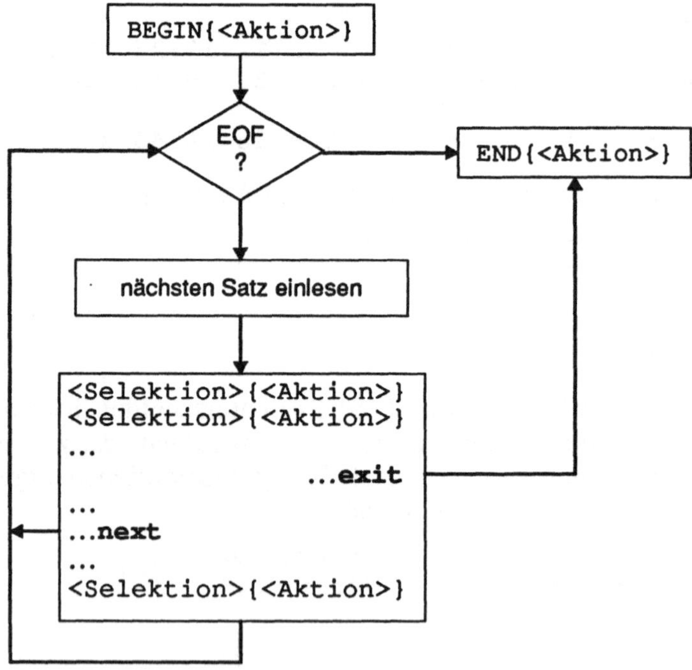

Bild 7.1: Getaktete Arbeitsweise von awk(1)

7.3 *awk*-Skripte und Programmstruktur

awk-Skripte sind *konforme Textdateien* (conforming text files; Abschnitt 1.2.5) mit der durch die *Standardtrennzeichen* (standard separators) bestimmten *Wort-* und *Zeilenstruktur*. Überlange Statements können mit dem Rückstrich \ (backslash) unmittelbar gefolgt vom Zeilenvorschub über mehrere Zeilen fortgesetzt werden (line continuation), was jedoch nach Möglichkeit nur an *Wortgrenzen* (word boundary) erfolgen sollte. Die Fortsetzung endet mit dem ersten ungeschützten Zeilenvorschub. Skriptdateien können bestens mit den einheimischen Texteditoren **ed(1)** oder **ex(1)/vi(1)** angelegt und gepflegt werden.

Skripte können *Kommentare* (comments) enthalten, die mit dem *Dur*-Zeichen # (sharp sign) beginnen und sich bis zum ersten *ungeschützten* Zeilenvorschub erstrecken, was auch über mehrere Zeilen fortgesetzt werden kann:

```
... # Kommentar ...        # no less than the trees \[LF]
...                        or the stars ... \[LF]
                           ...
```

Leerzeilen (empty lines) können der Lesbarkeit halber beliebig oft und an beliebiger Stelle eingefügt werden; sie werden bei der Ausführung einfach übergangen.

Die *awk*-Programmierung sind im wesentlichen an der Methodologie der strukturierten, *goto*-freien (*goto*-less) Programmierung orientiert. Wegen der von *oben nach unten* sequentiell verlaufenden Ausführungsfolge (top-down execution sequence) ist die relative Reihenfolge der Selektion-Aktion-Paare wichtig. Die Ausführung beginnt mit der immer definierten Selektion BEGIN als optionaler *Prolog* (prolog), bei Auslassung mit dem *ersten* S/A-Paar, und endet mit dem Ende der Eingabedatei (end of file) beziehungsweise mit der Instruktion exit, wobei die ebenfalls immer definierten Selektion END als optionaler *Epilog* (epilog) ausgeführt wird. Bild 7.2 zeigt die normale Anordnungsfolge.

```
# ---------------------------- Programmstart
[BEGIN {<Aktionsblock>}]
# ---------------------------- Arbeitstakt
[(<Selektion>)] [{<Aktionsblock>}]
[(<Selektion>)] [{<Aktionsblock>}]

...

# ---------------------------- Programmende
[END {<Aktionsblock>}]
```

Bild 7.2: *awk*-Programmstruktur

Aktionsblöcke (action blocks) müssen mit geschweiften Klammern { ... }
(braces) von den *Selektionsklauseln* (selection clauses) abgegrenzt werden,
die ihrerseits mit Rundklammern (...) (parentheses) abgegrenzt werden können. Als einfaches Beispiel eines S/A-Paares wäre zu betrachten,

```
(/..*/){print NR $0}
```

womit alle nichtleeren Zeilen selektiert und dann numeriert über die Normalausgabe ausgegeben werden können.

Sowohl die Selektionsklausel als auch der Aktionsblock kann ausgelassen
werden; mit dem Resultat einerseits, daß die Aktion unterschiedlos bei jeder
Zeile ausgeführt wird, und andererseits, daß die selektierten Zeilen unverändert über die Normalausgabe (standard output) ausgegeben werden. Als Kontrastbeispiel zu dem obigen S/A-Paar wäre zu betrachten,

```
/..*/                          {print NR $0}
```

womit alle nichtleeren Zeilen identisch beziehungsweise alle Zeilen numeriert ausgegeben werden können.

7.4 Textstruktur und -elemente

Textelemente (text elements) können mit *Eingabevariablen* (input variables)
nach den folgenden Schemata erfaßt und manipuliert werden:

```
$0                     der aktuelle Satz als Ganzes;
NR                     die laufende Nummer des aktuellen Satzes;
NF                     die Anzahl der Felder im aktuellen Satz;
$1, $2, ..., $h        das jeweils erste, zweite, ..., h-te, ...,
$(<Ausdruck>),...      das durch einen Ganzzahlausdruck bestimmte,
$(NF-1), $NF           das vorletzte, letzte Feld im aktuellen Satz.
```

Mit der *normalen Voreinstellung* (defaults) werden dabei *Zeilen*, die durch
den Zeilenvorschub **LF** (line feed) getrennt sind, als *Sätze* (records) interpretiert. *Worte*, die durch die *Standardtrennzeichen* (standard separators, white
spaces) — also das Leerzeichen **SP** (space, blank) oder das Tabulatorzeichen
HT (tab character) sowie den Zeilenvorschub — getrennt sind, werden als
Felder (fields) interpretiert und den enumerierten Feldvariablen von links
nach rechts zugewiesen.

Eine unterschiedliche Interpretation kann durch Belegung der Systemvariablen RS und FS (record, field, separator) mit alternativen Trennzeichen
erzwungen werden; wie zum Beispiel beim Aufruf,

```
$ ... awk ... RS='|' FS=':' ...
```

oder gleich eingangs beim Programmstart,

```
BEGIN {...; RS="|"; FS=":"; ... }
```

oder aber auch dynamisch während der Ausführung. Mit den gezeigten
Zuweisungen werden *Sätze* durch den *Vertikalstrich* | (vertical bar), und *Fel-
der* durch den *Doppelpunkt* : (colon) getrennt. Die resultierende lexikalische
Textstruktur ist,

```
...|<Satz>|<Wort>:<Wort> ...|...
```

Das folgende etwas vorgreifende Kontrastbeispiel mag dies veranschaulichen. Mit der Eingabedatei `datx`,

```
$ cat datx
AA:aa BB:bb|CC:cc
DD:dd:x  y|EE:ee|FF:ff
...
```

ergibt bei voreingestellten Trennzeichen der Aufruf mit der mitfließenden
Befehlsfolge,

```
$ awk '{printf "\nSatz %d (%s)\t%d Worte", NR, $0, NF}' datx
```

die folgenden Interpretation der Textelemente,

```
Satz 1 (AA:aa BB:bb|CC:cc) 2 Worte
Satz 2 (DD:dd:x  y|EEE:eee) 2 Worte
...
```

Der Ausgabefehl `printf` wird im Abschnitt 7.10.2 eingehend besprochen.

Mit derselben Eingabedatei ergibt der Aufruf mit alternativen Trennzeichen,

```
$ awk '{printf ...}'  RS='|'  FS=':'   datx
```

die eine völlig andere Interpretation der Textelemente,

```
Satz 1 (AA:aa BB:bb) 3 Worte
Satz 2 (CC:cc
         DD:dd:x  y) 5 Worte
...
```

Insbesondere ist zu beachten, daß Sätze jetzt Zeilen übergreifen, und Worte
auch den Zeilenvorschub sowie Leer- und Tabulatorzeichen enthalten können. Ein weiteres Kontrastbeispiel mag den Unterschied noch vertiefen. Ohne
Argumente gibt die integrierte Funktion `length` (Abschnitt 7.9.1) die
Länge des aktuellen Satzes an. Mit der gleichen Eingabedatei ergibt sich mit
der natürlichen Zeilen- und Worttrennung,

```
$ awk '{printf "\nSatz %d length %d", NR, length}' datx
Satz 1 length 17
Satz 2 length 18
...
```

im Gegensatz zu,

```
$ awk '{printf ...}'  RS='|'  FS=':'  datx
Satz 1 length 11
Satz 2 length 15
...
```

7.5 Selektionsklauseln

Die gemäß Voreinstellung oder Vorbelegung von RS bestimmten *Sätze* (records) können einzeln oder als *zusammenhängende Folgen* (contiguous sequences) aus dem *Eingabestrom* (input stream) selektiert werden. Ein *vor-* oder *rückgreifende Selektion* (prospective, retrospective, selection) ist allerdings nicht möglich, da die Sätze nocht nicht beziehungsweise nicht mehr zur Verfügung stehen.

Eine *Selektionsklausel* (selection clause),

```
<Selektion> :   |  <K>  |  <K1>,<K2>
```

kann vom *Rang* (rank) 0, d.h. leer sein, in welchem Falle alle einströmenden Sätze erfaßt werden; oder sich gemäß Rang 1 oder 2 aus ein oder zwei durch ein Komma getrennte Auswahlkriterien <K> zusammensetzen, mit denen einzelne Sätze beziehungsweise zusammenhängende Satzfolgen erfaßt werden, wobei sich letztere von der ersten erfüllten Instanz des ersten Kriteriums bis einschließlich der ersten erfüllten Instanz des zweiten erstrecken.

Ein *Auswahlkriterium* (selection criterion) <K> setzt sich aus einer oder mehreren logisch verknüpften Bedingungen zusammen, wofür die C-artigen *bool'schen Operatoren* (C-like boolean operators) ! (NOT), || (OR) und && (AND) zur Verfügung stehen,

```
<K>: <Bedingung>
<K>: !<Bedingung>
<K>: <Bedingung1> || <Bedingung2> ...
<K>: <Bedingung1> && <Bedingung2> ...
<K>: <Bedingung1> && <Bedingung2> || <Bedingung3> ...
...
```

wobei die Auswertung von links nach rechts verläuft. Mit *Rundklammern* (parentheses) kann *Distributivität* (distributivity) im Sinne der *DeMorgan'- schen Regel* (DeMorgan's Rule) erzwungen werden,

```
<K>: <Bedingung1> && (<Bedingung2> || <Bedingung3>) ...
```

Die bool'schen Operatoren werden im Zusammenhang mit der Auswertung von Ausdrücken im Abschnitt 7.7 noch einmal aufgegriffen.

Bedingungen (conditions) können sowohl mit erweiterten lexikalischen Suchmustern als auch mit ordinalen und arithmetischen Vergleichen formuliert werden, was die Grundlage einer *assoziativ-relationalen Bestimmungs- logik* (associative-relational criterion logic) darstellt.

Zur Formulierung von *lexikalischen Suchmustern* (lexical search patterns) als Bedingungen steht die *lexikalische Bestimmungssyntax* von *ed*-artigen *regulären Ausdrücken* (regular expressions, REs; Kapitel 3) zur Verfügung,

```
<Bedingung>: /<smuster>/        <Bedingung>: !/<smuster>/
```

wobei der *Schrägstrich* (slash) als *Begrenzer* (delimiter) fungiert. Im Suchmuster enthaltene Schrägstriche müssen individuell mit dem *Rückstrich* \ (backslash) abgedeckt werden. Mit dem Ausrufungszeichen ! (exclamation mark) wird das Muster logisch negiert. Als Einschränkung ist zu beachten, daß die beiden Dyaden \< und \> , die normalerweise *Wortgrenzen* (word boundaries; Abschnitt 3.3) symbolisieren, hier wegen der Variabilität der Wortbestimmung nicht zur Verfügung stehen.

Die einfachste Form einer lexikalischen Selektion besteht aus einem Suchmuster; wie zum Beispiel in,

```
/^All.*/...                    /well\.$/...
```

womit alle *Sätze* (records) erfaßt werden, die mit `All` anfangen beziehungsweise mit `well.` enden; wobei zu beachten ist, daß es sich dabei je nach der Belegung von RS *nicht* unbedingt um *Zeilen* (lines) handeln muß!

Die beiden Bedingungen können zu einer *logischen Konjunktion* (logical conjunction) verknüpft werden,

```
/^All.*/ && /.well\.$/
```

womit dann alle Sätze der Art `"All's well that ends well."` als Ganzes erfaßt werden.

Darüber hinaus unterstützt *awk* noch die *egrep*-artigen Erweiterung der lexikalischen Bestimmungssyntax (*egrep*-like lexical extension; Abschnitt 3.5) mit den zusätzlichen Operationen an regulären Ausdrücken (REs),

(RE)	Rundklammern zum Abgrenzen und Gruppieren von REs
(RE (RE) ...)	einschließlich assoziativer Verschachtelung;
RE | RE | ...	Vertikalstrich zur exklusiven logischen Alternation (XOR);
RE **?**	keine oder genau eine Instanz des RE;
RE *****	keine, eine oder mehr Instanzen des RE;
RE **+**	mindestens eine Instanz des RE;

Die lexikalischen Wirkzeichen ( ) | ? + sowie auch alle anderen Sonderzeichen müssen individuell mit dem *Rückstrich* \ (backslash) abgedeckt werden, falls eine *rein symbolische* (purely literal) Interpretation innerhalb eines Suchmusters beabsichtigt ist.

Innerhalb von Rundklammern wirkt sich die logische Alternation distributiv aus; wie zum Beispiel in,

```
/(Hans|Peter|...|Uwe).*M[ae][iy]er/
```

womit alle Instanzen von *Hans Maier, Peter Meier, ..., Uwe Meyer* usw. erfaßt werden.

Die enorme *lexikalische Mächtigkeit* (lexical power) der erweiterten Bestimmungssyntax mag sich in dem folgenden Beispiel widerspiegeln.

Mit,

```
/Text(muster)?((be|ver|...)+arbeitungs)?system/
```

werden die folgenden lexikalisch-semantischen Varianten erfaßt,

```
Textsystem
Textmustersystem
Textbearbeitungssystem
Textmusterbearbeitungssystem
Textverarbeitungssystem
Textmusterverarbeitungssystem
...
```

Als ein darauf aufbauendes Leistungsmerkmal unterstützt *awk* den expliziten lexikalischen Vergleich von ganzen Sätzen und einzelnen Feldern mit vorgegebenen Mustern,

```
($0 ~  /<Muster>/)   (Satzvergleich)
($1 ~  /<Muster>/)   (Feldvergleich)
($2 !~ /<Muster>/)   (Feldvergleich)
...
```

wozu die *Tilde* ~ (tilde, wavy) als lexikalischer *Vergleichsoperator* (match operator), und die logische Negierung !~ (nomatch) benutzt werden. Umgebenden Rundklammern können zum Abgrenzen einzelner Vergleichsausdrücke benutzt werden.

Als zusammenfassendes Beispiel wäre zu betrachten,

```
(($0 ~ /[A-Z]*/) && ($1 ~ /THE/) && ($NF !~ /ZAPPA/))
```

womit alle jene Sätze erfaßt werden, die nur aus Großbuchstaben bestehen, wo das erste Feld THE, und das letzte *nicht ZAPPA* enthält.

Ein weiteres hervorragendes Leistungsmerkmal ist, daß *relationale Vergleiche* (relational comparisons) mit Satz- und Feldvariablen ausgeführt werden können, wofür die *C-artigen Vergleichsoperatoren* (C-like relational operators) < <= == != >= > mit der üblichen Semantik zur Verfügung stehen. Als Operanden gelten System- und Benutzervariable, rein numerische Konstante und zitierte Zeichenketten,

```
...($1 < $2)...              ...(NF == $Zahl)...
...(NR == 9)...              ...($3 >= "Hallo")...
```

Bei Operanden, die *rein numerische Werte* (purely numeric character strings) darstellen, erfolgt ein *arithmetischer Größenvergleich* (arithmetic comparison). In allen anderen Fällen erfolgt ein *ordinaler Vergleich* (ordinal comparison) im Sinne der von **ascii(5)** erzeugten *Sortierfolge* (collating order). Zum Beispiel ergeben die Vergleiche,

```
...("hello" >= "Hallo")...        ...("hello" < "hi")...
```

ein TRUE beziehungsweise ein FALSE. Die relationalen Operatoren werden im Zusammenhang mit der Auswertung von Ausdrücken im Abschnitt 7.7 noch einmal aufgegriffen.

Suchmuster, lexikalische und relationale Vergleiche können mit *bool'schen* (boolean, logical) Operatoren verknüpft werden; wie zum Beispiel in,

```
(/^X/ && ($2 ~ /M[ae][iy]er/) && ($5 <= 56))
```

womit alle jene Sätze erfaßt werden, die mit einem X am Anfang gekennzeichnet sind, im zweiten Feld eines der Homophone *Maier*, *Mayer*, ..., und im fünften Feld einen Wert kleiner-gleich 56 enthalten. Die Rundklammern sind notwendig zur Trennung der Ausdrücke.

Relationale Bedingungen werden häufig mit Systemvariablen wie der laufenden Satznummer NR und der Anzahl der Felder NF sowie der Satzlänge length formuliert; wie zum Beispiel in,

```
(NR >= 10) && (NR <= 100)
```

um die Sätze 10, 11, ..., 100 zu erfassen; und mit dem Divisionsrest-Operator % (residue, modulus, operator)

```
(NR % 3 == 1)
```

womit ausgehend vom ersten jeder dritte Satz erfaßt wird; sowie

```
((NF <= 3) && (length > 10))
```

womit alle Sätze mit 3 oder weniger Feldern und einer Gesamtlänge von mehr als 50 Zeichen erfaßt werden usw.

7.6 Konstante und Variable

awk unterstützt nur zwei Arten von *internen Daten* (internal data) und damit von *Konstanten* (constants):

• rein numerische Werte, die intern als Gleitpunktwerte dargestellt werden;
• Zeichenketten, die intern als Zeichenvektoren dargestellt werden.

Andere *Datentypen* (data types) sind unter *awk* nicht definiert.

Rein numerische Werte (purely numeric values) werden bei jüngeren Versionen von *awk* sowie bei nawk(1) intern als *Gleitpunktwerte* (floating point data) vom C-Typ `double` mit einer Darstellungsgröße von 64 Bits behandelt, was einem *Größenbereich* (range of magnitude) von $10^{-307} \leq |X| \leq 10^{308}$ entspricht, mit einer *Präzision* (precision) von mindestens 15 *gesicherten Stellen* (significant digits).

Numerische Konstante (numeric constants) werden als bloßliegende Ziffernketten mit Hilfszeichen (plain, unquoted, numeral strings; auxiliary characters) in den üblichen Dezimal- und Exponentialformen (common decimal, exponential, forms) kodiert,

```
0                      123                -0.125
23.65                  3.2e-23            -2.3E+32
```

Zeichenketten-Konstante (character string constants) werden intern als NUL-terminierte Zeichenvektoren (NUL-terminated character vectors) vom C-Typ `char` mit 1 Byte = 8 Bits pro Element behandelt. Sie müssen mit Doppelzitaten umgeben (enclosing double quotes) werden,

```
"Hubert"               "c"                ""
```

was auch einzelne Zeichen und die *Null-Kette*, oder leere Kette (null, empty, string) mit einschließt. Mit Ausnahme der NUL (00) kann jedes darstellbare ASCII-Zeichen als Bestandteil einer Zeichenkette gesetzt werden; *nichtdarstellbare Steuerzeichen* (unprintable control codes) können gemäß Tabelle 7.1 durch symbolische Kodes dargestellt werden.

Zur rein symbolischen Interpretation muß das Doppelzitat mit dem Backslash abgedeckt werden, und dieser mit sich selbst:

```
"Doppelzitat: \""           "backslash: \\"
```

Überlange Zeichenketten können einfachst durch *zeilenweise Verkettung* (concatenation) über mehrere Zeilen fortgesetzt werden:

```
... "Sehr lange Zeichenkette ..."[RET]
" ... Zeilenfortsetzung ..."[RET]
" ... Zeilenfortsetzung ..."
```

wobei jedoch Sorge getragen werden muß, daß sich keine unerwünschten Leerzeichen einschleichen.

Tabelle 7.1 listet eine Teilmenge der ASCII-Ausgabesteuerzeichen (print control codes) auf, die durch C-artige symbolische Kodes dargestellt werden können. Sie werden grundsätzlich mit dem *Rückstrich* \ (backslash) angeführt: \n, \t usw.

\b	Rückschritt (BS; backspace)
\f	Seitenvorschub (FF; form feed)
\n	Zeilenvorschub (LF, NL; line feed, newline)
\r	Zeilenanfang (CR; carriage return)
\t	Horizontaler Tabulator (HT)
\v	Vertikaler Tabulator (VT)
\a	Ton-Signal (BEL; audible bell, alert)
\k	erzeugt mit $0 \leq k \leq 377$ jedes 8-Bit-Oktett

Tabelle 7.1: Symbolische Darstellung von Steuerzeichen

Mit der Form \k... können Oktetts mit einer beliebigen Oktalwertigkeit
kodiert werden, wie zum Beispiel die übrigen ASCII-Steuerzeichen:

```
"...\4 ..."              [CTL_D]
"...\17 ..."             [CTL_Q]
"...\177 ..."            [DEL]
```

Zu beachten ist, daß die ASCII-NUL eine Zeichenkette terminiert,

```
"Hallo\0Freunde"
```

d. h. das nachfolgende *Freunde* ist abgetrennt.

Darüber hinaus können auf diese Weise Oktetts mit einer beliebigen Oktalwertigkeit bis zu 0377 als Zeichenkonstante kodiert werden. 8-Bit-Zeichen-
konstante werden häufig im Zusammenhang mit erweiterten Zeichensätzen
wie **PC-8** und **LATIN-1** (ISO 8859/1) benutzt, wie zum Beispiel in,

```
"... 1\204\236t ..."    entspricht    "... läßt ..."   # PC-8
"... 1\344\337t ..."    entspricht    "... läßt ..."   # LATIN-1
```

Während gemischte Zeichenketten, die neben Ziffern und numerischen Hilfszeichen auch andere Zeichen enthalten, immer eindeutig als *nichtnumerische
Konstante* (non-numeric constants) interpretiert werden, hängt die Interpretation von *zitierten numerischen Ziffernketten* (quoted numeral strings) vom
jeweiligen *Kontext* ab (context-dependent interpretation): da wo Ziffernketten sinnvoll als numerische Werte interpretiert werden können, geschieht dies
auch.

7.6.1 Benutzervariable

Abgesehen von Namensbeschränkungen hinsichtlich der im nachfolgenden
Unterabschnitt besprochenen Systemvariablen, unterliegen *Benutzervariable*
(user variable) keinerlei vorbestimmten Beschränkungen hinsichtlich
Anzahl, Type und *Geltungsbereich* (scope). *awk* unterstützt zwei *Arten*
(kinds, as opposed to type) von Benutzervariablen:

- *skalare Variable* (scalar variable), die jeweils nur einen einzigen Wert enthalten können;
- *assoziative Anreihungen* (associative arrays), die zwei oder mehr Werte als
  Elemente enthalten und mit Indexen abgegriffen werden können.

Im Gegensatz zu anderen Programmiersprachen brauchen *awk*-Variable nicht
formal definiert beziehungsweise deklariert zu werden, sondern werden
durch erste Zuweisung belegt und damit angelegt. Beim Abgreifen einer in
diesem Sinne *nichtdefinierten* (undefined) Variablen entsteht kein Fehlerzustand, sondern es wird lediglich ein Nullwert zurück gegeben. Aus diesem
Grund entfällt auch der Unterschied im strengen Sinne zwischen *globalen*
und *lokalen Variablen* (global, local, variables). Im erweiterten Sinne verbleibt der Unterschied hinsichtlich der Auswirkung von Wertzuweisungen.

Für die *Bezeichner* (identifiers) von Variablen gilt die übliche C-artige Regel:
sie müssen mit einem *alphamerischen Zeichen* (alphameric character:
Abschnitt 1.2.5) anfangen und können danach zusätzlich auch *Ziffern* (numerals), nicht aber andere Zeichen enthalten. Eine explizite Längenbeschrän-
kung besteht jedoch nicht.

Skalare Variable (scalar variables) können bereits beim Aufruf auf der Shell-
Ebene als *Zuweisungsparameter* (keyword parameter) definiert und *vorbelegt*
werden (initializing)

```
... awk ... name=abba alter=56 ...
```

beziehungsweise als *Argumentoptionen* (argument option) mit dem Präfix
−v bei nawk(1) (SVR4),

```
... nawk ... -v name=abba -v alter=56 ...
```

wobei die lexikalischen Regeln der jeweiligen Shell zu beachten sind, falls
Sonderzeichen (special characters) zugewiesen werden sollen.

Variable mit *globalen Charakter* können selektionsunabhängig im BEGIN-
Paragraphen angelegt und vorbelegt werden, um dann unmittelbar nach dem
Aufruf in jedem Aktionsblock mit *definierten Anfangswerten* (initial values)
zur Verfügung zu stehen,

```
BEGIN {...; name="abba"; alter=56; ...}
```

Variable mit lokalen Charakter können selektionsbedingt in Aktionsblöcken
angelegt werden,

```
(<Selektion>) {var1="zappa"; var2=65.34; ... }
```

und stehen dann eben nur selektionsbedingt zur Verfügung. Zu beachten ist
übrigens, daß die Zuweisungsstatements (assignment statements) mit einem
Semikolon ; abgeschlossen werden müssen.

Variable können explizite durch Zuweisung von *Ausdrücken* (expressions)
angelegt werden, was in der einfachsten Form eine Konstante oder eine
andere Variable sein kann,

```
<Var>=<Konstante>;     <Var1>=<Var2>;     <Var>=<Ausdruck>;
```

Die eigentliche Auswertung von Ausdrücken wird im nachfolgenden
Abschnitt behandelt.

Ein *Array* wird ohne jegliche vorherige Dimensionierung einfach durch
Angabe eines ersten Elementes mit willkürlichen Indexen angelegt,

```
vekt[0]=-10.3;    sum["Jan"]=22;    vnam["Maier"]="Hans";
```

und dann durch *Assoziierung* weiterer Elemente mit weiteren willkürlichen
Indexen fortschreitend erweitert,

```
vekt[-1.5]=3.4;    sum["Mai"]=18;    vnam["Mayer"]="Kurt";
```

Arrays werden gesondert im Abschnitt 7.11 weitergeführt.

7.6.2 Systemvariable

awk stellt zwei Arten von *Systemvariablen* (system, builtin, variables) zur Verfügung, von denen die ersten vom Benutzer nur *abgegriffen* (referenced), *nicht* aber *belegt* (assigned) werden können. Tabelle 7.2 listet diese *schreibgeschützen* (write-protected) Variablen auf.

Bezeichner	Bedeutung
ARGC	(nawk) Anzahl der Aufrufsargumente
ARGV	(nawk) Liste der Aufrufsargumente
ENVIRON	(nawk) Liste der Environmentvariablen
FILENAME	Basisname der aktuellen Eingabedatei
FNR	(nawk) laufende Satznummer, aktuelle Eingabedatei
NR	laufende Satznummer kumulativ
NF	Anzahl der Felder im aktuellen Satz
$0	der aktuelle Satz als Ganzes
$1, $2, ..., $NF	die enumerierten Felder des aktuellen Satzes

Tabelle 7.2: Schreibgeschützte Systemvariable von awk(1)

Im Gegensatz dazu können die in Tabelle 7.3 aufgelisteten Systemvariablen vom Benutzer auch belegt werden.

Bezeichner	Bedeutung
RS	Satztrennzeichen im Eingabestrom, mit Vorbelegung LF (012)
FS	Feldtrennzeichen im Eingabestrom, mit Vorbelegung SP (040)
ORS	Satztrennzeichen im Ausgabestrom, mit Vorbelegung LF (012)
OFS	Feldtrennzeichen im Ausgabestrom, mit Vorbelegung SP (040)
OFMT	numerisches Ausgabeformat, mit Vorbelegung `"%.6g"`
SUBSEP	(nawk) Indextrennzeichen für Arrays, mit der Vorbelegung FS (034)

Tabelle 7.3: Belegbare Systemvariable von awk(1)

Die mit *nawk* gekennzeichneten Variablen werden nur von der SVR4-Version nawk(1) unterstützt. Die Variablen ARGC, ARGV und ENVIRON entsprechen den Parametern im Hauptprogrammkopf (main program header) von C-Programmen: `main(int argc, char *argv[], char *env[])`. Sie können nach dem folgenden Schema einfachst veranschaulicht werden,

```
$ nawk \
'BEGIN{print ARGC,ARGV[0] ENVIRON["USER"] FILENAME}' \
dateix
2 nawk Hubert dateix
```

ARGC (argument count) gibt die Anzahl der in dem Array ARGV enthaltenen Argumente abzüglich der Optionen an, wobei ARGV[0] den Aufrufs-
namen — hier *nawk* — darstellt. Das Array ENVIRON enthält die
Environmentvariablen (environment variables) der aufrufenden Shell. Arrays
werden gesondert im Abschnitt 7.11 weitergeführt.

Die *Satzvariable* $0 (record variable) und die enumerierten *Feldvariablen*
$1, $2, ... (field variable) sowie die *Eingabetrennzeichen* (input separators)
wurden bereits im Abschnitt 7.4 vorgestellt; die Funktion der in ORS und
OFS enthaltenen *Ausgabetrennzeichen* (output field separators) bezieht sich
analog auf die Ausgabe. Das in OFMT enthaltenen *Ausgabeformat* (output
format) bezieht sich auf die numerische Ausgabe mit dem Befehl print
und kann auf jeden anderen numerischen Formateffektor umgestellt werden,
der für die C-Ausgabefunktion **printf(3S)** definiert ist, wie zum Beispiel
"%m.nf" (Festpunkt), "%m.ne" (Exponential), "%nd" (Ganzahl) sowie
"%o" (Oktal). Diese und verwandte Aspekte werden im Zusammenhang mit
den Ausgabebefehlen im Abschnitt 7.10.2 weitergeführt. Die Variable SUB-
SEP enthält das Trennzeichen multipler Indexe, was im Zusammenhang mit
Arrays im Abschnitt 7.11 weiterpggeführt wird.

7.7 Ausdrücke und Statements

Ausdrücke (expressions) setzten sich aus *Operatoren* (operators), *Operanden*
(operands) und *Begrenzern* (delimiters) zusammen. Als Operanden können
Konstante, Variable, Funktionen, Befehle sowie andere Ausdrücke fungieren.
Als Operatoren und Begrenzer stehen Teilmengen der C-Primitiven zur Verfügung, die in Tabelle 7.4 mit dem *Vorrang* (P, precedence) aufgelistet sind.
Nicht alle C-Operationen werden von *awk* unterstützt; zum Beispiel stehen
die *bit-bezogenen Operatoren* (bitwise operators) *nicht* zur Verfügung.

Bei der Auswertung von Ausdrücken mit *multiplen Operanden* oder *Operatoren* (multiple operands; composite expressions) muß sowohl die *Reihenfolge der Auswertung von Operanden* (operand evaluation priority) als auch
die *Reihenfolge der Ausführung von Operationen* (operator precedence) in
Betracht gezogen werden. Für beide Kriterien gelten die von der Programmiersprache C übernommenen Eigenschaften. Insbesondere ist die Reihenfolge der Auswertung von *Operanden* nicht standardmäßig bestimmt.

P	Operator	Semantik
1	... (...) ...	Rundklammern zum Begrenzen von Ausdrücken
2	++ −−	additive Präfix- und Postfix-Operatoren
3	* / %	Multiplikation, Division und Divisionsrest
4	+ −	Addition und Subtraktion
5		Leerzeichen, Verkettungsoperator
6	< <= >= >	Rein arithmetische Vergleiche
6	== !=	allgemeine Gleichheit und Ungleichheit
6	~ !~	lexikalische Gleichheit und Ungleichheit
7	!	logische Negation, NOT
8	&&	logisches AND
9	||	logisches OR
10	=	Einfacher Zuweisungsoperator
10	*= /= %= += −=	Dyadische Zuweisungsoperatoren

Tabelle 7.4: Operatoren in awk(1)

Die Reihenfolge der Ausführung von Operationen wird dagegen durch den
Vorrang (precedence) und die *Verknüpfungsrichtung* (associativity) der beteiligten Operatoren eindeutig bestimmt.[2] Mit gepaarten Rundklammern, die
den absolut höchsten Vorrang haben, kann die Reihenfolge der Auswertung
verändert werden. Im folgenden sei davon ausgegangen, daß die Bedeutung
und Wirkungsweise der herkömmlichen arithmetischen Operatoren wie + −
* / % hinreichend bekannt ist.

Im Vergleich zur C-Sprache bestehen jedoch einige *Eigenheiten* (idiosyncrasies), deren Nichtbeachtung insbesondere by awk(1) zu recht *obskuren Fehlerzuständen* (obscure error conditions) führen kann. *Erstens* bei awk(1)
(SVR3), daß logische Ausdrücke keine weiterverwertbaren oder zuweisbaren
Werte erzeugen; d.h. nicht zulässig bei *awk* sind Konstrukte der Art,

```
... 3 * (a && b) ...       ... u < v < w ...       ... z = x < y ...
```

Diese Einschränkung ist bei **nawk(1)** (SVR4) *teilweise* aufgehoben!

---

2. Eine grundlegende Behandlung dieser und verwandter Aspekte der C-Programmierung
   wird in KA2 (1992) gegeben.

Zweitens, daß der Negationsoperator ! (NOT; negation operator) zwar — wie
bei C — über den *bool'schen* Operatoren, aber — im Gegensatz zu C — unter
den *relationalen* Operatoren liegt. Für die Negation eines Vergleiches gilt
also,

```
... !a < b ...              entspricht        ... ! (a  < b) ...
```

Zum anderen gilt genau wie bei C, daß die relationalen Operatoren einen
natürlichen Vorrang über die bool'schen Operatoren haben; d. h. es gilt
unzweideutig

```
... (x > a) && (x < b) ...  entspricht        ... x > a && x < b ...
```

Ebenso gilt wie bei C, daß die Zuweisungsoperationen als *wertspendende
Ausdrücke* (donor expressions) fungieren können; wie zum Beispiel in *multiplen Zuweisungen* (multiple assignments),

```
a=b=c= ...                              ... x=3* (y=2* (z=1))
```

Zur *Einser-Inkrementation* und *-Dekrementation* in situ (unit incrementation,
decrementation) stehen die Dyaden ++ und -- als *Präfix-* beziehungsweise *Postfix-Operatoren* (prefix, postfix, operators) zur Verfügung; sie können wie bei C nur auf Variable, nicht aber auf Konstante oder allgemeine
Ausdrücke angewandt werden; wie zum Beispiel in,

```
... count_up++ ...                  ... --count_down ...
```

wo das Hochzählen nach, und das Herunterzählen vor dem Zugriff auf die
Variable erfolgt. Die Operatoren werden häufig in Zählschleifen benutzt.

Für *additive* und *multiplikative Arithmetik* (additive, multiplicative, arithmetic) in situ stehen die dyadischen Zuweisungsoperatoren (dyadic assignment
operators) zur Verfügung:

```
... a += b ...         entspricht        ... a = a + b ...
... a -= b ...                           ... a = a - b ...
... a *= b ...                           ... a = a * b ...
... a /= b ...                           ... a = a / b ...
... a %= b ...                           ... a = a % b ...
```

wobei der *Vorrang* (precedence) dem des einfachen Zuweisungsoperators =
entspricht, jedoch *unter* dem der arithmetischen Operatoren liegt; d. h. Ausdrücke wie:

```
... a /= b * c ...      und              ... a *= b + c ...
```

werden ausgewertet als

```
... a = a/ (b * c)...   bzw.             ... a = a * (b + c)...
```

und eben *nicht* als,

```
... a = a/b * c ...     und              ... a = a * b + c ...
```

Die Dyaden verknüpfen von *rechts nach links*; d.h. ein Ausdruck wie,

```
... a *= b += c ...           entspricht            ... a *= (b += c) ...
```

und wird letztendlich ausgewertet als:

```
... a = a * (b = b + c) ...
```

Eine völlig andere Operation, die in der C-Sprache überhaupt nicht zur Verfügung steht, ist das *Verketten von Variablen* (concatenation) mit Ausdrücken durch einfaches *Nebeneinanderstellen* (juxtaposing) von Operanden; im einfachsten Fall mit Zeichenketten und Variablen,

```
<Var> = <Var>"<Zeichenkette>" ...

<Var> = <Var> <Var> ...
```

wobei mindestens ein Leer- oder Tabulatorzeichen aufeinanderfolgende Bezeichner trennt. Als einfaches Beispiel wäre zu betrachten,

```
v_name="William";

n_name="Tell";

name=v_name " (Bill) " n_name;
```

d. h. der Variablen `name` wird die aus drei Teilen zusammengesetzte Zeichenkette `William (Bill) Tell` zugewiesen.

Bei arithmetischen Operationen mit gemischten Operanden erfolgt eine *kontextabhängige* (context-dependent) Interpretation hinsichtlich einer möglichst *sinnvollen Auswertung* (meaningful evaluation); wie zum Beispiel in,

```
... print 1 + "2", "2" * "3", ...
...
...         3         6
```

was in numerischen Werten resultiert, da rein numerische Zeichenketten als numerische Werte interpretiert werden. Zum andern aber ergibt,

```
... print 1 * "a", 2/"b" ...
...
...         0              awk: division by zero
```

einen Nullwert beziehungsweise einen fatalen Auswertungsfehler, da nicht-numerische Zeichenketten in diesem Kontext als Nullwert interpretiert werden.

Ein Gleiches gilt für Vergleiche zwischen rein numerischen Werten und Zeichenketten, die numerische Werte darstellen; wie zum Beispiel in,

```
... 1 < "2" ...                    ..."2" > "3" ...
```

was in einem TRUE beziehungsweise in einem FALSE resultiert. Vergleiche zwischen Zeichenketten werden dagegen gemäß der ASCII-*Sortierfolge* (collating order) interpretiert,

```
... "hi" < "Hallo" ...              ..."Hallo" < "hello" ...
```

was in einem FALSE beziehungsweise in einem TRUE resultiert, da die *lexikographischen Stellenwerte* (lexicographical weigths) wie bei natürlichen Zahlen von rechts nach links aufbauen,

```
... "aaa" > "aa" ...              ... "baaa" > "aaab" ...
    (TRUE)                            (TRUE)
```

Funktionsaufrufe (function calls) stellen eine besondere Art von Ausdrücken dar. Die von *awk* zur Verfügung gestellten *Systemfunktionen* (system, builtin, functions) werden im Abschnitt 7.9.1 vorgestellt. Darüber hinaus unterstützt **nawk(1)** auch *benutzerdefinierte Funktionen* (user-defined functions), was ebenfalls dort weitergeführt wird.

In der einfachsten Form bestehen *Statements* (statements) aus einem Ausdruck, einem Funktionsaufruf oder einem Befehl und werden mit einem *Semikolon* (semi-colon) abgeschlossen,

```
z = x + y;              funk(x,y,z);              next;
```

Statements werden *positionfrei* kodiert (free field coding) und können *mehrfach in einer Zeile* enthalten sein (multiple statement line),

```
... ; z = x + y; funk(x,y,z); next; ...
```

Statements können können zu *Block-Statements* (block statements) zusammengefaßt werden, die mit *geschweiften Klammern* (braces) abgegrenzt werden müssen,

```
... { ... ; z = x + y; funk(x,y,z); next; ... } ...
```

Block-Statements werden zumeist zur kollektiven Steuerung einer Folge von einfachen Statements benutzt. Block-Statements können *beliebig tief verschachtelt* (arbitrary nesting) werden.

Statements jeglicher Art können letztendlich zu selektionsbedingten *Aktionsblöcken* (action blocks) zusammengefaßt werden,

```
<Selektion>{... {... ; z = x + y; funk(x,y,z); next; ...} ...}
```

die dann auch die größte abgrenzbare Struktureinheit darstellen. Unter **nawk(1)** können dazu noch *Funktionsblöcke* (function blocks) definiert werden, was weiter unten aufgegriffen und weitergeführt wird.

7.8 Ablaufsteuerung

Grundsätzlich muß zwischen zwei *Ebenen der Ablaufsteuerung*[3] (control flow levels) unterschieden werden,

* *globale Steuerung* (global control flow), was sowohl die Selektion von Aktionsblöcken als auch den Ablauf von Arbeitstakten umfaßt;
* *lokale Steuerung* (local control flow) innerhalb von Aktionsblöcken, was sich auf die Ausführung von Statements bezieht.

Auf der globalen Ebene stehen neben der bereits im Abschnitt 5.2.5 vorgestellten Selektionslogik zwei *Instruktionen* zur Verfügung:

next   womit der aktuelle Arbeitstakt (processing cycle) bedingungslos abgebrochen, ein neuer Satz eingelesen und ein neuer Takt gestartet wird;

exit   womit der gesamte Programmablauf bedingungslos beendet und gegebenenfalls der END-Block als Epilog ausgeführt wird.

Andere Instruktionen stehen auf der globalen Ebene nicht zur Verfügung!

Auf der *lokalen Ebene* — also *innerhalb* von Aktionsblöcken — werden die herkömmlichen, C-artigen Konstrukte der *bedingten* und der *gerichteten Ablaufsteuerung* (conditional, directed, flow of control) unterstützt. Nur das gelegentlich etwas umstrittene *goto* sowie der *switch-case*-Verteiler stehen hier nicht zur Verfügung.

Die Instruktionen if und while prüfen den *logischen Wert* (truth value) eines als Bedingung gesetzten Ausdrucks,

```
if(<Bedingung>) ...              while(<Bedingung>) ...
```

und setzen ein erweitertes TRUE: $\neq 0$ im Sinne eines nichtleeren Bitmusters (nonempty bit pattern) in die einmalige beziehungsweise wiederholte Ausführung eines Statement oder Block-Statements um. *awk* stellt weder eine *ifnot*- noch eine *until*-Instruktion zur Verfügung — deren Wirkungen können jedoch implizite durch eine logische Negation der Bedingung erzwungen werden:

```
if(!<Bedingung>) ...            while(!<Bedingung>) ...
```

wobei das *Ausrufungszeichen* ! (exclamation mark) als *logischer Negationsoperator* (logical negation operator) fungiert.

---

3. *Synchrone Ablaufsteuerung* (synchronous flow of control), denn *awk* unterstützt keine signalgetriebene asynchrone Ablaufsteuerung.

Als *Bedingung* (conditions) können alle Arten von *wertspenden Ausdrücken* (donor expressions; Abschnitt 7.7) fungieren, was auch Zuweisungsausdrücke einschließt. Zur Formulierung von *rein logischen Ausdrücken* (purely logical expressions) stehen die in Tabelle 7.4 im natürlichen *Vorrang* (precedence) aufgelisteten *relationalen* und *bool'schen Operatoren* (relational, boolean, operators) zur Verfügung. Allerdings sind insbesondere bei *awk* die bereits erwähnten Unterschiede zur C-Sprache zu beachten.

Zur *bedingten Verzweigung* (conditional branching) steht das der C-Sprache identisch entlehnte `if-else`-Konstrukt zur Verfügung,

```
if(<Bedingung>) {<Ausführung bei Bedingung>}
        else {<Komplementäre Ausführung>}
```

wobei der komplementäre `else`-Zweig genau dann ausgeführt wird, wenn die Bedingung einem FALSE : 0 entspricht.

Bei einem einzigen Statement können die Block-Klammern ausgelassen werden, wie zum Beispiel in:

```
... if(y > 0) z = y; else z = 0;
```

wobei jedoch jedes der beiden Zweig-Statements individuell mit einem eigenen Semikolon abgeschlossen werden muß.

Der `else`-Zweig kann ausgelassen werden, falls keine explizite Alternative erforderlich ist; wie das bei Transfers und bedingten Sprüngen häufig der Fall ist; wie zum Beispiel in

```
... if(...)exit;              ... if(...)next;

... if(...)continue;          ... if(...)break;
```

Wie bei C kann auch hier eine *Verschachtelung* (nesting) entlang der `if`- und der `else`-Zweige erfolgen, wobei die übliche *Assoziativ-Regel* (association rule) gilt, daß ein `else` nur das jeweils unmittelbar vorhergehende `if` komplementiert, daran *bindet*, so daß einander entsprechende Zweige wie Klammerausdrücke von innen nach außen paarweise assoziiert sind. Sowohl *binäre Entscheidungsbäume* (binary decision trees) als auch *logische Leitern* (logical ladders) können mit verschachtelten if-else-Konstrukten kodiert werden.

Zur *bedingten Wiederholung* (conditional iteration) steht die der C-Sprache identisch entlehnte kopfgesteuerte `while`-Schleife (leading while loop) zur Verfügung. Bild 7.3 zeigt das allgemeine Schema.

Mit den kontextgebundenen Instruktionen `continue` und `break` kann beim Eintreten von subsidiären Bedingungen innerhalb des Schleifenkörpers zum Schleifenkopf zurückgesprungen beziehungsweise aus der Schleife herausgesprungen werden. Im ersten Fall läuft die Schleife mit der nächsten fälligen

```
...
while(<Bedingung>)
    {
    ...
    if(...) continue;
    ...
    [Aktion während <Bedingung>]
    ...
    if(...) break;
    ...
    }
<Statement>;
...
```

Bild 7.3: Schema der kopfgesteuerten _while_-Schleife bei awk(1)

Interation weiter; im zweiten wird der Ablauf mit dem ersten, der Schleife
unmittelbar nachfolgenden ausführbaren Statement fortgesetzt.

nawk(1) (SVR4), nicht aber _awk_ unterstützt dazu noch die ebenfalls identisch
der C-Sprache entlehnte _fußgesteuerte_ while-Schleife (trailing while loop).
Bild 7.4 zeigt das allgemeine Schema.

```
...
do {
    ...
    if(...) continue;
    ...
    [Aktion während <Bedingung>]
    ...
    if(...) break;
    ...
    } while(<Bedingung>);
<Statement>;
...
```

Bild 7.4: Schema der fußgesteuerten _while_-Schleife bei awk(1)

Bei der fußgesteuerten Schleife erfolgt der erste Durchlauf bedingungsfrei
und jeder weitere bedingungsgebunden. Die Wirkung der beiden Instruktionen continue und break überträgt sich sinngemäß. Zu beachten ist, daß die
nachfolgende while-Instruktion mit einem Semikolon abgeschlossen werden muß.

Bei einem einzigen Statement können die Block-Klammern ausgelassen werden, was auch für das aus einem Semikolon bestehende _Null-Statement_ (null
statement) gilt:

```
... while(...) <Statement>; ...              ... while(...); ...
... do <Statement>; while(...); ...          (nawk)
```

awk unterstützt zwei Arten von *gerichteten Schleifen* (directed loops), von
denen die erste wiederum identisch der C-Sprache entlehnt ist. Bild 7.5 zeigt
das allgemeine Schema der `for`–Schleife erster Art (*for*-loop, first kind).

```
...
for(<A>; <B>; <S>)
    {
    ...
    if(...) continue;
    ...
    <Durchlauf-Aktion>
    ...
    if(...) break;
    ...
    }
<Statement>;
...
```

Bild 7.5: Schema der gerichteten *for*-Schleife bei awk(1)

Die drei durch je ein Semikolon getrennten Steuerausdrücke im Schleifenkopf bestimmen den Verlauf der Schleife:

<A> : *Ausgangsbedingung* (initial condition)
<B> : *Prüfbedingung* (test condition)
<S> : *Schrittanweisung* (stepping directive)

Für die Prüfbedingung gilt die erweiterte Dichotomie $\neq 0$ (TRUE): 0
(FALSE). Die Schleife terminiert beim ersten FALSE.

Die Steuerausdrücke sind optional und können einzeln oder insgesamt ausgelassen werden, was das Laufverhalten der Schleife entsprechend verändert.
Als Extremfall ist die *indeterminate Schleife* (indeterminate loop) zu betrachten, die bei Auslassung aller drei Steuerausdrücke resultiert,

```
... for(;;) ...
```

Mit den kontextgebundenen Instruktionen `continue` und `break` kann auch
hier beim Eintreten von subsidiären Bedingungen innerhalb des Schleifenkörpers zum Schleifenkopf zurückgesprungen beziehungsweise aus der
Schleife herausgesprungen werden. Im ersten Fall läuft die Schleife mit dem
nächsten fälligen Schritt weiter; im zweiten wird der Ablauf mit dem ersten,
der Schleife unmittelbar nachfolgenden ausführbaren Statement fortgesetzt.

Bei einem einzigen Statement können die Block-Klammern ausgelassen werden, was auch für das aus einem Semikolon bestehenden *Null-Statement* (null
statement) gilt:

```
... for(...) <Statement>; ...              ... for(...); ...
```

Die typischen Anwendungsformen sind *Zählschleifen* (counting loop), wobei ein Index einen zusammenhängenden ganzzahligen *Wertebereich* (domain) schrittweise durchläuft:

```
for(i=0; i < 100; i++) ...          for(j=100; j; j -= 2) ...
```

awk stellt eine `for`-Schleife zweiter Art (second kind) zur Verfügung, die nicht der C-Sprache entlehnt ist, sondern speziell und ausschließlich zum Durchlaufen von *assoziativen Arrays* (associative arrays, stepping through) dient:

```
for(<Index> in <Array>){ ... }
```

Als ein etwas vorgreifendes Beispiel wäre zu betrachten,

```
for(V in ENVIRON) print V, ENVIRON;
...
HOME      /ben/team1/hubert
LOGNAME hubert
...
TERM      svt1220
...
```

Arrays werden im Abschnitt 7.11 weitergeführt.

7.9 Funktionen

Bereits das ältere awk(1) (SVR3) stellte zwei Gruppen von integrierten Funtionen (builtin functions) zur Verfügung,

• *mathematische Funktionen* (mathematical functions);
• *lexikalische Funktionen* (lexical functions).

Mit **nawk(1)** (SVR4) wurde das von *awk* übernommene Funktionsangebot erweitert; insbesondere wurden mathematische und lexikalische Funktionen sowie eine Schnittstellenfunktion zur Shell-Ebene hinzugefügt. Darüber hinaus unterstützt *nawk* benutzerdefinierte Funktionen (user-defined functions), was bei systematischen und größeren Textbearbeitungsprojekten eine enorme Hilfe bedeuten kann.

7.9.1 Integrierte Funktionen

Tabelle 7.5 listet die nach dem gegenwärtigen Stand verfügbaren *mathematischen Funktionen* (mathematical functions) unter Angabe des *Wertevorrates* (range) auf. Der *Wertebereich* (domain) besteht aus der Menge der *reellen Zahlen* $\Re$ (real number), mit den üblichen Einschränkungen bei den Wurzel- und Logarithmusfunktionen. Die trigonometrische Maßeinheit ist das *Bogenmaß* rad (radian measure), mit 2π rad $= 360°$.

f(...)	Werte	Semantik
`atan2(y,x)`	$(-\pi, +\pi)$	(nawk) Arktangensfunktion von y/x, $x \neq 0$
`cos(x)` `sin(x)`	$[-1,1]$	Klassische Winkelfunktionen
`exp(x)` `log(x)`	$(0,\infty)$	Klassische Exponential- und Logarithmusfunktionen
`sqrt(x)`	$[0,\infty)$	Quadratwurzelfunktion, mit $x \geq 0$
`int(x)`	$[x]$	Integralwert, mit $[x] \leq x$
`rand`	$(0,1)$	(nawk) Zufallszahl (random value)
`srand`		(nawk) Setzt Initialwert (seed) für rand

Tabelle 7.5: Mathematische Funktionen von awk(1)

Als einfachere Beispiele wären zu betrachten,

```
...
pi_4=atan2(1,1); co=cos(pi_4); E=exp(1); L2=log(2);
OFMT="%7.5f";
print pi_4,      co,        E,         L2;
...
       0.78540   0.70711   2.71828   0.669315
```

Tabelle 7.6 listet die nach dem gegenwärtigen Stand verfügbaren *Zeichenketten-Funktionen* (character string functions) unter Angabe der Rückgabe auf.

f(...)	Rückg.	Semantik
`length(z)`	$1 \geq 0$	Länge der Zeichenkette z als Anzahl der Zeichen.
`index(z,f)`	$i \geq 0$	Anfangsposition der Zeichenfolge f in der Zielkette z, mit 0 als Fehlanzeige.
`match(z,s)`	$m \geq 0$	(nawk) Anfangsposition des Suchmusters s in der Zielkette z, mit 0 als Fehlanzeige.
`split(z,A,c)`	$n \geq 0$	Die Zeichenkette z wird in ein benanntes Array zerlegt, wobei c als Trennzeichen fungiert; die resultierende Anzahl von Elementen wird zurückgegeben.
`substr(z,m,n)`	`"s"`	Abgreifen einer Teilkette (substring) von n Zeichen ausgehend von der Position m in der Zielkette z.
`sub(s,e,z)`	$n = 0, 1$	(nawk) Ersetzen der von links nach rechts ersten Instanz des Suchmusters (search pattern) s mit der Ersatzkette e in der Zeichenkette z.
`gsub(s,e,z)`	$n \geq 0$	(nawk) Ersetzen aller Instanzen des Suchmusters s mit der Ersatzkette e in der Zeichenkette z.

Tabelle 7.6: Lexikalische Funktionen von awk(1)

Von der Zeichenkette ausgehend,

```
... z="Hallo Freunde";
```

wären als einfachere Beispiele zu betrachten,

```
...print length(z), index(z,"ll");
...
          13              3sowie
...n=match(z,"[Ff]"); s=substr(z,n,6); print n,s;
...
          3              Freund
```

sowie

```
...m=sub("Ha","he",z); print m,z;
...
     1    hello Freunde
```

sowie

```
...g=gsub("[eou]","X",z); print m,z;
...
     5    hXllX FrXXndX
```

Beim *Zerlegen* (splitting) einer Zeichenkette in ein Array ist die Wirkung des Trennzeichens (separator) — hier der Doppelpunkt ': ' — zu beachten,

```
...print n=split("aa:bb:cc",AA,":");
   for(i in AA) print i,AA[i];
...
     3    1 aa   2 bb   3 cc
```

nawk(1) (SVR4) (*nicht* aber ältere Versionen von *awk*), stellt eine *Schnittstellenfunktion* (system interface function) zur Shell-Ebene zur Verfügung,

```
<Exit-Kode> = system("<Shell-Befehl>")
```

wobei der Shell-Befehl nebst Argumenten und E/A-Umlenkungsklauseln unmittelbar als doppelzitierte Zeichenkette angegeben oder aus einer Variablen substituiert werden kann. Die Funktion gibt den Exit-Kode des Befehls zurück — also 0 bei normaler, und ≠ 0 bei abnormaler Ausführung. Die Ausführung erfolgt normalerweise in der BOURNE-Shell, **sh(1)**, die dann als Subshell der aufrufenden Shell abläuft.

Zu beachten ist, daß die *Standard-Datenströme* (standard data streams) und insbesondere die *Normalausgabe* (standard output) des Shell-Befehls und der ausführenden Subshell mit den entsprechenden Datenströmen von *awk* zusammenfallen, was einerseits zu recht unerwarteten Resultaten führen, und andererseits geschickt ausgenutzt werden kann. Durch *E/A-Umlenkung* (I/O redirection; Abschnitt 1.2.2.4) in dem Befehlsausdruck kann die Ausgabe gesteuert werden. Ein Kontrastbeispiel mag dies sogleich erhellen:

```
... system("cat zusatz") ...   ... system("ps > hold") ...
```

Links wird der Inhalt der Datei `zusatz` mit dem Shell-Befehl cat(1) identisch in den Normalausgabestrom von `nawk` eingeblendet. Rechts wird die Normalausgabe des Befehls ps(1), der das aktuelle Prozeßspektrum auflistet, in eine Auffangdatei namens `hold` umgelenkt.

7.9.2 Benutzerdefinierte Funktionen

nawk(1) (SVR4) (*nicht* aber ältere Versionen von *awk*), unterstützt *benutzerdefinierte Funktionen* (user-defined functions). Für die *Funktionsdefinition* (function definition) gilt das folgende Schema,

```
function <Bezeichner>([<Parameter>, ...])
         {
          <Statements>;
         ...
         [if(...) return [<Ausdruck>];]
         ...
         [return [<Ausdruck>];]
         }
```

wobei das *Schlüsselwort* (keyword) `function` am Anfang der Zeile gesetzt werden muß. Für den *Funktionsbezeichner* (function identifier) gelten identisch die Regeln von Variablenbezeichnern; insbesondere muß der Bezeichner mit einem *alphamerischen Zeichen* (alphameric character) beginnen.

Funktionen können optional mit *Parametern* (parameter) definiert werden, die beim Aufruf mit Argumenten belegt werden, wobei eine *Wertübergabe* (call by value) erfolgt.[4] Sowohl Konstante, skalare Variable und Ausdrücke als auch ganze Arrays können übergeben werden; bei letzteren wird die interne Adresse als Wert übergeben.

Der eigentliche *Funktionsblock* (function block) wird mit *geschweiften Klammern* (braces) abgegrenzt; er kann *ausführbare Statements* (executable statements) jeglicher Art und Konstrukte der Ablaufsteuerung enthalten, *nicht* aber S/A-Paare oder andere Funktionsdefinitionen.

Mit der optionalen *Instruktion*,

```
... return [<Ausdruck>];
```

wird eine Funktion unmittelbar verlassen. Ein optional nachgestellter Ausdruck wird dann als *Rückgabewert* (return value) an den *aufrufenden Ausdruck* (calling expression) zurückgegeben. Da wo keine Rückgabe erfolgen soll oder kann, muß return ohne Ausdruck mit einem unmittelbar nachfolgenden Semikolon abgeschlossen werden. Ohne jegliches `return` wird eine Funktion nach dem letzten ausführbaren Statement verlassen; der Rückgabewert bleibt dabei unbestimmt.

---

4. Der Unterschied zwischen *Parameter* und *Argument* ist keineswegs spitzfindig, sondern für die originäre C-Literatur verbindlich.

Als einfachere Beispiele von einfacheren *Benutzerfunktionen* (user functions)
wären zu betrachten,

```
function min(a,b)              function arlist(ar,name)
{# Minimum zweier Werte        {# Array auflisten
 if(a < b) return a;            for(i in ar)
   else return b;               print name"["i"]: "ar[i];
}                              }
```

mit den Aufrufen,

```
... print min(0,-5);
...
          5
```

und

```
... arlist(ENVIRON, ENV);
...
ENV[HOME]: /ben/hubert
ENV[PATH]: /bin:/etc/:...
...
ENV[TERM]: svt1220
ENV[USER]: Hubert
...
```

Funktionen dürfen andere Funktionen und insbesondere sich selbst rekursiv
aufrufen (recursive definition),

```
function fact(n)                      ... print fact(6) ...
{#Fakultät !n                         ...
 if(n > 1)return n * fact(n-1);               720
  else return 1;
}
```

Funktionsdefinitionen können wie Selektion-Aktion-Paare überall in den
Quellkode eingefügt werden; sie dürfen jedoch nicht in S/A-Paaren oder
anderen Funktionsdefinitionen enthalten sein. Üblicherweise werden die
Definitionen entweder am Anfang oder aber an Ende der Quelldatei zusam-
mengefaßt. Bei größeren Projekten können die Definitionen in separaten
Funktionsbibliotheken (function libraries) zusammengefaßt werden, die dann
mit der Argumentoption −f als zusätzliche Skripte in der aufrufenden
Bcfchlszeile angeben werden,

```
... nawk −f lib.awk ... −f skript.awk ...
```

7.10 Eingabe und Ausgabe

Die Steuerung der Eingabe und Ausgabe (I/O control) erfolgt im wesentlichen mit *E/A-Befehlen* (I/O commands) anstelle von *E/A-Funktionen* (I/O functions), obwohl auch spezielle Funktionen zur Verfügung stehen. Unter *nawk* können dedizierte E/A-Funktionen als Benutzerfunktionen definiert werden.

7.10.1 Eingabesteuerung

Der *aktuelle Eingabestrom* (current input stream) wird normalerweise *entweder* aus einer *Pipeline* (pipeline) über die *Normaleingabe* (standard input) eingelesen,

```
... | awk ...
```

in welchem Fall die Systemvariable FILENAME lediglich ein Minuszeichen '–' enthält, *oder* aber aus jeweils einer von einer oder mehreren benannten Eingabedateien eingelesen,[5]

```
awk ... <Eingabedatei1>   [<Eingabedatei2> ...]
```

in welchem Fall der *Verweis* (pathname) der jeweils einströmenden Datei in FILENAME enthalten ist. Dieses Prinzip gilt identisch für nawk(1).

Bei *multiplen Eingabedateien* (multiple input files) kann der *Übergang zwischen Dateien* (file break) mit dem folgenden Konstrukt als *Aktionsblock* (action block) erfaßt werden,

```
BEGIN {...; datei_alt = FILENAME; datei_nr = 1; ...}
...
(FILENAME != datei_alt)
        { # start file break action block
        ...
        <Übergangsaktion>
        ...
        datei_alt = FILENAME;
        datei_nr++;
        } # end file break action block
```

Mit ähnlichen Konstrukten kann die Verarbeitung bestimmer Dateien übersprungen beziehungsweise unterbunden werden.

---

5. Was auch *benannte Prozeßkanäle* (named pipes) miteinschließt.

Zur *gesteuerten Eingabe* (controlled input) steht der Befehl `getline`[6] zur Verfügung, mit der *Sätze* (records) selektiv aus dem aktuellen Eingabestrom oder einer *alternativen Eingabequelle*[7] (alternate input source) eingelesen werden können,

```
... n=getline ...

... n=getline < "<Dateiverweis>" ...

... "<Shell-Befehl> [<Arguments>] ... " | getline ...
```

wobei der Dateiverweis beziehungsweise der Shell-Befehl samt Argumenten entweder als *doppelzitierte Zeichenkette* (double quoted character string) angegeben oder aber einer Variablen entnommen werden muß. Zu beachten in diesem Falle ist, daß die Variablen $0, $1, $2, ... sowie NF und NR mit dem eingelesenen Satz und Feldern aktualisiert werden, wobei die strukturelle Trennung gemäß der aktuellen Inhalte von RS (record separator) und FS (field separator) erfolgt.

Alternative dazu kann der eingelesene Satz selektiv in einer Benutzervariablen <V> (user variable) abgelegt werden,

```
... n=getline <V> ...

... n=getline <V> < "<Dateiverweis>" ...

... "<Shell-Befehl> [<Arguments>] ... " | getline <V> ...
```

in welchem Falle die Variablen $0, $1, $2, ... sowie NF und NR *nicht* aktualisiert werden. Der eingelesene Satz muß dann aus der angegebenen Variablen <V> abgegriffen werden.

In allen Fällen gilt die Trennung gemäß den in FS (field separator) und RS (record separator) enthaltenen strukturellen Trennzeichen (Abschnitt 7.4). Der Rückgabewert von `getline` ist zuweisbar, wobei 1 eine erfolgreiche Ausführung, 0 das Dateiende EOF (end of file), und −1 einen Fehlerzustand anzeigt.

Als ein erstes typisches Beispiel wäre das Einlesen von Stichworten aus einer Datei namens `stichworte` zu betrachten,

```
... while(getline sworte[h++] < "stichworte") ...
```

wo jede Eingabezeile ein Stichwort enthält, das als indexiertes Element in dem Array `sworte` abgelegt wird, um dann für spätere Vergleiche zur Verfügung zu stehen.[8] Zu beachten ist, daß der Index h automatisch angelegt und mit dem Nullwert vorbelegt wird.

---

6. Ein ausgesprochener *misnomer*, da es sich ja nicht immer um *Zeilen* (lines) handlen muß!

7. Was auch *benannte Prozeßkanäle* (named pipes) miteinschließt.

8. Z. B. beim Erstellen von Sachwortzeichnissen.

Als zweites Beispiel wäre das Einlesen des Datums über eine *Pipeline* zu dem
Befehl date(1) zu betrachten,

```
... "date" | getline datum;   ...print datum...
                              ...
                              ... Fri Sep 03 14:11:45 1993
```

7.10.2 Ausgabesteuerung

Im allereinfachsten Fall verursacht eine Selektion ohne nachgestellten Aktionsblock, eine ungesteuerte *identische Ausgabe* (default output) der selektierten Sätze über die *Normalausgabe* (standard output) — eine Eigenheit
(idiosyncrasy), deren Nichtbeachtung gelegentlich als *obskurer Fehlerzustand* (obscure error condition) mißdeutet wird. In diesem Sinne kann *awk*
übrigens auch als einfacher Suchfilter benutzt werden,

```
... awk '/<smuster>/' ...
```

Sobald jedoch ein *Aktionsblock* (action block) nachgestellt wird,

```
[<Selektion>]{<Aktionsblock>}
```

muß die Ausgabe aus diesem heraus explizite gesteuert werden, wofür dann
spezielle Ausgabebefehle und -funktionen zur Verfügung stehen.

Zur *gesteuerten Ausgabe* (controlled output) über die *Normalausgabe* (standard output) zu *benannten Datei*en beziehungsweise *Prozeßkanälen* (named
files, pipes) oder in eine *Shell-Pipeline* (pipeline) stehen mehrere Befehle der
Namensgattung ...print... zur Verfügung, wobei die folgenden Schemata
einheitlich gelten,

```
...print...                                        (Normalausgabe)
...print... >  "<Dateiverweis>" ...                (benannte Datei)
...print... >> "<Dateiverweis>" ...                (benannte Datei)
...print... |  "<Shell-Befehl> [<Argumente>]" ...  (Shell-Pipeline)
```

Zu beachten ist, daß der Dateiverweis beziehungsweise der Shell-Befehl als
doppelzitierte Zeichenkette (double quoted character string) angegeben oder
einer Variablen entnommen werden muß.

Bei der Umlenkung wird eine bereits bestehende Datei mit dem ersten Aufruf
von print... *angebunden* (opening file) und mit der Monade > *anfangs
überschrieben*, dann aber fortlaufend *erweitert* (appending output file), wobei
der ursprüngliche Inhalt verloren geht. Mit der Dyade >> wird dagegen von
Anfang an erweitert; d.h. der ursprüngliche Inhalt bleibt erhalten. Es gelten
die üblichen Regeln der *Schreibberechtigung* (write permission).

Eine *aktive Dateibindung* (open file) kann mit der Funktion `close(...)` explizite *gelöst* werden (closing file),

```
... close("<Verweis>") ...
```

in welchem Fall die entsprechende Inode aktualisiert wird. Bei erneuter Ausgabe wird der aktuelle Inhalt erneut überschrieben.

Mit dem Befehl `print` werden eine oder mehrere Ausdrücke als eine zusammenhängende Zeichenkette ausgegeben,

```
... print [<Ausdruck>...] ...
```

Ohne jeglichen nachgestellten Ausdruck wird der in $0 enthaltene Satz identisch ausgegeben. Bei Ausdrücken, die durch Kommas getrennt sind, wird das in `OFS` enthaltenen *Ausgabe-Feldtrennzeichen* (output field separator) substituiert; wie zum Beispiel in,

```
...
abba babba ...
...
... OFS=":"; ...print $1,$2, ...
...
... abba:babba: ...
```

Zum anderen kann mit `print` die Ausgabe mit doppelzitierten Zeichenketten kreativ formatiert werden,

```
... a="aaa"; h=1234; x=1/3; ...
...print "a: "a"  h: "h"  x: "x; ...
...
...a: aaa  h: 1234  x: .333333
```

Mit dem Befehl `printf` kann die Ausgabe durch ein explizites *Ausgabeformat* (output format) formatiert werden,

```
... printf "<Format>"[,<Ausdruck>...]
```

Das Format kann unmittelbar als doppelzitierte Zeichenkette angegeben oder aber aus einer Variablen substituiert werden. Es gelten die Formatierungsregeln der C-Bibliotheksfunktion **printf(3S)**,[9] wobei die in Tabelle 7.1 aufgelisteten *symbolischen Ausgabesteuerzeichen* (print control characters) benutzt werden können. Als Variation des obigen Beispiels wäre zu betrachten,

```
... printf "\nDaten:\ta: %-6s h: %d x: %7.2f", a, h, x;
...
...Daten:    a: aaa  h: 1234  x: 0.33
```

wo `\n` den Zeilenvorschub LF (012), und `\t` das Tabulatorzeichen HT (011) darstellt.

---

9. Eine gründliche Besprechung nebst zahlreichen Beispielen wird in KA2(1992) gegeben.

Als Variante von `printf` steht schließlich noch die *Transferfunktion* `sprintf` zur Verfügung,

```
... <Var> = sprintf("<Format>"[,<Ausdruck>...]) ...
```

die in etwa der C-Bibliotheksfunktion **sprintf(3S)** entspricht. Mit der Funktion können Ausdrücke formatiert und als Rückgabe einer Auffangvariablen zugewiesen werden,

```
... ausg=sprintf("\Daten:\ta: %-6s h: %d x: %7.2f",a,h, x);
... print ausg;
...
... Daten:     a: aaa  h: 1234  x: 0.33
```

7.11 Arrays

Anreihungen (arrays) — sie sollen im folgenden einfach als *Arrays* bezeichnet werden[10] — können nur durch fortschreitende *dynamische Assoziierung* (dynamic association) von Elementen angelegt werden, und eben *nicht* durch Vorgabe festliegender Größe und Dimension. Auf die Elemente eines solchen *assoziativen Arrays* (associative array) kann mit *Indexen* (indexes, subscripts) zugegriffen werden, die durch *Ausdrücke* erzeugt werden (index expressions), was in der einfachsten Form eine Konstante oder eine skalare Variable sein kann,

```
...<Array>[<Konstante>]...              ...<Array>[<Var>]...
```

wobei der *Index-Wertebereich* (range) nicht auf ganzahlige Werte beschränkt ist, sondern tatsächlich auch Gleitpunktwerte und Zeichenketten zuläßt. Genau darin liegt ein weiteres hervorragendes Leistungsmerkmal von *awk*.

Ausgehend von einer Eingabedatei mit den ersten beiden Feldvariablen in jeder Zeile als Namen und Beträge,

```
...
Abba       12.23 ...
Babba      21.45 ...
...
Zappa      11.05 ...
...
Babba      18.61 ...
Zappa       8.05 ...
...
```

wäre als ein erstes Beispiel die assoziative Tabellierung der Werte pro Person mit nachfolgender Ausgabe der Summen zu betrachten, was mit den folgenden frappierend einfachen Skript erfolgen kann,

---

10. Der Terminus Anreihung bleibt jedoch als *elegante Variation* vorbehalten.

```
(($1 ~ /[A-Z][a-z]+/) && ($2 > 0)){Summe[$1] += $2;}
END {
     print "\tTabellierung";
     for(Name in Summe)
        printf "\t%-14s\t%8.2f", Name, Summe[Name];
     }
```

mit dem Resultat,

```
    Tabellierung
     Abba    301.43
    Babba    285.39
    ...
    Zappa    267.03
```

Zwei besondere Aspekte sind hier zu beachten. *Erstens*, daß das Array
Summe nicht im voraus bestimmt ist, sondern mit jedem neuen Namen assoziativ erweitert wird. *Zweitens*, daß eben die Namen selbst als Indexe fungieren. Dazu kommt, daß jedes neu erzeugte Element *automatisch* mit dem
Nullwert vorbelegt wird (automatic zero initialization), was unter anderen
erst das kumulative Tabellieren in der assoziativen Form ermöglicht.

Die Indexierung von Elementen kann *beliebig tief verschachtelt* werden
(index nesting, arbitrary depth). Falls in den obigen Beispiel die Namen mit
einer Listennummer geführt werden sollen, wie etwa in,

```
Name[1]="Abba"; Name[2]="Babba"; ...; Name[26]="Zappa";
```

dann kann der Zugriff verschachtelt über die Namensliste erfolgen,

```
...
... for(Nummer in Name)
       printf "...", Nummer, Name, Summe[Name[Nummer]];
...
```

mit dem erweiterten Resultat,

```
...
    1      Abba    301.43
    2      Babba   285.39
...
   26      Zappa   267.03
```

Mit der gezeigten `for`-Schleife zweiter Art wird das Array in der Reihenfolge der tatsächlich erfolgten Assoziierung durchlaufen, was einerseits nicht
immer gesteuert, und bei nichtnumerischen Indexen auch nicht nachträglich
variiert werden kann.

Wenn dagegen *rein numerische Indexe* (purely numerical indexes) definiert
sind, kann die `for`-Schleife erster Art (for loop; first, second, kind) benutzt
werden, um die Reihenfolge des Abgriffes zu steuern,

```
...
... for(Nummer=26; Nummer > 0; Nummer--)
        printf "...", Nummer, Name, Summe[Name[Nummer]];
...
```

mit der umgekehrten Reihenfolge,

```
...
26      Zappa    267.03
...
 2      Babba    285.39
 1      Abba     301.43
```

Die weitaus meisten älteren Versionen von *awk* (SVR3) unterstützen keine
multiplen Indexe im Sinne von zwei- oder mehrdimensionalen Matrizen, sondern nur vektorartige lineare Anreihungen mit einem Index. Diese Einschränkung kann jedoch durch dynamisches *Verketten von Teilindexen*
(concatenating subindexes) aufgehoben werden. Eine Erweiterung des obigen Beispiels mag dies veranschaulichen.

Neben dem Namen und der Einnahme sei jetzt als dritte Feldvariable noch
eine *Position* (item) mit einem Kürzel aufgeführt,

```
Abba  12.23 BBC ...
Babba 21.45 AFN ...
Zappa 11.05 AFN ...
...
Babba 18.61 ZAP ...
Zappa  8.05 BBC ...
...
```

Die Daten sollen als *2-dimensionale Tabelle mit Randsummen* (2-way tables,
marginal sums) tabelliert werden. Das folgende Fragment zeigt einen einfachen Ansatz dazu,

```
...
(<Selektion>) { # Tabellierung
              tab[$1"-"$3] += $2;
              nam[$1] += $2;
              item[$3] += $2;
              tsum += $2;
              }
...
END { # Tabellenausgabe
      ...
      for(i in item) printf "%-10s", i; print "Summe";
      for(n in nam)
```

```
      {
          ...
          printf "\n%-10s",n;
          for(i in item) printf "%10.2f", tab[n":"i];
          printf "%10.2", name[n];
          ...
      }
          ...
      printf "\n\n    Summe";
      for(i in item) printf "%10.2f", item[i];
      printf "%10.2", tsum;
          ...
      }
```

mit dem Resultat,

```
             AFN       BBC      ...   ZAP       SUMME
    Abba     123.40    47.12    ...   98.03     891.21
    Babba     87.14   103.31    ...  137.35     965.14
    ...                         ...            ...
    Zappa    119.11    74.33    ...   52.91     853.67

    Summe    437.98   539.02    ...  492.71    6543.36
```

Der gezeigte Ansatz läßt sich analog auf Tabellerierungen höherer Ordnung
(n-way tables) erweitern.

nawk(1) (SVR4) (nicht aber ältere Versionen von *awk*) unterstützt *multiple
Indexe* (multiple indexes) im Sinne von *mehrdimensionalen Arrays* (multidi-
mensional arrays),

```
mat[<ind1>,<ind2>]                 hyper[<ind1>,<ind2>,<ind3>,...]
```

wobei Kommas die Indexausdrücke trennen. Für das obige Beispiel ergäbe
sich dann unter *nawk*,

```
...
tab[$1,$3] += $2;
...
    for(n in nam)
       {
          ...
          for(i in item) printf "%10.2f", tab[n,i];
          ...
```

In diesem Zusammenhang erhält denn auch die Systemvariable SUBSEP ihre
besondere Bedeutung: sie dient zur *lexikalischen Trennung* (lexical separa-
tion) von multiplen Indexen durch Festlegung eines speziellen Trennzeichens; die Vorbelegung ist **FS** (034), was dem *ASCII-Feldseparator* (field
separator) entspricht. Für das obige Beispiel ergibt sich mit dem Doppelpunkt
als *Indextrennzeichen* (index separator) beim Abgriff von zusammengesetzten Indexen mit for-Schleifen zweiter Art,

```
... SUBSEP=":"; ...
...
... for(m in tab) print m;
...
... Abba:BBC    Babba:AFN ... Zappa:AFN ...
```

Mit den *Zeichenkettenfunktionen* index (...) und substr (...) (string functions; Abschnitt 7.9.1) kann der *zusammengesetzte Index* (composite index)
dann in seine *konstituierende Einzelindexe* (component indexes) zerlegt werden,

```
...
for(m in tab)
    {
      l=length(m); i=index(m,SUBSEP);
      nam=substr(m,0,i-1);
      item=substr(m,i+1,l-i);
      ...
    }
...
```

die dann sortiert in getrennte Index-Arrays abgelegt werden können usw.

Eine Liste mit *singulären Werten*[11] kann einfachst *invertiert* werden (inver-
ting singular lists),

```
... lis["abba"]=26; lis["babba"]=25; ... lis["zappa"]=1;
    for(n in lis) sil[lis[n]]=n;
    for(h in sil) print h,sil[h], lis[sil[h]];
...
```

```
26     abba     26
25     babba    25
...    ...      ...
1      zappa    1
```

Bei **nawk(1)** (SVR4) (nicht aber bei älteren Versionen von *awk*), können
überschüssige Elemente in Arrays gelöscht werden, wozu der Befehl
delete zur Verfügung steht,

```
delete <Array>[<Index>]
```

Nur jeweils ein Element kann gelöscht werden. Der freigesetzte Speicherplatz steht zum Anlegen neuer Variablen, Arrays und Elemente zur Verfügung, was bei lexikographischen Anwendungen von ausschlaggebender
Bedeutung sein kann.

---

11. Im streng mathematischem Sinne. Degenerierte Listen (degenerated lists) enthalten zwei
     oder mehr identische Werte.

8 Informationsschöpfung

Es gibt den volks- und betriebswirtschaftlichen Begriff der *Wertschöpfung* (value creation), der seinerseits die Produktions- und Hilfsmittel unterstellt, mit denen Rohmaterialien (raw materials) zu höherwertigen *Halbfabrikaten*, und diese zu hochwertigen *Endfabrikaten* (semi-finished, finished, products) transformiert werden. Ergo *Informationsschöpfung* (winning of information), das *Einrichtungen* und *Hilfsmittel* (facilities, utilities) voraussetzt, mit denen *Rohdaten* (raw data) zu *Informationen* (information) aufbereitet werden.[1]

Als Rohmaterial und Fertigprodukt kommt *Text* (text), im klassischen Sinne von *alphabetisierten Daten* und *Informationen* (alphabetized data, textual information), eine sich ständig erhöhende Bedeutung zu, was sich sowohl aus den Massen historischer Textbestände als auch aus den unaufhörlich wachsenden aktuellen Beständen ergibt. Als fundamentale Verfahrensweisen der Informationsschöpfung stehen dabei im Vordergrund:

- lexikalisch-assoziatives Suchen und Extrahieren mittels Textmustern;
- relationales Vergleichen, Sortieren und Verknüpfen von Sätzen durch Juxtaposition von Textelementen;
- zeilenweises Vergleichen von Textdateien, wobei gerichtete Differenzen und Editierspuren erzeugt werden, die sowohl zur reinen Textanalyse als auch zur *heuristischen Schnellentwicklung* (rapid prototyping) von komplizierten Zeilenmanipulationen eingesetzt werden können.

In diesem Kapitel sollen die wichtigsten Einrichtungen und Hilfsmittel vorgestellt werden, die dafür auf der Shell-Ebene zur Verfügung stehen.

8.1 Lexikalische Suchfilter

Das Anwendungsgebiet der *lexikalischen Textmustersuche* (lexical pattern search, scanning) erstreckt sich vom sporadischen — und zuweilen panikartigen — Absuchen einzelner oder kollektiv erfaßter Quelldateien zwecks Auffinden von — anscheinend spurlos verschwundenen — Objektdefinitionen bis zur systematischen *lexikalisch-assoziativen Informationserhebung* (lexically-associative information retrieval) aus massiven Textkörpern. Auf der Shell-Ebene stehen dafür drei hochoptimierte Hilfsprogramme zur Verfügung: **grep(1)**, **egrep(1)** und **fgrep(1)**, die gemeinschaftlich als die *grep*-Familie von Suchfiltern (grep family, of search filters) bezeichnet werden.[2]

---

1. Die *extrasomatische* Schöpfungsfolge *Daten* (data), *Informationen* (information), *Wissen* (knowledge), *Intelligenz* (intelligence), ... *Intelligence* ist (übler) *jargon* für *information*; letzteres sollte im Englischen übrigens nur in der *Einzahl* (singular) benutzt werden.

Abgesehen von der Möglichkeit, die Nummern von Datenblöcken zu bestimmen, die ein Suchmuster enthalten, können die Suchfunktionen im Prinzip auch mit dem Durchlauf-Editor **sed(1)** (Kapitel 6) und dem Textmusterverarbeitungssytem **awk(1)** (Kapitel 7) weitgehend beziehungsweise vollständig ausgeführt werden. Die besonderen Leistungsmerkmale der *grep*-Filter liegen jedoch in ihrer zweckgebundenen Anspruchslosigkeit und Robustheit was sowohl Systemressourcen als auch Benutzeranstrengungen und damit auch Fehleranfälligkeit mit einschließt.

Die *grep*-Filter gehen von *konformen Textdateien* (conforming text files; Abschnitt 1.2.5) mit einer herkömmlichen Zeilen- und Wortstruktur aus. Zu beachten ist, daß bei älteren Versionen (SVR3) Zeichen mit einer Oktalwertigkeit > 0177 auf 7 Bit reduziert oder schlimmstenfalls überhaupt nicht ausgegeben werden, was insbesondere bei der *Umlautdarstellung* (umlaut representation) mit erweiterten Zeichensätzen wie **PC-8** und **Latin-1** (ISO 8859/1) zu verzerrten Resultaten führen kann. Neuere Versionen unter SVR4 erlauben den Durchsatz von 8-Bit-Zeichen innerhalb einer entsprechend eingestellten Arbeitsumgebung (8 bit clean environment).

Die zugrundeliegende *Bezugseinheit* (basic reference unit), auf die sich die Suchvorgänge beziehen, ist die mit dem Zeilenvorschub abgeschlossene Zeile. Im gemeinsamen Grundbereich unterstützen sowohl grep(1) als auch egrep(1) die *ed*-artige *lexikalische Bestimmungssyntax* (*ed*-like lexical pattern syntax; Kapitel 3) zur Formulierung von Suchmustern. Darüber hinaus unterstützt, ja definiert *egrep* (extended grep) die *egrep*-artige *lexikalische Erweiterung* (egrep-like lexical extension).

Im Gegensatz zu *grep* und *egrep* erlaubt **fgrep(1)** (fast grep) kein lexikalisches Suchmuster, sondern ist auf fest vorgegebene *singuläre Suchketten* (fixed search strings) beschränkt. Im Gegenzug unterstützt *fgrep* parallele Suchvorgänge mit multiplen Suchketten, die überdies noch in speziellen Skripten vorbereitet abgelegt werden können.

Für die *grep*-Filter gilt das gemeinsame Aufrufschema,

```
grep|egrep|fgrep [-bchilnv] [-<Optionen>] \
                 [[-e]<Suchmuster>] [<Eingabedatei> ...]
```

wobei −bc...v die *gemeinsamen Aufrufsoptionen* (common invocation options) darstellen. Darüber hinaus stehen noch spezifische Optionen zur Verfügung, die nachfolgend im jeweiligen Kontext aufgeführt werden. Tabelle 8.1 listet die Bedeutung der gemeinsamen Optionen auf.

---

2. Abgeleitet — je nach Quelle und Geschmack — entweder aus *General Regular Expression Processing* oder aber aus *Global Regular Expression Printer*. *grab* wäre vielleicht ein sinfälligeres Vehikel.

Opt.	Bedeutung
b	(block) Die absolute Nummern der Datenblöcke (data blocks), die das Suchmuster enthalten, werden ausgegeben.
c	(count) Nur die Anzahl der Zeilen, die das Suchmuster enthalten, wird ausgegeben.
e	(escape) Bei einem führenden Minuszeichen in dem unmittelbar nachfolgenden Suchmuster.
h	(hide) Der Dateiname wird *nicht* ausgegeben.
i	(indiscriminate) Der Unterschied zwischen Groß- und Kleinbuchstaben wird aufgehoben.
l	(list) Nur der Dateiname wird jeweils einmal ausgegeben.
n	(number) Den gefundenen Zeilen werden mit vorangestellten Zeilennummern ausgegeben.
v	(veto) Nur die Zeilen, die das Suchmuster *nicht* enthalten, werden ausgegeben beziehungsweise gezählt.

Tabelle 8.1: Gemeinsame Aufrufsoptionen der *grep*-Filter

Nur sehr einfache Suchmuster können ungeschützt in der Befehlszeile angegeben werden; im allgemeinen gelten für eingebettete Sonderzeichen die lexikalischen Schutzregeln der aktuellen Shell (Abschnitt 1.2.1.2). Als ein einfaches Beispiel wäre das Absuchen aller in einem Arbeitsverzeichnis enthaltenen C-Quelldateien nach dem Funktionsaufruf ...funk (...) ... zu betrachten,

```
$ grep 'funk(.*)' *.c
main.c:  r = t + funk(u,v,w);
mod2.c:  z = alpha * funk(x,y,0);
...
```

Als eine *gemeinsame Eigenheit* (common idiosyncrasy) der *grep*-Varianten ist zu beachten, daß ein *anführendes Minuszeichen* '−...' (leading minus sign, hyphen) sowohl in bloßliegenden als auch in zitierten Suchmustern (plain, quoted, search patterns), einen Fehlerzustand verursacht,

```
$ egrep  -prog ...                    $ fgrep  '-prog' ...
fgrep: illegal option -p               ...
```

da das vorzeichenbehaftete Muster dann als Option (miß)interpretiert wird, was jedoch durch Abdecken mit dem Rückstrich \ (backslash) oder durch unmittelbares Voranstellen der Hilfsoption −e verhindert werden kann,

```
$ egrep  \-prog ...                   $ fgrep  -e '-prog' ...
main-program ...                       ...
```

Die übrigen in Tabelle 8.1 aufgelisteten Optionen beziehen sich auf das Ausgabeformat. Normalerweise wird der Dateiverweis mit jeder Zeile ausgegeben, was bei multiplen oder kollektiv erfaßten Eingabedateien wichtig ist,

```
$ grep '#include' *.c              $ grep -n ...
...                                ...
main.c:#include <stdio.h>          main.c:3:#include ...
main.c:#include <signal.h>         main.c:4:#include ...
...                                ...
funk.c:#include <math.h>           funk.c:1:#include ...
...                                ...
```

und nur mit der Option -h abgestellt werden kann,

```
$ grep -h ...
#include <stdio.h>
...
```

Zu beachten ist, daß *Präfixe* (prefixes), wie Dateinamen und Zeilennummern, durch den *Doppelpunkt* ':' (colon) getrennt sind, der dann als *Feldtrennzeichen* (field separator) mit awk(1) (Abschnitt 7.4) benutzt werden kann.

Die Optionen -c (count) und -l (list) ergeben bei multiplen Dateien:

```
$ grep -c '#include' *.c           $ grep -l ...
main.c:5                           main.c
...                                ...
funk.c:4                           funk.c
...                                ...
```

Bei jeweils einer Datei ergibt sich,

```
$ grep -c '#include' main.c        $ grep 'unsinn' ...
5                                  $ echo $?
$ echo $?                          1
0
```

wobei der in der Shell-Variablen $? enthaltene *Exit-Kode* (exit code) mit 0 beziehungsweise 1 anzeigt, ob das Suchmuster gefunden wurde oder nicht.

Mit der Option -b werden die Nummern der *Datenblöcke* (data blocks)[3] mitausgegeben, welche die gefundenen Zeilen enthalten, was auch mit der Ausgabe der Zeilennummern vereinbar ist und bei der Wiederherstellung beschädigter Dateien sehr hilfreich sein kann,

```
$ fgrep -b UNIX chapt1             $ fgrep -bn ...
...                                ...
0:...UNIX system in...             0:6:...UNIX system in...
...                                ...
1:original UNIX system...          1:12:original UNIX system...
...                                ...
4:... UNIX system package
...
```

---

3. Die in der *Inode* (index node) dann auf die absoluten Adressen der *Diskblöcke* (disk blocks) abgebildet werden. Eine ausführliche Beschreibung der topologischen Struktur des UNIX-Dateisystems wird in KA1 (1992) gegeben.

Mit der Option $-i$ (indiscriminate; case discrimination) entfällt die Unterscheidung zwischen Groß- und Kleinbuchstaben, so daß die beiden Suchmuster identische Resultate bringen,

```
$ grep ... '[Ss]ystem' chaptx        $ fgrep ... -i system ...
...                                   ...
1.2.3 System Functions               ...
... systems which ...                ...
```

was insbesondere bei **fgrep(1)** von Bedeutung ist, da hier keine lexikalsichen Muster benutzt werden können.

Eine oder mehrere Eingabedateien können angegeben werden; bei Auslassung erfolgt die Texteingabe automatisch über die *Normaleingabe* (standard input); die Textausgabe erfolgt immer über die *Normalausgabe* (standard output). *Die grep-Filter können daher sowohl als vorgeschaltete als auch zwischengeschaltete als auch nachgeschaltete Stufen* (initial, intermediate, subsequent stage) in einer *Pipeline* eingesetzt werden,

```
grep ... | ...        ... | grep ... | ...        ... | grep ...
```

Meldungen werden immer über die *Fehlerausgabe* (standard error) ausgegeben. Der Benutzer kann also sehr flexibel über die E/A-Disposition verfügen, wobei die im Abschnitt 1.2.2.4 vorgestellten allgemeinen Prinzipien der E/A-Steuerung auf der Shell-Ebene gelten.

Alle drei *grep*-Filter setzen einheitlich definierte Exit-Kodes (exit codes):

0   *Normale Ausführung* (normal completion), wobei *mindestens* eine Instanz des Suchmusters gefunden wurde;

1   *Normale Ausführung, ohne* daß jedoch eine einzige Instanz des Suchmusters gefunden wurde;

2   *Abnormale Terminierung* (abnormal termination), was zumeist auf fehlerhafte Suchmuster oder nichtexistierende beziehungsweise nicht lesbare Dateien zurückgeführt werden kann.

Als eine weitere gemeinsame Eigenheit (common idiosyncrasy) der drei *grep*-Varianten ist zu beachten, daß gefundene Zeilen nur bis zur einer Länge ausgegeben werden, die mit der symbolischen Konstante BUFSIZ in der C-Zusatzdatei (header file) /user/include/stdio.h für das jeweilige System verbindlich festgelegt ist; also zumeist 1024 Bytes für herkömmliche Systeme.

8.1.1 grep(1)

Für *grep* gilt das Aufrufsschema,

```
grep [-bchilnv][-s][-e]<Suchmuster> [<Eingabedatei>...]
```

wobei −bc...v die oben in Tabelle 8.1 aufgelisteten gemeinsamen Aufrufsoptionen darstellen. Mit der zusätzlichen Option −s (silent) wird die Ausgabe von Fehlermeldungen bezüglich nichtexistierender beziehungsweise
nicht lesbarer Eingabedateien abgestellt, was zumeist in der ersten Stufe von
Shell-Pipelines sinnvolle Anwendung finden kann. Mit −e wird ein führendes Minuszeichen im Suchmuster (search pattern) geschützt.

grep unterstützt *lexikalische Suchmuster* (lexical search patterns), die sich
aus den *regulären Ausdrücken* der *ed*-artigen Bestimmungssyntax zusammensetzen (*ed*-like regular expressions, REs; Kapitel 3), was insbesondere
auch *Repetition* (closure) sowie indexierte Kombinationen von REs mit einschließt.

Als Beispiel bestimmter Repetition wäre zu betrachten

```
... grep '^[0-9]\{1,6\}' ...    ... grep -v '^[0-9]\{1,6\}' ...
```

womit alle Zeilen erfaßt werden, die mit mindestens einer und höchstens 6
Ziffern (numerals) beginnen, was mit der Option −v in das *genaue Gegenteil* verkehrt werden kann (inverted search), nämlich Zeilen, die entweder mit
überhaupt keiner oder aber mit mehr als 6 Ziffern beginnen.

Mit indexierten Kombinationen können insbesondere regulär variierende
Textmuster erkannt werden. Ein einfacheres Beispiel wäre,

```
... grep '\(abc\)\(xyz\)\2\1\1\2' ...        ... grep -v '...' ...
```

was alle Zeilen erfaßt, die mindestens eine Instanz der *symmetrisch alternie-
renden Zeichenfolge* abcxyzxyzabc (symmetrically alternating character
sequence) enthalten. Mit −v wird das Suchkriterium wiederum in das
genaue Gegenteil verkehrt.

Auf einer etwas höheren Ebene der Abstraktion extrahiert,

```
... grep '\(.\)\(.\)\(.\)\2\1' ...        ... grep -i '...' ...
```

alle Zeilen, die eine Instanz einer aus 5 Zeichen bestehenden vollsymmetri-
schen Zeichenkette, also eines *Palindromes* (palindrome) enthalten, wie etwa
12321, aaaaa, madam und orero usw. Mit der Option −i (indiscriminate) kann dazu noch der Unterschied zwischen Groß- und Kleinbuchstaben aufgehoben werden; d.h. Madam wird ebenfalls erfaßt.

8.1.2 egrep(1)

Für *egrep* (extended grep) gilt das Aufrufsschema,

```
egrep [-bchilnv] [[-e]<Muster>|-f<Skript>] [<Datei>...]
```

wobei −bc...v die oben in Tabelle 8.1 aufgelisteten gemeinsamen Aufrufsoptionen darstellen. Mit −e wird auch hier ein führendes Minuszeichen in
Suchmustern geschützt.

Einfachere einzelne Suchmuster können in der Befehlszeile angegeben werden, wobei die üblichen lexikalischen Schutzregeln gelten. Multiple oder
zusammengesetzte Suchausdrücke können dagegen mit der Option −f
einem vorbereiteten *Skript* (script) entnommen werden. Diese beiden Möglichkeiten schließen einander aus.

egrep unterstützt *lexikalische Suchmuster* (lexical search patterns), die sich
aus *ed*-artigen *regulären Ausdrücken* (*ed*-like regular expressions, REs; Kapitel 3) aufbauen, *nicht* jedoch *bestimmte Repetition* \{...\} (closure) und
indexierte Kombinationen \(...\)... von REs.

Im Gegenzug unterstützt *egrep* die danach benannten *egrep*-artigen *Erweiterungen* der lexikalischen Bestimmungssyntax (*egrep*-like lexical extensions)
mit den zusätzlichen Operationen an regulären Ausdrücken. Tabelle 8.2 faßt
die Operatoren zusammen.

Operator	Bedeutung
(RE)	Rundklammern zum Abgrenzen und Gruppieren von REs
(RE (RE)...)	einschließlich assoziativer Verschachtelung
RE | RE | ...	Vertikalstrich zur exklusiven logischen Alternation (XOR)
RE?	keine oder genau eine Instanz des RE
RE*	keine, eine oder mehr Instanzen des RE
RE+	mindestens eine Instanz des RE

Tabelle 8.2: Lexikalische Erweiterung bei egrep(1)

Die Wirkzeichen ( ) | ? * + — wie auch alle anderen lexikalischen
Sonderzeichen — müssen in Suchmustern individuell mit dem Rückstrich \
(backslash) abgedeckt werden, falls eine *rein symbolische* (purely literal)
Interpretation innerhalb eines Suchmusters beabsichtigt ist.

Mit *Rundklammern* (parentheses) können *primitive REs* (primitive REs) —
die ja jeweils nur ein Zeichen darstellen — gruppiert und zu *Mustern höherer
Ordnung* (compound REs) zusammengefaßt werden, die dann mit den Postfix-Operatoren ? * + *quantifiziert* werden können (closure on REs),

```
c(uvw)?x          cx   cuvwx
c(uvw)*x          cx   cuvwx   cuvwuvwx ...
c(uvw)+x          cuvwx   cuvwuvwx ...
```

Durch Verschachtelung (nesting) ergeben sich dann weitere Möglichkeiten,

```
b(c(uvw)?x)?y            by   bcxy   bcuvwxy
...
a(b(c(uvw)?x)?y)?z       az   abyz   abcxyz   abcuvwxyz
...
```

usw.

Zwei oder mehr REs können mit dem *Vertikalstrich* **|** (vertical bar) alterniert werden, was dem logischen OR entspricht (logical alternation),

```
abba|babba|...|zappa      abba  babba ... zappa
```

wobei übrigens eine gruppierende Wirkung entsteht. Neben dem Vertikalstrich fungiert auch der Zeilenvorschub **LF** (line feed) als Alternationsoperator, was dazu benutzt werden kann, *multiple Suchmuster* (multiple search patterns) zeilenweise in einem Skript abzulegen, das dann mit der Argumentoption −f aufgerufen wird,

```
$ cat skript.egrep          $ egrep ... -f skript.egrep ...
abba                        ... abba...
babba                       ... babba...
...                         ...
```

Innerhalb von Rundklammern wirkt sich die logische Alternation distributiv aus; wie zum Beispiel in,

```
(Anton|Bernd|...|Werner).*M[ae][iy]er
```

womit alle Instanzen von *Anton Maier, Bernd Meier, ..., Werner Meyer* usw. erfaßt werden.

Das folgende Beispiel mag die enormen lexikalischen Möglichkeiten zusammenfassen,

```
Text((muster)?((be|ver|...)?arbeitungs)?system)?
```

womit die folgenden *lexikalisch-semantischen Varianten* (lexical-semantic variants) erfaßt werden,

```
Text
Textsystem
Textmustersystem
Textbearbeitungssystem
Textmusterbearbeitungssystem
Textverarbeitungssystem
Textmusterverarbeitungssystem
...
```

8.1.3 fgrep(1)

Für *fgrep* (fast grep) gilt das Aufrufsschema,

```
fgrep [-bchilnv][-x][[-e]<Suchkette>|-f<Skript>][<Datei> ...]
```

wobei −bc...v die oben in Tabelle 8.1 aufgelisteten gemeinsamen Aufrufsoptionen darstellen. Mit einem vorangestellten −e wird auch hier ein führendes Minuszeichen in Suchmustern geschützt.

fgrep unterstützt *keinerlei* lexikalische Suchmuster und auch keine Metazeichen; d.h. alle in einer *Suchkette* (search string) enthaltenen lexikalischen Wirkzeichen $ * [...] ^ | (...) {...} einschließlich des Rückstriches \ (backslash) werden *rein symbolisch* (purely literal) interpretiert. Sie müssen in mitfließenden Suchketten allerdings hinsichtlicht ihrer Wechselwirkung mit der jeweiligen Shell geschützt werden, wobei dann die üblichen lexikalischen Schutzregeln gelten (Abschnitt 1.2.1.2).

Insbesondere können also das Caret ^ und das Dollarzeichen $ nicht zur Abgrenzung des Zeilenanfanges beziehungsweise des Zeilenendes benutzt werden. Aus genau diesem Grunde steht die zusätzliche Option −x (exact) zur Verfügung, mit der nur solche Zeilen erfaßt werden, in denen sich die angegebene Suchkette lückenlos vom Zeilenanfang bis zum Zeilenende erstreckt.

fgrep unterstützt dagegen *multiple Suchketten* (multiple searches), die im Sinne eines logischen OR parallel auf jede Zeile angewandt werden, wobei ein hochoptimierter Such-Algorithmus zum Tragen kommt. Multiple Suchketten werden durch den Zeilenvorschub LF (line feed) getrennt und können daher zeilenweise in einem *Skript* (script) abgelegt werden, das dann mit der Argumentoption −f aufgerufen wird,

```
$ cat skript.fgrep          $ fgrep... -f skript.fgrep ...
abba                        ... abba...
babba                       ... babba...
...                         ...
```

8.2 Relationale Zeilenmanipulationen

Das UNIX-Systempaket stellt eine Reihe von ursprünglichen Einrichtungen und Hilfsprogrammen zur Verfügung, mit denen sich einfache und robuste *Dateiverwaltungssysteme* (file management system) und sogar rudimentäre *relationale Datenbanken* (relational database) zusammenstellen lassen, die zwar kein voll ausgereiftes Datenbank-System ersetzten können, wohl aber einen beträchtlichen Teil des unteren Leistungsbereiches abdecken. Insbesondere aber können diese Einrichtungen zur *heuristischen Schnellentwicklung* von relationalen Modellvorstellungen (rapid prototyping, relational models) unmittelbar auf der Shell-Ebene eingesetzt werden.

Grundsätzlich werden dabei die *Zeilen* von regulären Textdateien manipuliert, wobei die Zeile die *grundsätzliche Bezugseinheit* (basic reference unit) darstellt. Diese Manipulationen setzen *Ordnungsrelationen* (order relations) voraus, die durch zeilenweises Sortieren erzeugt werden müssen, was dementsprechend im ersten Unterabschnitt behandelt wird.

Von sortierten Textdateien ausgehend sollen dann Manipulationen vorgestellt werden, die den folgenden relationalen Zwecken dienen:

• Zumischen, oder Kollatieren von multiplen Dateien;

• Zeilenweises Singularisieren;

• Relationale Zeilenverknüpfung;

• Vergleiche von Indexmengen;

• Erzeugung von Indextabellen;

Die dazu benötigten ursprünglichen Einrichtungen sollen nachfolgend vorgestellt werden.

8.2.1 Sortieren

Zum *zeilenweisen Sortieren* (line sorting) von regulären Textdateien nach vorgegebenen Sortierschlüsseln wird der Befehl **sort(1)** nach dem folgenden Schema aufgerufen:

```
sort [-cmu][-t<s>][-y<mem>][-z<rs>][-o<Ausgabedatei>]\
                [-bdfMnr][<Sortierschlüssel>...]\
                [<Eingabedatei>]...
```

wobei die symbolischen Optionen −cmu sowie die Argumentoptionen −t..., −y..., −s... und −z... rein operativer Art sind und sich global auf die Ausführung beziehen. Im Gegensatz dazu sind −bd...r *lexikalische Optionen* (lexical options), die sowohl global als auch selektiv auf die *Sortierschlüssel* (sort keys) angewandt werden können. Tabelle 8.3 listet die Bedeutung der operativen Optionen auf.

Opt.	Bedeutung
c	(check) Prüfung hinsichtlich des Sortierkriteriums ohne Ausgabe.
m	(merge) Kollatieren von zwei oder mehreren Eingabedateien
u	(unique) Multiple Zeilen mit identischen Sortierschlüsseln werden entfernt.
o...	Verweis einer benannten Ausgabedatei.
t...	Alternatives Feldtrennzeichen.
y...	Größe des Arbeitsspeichers in Kbytes.
z...	Maximale Zeilenlänge in Bytes.

Tabelle 8.3: Operative Optionen von sort(1)

Mit der *symbolischen Option* −c (check; symbolic option) kann eine Datei hinsichtlich eines vorgegebenen Sortierkriteriums geprüft werden, wobei die Exit-Kodes 0 und 1 einen *sortierten* beziehungsweise einen *unsortierten* Zustand anzeigen, ohne daß eine Ausgabe erfolgt. Ein etwas vorgreifendes aber einfaches Beispiel mag dies sogleich veranschaulichen:

```
$ cat datx          $ sort -c datx      $ sort -rc datx
abba                $ echo $?           $ echo $?
babba               0                   1
...
zappa
```

Beim zweiten Aufruf wird mit der Option −r (reverse) eine umgekehrte Sortierfolge vorgegeben, welche die Eingabedatei nicht erfüllt, so daß ein Exit-Kode 1 resultiert. Obzwar der eigentliche Sortiervorgang zwecks Prüfung ausgeführt werden muß, läßt sich auf diese Weise eine unnötige Weiterverarbeitung durch Abgreifen des Exit-Kodes vermeiden, was insbesondere beim *Kollatieren* mehrerer Dateien Anwendung findet.

Mit der symbolischen Option −m (merge) können zwei oder mehrere vorsortierte Dateien zu einer Ausgabedatei *kollatiert* (oder eingemischt) werden, was nachfolgend getrennt behandelt wird.

Mit der symbolischen Option −u (unique) wird die Ausgabe bezüglich des Sortierkriteriums *singularisiert* (singularizing); d. h. multiple Zeilen mit *identischen Sortierschlüsseln* (identical sort keys) werden entfernt, was sich im einfachsten Fall auf völlig identische Zeilen bezieht,

```
$ cat daty          $ sort -u daty
abba                abba
abba                babba
babba               ...
...
```

Zu beachten dabei ist, daß Zeilen mit identischen Sortierschlüsseln im allgemeinen nicht völlig identisch sein müssen! Zum Entfernen völlig identischer Zeilen aus einem vorsortierten Textstrom steht der Filter **uniq(1)** zur Verfügung, was im Abschnit 8.2.3 weitergeführt wird.

Mit der *Argumentoption* **−t**<s> (argument option) kann ein *alternatives Feldtrennzeichen* (alternate field separator) vorgegeben werden, das die Bezugsfelder (reference fields) anstelle des Leer- und des Tabulatorzeichens trennt. Dies wird nachfolgend weitergeführt.

Mit der Argumentoption **−y**<nKb> kann die *Ausgangsgröße* (starting size) des zu benutzenden *Arbeitsspeichers* (memory requirement) explizite in Kilobytes angegeben werden, was bei kleineren Dateien und insbesondere bei kleineren Textströmen in Pipelines eine beträchtliche Leistungssteigerung bedeuten kann. Je nach Bedarf erfolgt eine automatische Vergrößerung im Verlauf des Sortiervorganges, nicht jedoch eine Verringerung. Als Sonderfälle sind zu beachten:

−y ohne jegliches nachgestelltes Argument wird von einer systemspezifischen Maximalgröße ausgegangen, die allerdings noch durch das *jeweilige Benutzerlimit* (current user limit) begrenzt ist;[4]

−y0 mit einer nachgestellten Null (0) wird von einer systemspezifischen Minimalgröße ausgegangen.

Bei Auslassung wird eine systemspezifische Durchschnittsgröße (system default) benutzt.

Mit der Argumentoption **−z**<mB> kann die maximale Zeilenlänge in Bytes angegeben werden; bei Auslassung gilt 1024 Bytes. Überlange Zeilen verursachen einen fatalen Laufzeitfehler (fatal runtime error).

Mit der Argumentoption **−o**<Verweis> kann eine benannte Ausgabedatei angegeben werden; bei Auslassung erfolgt die Ausgabe automatisch über die *Normalausgabe* (standard output). Am Ende der Argumentliste können eine oder mehrere benannte Eingabedateien angegeben werden; bei Auslassung erfolgt die Texteingabe automatisch über die *Normaleingabe* (standard input). *sort* kann daher sowohl als *vorgeschaltete* als auch *zwischengeschaltete* als auch *nachgeschaltete Stufe* (initial, intermediate, subsequent stage) in einer *Pipeline* eingesetzt werden,

```
sort ... | ...        ... | sort ... | ...        ... | sort ...
```

Meldungen werden immer über die *Fehlerausgabe* (standard error) ausgegeben. Der Benutzer kann also sehr flexibel über die E/A-Disposition verfügen, wobei die im Abschnitt 1.2.2.4 vorgestellten allgemeinen Prinzipien der E/A-

---

4. Diese Größe kann mit den Shell-Anweisungen **ulimit(sh)** beziehungsweise **limit(csh)** angezeigt und innerhalb zulässiger Obergrenzen variiert werden.

Steuerung auf der Shell-Ebene gelten. Bei normaler Ausführung eines Sortiervorganges gibt *sort* den Nullwert als Exit-Kode (exit code; Abschnitt 1.2.2.2) zurück; in allen anderen Fällen einen Wert $\neq 0$.

Als einfache interaktive Beispiele wären zu betrachten,

```
$ sort | ...                    $ ls -i | sort +0 -1n
zappa     abba                  198 progx.c
...       babba                 256 dateix
babba     ...                   412 filey
abba      zappa                 ...
[CTL_D]
```

wobei die mit *eof* of stty(1) — normalerweise also mit [CTL_D] — abgeschlossene Terminaleingabe beziehungsweise die Ausgabe des Listbefehls ls(1) unmittelbar sortiert wird.

Die *lexikalischen Optionen* (lexical options) können entweder global für alle Sortierschlüssel gesetzt werden, was durch Voranstellen erfolgt,

```
sort ... -b...nr ... [<Sortierschlüssel> ...] ...
```

oder aber selektiv auf einzelne Sortierschlüssel und -felder angewandt werden, was nachfolgend weitergeführt wird.

Tabelle 8.4 listet die Bedeutung der lexikalischen Sortieroptionen auf.

Opt.	Bedeutung
b	(blanks) Leerzeichen am Anfang oder Ende von Sortierfeldern werden ignoriert. Die Option kann gleich anfangs einmal global für alle, oder selektiv für einzelne Felder gesetzt werden.
d	(dictionary order) Die Sortierfolge eines Sortierfeldes schließt nur Buchstaben, Ziffern sowie das Leer- und das Tabulatorzeichen ein; alle anderen Zeichen werden ignoriert.
f	(fold) Groß- und Kleinbuchstaben werden zusammengelegt.
M	(months) Nur die ersten drei nichtleeren Zeichen eines Sortierfeldes werden interpretiert, wobei Buchstaben als Großbuchstaben bewertet und gegebenenfalls gemäß der Monatsfolge JAN < FEB < ... < DEC sortiert werden. Alle anderen Zeichentripel fallen vor JAN. Die Option b ist implizite.
n	(numeric) Das Sortierfeld wird als signierter Dezimalwert interpretiert und nach arithmetischer Größenordnung sortiert, wobei sowohl die Festpunkt- als auch die Exponentialschreibweise gilt. Nichtnumerische Zeichenketten werden als 0 bewertet. Die Option b ist implizite.
r	(reverse) Umkehrung der Sortierfolge.

Tabelle 8.4: Lexikalische Optionen von sort(1)

Bei Auslassung jeglicher lexikalischen Option wird die *Sortierfolge* (collating order) gemäß **ascii(5)** bestimmt.

In der allereinfachsten Anwendung kann *sort* dazu benutzt werden, die Zeilen eines Eingabestromes in *lexikographischer Folge* (dictionary order) zu sortieren, wozu überhaupt kein Sortierschlüssel gesetzt werden muß,

```
$ cat | sort -bdf
zappa ...              abba ...
...                    ABBA ...
 abba ...              ...
 ZAPPA ...             zappa ...
...                     ZAPPA ...
ABBA ...
```

da hier die Zeilen als Sortierschlüssel bewertet werden. Mit der Option −b werden Leerzeichen am Zeilenanfang ignoriert, und mit −f Groß- und Kleinbuchstaben zusammengelegt (folding).

Die *Sortiertopologie* (sort topology) geht von *konformen Textdateien* (conforming text files) aus, deren Zeilen durch den Zeilenvorschub LF (line feed) getrennt sind. Eine nichtleere Zeile besteht aus einem oder mehreren *Bezugsfeldern* (reference fields), die bei Auslassung der Argumentoption −t... durch genau ein Leer- oder ein Tabulatorzeichen — also ein *Standardtrennzeichen* (standard separator) getrennt sind,

```
<Feld0> <Feld1> ...
```

Die Felder werden von links nach rechts aufsteigend 0,1, ... enumeriert.

Die Ähnlichkeit mit *Worten* im herkömmlichen Sinne von Textdateien ist indes nur oberflächlich. Bei Auslassung der Option −b werden überzählige Trennzeichen dem jeweils nachfolgenden Feld zugeordnet; insbesondere am Zeilenfang stehende Trennzeichen also dem ersten Feld. Nichtbeachtung dieser *Eigenheit* (idiosyncrasy) kann zu recht obskuren Resultaten führen!

Mit der Argumentoption −t... kann ein *alternatives Trennzeichen* (alternate field separator) vorgegeben werden; wie zum Beispiel der Doppelpunkt ':' (colon) oder der Schrägstrich '/' (slash),

```
... sort -t: ...                    ... sort -t/ ...
```

was dann in einer völlig veränderten Feldaufteilung resultiert

```
<Feld0>:<Feld1>: ...                <Feld0>/<Feld1>/ ...
```

Als erste Beispiele wären zu betrachten,

```
hubert:x:85:16:project: ...         /users/home/hubert ...
       |    |       ...                    |      |        ...
       |    |___ Feld1                     |      |___ Feld1
       |________ Feld0                     |__________ Feld0
```

Bei den *absolute Verweisen* (absolute pathname), die bereits mit dem Schrägstrich beginnen, ist zu beachten, daß das erste Feld, Feld0 also, zwangsläufig
leer ist.

Eine *Position* (position) setzt sich aus einer *Feldnummer* m (field number)
und einer *Stelle* n (offset) bezüglich des Feldanfanges zusammen, was mit
der Dezimalform m.n ausgedrückt wird, wobei m.0 und m gleichwertig
den Feldanfang bedeuten. Mit dem unmittelbar nachgestellten Optionsbuchstaben b, wie in m.nb, werden *führende Leerzeichen* (leading spaces) übersprungen. Insbesondere wird mit mb das erste Nichtleerzeichen erfaßt.

Zum Beispiel ergeben sich wiederum mit dem Doppelpunkt ':' als Feldtrennzeichen die Positionen,

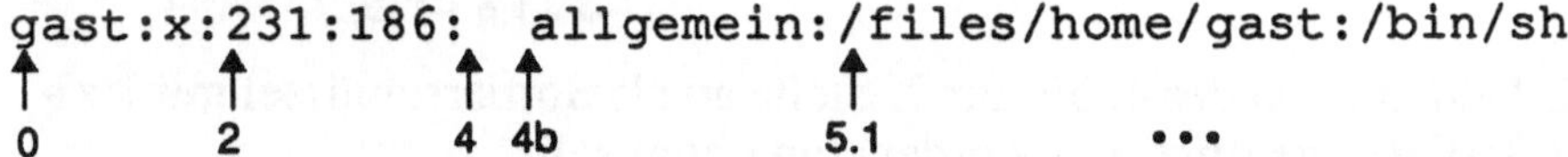

```
gast:x:231:186:  allgemein:/files/home/gast:/bin/sh
```

Ein *Sortierschlüssel* (sort key) besteht aus einer *unerläßlichen Ausgangsposi-
tion*, die mit einem vorangestellten Pluszeichen +, und einer *optionalen Endposition* (mandatory starting, optional ending, position; sort key), die mit
einem vorangestellten Minuszeichen '−' gekennzeichnet ist,

```
<Sortierschlüssel>: +p.h[b]  [-q.k[b]] [bd...r]
```

wobei p ≤ q gilt, und h ≤ k falls p = q. Zu beachten ist, daß mindestens ein
Leerzeichen die beiden Positionen trennt. Fehlerhafte Angaben verursachen
zumeist *unerwartete Resultate* (unpredictable results).

Sortierschlüssel können individuell mit den in Tabelle 8.4 aufgelisteten lexikalischen Optionsbuchstaben bd...r (lexical options) qualifiziert werden,
was eventuelle *globale Optionen aufhebt* (overriding global options).

Bei *Auslassung* der Endposition erstreckt sich der Sortierschlüssel von der
Anfangsposition bis zum Zeilenende; wie zum Beispiel in,

```
... sort +1.4d ...        123456 aaa.bbb ...
```

Bei *Angabe* der Endposition ist zwischen zwei Fällen zu unterscheiden:

+m.h −m.k   erstreckt sich *innerhalb* des Feldes **m+1** von der Stelle **h**
bis zur Stelle **k**, wobei **h ≤ k ≤** Feldlänge gilt;

+p.h −q.k   erstreckt sich von der Stelle **h** des Feldes **p+1** bis zur Stelle
k des Feldes **q+1**, wobei **q−p−1** *dazwischenliegende Felder*
(intervening fields) *samt Trennzeichen* miterfaßt werden.

Im einfachsten Falle besteht der Sortierschlüssel also aus einem *ganzen Feld;* wie zum Beispiel in,

```
... sort -t: +2 -3n ...        gast:x:231:186: public: ...
                                        ⌞→+2 -3n
```

wo das gesamte dritte Feld als *numerischer* Sortierschlüssel fungieren soll. Wiederum zu beachten ist, daß mindestens ein Trennzeichen die beiden Positionen trennt.

In bestimmten Fällen braucht nur ein Teil eines Feldes abgegriffen werden; wie zum Beispiel in,

```
... sort +1.4 -1.6d ...        123 aaa.bbb.ccc ...
                                       ⌞→+1.4 -1.6d
```

wo das 2. Feld nur von der 4. bis zur 7. Stelle an als Sortierschlüssel mit lexikalischer Sortierfolge (dictionary order) fungieren soll.

Feldübergreifende Sortierschlüssel (field-spanning sort keys) sind zulässig; wie zum Beispiel in,

```
... sort +1.4 -3.6df ...       123 aaa.bbb.ccc AX xxx.yyy.zzz
                                       ⌞→+1.4 -3.6d
```

wo der Schlüssel sich von Stelle 5 von Feld 2 bis zu Stelle 7 von Feld 4 erstreckt; und in,

```
... sort +0 -3.6df ...         123 aaa.bbb.ccc AX xxx.yyy.zzz
                                       ⌞→+0 -3.6d
```

wo der Schlüssel sich vom Zeilenanfang bis zu Stelle 7 von Feld 4 erstreckt, unter Zusammenlegung von Groß- und Kleinbuchstaben (folding).

Multiple Sortierschlüssel (multiple sort keys) werden von links nach rechts mit *absteigendem Vorrang* (decreasing precedence) interpretiert,

```
sort ... <Schlüssel1> <Schlüssel2> ...
```

wobei dann von *Haupt-* und *Nebenschlüsseln* (major, minor, sort keys) die Rede ist. Als typisches Beispiel wäre eine administrative Überprüfung der Passwortdatei zu betrachten, wobei die Einträge (entries) mit absteigendem Vorrang gemäß Benuzter-Kennung **UID** (user ID), Gruppen-Kennung **GID** (group ID) und Login-Kennung **LID** (login ID) dargestellt werden sollen,

```
$ sort -t: +2 -3n  +3 -4n  +0 -1df /etc/passwd
rootb:x:0:0:Superuser:/files/root:/bin/sh
rootc:x:0:0:Superuser:/files/root:/bin/csh
...
btom:x:116:135:Bourne-Shell:/files/home/tom:/bin/sh
ctom:x:116:135:C-Shell:/files/home/tom:/bin/csh
...
```

Sortierschlüssel können sich *teilweise* oder *ganz überlagern* (partially, wholly, overlapping, sort keys), was zumeist mit variierten lexikalischen Optionen benutzt wird; wie zum Beispiel in,

```
$ cat datx      $ sort +0f +0 datx      $ sort +0rf +0r datx
abba            ABBA                     zappa
bappa           abba                     ZAPPA
zappa           BABBA                    ...
...             babba                    bappa
ABBA            ...                      BABBA
ZAPPA           ZAPPA                    abba
BABBA           zappa                    ABBA
...
```

wo *innerhalb* der alphabetischen Reihenfolge zwischen Groß- und Kleinbuchstaben unterschieden wird.

8.2.2 Kollatieren

Es ist wichtig, sich über die eigentliche Rationale des Zumischens, oder *Kollatierens von Textdateien* (merging) im Klaren zu sein. Die grundsätzliche Ausgangssituation ist, daß mehrere Eingabedateien zu einer sortierten Ausgabedatei ausgegeben werden sollen.

In der einfachsten, trivialsten Form kann **sort(1)** natürlich mit multiplen Eingabedateien und einer Ausgabedatei aufgerufen werden, wobei Konstrukte der folgenden Arten möglich sind,

```
sort ... -o<Ausgabedatei> <Eingabedatei1> <Eingabedatei2>...

sort ... <Eingabedatei1> <Eingabedatei2> ... > <Ausgabedatei>

sort ... <Eingabedatei1> <Eingabedatei2>... | <pipeline>...
...
```

wobei die Eingabedateien in der angegebenen Reihenfolge *verkettet* (concatenated) als ein Textstrom eingelesen und sortiert werden. Bereits sortierte Dateien werden dabei wie unsortierte behandelt, was bei kleineren Dateien keinen Anlaß zu weiteren Betrachtungen gibt.

Bei großen Dateien entsteht das Problem des *Durchsatzes* (throughput), und bei sehr großen gelegentlich auch die Frage der *Durchführbarkeit* (feasibility) überhaupt. Dem ist im Prinzip gemeinsam, daß beim Sortieren von n Objekten die Größenordnung (order of magnitude) der erforderlichen Anzahl von Vergleichen zum Quadrat n^2 tendieren kann. Für $a, b, ... > 0$ gilt jedoch,

$$(a + b + ...)^2 \gg a^2 + b^2 + ...$$

d.h. das Sortieren des vereinten Textkörpers erfordert unverhältnismäßig mehr Leistung und Ressourcen als das individuelle Sortieren der einzelnen Komponenten.[5] Diese müßten dann allerdings noch *kollatiert* werden.

In der Praxis wird häufig mit großen sortierten *Stammdateien* (masterfiles) gearbeitet, die sporadisch oder periodisch unter Beibehaltung der Sortierfolge aktualisiert werden müssen. Typische Beispiel sind Abonnenten- und Mitgliedsdateien, aber auch Meßwertslisten und Wortsammlungen.

Neueinträge werden dann in *Transaktionsdateien* (transaction files) gesammelt, die zum Zeitpunkt der Aktualisierung der Stammdatei erst individuell vorsortiert und dann dieser *zugemischt* (merging into) werden. Dieser Kollationsvorgang unterscheidet sich vom Sortieren unter anderen darin, daß nur die Neuzugänge mit dem aktuellen Bestand verglichen werden, dieser aber *nicht* mit sich selbst. Dementsprechend liegt die Größenordnung der erforderlichen Anzahl von Vergleichen maximal bei der ersten Potenz.

Durch fortgesetztes Zumischen von Transaktionen kann tatsächlich eine riesige sortierte Stammdatei erwachsen, die gar nicht mehr als eigenständige Datei *en bloc* sortiert werden kann! Sollte eventuell ein Sortieren notwendig sein, wobei es sich zumeist um ein Umsortieren nach anderen Kriterien handelt, dann muß die Datei eben in mehrere Teildateien von handhabbarer Größe (manageable size) zerlegt werden, die individuell sortiert und dann wieder kollatiert werden. Diesem und ähnlichen Zwecken dient **sort(1)** mit der *Kollationsoption* −m (merge option),

```
sort ...  -m -o <Neue Stammdatei> \
             <Alte Stammdatei> \
             <Transaktionsdatei₁> <Transaktionsdatei₂> ...
```

wobei sowohl die übrigen in Tabelle 8.3 aufgeführten *operativen* Optionen als auch die in Tabelle 8.4 aufgeführten *lexikalischen* Optionen gesetzt werden können. Anstelle der Argumentoption −o... mit dem Verweis der neuen Stammdatei (new masterfile) kann eine Umlenkung der Normalausgabe (standard output, redirection) oder eine Einspeisung in eine Pipeline zur unmittelbaren Weiterverarbeitung erfolgen.

---

5. Eine ausführliche Behandlung der theoretischen Aspekte wird in KNUTH (1975) gegeben.

8.2.3 Zeilenweises Singularisieren

Zwar kann mit der Option −u (unique) die Ausgabe von **sort(1)** singularisiert
werden, indem Zeilen mit identischer Sortierschlüsseln entfernt werden, was
natürlich auch völlig identische Zeilen miteinschließt, aber die Umkehrung,
nämlich bereits sortierte Dateien nur zwecks zeilenweiser Singularisierung
extra nachzusortieren, wäre mit einem unverhältnismäßigen Aufwand verbunden. Außerdem müssen multiple Zeilen zuweilen erst noch proforma ver-
arbeitet werden, bevor die überzähligen Instanzen entfernt werden können.

Zur *nachträglichen Singularisierung* (ad hoc singularizing) eines sortierten
Textstromes steht der Hilfsfilter **uniq(1)** (unique) mit den folgenden Aufrufsoptionen zur Verfügung,

```
uniq [-c|-d|-u] [+n|-n] [<Eingabedatei>] [<Ausgabedatei>]
```

Nur eine Eingabe- und nur eine Ausgabedatei können jeweils angegeben werden; bei Auslassung erfolgt die Eingabe über die *Normaleingabe* (standard
input) beziehungsweise die Ausgabe über die *Normalausgabe* (standard output). Ohne jegliche Angabe von Dateien gelten die im Abschnitt 1.2.2.4 vorgestellten allgemeinen Prinzipien für *Durchlaufprogramme* (filter) in
Pipelines. *uniq* kann also in jeder Stufe (stage) einer Pipeline benutzt werden,
wobei insbesondere Konstrukte der folgenden Art typisch sind,

```
... | sort ... | <Zwischenverarbeitung> | uniq ...
```

Tabelle 8.5 listet die Bedeutung der Aufrufsoptionen auf.

Opt.	Bedeutung
c	(count) Jede Zeile wird mit einem Zähler ≥ 1 ausgegeben.
d	(double) Nur multiple Zeilen werden ausgegeben.
u	(unique) Nur singuläre Zeilen werden ausgegeben.
+n	Die ersten *n Zeichen* werden übersprungen.
−n	Die ersten *n Worte* einschließlich Trennzeichen werden übersprungen.

Tabelle 8.5: Aufrufsoptionen von uniq(1)

Zu beachten ist, daß die symbolischen Optionen c, d und u sich gegenseitig ausschließen; ein Gleiches gilt auch für die beiden Argumentoptionen
+n und −n.

Von einer sortierten Eingabedatei ausgehend, ergibt sich ohne jegliche Optionen,

```
$ cat datx               $ uniq datx
abba                     abba
babba                    babba
babba                    pappa
babba                    zappa
pappa
zappa
zappa
```

Die Wirkung der symbolischen Optionen ist komplementär,

```
$ uniq -c datx      $ uniq -d datx      $ uniq -u datx
   1 abba           babba               abba
   3 babba          zappa               pappa
   1 pappa
   2 zappa
```

Mit den Argumentoptionen können vom Zeilenanfang ausgehend eine vorgegebene Anzahl von −n Worten beziehungsweise +n Zeichen übersprungen werden, was die folgenden Beispiele differenziert veranschaulichen mögen,

```
$ cat daty          $ uniq -1 daty      $ uniq +1 daty
11 abba             11 abba             11 abba
12 abba             21 pappa            12 abba
21 pappa            33 zappa            21 pappa
33 zappa                                33 zappa
```

sowie

```
$ uniq +2 daty           $ uniq +4 daty
11 abba                  11 aa
21 pappa                 21 pappa
33 zappa
```

8.2.4 Relationale Zeilenverknüpfung

Eine der fundamentalen Operationen in *relationalen Datenbanken* (relational databases) ist das *Verknüpfen* (joining) von *Sätzen* (records) über gemeinsame *Schlüsselfelder* (key fields).[6] Das UNIX-Systempaket stellt den einheimischen Befehl **join(1)** für vergleichbare Operationen mit Zeilen in *vorsortierten* Textdateien zur Verfügung,

```
join   [-a<n>] [-e <z>] [-t<s>] [-j1 <f1>] [-j2 <f2>]\
            [-o <Ausgabefelder>]\
            -|<Eingabedatei1> <Eingabedatei2>
```

Nur zwei Eingabedateien können jeweils angegeben werden; die erste kann ausgelassen und durch eine Minuszeichen '−' ersetzt werden, in welchem Fall die Eingabe über die *Normaleingabe* (standard input) erfolgt, so daß *join* auch als *nachgeschaltete Stufe* (subsequent stage) in einer *Pipeline* fungieren kann,

```
... | join ... - <Eingabedatei2> ...
```

Die Ausgabe erfolgt immer über die *Normalausgabe* (standard output); Meldungen werden über die *Fehlerausgabe* (standard error) ausgegeben. Der Benutzer muß also Sorge hinsichtlich der E/A-Disposition tragen, wobei die im Abschnitt 1.2.2.4 vorgestellten allgemeinen Prinzipien für *Durchlaufprogramme* (filter) in Pipelines gelten.

Die beiden benannten Eingabedateien beziehungsweise die Normaleingabe und die zweite benannte Datei werden von links nach rechts mit 1 und 2 enumeriert; die Reihenfolge ist wichtig und bezieht sich auf die Enumerierung der Schlüssel- und Ausgabefelder sowie auf die Komplementärausgabe. Tabelle 8.6 faßt die Bedeutung der Aufrufsoptionen zusammen.

Opt.	Bedeutung
a...	Mit einer nachgestellten 1,2 oder 3 werden die komplementären Zeilen der ersten bzw. der zweiten bzw. beider Eingabedateien mitausgegeben.
e...	Mit einer nachgestellten Zeichenkette werden leere Felder ausgefüllt.
t...	Nachgestelltes alternatives Feldtrennzeichen.
j1... j2...	Die jeweils nachgestellte Ganzzahl bestimmt die Position des Schlüsselfeldes in der ersten bzw. zweiten Eingabedatei.
o...	Liste der Ausgabefelder in der Form 1.p, 1.q, ...; 2.r, 2.s, ...

Tabelle 8.6: Aufrufsoptionen von join(1)

---

6. Die Sätze werden als *Relationen* (relations) bezeichnet. Eine zusammenfassende Beschreibung der Grund- und Anwendungsprinzipien wird in DATE (1986) gegeben.

Die einfachste Anwendung besteht darin, *entartete Informationen* (degenerate information) in eine zusammenfassende *Tabelle auszulagern* (table lookup). Als einfaches Beispiel wäre das Verknüpfen von Personen mit Städten über eine numerische Postleitzahl (postal code) zu betrachten,

```
$ cat person.dat          $ cat stadt.dat
abba:19:1000: ...         1000:Berlin
zappa:23:1000: ...        2000:Hamburg
babba:81:2000: ...        4000:Hannover
...                       ...
pappa:27:6000: ...        6000:Frankfurt/Main
kappa:18:9999: ...        ...
...
```

Sowohl die *Personenstammdatei* `person.dat` (master file) als auch die *Stadttabelle* `stadt.dat` (city table) sind hinsichtlich des verbindenden Schlüssels aufsteigend sortiert. Der Doppelpunkt ':' (colon) fungiert in diesem Fall als *Trennzeichen* zwischen den *Feldern* (field separator). Mit **join(1)** können die Zeilen dann verknüpft werden,

```
$ join -t: -j1 3 -j2 1 person.dat stadt.dat
1000:abba:19: ...: Berlin
1000:zappa:23: ...: Berlin
2000:babba:81: ...: Hamburg
...
6000:pappa:27: ...: Frankfurt/Main
...
```

Zu beachten ist, daß die Felder in den Eingabedateien von links nach rechts aufsteigend **1, 2,** ... enumeriert sind,

```
<Feld1>:<Feld2>: ...          <Feld1> <Feld2> ...
```

Bei Auslassung der Argumentoption −t... gelten die *Standardtrennzeichen* (standard separator), wobei *multiple* Instanzen übersprungen werden. Nichtbeachtung dieser beiden *Eigenheiten* (idiosyncrasies) kann zu recht obskuren Verarbeitungsfehlern führen. [7]

Mit der Argumentoption −o... kann die Anzahl und Reihenfolge der auszugebenden Felder bestimmt werden; wie zum Beispiel in,

```
$ join ... -o 2.2 1.1 1.2 ...
Berlin:abba:19
Berlin:zappa:23
Hamburg:babba:81
...
```

wo das verknüpfende Schlüsselfeld also nicht mitausgegeben wurde!

---

7. Im Gegensatz zu **sort(1)**, wo die Felder von links nach rechts **0, 1,** ... enumeriert werden, und wo nur die jeweils *erste* Instanz eines Trennzeichens als solches fungiert, und jede weitere als Bestandteil des nachfolgenden Feldes gilt.

Mit der Argumentoption −a... kann eine komplementäre Ausgabe (complementary output) bezüglich der Eingabedateien erzwungen werden

```
$ join -a1 -e XXXX ...            $ join -a3 -e '???' ...
...                               ...
Hamburg:babba:81                  Hamburg:babba:81
...                               Hannover:???:???
                                  ...
...
Frankfurt/Main:pappa:27
...
XXXX:kappa:18                     ???:kappa:18
```

was zugleich auch den Zweck der Argumentoption −e... verdeutlichen mag, mit welcher eine substituierende Zeichenkette für fehlende beziehungsweise leere Felder angegeben werden kann. Für Meta- und andere Sonderzeichen — hier das Fragezeichen — gelten die üblichen lexikalischen Schutzregeln (lexical protection rules; Abschnitt 1.2.1.2) der Shell-Ebene.

Der mit *join* erzeugte Textstrom kann dann mit **sed(1)** oder **awk(1)** (Kapitel 6 bzw. 7) aufbereitet werden; insbesondere können die komplementären Zeilen von den verknüpften getrennt werden; etwa durch Konstrukte der Art,

```
join -a1 -e XXXX ... | sed  -n -e '/XXXX/p' ...
```

Bei anspruchsvolleren Anwendungen kann mit links- und rechtseitigen *Prüffeldern* (check fields, left, right, sided) gearbeitet werden, an Hand deren Belegung dann eine Trennung in einen linken und einen rechten Komplementärstrom erfolgt.

8.2.5 Mengenvergleiche

Zeilenweise sortierte Textdateien (line-sorted text files) können wie *Mengen* (sets) hinsichtlich des *Durchschnitts* (intersection) und der *Differenzmengen* (complements) verglichen werden, wozu der Befehl **comm(1)** (common) mit den folgenden Aufrufsoptionen zur Verfügung steht,

```
comm [-123] -|<Eingabedatei1> <Eingabedatei2>
```

Nur zwei benannte Eingabedateien können jeweils angegeben werden; der *erste* Verweis kann ausgelassen und durch eine Minuszeichen '−' ersetzt werden, in welchem Fall die Eingabe über die *Normaleingabe* (standard input) erfolgt, so daß *comm* auch als *nachgeschaltete Stufe* (subsequent stage) in einer *Pipeline* fungieren kann,

```
... | comm ... - <Eingabedatei2> ...
```

Die Ausgabe erfolgt immer über die *Normalausgabe* (standard output); Meldungen werden über die *Fehlerausgabe* (standard error) ausgegeben. Der Benutzer muß also Sorge ob der E/A-Disposition tragen, wobei die im Abschnitt 1.2.2.4 vorgestellten allgemeinen Prinzipien gelten.

Ohne jegliche Optionen gibt *comm* drei Spalten aus, die den beiden Differenzmengen und der gemeinsamen Durchschnittsmenge entsprechen, was Bild 8.1 mit der üblichen mathematischen Schreibweise darstellt.

```
comm  <M1>  <M2>                        comm  -2  <M1>  <M2>

   (1)         (2)         (3)             (1)         (3)
 M1 \ M2     M2 \ M1     M1 ∩ M2         M2 \ M1     M1 ∩ M2
  <a1>        <a2>        <a12>           <a2>        <a12>
  <b1>        <b2>        <b12>           <b2>        <b12>
  ...         ...         ...             ...         ...
```

<u>**Bild 8.1: Ausgabemengen von comm(1)**</u>

Mit den insgesamt 6 sinnvollen Kombinationen -1, -2, ..., -23 kann die Ausgabe der entspechenden Spalten durch *Elimination* gesteuert werden; mit -123 erfolgt überhaupt keine Ausgabe.

comm wird zumeist in *relationalen Anwendungen* (relational applications) benutzt, um Differenzen und Durchschnitte von *geordneten Indexmengen* (ordered index sets) zu erzeugen, die dann mit **join(1)** (Abschnitt 8.2.4) auf die eigentlichen Stammdateien angewandt werden, um Relationen zu erzeugen beziehungsweise zu verknüpfen. Ein Beispiel mag diesen Ansatz veranschaulichen. Anstelle von Stammdateien soll von *sortierten Indextabellen* (sorted index tables) ausgegangen werden,

```
$ cat person.idx            $ cat stadt.idx
1000                        1000
1000                        2000
2000                        4000
3000                        5000
4000                        6000
6000                        6000
...                         8000
9999                        ...
                            9999
```

Um Personen mit Städten zu verknüpfen wird zuerst mit *comm* die Durchschnittsmenge der Indexe erzeugt,

```
$ comm -12 person.idx stadt.idx
1000
2000
4000
6000
...
9999
```

Der mit *comm* erzeugte Indexstrom kann in den Befehl **join(1)** einer zweiten Stufe einer Pipeline eingespeist werden, um zuerst die eigentlichen Sätze aus der Personenstammdatei zu extrahieren. In einer weiteren *join*-Stufe können dann die Städtenamen hinzugefügt werden:

```
comm ... | join ... - person.dat | join ... - stadt.dat ...
```

Dieser Ansatz läßt sich analog auf *multiple Verknüpfungen* (multiple joins[8]) erweitern.

Die links- und rechtsseitigen Differenzmengen können durch entsprechende Optionskombinationen selektiv ausgegeben werden,

```
$ comm -23 person.idx stadt.idx        $ comm -13 ...
1000                                    5000
3000                                    6000
...                                     8000
                                        ...
```

Ohne jegliche Optionen werden alle drei Teilmengen ausgegeben,

```
$ comm   person.idx stadt.idx
...      ...       ...
3000
...                4000
         5000
...      ...       ...
```

wobei Tabulatorzeichen **HT** (011) die Spalten trennen. Eine Aufspaltung in drei separate Indexströme kann mit **awk(1)** (Kapitel 7) erfolgen.

8.2.6 Extrahieren von Spalten und Feldern

Mit dem Befehl **cut(1)** können sowohl *positionsgebundene Spalten* (positional columns) als auch *enumerierte Felder* (enumerated fields) selektiv aus Textdateien extrahiert werden, was insbesondere dazu benutzt werden kann, *Indextabellen* (index tables) für *relationale Operationen* (relational operations) mit **join(1)** und **comm(1)** (Abschnitte 8.2.4 bzw. 8.2.5) zur erzeugen.

Es gelten die folgenden Aufrufschemata und -optionen,

```
cut -c <Spaltenliste> [<Eingabedatei>...]
```

beziehungsweise,

```
cut -f <Felderliste> [-d<s>][-s][<Eingabedatei>...]
```

---

8. Not *joints*.

Eine oder mehrere Eingabedateien können angegeben werden; bei Auslassung erfolgt die Texteingabe automatisch über die *Normaleingabe* (standard input); die Textausgabe erfolgt immer über die *Normalausgabe* (standard output). *cut* kann daher sowohl als *vorgeschaltete* als auch *zwischengeschaltete* als auch *nachgeschaltete Stufe* (initial, intermediate, subsequent stage) in einer *Pipeline* eingesetzt werden,

```
cut ... |  ...        ... | cut ... |  ...         ... | cut ...
```

Meldungen werden immer über die *Fehlerausgabe* (standard error) ausgegeben. Der Benutzer kann also sehr flexibel über die E/A-Disposition verfügen, wobei die im Abschnitt 1.2.2.4 vorgestellten allgemeinen Prinzipien der E/A-Steuerung auf der Shell-Ebene gelten. Bei normaler Ausführung gibt *cut* den Nullwert als Exit-Kode (exit code; Abschnitt 1.2.2.2) zurück; in allen anderen Fällen einen Wert $\neq 0$.

Mit der Argumentoption −c... (columns) werden die Eingabezeilen als eine enumerierte Zeichenfolge interpretiert,

```
C1C2...
```

wobei die Enumerierung am Zeilenanfang mit **1** beginnt und sich durchlaufend bis zum Zeilenende fortsetzt; eine *konstante Zeilenlänge* (fixed line size) wird dabei nicht vorausgesetzt. Die zu extrahierenden Spalten werden mit −c... nach den folgenden Schlüsseln angegeben:

h	die *h*-te Spalte;
h−k	der Bereich von der *h*-ten bis zur *k*-ten Spalte;
−k	vom *Zeilenanfang* bis zur *k*-ten Spalte;
k−	von der *k*-ten Spalte bis zum *Zeilenende*.

Als Beispiel wäre die bereits weiter oben benutzte Stammdatei `person` zu betrachten,

```
$ cat person.dat              $ cut -c -3, 6, 8- person.dat
abba:19:1000: ...             abb1:1000
zappa:23:1000: ...            zap:3:1000
babba:81:2000: ...            bab:1:2000
...                           ...
```

Als besondere *Eigenheit* (idiosyncrasy) ist zu beachten, daß die einzelnen Schlüssel durch Kommas getrennt werden, ohne daß sich Leerzeichen einschleichen dürfen!

Mit der Argumentoption −f... (fields) werden die Eingabezeilen dagegen als eine enumerierte Folge von Feldern interpretiert,

```
<Feld1> <Feld2> ...              <Feld1>:<Feld2>:...
```

Bei Auslassung der Argumentoption −d... gelten die *Standardtrennzeichen*
(standard separators), wobei *überzählige* Instanzen dem jeweils nachfolgenden Feld zugeordnet werden, eine *Eigenheit* (idiosyncrasy), deren Nichtbeachtung zu recht obskuren Verarbeitungsfehlern führen kann.[9] Mit −d... kann
auch hier ein alternatives Trennzeichen vorgegeben werden.

Als Beispiel mit der bereits bekannten Stammdatei wäre zu betrachten,

```
$ cat person.dat            $ cut -d: -f 1,3 person.dat
abba:19:1000: ...           abb1:1000
zappa:23:1000: ...          zap:3:1000
babba:81:2000: ...          bab:1:2000
...                         ...
```

Insbesondere können also auf diese Weise *Indextabellen* (index tables) aus
vorsortierten Stammdateien und Datentabellen erzeugt werden,

```
$ cut -d: -f 3 person.dat > person.idx
...
$ cut -d: -f 1 stadt.dat > stadt.idx
...
$ cat person.idx            $ cat stadt.idx
1000                        1000
1000                        2000
2000                        4000
...                         ...
```

an denen dann *relationale Operationen* (relational operations) mit **join(1)**
und **comm(1)** (Abschnitte 8.2.4 bzw. 8.2.5) ausgeführt werden können.

---

9. Hinsichtlich der Trennzeichen also genau wie bei **sort(1)** und im Gegensatz zu **join(1)**.
   Hinsichtlich der Felderenumerierung jedoch genau umgekehrt!

8.3 Vergleichen von Dateien

Dateivergleiche (file comparisons) können verschiedenen Zwecken dienen, darunter der Informationsschöpfung, Dateiverwaltung und Programmentwicklung. Die gemeinsame Rationale der verschiedenen Einrichtungen besteht darin, Veränderungen in *Vergleichsdateien* (comparison files) hinsichtlich einer bekannten *Bezugsdatei* (reference file) gezielt zu ermitteln.[10]

Dateien können in verschiedenen *Skalen* (scales) verglichen werden, was durch die *Differenzierung* (differentiation) unterschiedlicher *Bezugseinheiten* (reference units) realisiert wird,

• Absolutes Differenzieren von Oktetts;
• Zeilenweises Einweg- und Zweiweg-Differenzieren.

In der ersten Form können die *absoluten Positionen* (absolute locations) von unterschiedlichen Oktettpaaren ermittelt werden, was sowohl auf Textdateien als auch auf binäre Dateien angewendet werden kann. Im Gegensatz dazu ist das zeilenweise Differenzieren zwangsläufig relativiert und kann zudem noch durch lexikalische Optionen weiter relativiert werden.

Zeilenweises *Einweg-Differenzieren* (one-way differentiation) geht von jeweils zwei Vergleichsdateien aus, wobei nur eine Vergleichspaarung möglich ist. Im Gegensatz dazu geht *Dreiweg-Differenzieren* (3-way differentiation) von jeweils drei Vergleichsdateien aus, wobei sich auch insgesamt 3 mögliche Vergleichspaarungen ergeben.

Bei beiden Verfahren werden *gerichtete Differenzen* (directed differences) erzeugt, die in der Form von Editierkodes sowohl zur *inkrementalen Dateiverwaltung* (incremental file management system) als auch zur Informationsschöpfung weiter benutzt werden können. Insbesondere können *optimierte Editierkodes* (optimized editing codes) komplizierterer Zeilenmanipulationen *heuristisch erzeugt* werden (heuristic generation), was einer *heuristischen Schnellentwicklung* (rapid prototyping) gleichkommt.

---

10. Zuweilen können allerdings die genauen Rollen der zu vergleichenden Dateien nicht eindeutig festgelegt werden, was insbesondere in der Programmierung der Fall sein kann, wenn die Entwicklung zur *Traufe* nicht eindeutig oder überhaupt nicht dokumentiert ist und durch empirisch-retrospektive Vergleiche — oft genug mit einem guten Schuß Heuristik dazu — mit dem *Regen* ermittelt werden muß (frying pan, fire, analogy).

8.3.1 Absolutes Differenzieren von Oktetts

Im einfachsten Falle können zwei *reguläre Dateien* (regular files) hinsichtlich der *absoluten Position unterschiedlicher Oktetts* (differing bytes, absolute location) verglichen werden, wozu der Befehl **cmp(1)** (compare) mit den folgenden Aufrufsoptionen zur Verfügung steht,

```
cmp [-l|-s] -|<Datei1> <Datei2> [<Versatz1>] [<Vers2>]
```

Der Verweis der ersten Vergleichsdatei kann ausgelassen und durch ein Minuszeichen ersetzt werden, in welchem Falle die Eingabe über die *Normaleingabe* (standard input) erfolgt, so daß *cmp* auch als *nachgeschaltete Stufe* (subsequent stage) in einer *Pipeline* eingesetzt werden kann,

```
... | cmp ... -   <Datei2> ...
```

Die Ausgabe erfolgt immer über die *Normalausgabe* (standard output); Meldungen werden über die *Fehlerausgabe* (standard error) ausgegeben. Der Benutzer muß also Sorge hinsichtlich der E/A-Disposition tragen, wobei die allgemeinen Prinzipien der E/A-Steuerung auf der Shell-Ebene (Abschnitt 1.2.2.4) gelten.

Mit *cmp* können reguläre Dateien jeglicher Art verglichen werden, also auch *binäre* Daten-, Objekt- und Ausführdateien (binary data, object, executable, files). Darüber hinaus können — soweit sinnvoll — auch *Verzeichnisdateien* (directory files) verglichen werden.

Ohne jegliche Optionen terminiert *cmp* mit der ersten *Oktaldifferenz* (byte difference) beziehungsweise am gemeinsamen Dateiende. Von den beiden Vergleichsdateien ausgehend,

```
$ cat datx            $ cat daty
abba                  abba
BABBA                 babba
...                   ...
```

ergibt sich zum Beispiel,

```
$ cmp datx daty
datx daty differ: char 6, line 2
```

Mit der symbolischen Option −s (silent) kann die Ausgabe insgesamt unterbunden werden; das Resultat wird dann durch die *Exit-Kodes* (exit codes) 0 bei *Gleichheit* beziehungsweise 1 bei *Ungleichheit* kategorisch angezeigt,

```
$ cmp -s datx daty         $   cmp -s datx datx
$ echo $?                  $   echo $?
1                          0
```

Mit der Option −l (long) werden die Differenzen tabellarisch aufgelistet, und mit nachgestellten *Versatzparametern* (offset) kann dazu noch der Vergleichsbeginn bezüglich des Dateianfanges festgelegt werden; wie zum Beispiel in

```
$ cmp -l datx daty          $ cmp -l datx daty 6 6
6 142 102                   1 141 101
7 141 101                   2 142 102
8 142 102                   3 142 102
...                         ...
```

wobei die erste Spalte die Dezimalposition der ungleichen Oktetts mit den nachgestellten Oktalwerten angibt. Mit den gezeigten *Versatzparametern* — hier 6 6 — wird der Ausgangspunkt links beziehungsweise rechts verschoben, wobei auch Unterschiede übersprungen werden können. Zu beachten ist, daß die Adressen dann hinsichtlich des Versatzes (offset) relativiert sind.

8.3.2 Zeilenweises Einweg-Differenzieren

Jeweils zwei reguläre Textdateien können mit dem Befehl **diff(1)** (differential file comparator) zeilenweise differenziert werden. Bei einfachen Anwendungen gilt das Aufrufschema mit den folgenden Optionen:

```
diff [-bitw] [-c[<n>]]|e|f|h|n] -|<Datei1> <Datei2>
```

wo der Verweis der ersten Vergleichsdatei ausgelassen und durch ein Minuszeichen ersetzt werden kann, in welchem Falle die Eingabe über die *Normaleingabe* (standard input) erfolgt, so daß *diff* auch als *nachgeschaltete Stufe* (subsequent stage) in einer *Pipeline* eingesetzt werden kann,

```
... | diff ... -  <Eingabedatei2> ...
```

Als eine erste Variante hinsichtlich der Eingabeverweise wäre zu betrachten,

```
diff ... <Basisname>  <Verzeichnis>
```

wo eine benannte Datei im *aktuellen Arbeitsverzeichnis* (current working directory) mit einer gleichnamigen Datei in einem *benannten Verzeichnis* verglichen wird, was der expliziten Kodierung entspricht,

```
diff ... <Basisname>  <Verzeichnis>/<Basisname>
```

Diese Form der Kodierung ist symmetrisch und läßt sich auf *relative Weiser* und *Verweise* (relative paths, pathnames)[11] erweitern, die vom aktuellen Arbeitsverzeichnis ausgehen.

---

11. Es sei daran erinnert, daß im originären und contemporären UNIX-Schrifttum nach wie vor das Schema gilt `<pathname>: <path>/<basename>`.

Die Ausgabe erfolgt grundsätzlich über die *Normalausgabe* (standard output); Meldungen werden über die *Fehlerausgabe* (standard error) ausgegeben. Der Benutzer muß also Sorge hinsichtlich der E/A-Disposition tragen, wobei die allgemeinen Prinzipien der E/A-Steuerung auf der Shell-Ebene gelten (Abschnitt 1.2.2.4).

diff vergleicht die beiden Eingabedateien im Sinne einer *gerichteten Differenz* (directed difference), welche die *zeilenweise Umwandlung* (transformation) von der ersten (linken) zur zweiten (rechten) Datei beinhaltet. Ein einfaches Beispiel mag dies sogleich verdeutlichen:

```
$ cat dat1          $ cat dat2          $ diff dat1 dat2
Abba                abba                1c1
babba               babba               < Abba
kappa               pappa               ---
pappa               zappa               > abba
                                        3d2
                                        < kappa
                                        4a4
                                        > zappa
```

Die Unterschiede zwischen den beiden Dateien werden richtungsweisend, semiotisch mit den Winkelzeichen angezeigt: < links, und > rechts. Die *ed*-artigen symbolischen Kodes zeigen die Operationen an, um die linken in die rechten Zeilen zu überführen, was nachfolgend beständig als *Editierspur* (editing trace) bezeichnet werden soll.

Um zum Beispiel Zeile 1 rechts aus Zeile 1 links abzuleiten, muß diese ersetzt werden, was mit dem Kode 1c1 symbolisch ausgedrückt wird. Zeile 3 links muß gelöscht werden, was auf Zeile 2 rechts zurückfällt und dementsprechend mit 3d2 ausgedrückt wird. Mit 4a4 wird links eine Zeile nach Zeile 4 eingefügt, um rechts Zeile 4 zu erhalten. Die symbolischen Kodes entsprechen den gleichnamigen *ed*-artigen Editierbefehlen a, c (*ed*-like commands, append, change; Abschnitt 2.4) und d (delete; Abschnitt 2.5).

Allen Aufrufsformen von diff(1) sind die *lexikalischen Optionen* (lexical options) −bitw gemeinsam. Tabelle 8.7 faßt die Bedeutungen zusammen.

Opt.	Bedeutung
b	(blanks) Nachfolgende Leer- und Tabulatorzeichen werden ignoriert.
i	(ignore) Groß- und Kleinbuchstaben werden zusammengelegt.
t	(tabs) Tabulatorzeichen werden zu 8 Leerzeichen erweitert.
w	(words) Jegliche Leer- und Tabulatorzeichen werden ignoriert.

Tabelle 8.7: Lexikalische Optionen von diff(1)

Mit der Option −b werden insbesondere auch *multiple Trennzeichen* (multiple separators) zwischen Worten ignoriert,

```
... Hallo Freunde ...       gleich        ... Hallo      Freunde ...
```

Der Unterschied zwischen *einem* und *keinem* Trennzeichen sowie bei Trennzeichen *am Zeilenanfang* bleibt jedoch erhalten,

```
... database ...            ungleich      ... database ...
   Hello world ...          ungleich         Hello world ...
```

usw. Nur mit −w werden dann jegliche Trennzeichen ignoriert.

Die möglichen Aufrufsformen von *diff* unterscheiden sich hinsichtlich der *operativen Optionen* (operative options), die sich teilweise gegenseitig ausschließen. Tabelle 8.8 faßt die Bedeutungen zusammen.

Opt.	Bedeutung
c...	(context) Vergleichsnamen und -datum werden ausgegeben. Jede erkannte Differenz wird mit der optional nachgestellten Anzahl von Zeilen kontextuell umgeben; bei Auslassung 3 Zeilen.
e	(edit) Editierspur gemäß ed(1), die Datei 1 in Datei 2 überführt.
f	(forward) Die Reihenfolge der Differenzkodes wird verkehrt.
h	(hasty) Schnelleres aber weniger gründliches Differenzieren.
n	(number) Wie e, aber mit Angabe der Anzahl von betroffenen Zeilen.
D...	(define) Die unmittelbar nachgestellte Zeichenkette fungiert als Bedingungssymbol in der #idef- und #ifndef-Gliederung, die im Sinne des C-Präprozessors cpp(1) erzeugt wird.

Tabelle 8.8: Operative Optionen von diff(1)

Als Beispiele der Optionen −c beziehungsweise −e mit den bereits bekannten Testdateien wären zu betrachten,

```
$ diff -c dat1 dat2            $ diff -e dat1 dat2 > cmd.ed
*** dat1 Wed Jan 20 ... 1993   $ cat cmd.ed
--- dat2 Wed Jan 20 ... 1993   4a
**************                 zappa
*** 1,4 ****                   .
! Abba                         3d
  babba                        1c
- kappa                        abba
  pappa                        .
--- 1,4 ----
! abba
  babba
  pappa
+ zappa
```

Bei −c werden die differenzierten Zeilen mit den vorangestellten Zeichen '!', '−' und '+' markiert, was bedeutet, daß die Zeile ausgetauscht beziehungsweise gelöscht beziehungsweise eingefügt wird.

Mit der Option −e wird eine Folge von Editierbefehlen gemäß ed(1) erzeugt, mit denen Datei 1 in Datei 2 überführt werden kann. Diese Ausgabe kann — wie oben angedeutet — in einem *ed*-Skript (script; Abschnitt 2.11) zur Weiterverwendung abgelegt

```
$ ed ... dat1 < cmd.ed
```

oder unmittelbar in eine Pipeline mit *ed* als nachfolgende Stufe eingespeist werden,

```
$ (diff -e dat1 dat2; echo '1,$p') | ed -s dat1
abba
babba
pappa
zappa
...
```

Zu beachten in dem Beispiel ist, daß dat1 selbst als Editierdatei von *ed* angegeben wurde. Von zwei *prototypisch unterschiedlichen Bezugsdateien* (prototypically differing reference files) ausgehend, kann dieser Ansatz zur heuristischen Schnellentwicklung (rapid prototyping) von komplizierteren Zeilenmanipulationen eingesetzt werden.

Eine wesentlich andere Anwendung besteht darin, *inkrementale Textbanken* (incremental textbanks) zu konstruieren, die von einer *gemeinsamen Ursprungsdatei* (common ancestor, seed, file) ausgehend nur die *gerichteten Differenzen* (directed differences) zu den verschiedenen Versionen und Varianten enthalten, *nicht* aber den vollen Quelltext, was eine enorme Ersparnis an Speicherplatz bedeuten kann. Das *Quellkode-Verwaltungssystem* sccs(1) (source code control system; Kapitel 9), dessen Anwendungsspielraum über reine Quelldateien hinausgeht, stellt eine originäre Implementation des inkremetalen Prinzipes dar.

Im Zusammenhang mit C-Quelldateien (source files) bestehen besondere Anwendungsmöglichkeiten von *diff*. Ein Beispiel mag dies sogleich illustrieren. Gegeben seien zwei verwandte C-Quelltexte,

```
$ cat dtsch.c                    $ cat engl.c
main()                           #include <stdio.h>
{ /* main program */             main()
printf("Hallo Freunde\n");       { /* main program */
exit(0);                         puts("hello friends\n");
} /* end main */                 exit(0);
                                 } /* end main */
```

Dann kann mit der Argumentoption −D... ein kompositer Quelltext erzeugt
werden, der Anweisungen des C-Präprozessors (preprocessor directives)
cpp(1) zur *bedingten Inklusion* (conditional inclusion) von Kodesegmenten
enthält,

```
$ diff -DENG dtsch.c engl.c > deng.c
$ cat deng.c
#ifdef ENG
    #include <stdio.h>
#endif ENG
    main()
    { /* main program */
#ifndef ENG
    printf("Hallo Freunde\n");
#else ENG
    puts("hello friends\n");
#endif ENG
    exit(0);
    } /* end main */
```

Mit *cpp* und der entsprechend belegten Argumentoption −D... kann der kom-
posite Quelltext dann in die linke beziehungsweise die rechte Version transformiert werden,

```
$ cpp -P deng.c                    $ cpp -P -DENG deng.c
...                               ...
main()                            main()
{                                 ...
printf("Hallo Freunde\n");        puts("hello friends\n");
exit(0);                          ...
}                                 }
```

Anstelle von *cpp* kann auch der einheimische C-Compiler **cc(1)** mit der symbolischen Option −E benutzt werden.[12]

Verzeichnisvergleiche

Mit der besonderen Aufrufsform,

```
diff... [-l|r|s] [-S<Name>] <Verzeichnis1> <Verzeichnis2>
```

können zwei Verzeichnisse und darin enthaltene gleichnamige Dateien systematisch verglichen werden, wofür neben den bereits vorgestellten lexikalischen und operativen Optionen noch die in Tabelle 8.9 aufgelisteten
zusätzlichen *Verzeichnisoptionen* (directory options) zur Verfügung stehen.

---

12. Ein ausführliche Besprechung des C-Präprozessors und -Kompilers wird in KA2 (1992)
    gegeben.

Opt.	Bedeutung
l	(long) Die Ausgabe wird im Sinne vor pr(1) mit Seiteneinteilung formatiert.
r	(recursive) Alle Unterverzeichnisse der benannten Verzeichnisse werden rekursiv durchlaufen.
s	(say) Identische Dateien, normalerweise nicht aufgeführt, werden aufgeführt.
S...	(start) Die unmittelbar nachfolgende Zeichenkette bestimmt den Anfang der Liste der zu vergleichenden Objekte; davor liegende Namen werden nicht einbezogen.

Tabelle 8.9: Verzeichnisoptionen von diff(1)

Das folgende Beispiel illustriert den Vergleich zweier Verzeichnisse.

```
$ diff -rsl verz1 verz2
Oct  1 10:53 1993  diff -rsl verz1/dat1 verz2/dat1 Page 1

1c1
< abba
...
4d4
< zappa

Only in verz1:
        prog1.c prog2.c ...
Only in verz2:
        funk1.c funk2.c ...

Common identical files in verz1 and verz2:
datx daty datz ...

Common subdirectories of verz1 and verz2: uverzx uverzy ...

Oct  1 10:53 1993
    diff -rsl verz1/uverzx/awk1 verz2/uverzx/awk1 Page 1

1d0
< BEGIN ...
...

Common identical files in verz1/uverzx and verz2/uverzx:
awk2 ... sed4 sed5 ...
```

Zur *effizienten* Differenzierung sehr großer Dateien steht mit **SVR4** noch das Programm **bdiff(1)** (big file differencing) zur Verfügung. Hinsichtlich der Rationale, Ausgabe und Anwendung besteht kein Unterschied zu *diff*.

8.3.3 Zeilenweises Dreiweg-Differenzieren

Jeweils drei konforme Textdateien können mit dem Befehl **diff3(1)** (3-way differential file comparator) zeilenweise differenziert werden. Bei einfacheren Anwendungen gilt das Aufrufschema mit den Optionen:

```
diff3    [-e|E|x|X|1|2|3] <Vergleichsdatei1> \
         <Vergleichsdatei2> <Vergleichsdatei3>
```

wobei die symbolischen und die numerischen Optionen sich gegenseitig logisch ausschließen; d.h. es kann jeweils nur eine Option sinnvoll gesetzt werden, was durch die nachfolgenden Beispiel verdeutlicht wird.

Alle drei Eingabedateien müssen benannt werden; bei Auslassung einer Datei entsteht ein fataler Fehlerzustand; *diff3* kann also *nicht* als *Durchlaufprogramm* (filter) in einer aufnehmenden Stufe einer Pipeline eingesetzt werden. Die Ausgabe erfolgt immer über die *Normalausgabe* (standard output); Meldungen werden über die *Fehlerausgabe* (standard error) ausgegeben. Der Benutzer muß also Sorge ob der Ausgabe-Disposition tragen.

Bild 8.1 zeigt das Schema des Dreiweg-Vergleiches.

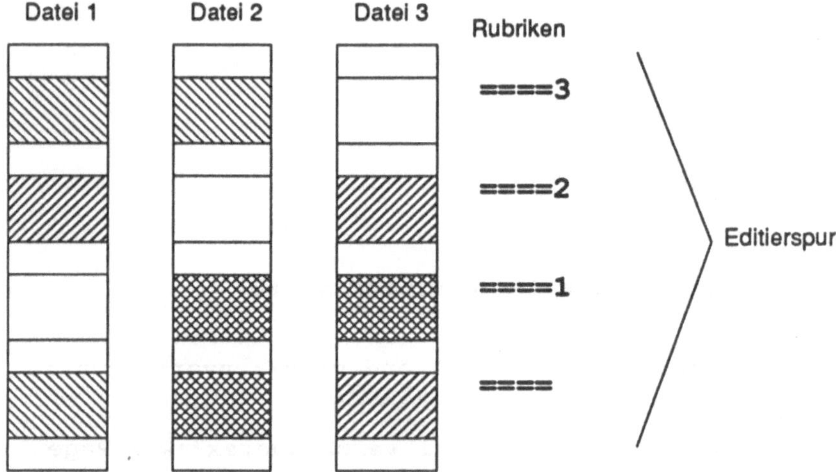

Bild 8.2: Dreiweg-Vergleichsschema bei diff3(1)

Tabelle 8.10 faßt die symbolischen Aufrufsoptionen zusammen, wobei Bezug auf die in Bild 6.1 definierten Rubriken genommen wird. Zu beachten ist, daß bestimmte Optionen einander logisch ausschließen. Die symbolischen Optionen -E und -X sind *neu* (SVR4) und standen bisher (SVR3) *nicht* zur Verfügung.

Opt.	Bedeutung
e	(edit) Eine Editierspur gemäß ed(1) wird erzeugt, mit der Datei 1 im Sinne der gerichteten Differenzen zwischen Datei 2 und Datei 3 modifiziert werden kann.
E	(edit explained) Eine Editierspur im Sinne von e, wobei jedoch Zusatztext eingefügt wird, der den resultierenden Unterschied zur Datei 1 erklärt.
x	(exclude) Eine exklusive Editierspur im Sinne der unnumerierten Rubrik ====, mit der Datei 1 im Sinne der gerichteten Differenzen zwischen Datei 2 und Datei 3 bei allseitigen Unterschieden modifiziert werden kann.
X	(exclude explained) Eine Editierspur im Sinne von x, wobei erklärender Zusatztext eingefügt wird.
1,2,3	Die Editierspur wird im Sinne der enumerierten Rubrik ====1, ... erzeugt.

Tabelle 8.10: Aufrufsoptionen von diff3(1)

Von den drei Vergleichsdateien ausgehend,

```
$ cat dat1          $ cat dat2          $ cat dat3
AAa                 AAa                 aaa
xxx                 xxx                 xxx
BbB                 bbb                 BbB
yyy                 yyy                 yyy
ccc                 cCC                 cCC
zzz                 zzz                 zzz
Eee                 eEe                 eeE
```

ergeben sich beim Aufruf *ohne* jegliche Optionen die *gerichteten Differenzen* (directed differences),

```
$ diff3 dat1 dat2 dat3
====3              ====1
1:1c               1:5c
2:1c                 ccc
  AAa              2:5c
3:1c               3:5c
  aaa                cCC
====2              ====
1:3c               1:7c
2:3c                 Eee
  bbb              2:7c
3:3c                 eEe
  BbB              3:7c
                     eeE
```

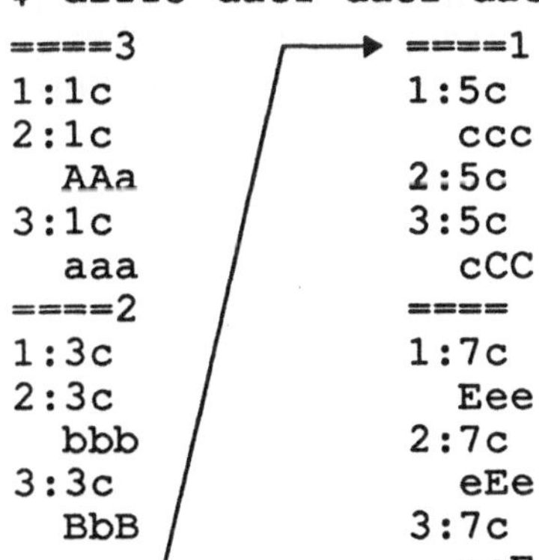

Die Ausgabe wird nach *Rubriken* (rubrics) interpretiert:

====3   Vergleichsdatei 3 unterscheidet sich hinsichtlich der gemein-
         samen Zeilen (common lines) in Datei 1 und Datei 2, wobei
         Zeile 1 jeder dieser Dateien durch die Kodes 1:1c... bezie-
         hungsweise 2:1c... aus Zeile 1 von Datei 3 erzeugt werden.
         Umgekehrt kann in Datei 3 Zeile 1 durch den Kode 3:1c... aus
         jeder der beiden anderen Dateien erzeugt werden.

====2   Eine analoge Interpretation.

====1   ...

====   Alle drei Dateien unterscheiden sich (3-way differences) und mit
         1:7c... kann in Datei 1 die Zeile 7 aus jeder der beiden anderen
         Dateien erzeugt werden, usw.

Zu beachten ist, daß eine Veränderung der Reihenfolge der Vergleichsdateien
nur die Zuordung der Indexe 1, 2, 3 und damit die Reihenfolge der Rubriken
ändern würde, nicht aber das zugrundeliegende Resultat.

Mit der Option −e (Minuskel) wird eine *Editierspur* (editing trace) als
Folge von Editierbefehlen gemäß **ed(1)** erzeugt, mit der Datei 1 im Sinne der
gerichteten Differenz (directed difference) zwischen Datei 2 und Datei 3
modifiziert werden kann, ohne jedoch den *gemeinsamen Teil* (common part)
zu verändern. Mit den obigen Testdateien ergibt sich,

```
$ diff3 −e dat1 dat2 dat3
7c
eeE
.
1c
aaa
.
```

Die Ausgabe kann durch *Ausgabe-Umlenkung* (output redirection) in einem
ed-Skript (Abschnitt 2.11) zur Weiterverwendung abgelegt oder zusammen
mit anderen *ed*-Befehlen als eine *Rundklammer-Befehlsgruppe* (parenthesized command group; Abschnitt 1.2.2.1)[13] in eine Pipeline mit einer unmittelbar nachfolgenden Editierstufe eingespeist werden,

```
$ (diff3 −e dat1 dat2 dat3 ; echo '1,$n') | ed −s dat1
1    aaa
2    xxx
3    BbB
4    yyy
5    ccc
6    zzz
7    eeE
```

---

13. Eine grundlegende Einführung in diese und andere Aspekte der höheren E/A-Steuerung
    auf der Shell-Ebene wird in KA1 (1992) gegeben.

Zu beachten ist, daß `dat1` lediglich im Sinne der gerichteten Differenzen zwischen `dat2` und `dat3` modifiziert wurde, was jedoch *nicht* unbedingt in einer identischen Kopie von `dat3` resultieren muß!

Mit der Option `-E` (Majuskel) kann das Resultat zur nachträglichen Analyse aufbereitet werden,

```
$ (diff3 -E dat1 dat2 dat3 ; echo '1,$p') | ed -s dat1
aaa
xxx
BbB
yyy
ccc
zzz
<<<<<<< dat1
Eee
=======
eeE
>>>>>>> dat3
```

In diesem Falle wurde in `dat1` die ursprüngliche Zeile `Eee` in die Zeile `eeE` von `dat3` überführt.

Mit einer *numerischen Option* wird die Editierspur auf die entsprechend *enumerierte*, und mit `-x` (Minuskel) auf die *unnumerierte* Rubrik beschränkt, was einer *Aufspaltung* (decomposition) der Option `-e` entspricht. Ein Kontrastbeispiel mit den obigen Vergleichsdateien mag dies verdeutlichen,

```
$ diff3 -e dat1 ...    $ diff3 -3 dat1 ...    $ diff3 -x dat1 ...
7c                     1c                     7c
eeE                    aaa                    eeE
.                      .                      .
1c
aaa
.
```

Mit `-X` (Majuskel) ergibt sich dementsprechend,

```
$ (diff3 -X dat1 dat2 dat3 ; echo '1,$p') | ed -s dat1
AAa
xxx
BbB
yyy
ccc
zzz
<<<<<<< dat1
Eee
=======
eeE
>>>>>>> dat3
```

Zu beachten ist, daß die numerischen und die symbolischen Optionen sich gegenseitig ausschließen.

Mit Dreiweg-Differenzierung kann in unübersichtlichen, verworrenen Situationen versucht werden, die zeitliche oder evolutionäre Reihenfolge von Dateien zu ermitteln, wobei auch zwei Dateien hinsichtlich einer *Bezugsdatei* (reference file) im Sinne von *früher* und *später* verglichen werden können, was bei verfahrenen Projekten eine beträchtliche Hilfe bedeuten kann.

diff3 kann zur *heuristischen Schnellentwicklung* (rapid prototyping) komplizierter und komplexer Zeilenmanipulationen eingesetzt werden, wobei von *prototypisch unterschiedlichen Bezugsdateien* (prototypically differing reference files) ausgehend eine *optimierte Editierspur* zum systematischen Modifizieren von Arbeitsdateien erzeugt wird.

9 Das Quellkode-Verwaltungssystem sccs(1)

Im engeren Sinne wird *Quellkode* (source code) zuweilen exklusiv mit *Programmkode* (program code) gleichgesetzt, was ja auch häufig genug zutrifft, aber nicht immer der Fall sein muß. Im erweiterten Sinne bedeutet Quellkode eine Art von Ausgangs- oder kürzer *Quelltext* (source text), der erst einer Weiterverarbeitung zugeführt werden muß, bevor ein Produkt entsteht. Typische Beispiele sind *nicht nur* die üblichen *Quellkodedateien* von Compilern und Interpretern, sondern auch die *Quelltextdateien* von Einrichtungen zur Formatierung und Darstellung von Dokumenten sowie die Import- und Exportdateien von diversen *Textverarbeitungs-* (word processors) und *Drucksatz-Systemen* (DTPs, desk top publishers). Diese Arten von Quelldateien sind zumeist *konforme Textdateien* (conforming text files; Abschnitt 1.2.5) mit der herkömmlichen Zeilen- und Wortstruktur. Dieser Einschränkung mußte bisher aus *zwei Gründen* Beachtung geschenkt werden. *Erstens* hinsichtlich der verarbeitenden Einrichtungen, denen der Quelltext zugeführt werden soll: bestimmte Kompiler und Interpreter akzeptieren eben nur konforme Textdateien, darunter insbesondere die UNIX-Shells sowie die Skripte und Steuerdateien der meisten einheimischen Werkzeuge und Einrichtungen.

Zweitens hinsichtlich des *Quellkode-Verwaltungssystems* sccs(1) (source code control system) selbst, das als *inkrementales Dateiverwaltungssystem* (incremental file management system) *gerichtete Differenzen* (directed differences) im Sinne von **diff(1)** (Abschnitt 8.3.2) benutzt, um die nächste Version einer Quelldatei aus der aktuellen zu erzeugen, wobei von konformen Textdateien ausgegangen wird, an denen die erzeugenden Differential-Operationen ausgeführt werden können. In diesem Sinne war die Anwendung von *sccs* bisher (SVR3) sogar nur auf *streng konforme Textdateien* beschränkt.[1] Mit SVR4 stehen inzwischen zwei Einrichtungen zur Verfügung, mit denen Binärdateien mit einer generellen Oktalwertigkeit 00–0377 und *ohne* jegliche Zeilenstruktur in *konformen Textdateien* umgewandelt und aus diesen erzeugt werden können: **uudecode(1)** beziehungsweise **uuencode(1)**.

Die Entwicklungsstufen und -phasen von Programmen und Dokumenten stellen sich häufig in zahlreichen — zuweilen zahllosen — Varianten und Versionen dar, was bei naiver und unorganisierter Arbeitsweise zwangsläufig in einer ständig wachsenden Anzahl von Quelldateien resultiert, wobei der unmäßige Aufwand an Speicherkapazität zumeist nur das wesentlich geringere Problem darstellt. Die weitaus schwerwiegendere Gefahr liegt darin, daß die Übersicht über die Zusammenhänge und Übergänge der Produktentwicklung verloren geht. Der Rest ist Panik.

---

1. Die von SUN Microsystems unterstützte Version von *sccs* erlaubt auch binären Dateien.

9.1 Grundlegende Betrachtungen

Die *prozedurelle Verwaltung* von Quellkode und -text (procedural source code management) dient indes nicht nur den systematischen Ordnen und Organisieren, sondern auch analytischen Zwecken wie *Progreß-Auswertung* (progress assessment) und *Fehler-Regression* (error regression). Von anderen namhaften Systemen her mag in diesem Zusammenhang das **ISPF** (integrated structured programming facility; IBM) und das **CMS** (code management system; DEC) bekannt sein, sowie andere Quellkode-Verwaltungssysteme, die von unabhängigen Vendoren angeboten werden. Das originäre UNIX-Systempaket stellt dafür das Verwaltungssystem **SCCS** (source code control system) zur Verfügung. Es kann als eines der wichtigsten Projektwerkzeuge (project control tools) sowohl in der Software-Entwicklung als auch in der allgemeinen Text- und Dokumentverwaltung überhaupt angesehen werden.

Der *Werdegang* (evolution) eines Projektes wird durch die *Versionen* (versions) einer Quelldatei dargestellt, welche dessen *Phasen* und *Entwicklungsstufen* (phases, stages, of development) verkörpern. Nur bei kleineren, einfacheren Projekten verläuft die Entwicklung *linear* von einer *Urversion* ausgehend über zurückliegende Versionen zur jeweils aktuellen Produktversion. Bei komplexeren und größeren Projekten können *Verzweigungen* (branchings) entstehen, deren Zweige in *Sackgassen* (dead ends) enden, sich weiter verzweigen oder eventuell sogar in einen anderen Zweig münden. In der zeitlichen Verlaufsebene läßt sich der Werdegang auf eine *invertierte Baumstruktur* (inverted tree structure) abbilden, deren *Knoten* und *Blätter* (nodes, leaves) die Versionen der Quelldatei in den verschiedenen Stadien der Entwicklung sind. Bild 9.1 stellt dies dar.

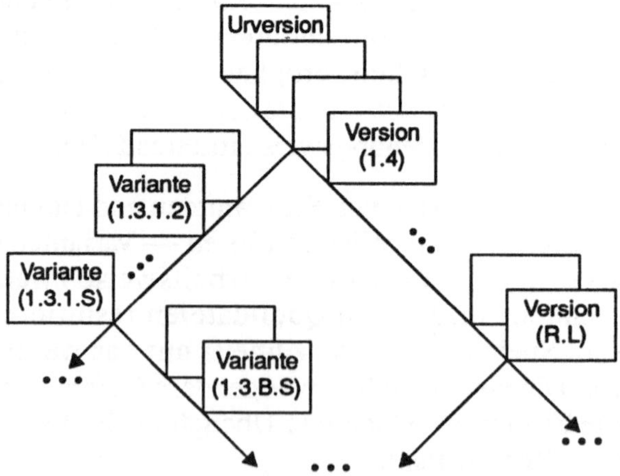

Bild 9.1: Werdegang eines komplexeren Projektes

Die Struktur geht von einer *Urversion* (root, seed, version) aus und entwikkelt sich im Sinne eines zeitlichen Vorgänger-Nachfolger-Verhältnisses.[2]
Jede andere Version hat genau einen *Vorgänger* (ancestor, predecessor) und kann einen oder mehrere *Nachfolger* (successor) haben, muß es aber nicht. *Versionen ohne Nachfolger* werden als *Blätter* (leaf versions) bezeichnet. Allerdings kann bei den bisherigen SCCS-Versionen eine gewisse Zweideutigkeit hinsichtlich des Vorgängers entstehen, was nachfolgend im konkreten Zusammenhang noch einmal aufgegriffen und weitergeführt wird.

Die Position einer Version innerhalb des Entwicklungsbaumes wird durch Versionsnummern genannte SCCS-Kennungen (SCCS IDs), kurz **SID**s bestimmt, die als *gepunktete Verkettung* (dotted concatenation) von maximal vier rein numerischen Komponenten definiert ist,[3]

```
<SID>: <release>.<level>[.<branch>.<sequence>]
```

Im folgenden soll die kürzere *Schreibweise* (notation) benutzt werden, die auch in der originären Dokumentation verbindlich ist,

```
<SID>: R.L[.B.S]
```

Der *Stamm* (trunk) des Entwicklungsbaumes wird als *Hauptserie* (main, principal, series) bezeichnet und durch das erste SID-Komponentenpaar bestimmt,

```
<Trunk-SID>: R.L.0.0        oder einfach        <Trunk-SID>: R.L
```

Erst bei weiteren *Verzweigungen* (branching) wird das zweite Komponentenpaar belegt beziehungsweise angehangen,

```
<Branch-SID>: R.L.B.S
```

Diese Vereinbarungen (conventions) sollen im folgenden beständig unterstellt sein. Bild 9.1 illustriert unter anderen die beiden Arten von SIDs.

Eine SCCS-*Stammdatei* (history file, masterfile) enthält von einer absoluten Urversion 1.1 ausgehend jede nachfolgende Version als *gerichtete Differenz* (directed difference) zu ihrem *unmittelbaren Vorgänger* (immediate predecessor), was als *Delta* (delta) bezeichnet wird. Die eigentlichen Versionen sind *latent* (latent) in dem Sinne, daß sie beim *Abruf* (retrieval) erst durch einen internen Editiervorgang aus den Deltas erzeugt werden müssen. Nur die Urversion ist real in der Stammdatei enthalten. Die Stammdatei selbst ist eine reguläre Textdatei; eine eingehende Beschreibung der internen Struktur erfolgt im Abschnitt 9.7. Weitere Einzelheiten sind unter **sccsfile(4)/PHB** zu finden.

---

2. Im Sinne des vom Dateisystem und der Prozeßstruktur her bekannten *Mutter-Tochter*-Verhältnisses (parent-child relationship).

3. Was der herkömmlichen Serienkennung <Ausgabe>.<Stufe>.<Ausführung>.<Folge> entspricht. Die englischen Termini werden jedoch in Hinblick auf die originäre Literatur beibehalten.

Jede Version kann in jeweils nur einem von zwei möglichen *Modi* aus der Stammdatei abgerufen werden (retrieval status),

- als *veränderbare Arbeitsdatei* (modifiable working file) zum weiteren Modifizieren;
- als *unveränderbare, authentische Quelldatei* (authentic source file) zum zweckgebundenen Gebrauch.

Das Modifizieren kann Editieren im engeren Sinne sein, muß aber nicht. Andere Möglichkeiten sind Sortieren, Verknüpfen, Formatieren usw. Der zweckgebundene Gebrauch einer Version kann Kompilieren sein, Ausdrukken oder sonstige Arten der Benutzung und Weiterverarbeitung, die den Inhalt nicht im Sinne einer Fortentwicklung verändern.

9.2 Ein erster Einstieg

Eine SCCS-Stammdatei wird aus einer *Ursprungsdatei, Urversion* (root, seed, file, version) erzeugt, wobei es sich empfiehlt, mit einer möglichst einfachen, irreduziblen Datei anzufangen, um die Entwicklung nicht zu präjudizieren und eine allfällige *Retrovertierung* (backtracking) zurück über das Ausgangsstadium zu vermeiden. Als Beispiel der Urversion eines C-Programmes wäre zu betrachten,

```
$ cat pgm.c
/*----------------------------------------
   Copyright 1992, 1993 by ...
   No unauthorized use ...
   No warranties ...
----------------------------------------*/
/*----------------------------------------
   Modul: %M%
   Version: %I%
   Qualifizierung: %Q%
   Modul-Typ: %Y%
   Delta-Datum: %G%
   Ausgabe-Datum: %H%
   Stammdatei: %P%
----------------------------------------*/
#include <stdio.h>
main()
{
    puts("Hallo Freunde\n");
    exit(0);
}
```

Der Sinn des *Vorspanns* (header) — hier eine *Eigentums-* und *Absichtserklärung* (proprietary notice, credo) — wird offensichtlich sein. Der nachfolgende *Identifikationsabschnitt* (identification stub) enthält SCCS-*Variable* (data keywords), die in den Produktdateien mit authentischen Werten aktualisiert werden. Die Variablen %M%, %Q% und %Y% sind *Benutzervariable* (user keywords), die beliebig belegt werden können. Im Gegensatz dazu sind %H%, %I%, %G% und %P% *Systemvariable* (system keywords), die nur von SCCS belegt und aktualisiert werden. Die Bedeutung der gezeigten Variablen wird gleich nachfolgend erläutert. Eine weiterführende Besprechung der SCCS-Variablen erfolgt im Unterabschnitt 9.6.3.2; Tabelle 9.10 gibt eine zusammenfassende Auflistung. Der Rest in der Ursprungsdatei ist einfacher C-Quellkode.

Mit dem SCCS-Verwaltungsbefehl **admin(1)** wird aus der Ursprungsdatei `pgm.c` nun eine *Stammdatei* (masterfile) namens `s.pgm.c` erzeugt:

```
$ admin -n -fqExample -ftC-Code -ipgm.c s.pgm.c \
-y"Seed Version. Author: Hubert Horatio."
```

Wegen der zahlreichen Argumente wurde die überlange Befehlszeile mit dem Rückstrich \ (backslash) auf einer weiteren Zeile *fortgesetzt* (command line continuation). Die gezeigten Aufrufsoptionen stellen eine für einfachere Anwendungen typische Kombination dar. Die Bedeutungen im einzelnen sind:

n	(new) Eine neue SCCS-Stammdatei wird angelegt.
fq...	(qualification flag) Qualifizierung, hier *Example*, vom Benutzer vorzugeben und als die Variable %Q% abgreifbar.
ft...	(type flag) Modul-Typ, hier *C-Kode*, vom Benutzer vorzugeben und als die Variable %Y% abgreifbar.
i<Name>	(input file) Ursprungsdatei, hier `pgm.c`.
s.<Name>	Basisname der erzeugten Stammdatei; hier `s.pgm.c`.
y"..."	Kommentar; hier `"Seed Version ..."`

Die zahlreichen Aufrufsoptionen von *admin* werden in Tabelle 9.2 (Abschnitt 9.6.1) zusammenfassend aufgelistet.

Mit *Leseberechtigung* für die Ursprungsdatei und *Schreibberechtigung* (read, write, permission) für das *aktuelle Arbeitsverzeichnis* (current working directory) wurde *admin* ohne Fehleranzeige ausgeführt und eine neue SCCS-Stammdatei angelegt. Mit dem Befehl **ls(1)** können die Attribute der neuangelegten Stammdatei inspiziert werden, wobei insbesondere zu beachten ist, daß diese automatisch schreibgeschützt ist:

```
$ ls -l s.pgm.c
-r--r--r--   1 hubert    ...  s.pgm.c
```

Mit dem Befehl **file(1)** wird die Datei als SCCS-Stammdatei identifiziert:

```
$ file s.pgm.c
s.pgm.c: sccs file
```

Mit dem SCCS-Befehl **get(1)** kann eine *authentische Quelldatei* aus der Stammdatei *abgerufen* werden (authentic source file, retrieving). Beim ersten wohlgemeinten Versuch ergibt sich jedoch ein Fehler,

```
$ get pgm.c
ERROR [pgm.c]: not an SCCS file (co1)
```

wobei neben der kargen Meldung auch der Fehlerkode `co1` (error code) ausgegeben wurde. Zur Erläuterung solcher SCCS-Kodes steht der SCCS-Hilfsbefehl **help(1)** zur Verfügung,

```
$ help co1
co1: "Not an SCCS file"
A file that you think is an SCCS file ...
```

Es muß also der Name der *Stammdatei* angegeben werden,

```
$ get s.pgm.c
1.1
25 lines
```

Beim erfolgreichen *Abruf* (retrieval) werden zwei Parameter ausgegeben: Die **SID**, hier 1.1, sowie die Anzahl der Zeilen (lines), hier 25.

Mit **file(1)** wird die abgerufene Datei als ASCII-Textdatei identifiziert,

```
$ file pgm.c
pgm.c: ascii text
```

und mit **cat(1)** sogleich inspiziert:

```
$ cat pgm.c
/*------------------------------------------
   Copyright 1992, 1993 by ...
   ...
-------------------------------------------*/
/*------------------------------------------
   Modul: pgm.c
   Version: 1.1
   Qualifizierung: Example
   Modul-Typ: C-Code
   Delta-Datum: 10/6/93
   Ausgabe-Datum: 10/6/93
   Stammdatei: /home/hubert/c_work/s.pgm.c
-------------------------------------------*/
#include <stdio.h>
main()
{
    puts("Hallo Freunde\n");
    exit(0);
}
```

Wie zu ersehen ist, wurden die SCCS-Variablen (data keywords) mit den vorgegebenen beziehungsweise automatisch erzeugten Werten belegt, was jedoch mit der Option −k abgestellt werden kann. Die Optionen von *get* werden in Tabelle 9.8 (Abschnitt 9.6.3) zusammenfassend aufgelistet.

Die Quelldatei kann nun als eine *authentische Version* (authentic version,
source file) kompiliert oder zur Weiterbenutzung freigegeben werden. Sie
kann genau deswegen *nicht* zur Fortentwicklung und insbesondere nicht zum
Editieren benutzt werden, da sie automatisch *schreibgeschützt* (write pro-
tected) ist, wie ls(1) anzeigt:

```
$ ls -l pgm.c
-r--r--r--  1 hubert  ...  pgm.c
```

Mit der Option −e (edit) wird der Stammdatei dagegen eine *Arbeitsdatei*
(working file; g-file) zur Fortentwicklung entnommen:

```
$ get -e s.pgm.c
1.1
new delta 1.2
25 lines
```

wobei sowohl die *aktuelle* (1.1) als auch die *nächste* Delta-SID (1.2) angezeigt werden. Die abgerufene Arbeitsdatei wird mit file(1) als C-Quelldatei
identifiziert,

```
$ file pgm.c
pgm.c:  c program text
```

Die *Arbeitsdatei* (g-file) unterscheidet sich von einer *authentischen Quelldatei* (authentic source file) sowohl durch das *Schreibrecht* (write permission),
wie das w im Zugriffsvektor anzeigt,

```
$ ls -l pgm.c
-rw-r--r--  1 hubert ... pgm.c
```

als auch durch die Nichtbelegung der SCCS-Variablen,

```
$ cat pgm.c
...
/*------------------------------------------
   Modul: %M%
   Version: %I%
   Qualifizierung: %Q%
   Modul-Typ: %Y%
   Delta-Datum: %G%
   Ausgabe-Datum: %H%
   Stammdatei: %P%
-----------------------------------------*/
#include <stdio.h>
main()
...
```

Gleichzeitig mit der Arbeitsdatei wurde auch eine *Sperrdatei* (protect file, p-
file) mit dem Präfix p.... erzeugt,

```
$ ls -l p.pgm.c
-rw-r--r--  1 hubert  ...  p.pgm.c
```

welche die Sperrvermerke für die aktuellen Arbeitsdateien enthält,

```
$ file p.pgm.c            $ cat p.pgm.c
p.pgm.c: ascii text      1.1 1.2 hubert 93/10/07 20:17:23
```

und deren Zweck darin besteht, Versionskonflikte zu verhindern. Mit dem SCCS-Hilfsbefehl **sact(1)** (sccs activities) kann der jeweilige Arbeitsstatus einer SCCS-Stammdatei abgefragt werden, was den Inhalt der Sperrdatei widerspiegelt,

```
$ sact s.pgm.c
1.1 1.2 hubert 93/10/07 20:17:23
```

Zwei Bedingungen können in diesem Zusammenhang den *Abruf* einer Arbeitsdatei *verhindern* (inhibiting retrieval). *Erstens*, es befindet sich bereits eine *gleichnamige* Datei mit Schreibberechtigung (write permission) im aktuellen Arbeitsverzeichnis,

```
$ get -e s.pgm.c
ERROR [s.qgm.c]: writable 'pgm.c' exists (ge4)
```

was **help(1)** denn auch sogleich näher erläutert,

```
$ help ge4
ge4: ... SCCS won't overwrite an existing g-file if it's
writable ...
```

Zweitens, selbst wenn der Abruf aus einem anderen Verzeichnis erfolgt, setzt die Wirkung der Sperrdatei ein,

```
$ get -e .../s.pgm.c
1.6
ERROR [../s.qgm.c]: being edited: ... (ge17)
```

was *help* auch näher erläutert,

```
$ help ge17
ge17: ... can't do a get with an -e argument because
someone else already did and hasn't made a delta yet.
...
```

Die Frage der beilaufenden Bearbeitung multipler Arbeitsdateien wird im Abschnitt 9.3.3 aufgegriffen und weitergeführt.

Die eigentliche *Arbeitsdatei* (working file; g-file) wird jetzt zu einer neuen Version editiert, wobei der Vorspann bis auf den Identifikationsabschnitt gelöscht[4] und der Programmteil verändert werden soll:

---

4. Ein längerer Vorspann behindert das Editieren nur unnötig. Authentischen Versionen, die als Quelltext exportiert werden und deshalb den Vorspann enthalten sollen, können mit dem Verkettenugsbefehl **cat(1)** oder dem Durchlauf-Editor **sed(1)** nachträglich erweitert werden.

```
$ cat pgm.c
/*----------------------------------------
   Modul: %M%

   ...
   Stammdatei: %P%
-------------------------------------------*/
#include <stdio.h>
main()
{
#ifdef   ENGL
         puts("Hello Friends\n");
#else
         puts("Hallo Freunde\n");
#endif
         exit(0);
}
```

Das Programm kann jetzt mit dem *einheimischen C-Compiler* **cc(1)** (native
compiler) unter Belegung der Argumentoption −D... zu einer englischen
beziehungsweise bei Auslassung zu einer deutschen Variante kompiliert werden,

```
$ cc −DENGL pgm.c          $ cc pgm.c
$ a.out                    $ a.out
Hello Friends              Hallo Freunde
```

Nach den Tests wird die neue Version mit dem SCCS-Befehl **delta(1)** in der
Stammdatei abgelegt,

```
$ delta s.pgm.c
comments? Engl.Variante mit −DENGL kompiliert; \
deutsche bei Auslassung.
1.2
4 inserted
9 deleted
16 unchanged
```

wobei Anmerkungen (comments) eingegeben werden können, was einerseits
mit der Leereingabe übersprungen werden kann und andererseits wie gezeigt
mit dem Rückstrich (backslash) über mehrere Zeilen fortgesetzt werden
kann. Bei erfolgreicher Ausführung gibt *delta* die neue SID (1.2) sowie eine
Aufzählung der Veränderungen bezüglich der Vorgängerversion aus.

Mit **get(1)** und der symbolischen Option −e wird die Arbeitsdatei für eine
nachfolgende Version abgerufen,

```
$ get −e s.pgm.c
1.2
new delta 1.3
20 lines
```

um den Programmkode etwas zu straffen,

```
$ cat pgm.c
...
char *msg =
#ifdef ENGL
        "Hello Friends\n";
#else
        "Hallo Freunde\n";
#endif
#include <stdio.h>
main()
{
    puts(msg);
    exit(0);
}
```

Mit **delta(1)** wird die Version wiederum in der Stammdatei abgelegt,

```
$ delta s.pgm.c
comments? Straffung durch Zeiger
1.3
7 inserted
5 deleted
15 unchanged
```

Mit dem SCCS-Befehl **sccsdiff(1)** können zwei Versionen im Sinne von **diff(1)** (Abschnitt 8.3.2) unmittelbar aus der Stammdatei heraus verglichen werden; wie zum Beispiel die beiden letzten Deltas,

```
$ sccsdiff -r1.2 -r1.3 s.pgm.c
9a10,15
> char *msg =
> #ifdef ENGL
>         "Hello Friends\n";
> #else
>         "Hallo Freunde\n";
> #endif
14,18c20
< #ifdef ENGL
<         puts("Hello Friends\n");
< #else
<         puts("Hallo Freunde\n");
< #endif
---
>         puts(msg);
```

Die Unterschiede zwischen den beiden Versionen werden als *gerichtete Differenzen* (directed differences) semiotisch mit den Winkelzeichen angezeigt, < links (1.2), und > rechts (1.3). Die *ed*-artigen symbolischen Kodes zeigen die Operationen an, um die linke in die rechte Version zu überführen, was bereits früher als *Editierspur* (editing trace) bezeichnet wurde. Mit dem Kode 9a10,15 werden die nachfolgenden Zeilen links nach Zeile 9 eingefügt (append), was in den Zeilen 10–15 rechts resultiert. Mit 14,18c20 und den nachfolgenden Zeilen werden die Zeilen 14–18 links in die Zeile 20 rechts überführt.

sccsdiff wird hauptsächlich analytische Zwecken wie *Progreß-Auswertung* (progress assessment) und *Fehler-Regression* (error regression) benutzt.

Mit dem SCCS-Befehl **prs(1)** kann der bisherige Inhalt der Stammdatei abgefragt werden,

```
$ prs s.pgm.c
s.pgm.c:
D 1.3 93/10/07 20:44:10 hubert 3 2        00007/00005/00015
MRs:
COMMENTS: Straffung durch Zeiger
D 1.2 93/10/07 20:19:08 hubert 2 1        00004/00009/00016
MRs:
COMMENTS: Engl.Variante mit -DENGL kompiliert;
deutsche bei Auslassung.
D 1.1 93/10/06 17:20:22 hubert 1 0        00025/00000/00000
MRs:
COMMENTS: Seed Version. Author: Hubert Horatio.
```

Ohne jegliche Aufrufsoptionen listet *prs* alle Versionen von der jüngsten bis zur Urversion auf. Jeder der gezeigten Einträge ist als aktives Delta mit einem D gekennzeichnet — im Gegensatz zu etwaigen gelöschten Versionen, die mit R (removed) angezeigt werden. Die **SID**, das Datum und Uhrzeit der Deltas sowie die Login-Kennung **LID** (login ID) — hier *hubert* —sind offensichtlich. Dem folgen die *laufende* sowie die *unmittelbar vorhergehende Folgenummer* (sequence number) und schließlich als Schrägstrich-Tripel die Anzahl der jeweils *eingefügten* (inserted), *gelöschten* (deleted) und *unverändert* (unchanged, lines) gebliebenen Zeilen. Die Bedeutung und Anwendung des — hier unbenutzten — Schlüssel MR (modification request) wird im Abschnitt 9.5.3 behandelt. Die mit *delta* eingegebenen Kommentare schließen die Einträge ab.

Das Ausgabeformat von prs(1) kann jedoch mit der Argumentoption -d... (data specification) und nachgestellten *Datenschlüsseln* (data keywords) den jeweiligen Erfordernissen angepaßt werden. Zum Beispiel kann die obige Auflistung etwas gestrafft werden

```
$ prs -r1.3 -l -d":I: :D: :C:" s.pgm.c
1.3 93/10/07 Straffung durch Zeiger
1.2 93/10/07 Engl.Variante mit -DENGL kompiliert ...
1.1 93/10/06 Seed Version. Author: Hubert Horatio.
```

Zu beachten ist, daß mit der Argumentoption -r... (retrieval) eine Ausgangs-SID, und mit der nachgestellten Option -l (later) alle *nachfolgenden* SIDs selektiv erfaßt werden; und umgekehrt alle *vorhergehenden* SIDs mit der Option -e (earlier). Die Optionen und Datenschlüssel von *prs* werden in Tabellen 9.5 – 9.7 (Abschnitt 9.6.2) zusammenfassend aufgelistet.

Die bisherige Entwicklung des Programmes hat also einen *linearen Verlauf*
(linear course) genommen. Bild 9.2 veranschaulicht diese Episode.

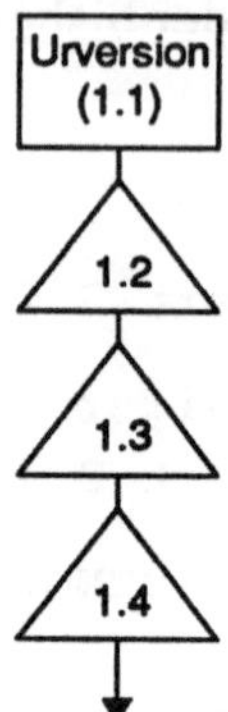

Bild 9.2: Bisherige lineare Entwicklung

Die Idee für eine weitere Version mag bereits vorgefaßt sein. Mit get(1) wird
schon wieder eine Arbeitsdatei abgerufen,

```
$ get -e s.pgm.c
1.4
new delta 1.5
22 lines
```

Dann aber mögen sich andere Gesichtspunkte ergeben haben, welche die
linear Fortentwicklung der Serie 1.L betreffen. Mit dem SCCS-Befehl
unget(1) wird der Abruf vorerst wieder rückgängig gemacht,

```
$ unget s.pgm.c
1.5
```

wobei sowohl die aktuelle *Arbeitsdatei* (working file; g-file) als auch die
Sperrdatei (p-file) gelöscht wurden. Eine Art von *backpedalling* also.

9.3 Verzweigung

Bei größeren und insbesondere sich länger hinziehenden Projekten entsteht zumeist früher oder später die Notwendigkeit von Sonderausführungen sowie von Neben- und Versuchsserien, was durch *Verzweigung* (branching) innerhalb der SCCS-Stammdatei verwaltet wird. Je nach Ausgangspunkt der Verzweigung sind zwei grundsätzliche Arten zu betrachten,

* nachträgliche Abzweigungen an Deltas mit Nachfolgern;
* vorgreifende Gabelung am jüngsten Delta der Hauptserie.

Bei beiden Arten der Verzweigung besteht zudem noch die Möglichkeit der *beilaufenden Bearbeitung* (concurrent editing) paralleler Versionen.

Verzweigungen jeglicher Art resultieren grundsätzlich in 4-stelligen Branch-SIDs,

```
<Branch-SID>: R.L.B.S
```

wobei zwangläufig B, S > 0 gilt. Das SID-Zuweisungsschema wird im Unterabschnitt 9.6.3.1 zusammenfassend vorgestellt.

Als *Eigenheit* (idiosyncrasy) ist zu beachten, daß aus einer Branch-SID allein nicht auf den unmittelbaren Vorgänger geschlossen werden kann, was nachfolgend im ersten Unterabschnitt aufgegriffen und erläutert wird.

9.3.1 Nachträgliche Abzweigung

Eine Sonderausführung der Version 1.2 zum festverdrahteten Kompilieren (hardwired compiling) wird angefordert, wobei zugleich die Möglichkeit der gesonderten Weiterentwicklung einer ersten Nebenserie 1.2.1.S in Betracht zu ziehen ist. Mit dem SCCS-Befehl **get(1)** und der Argumentoption −r... wird die *nachträgliche Abzweigung* (ad hoc branching) eingeleitet,

```
$ get -e -r1.2 s.pgm.c
1.2
new delta 1.2.1.1
20 lines
```

und nach der Erweiterung und dem Testen — etwa wie in,

```
$ cat pgm.c                    $ cc -DFRAN pgm.c
...                            $ a.out
#ifdef ENGL                    Bonjour monde
    puts("Hello Friends\n");
#elif FRAN
    puts("Bonjour monde\n");
#else
    puts("Hallo Freunde\n");
#endif
...
```

mit **delta(1)** in der SCCS-Stammdatei abgespeichert,

```
$ delta s.pgm.c
comments? Franz. Variante mit -DFRAN kompiliert
1.2.1.1
... inserted
...
```

Mit **prs(1)** und einer speziell kodierten Folge von Daten-Schlüsseln (data keywords) wird der neue Bestand der Stammdatei sogleich inspiziert,

```
$ prs -r1.2 -l -d":I:\t:DS:(:DP:) :C:" s.pgm.c
1.2.1.1   4(2)   Franz.Variante mit -DFRAN kompiliert
1.3       3(2)   Straffung durch Zeiger
1.2       2(1)   Engl.Variante mit -DENGL kompiliert ...
```

Mit dem Kode `...:DS:(:DP:)...` wird die *laufende Folgenummer* als Funktion der unmittelbar *vorhergehenden* (current, preceding, sequence number) ausgedrückt. Wie 4(2) anzeigt, ist Version 1.2.1.1 ein *unmittelbarer Nachfolger* (immediate successor) von Version 1.2.

Die Zweigserie 1.2.1.S kann jetzt im Prinzip *sui generis* linear fortgesetzt werden,

```
$ get -e -r1.2.1 s.pgm.c     $ vi pgm.c     $ delta s.pgm.c
1.2.1.1                       ...            comments? ...
new delta 1.2.1.2                            1.2.1.2
... lines                                    ... inserted
                                             ...
```

Angenommen, es ergäbe sich später die Notwendigkeit, eine parallele Zweigserie 1.2.2.S anzulegen. Daß die SID-Numerierung dabei *zweideutig* sein kann, mögen die beiden hypothetischen Verläufe veranschaulichen,

<u>Verlauf 1</u>

```
$ get -e -r1.2 s.pgm.c
1.2
new delta 1.2.2.1
... lines
...

$ delta s.pgm.c
comments? ...
1.2.2.1
... inserted
...
```

<u>Verlauf 2</u>

```
$ get -e -r1.2.1.1 s.pgm.c
1.2.1.1
new delta 1.2.2.1
... lines
...

$ delta s.pgm.c
comments? ...
1.2.2.1
... inserted
...
```

Aus der Gegenüberstellung ist zu ersehen, daß *allein* aus der SID 1.2.2.1 *nicht* mit Sicherheit geschlossen werden kann, ob die Version unmittelbar von 1.2 oder aber von 1.2.1.1 abgeht (ambiguity). Erst aus den mit **prs(1)** angegebenen *Folgenummern* (succession numbers) kann der *unmittelbare Vorgänger* (immediate predecessor) ermittelt werden:

```
$ prs … -d":I: :DS:(:DP:)" …  │  $ prs … -d":I: :DS:(:DP:)" …
1.2.2.1    6(2) ─────────┐     │  1.2.2.1    6(4) ──────────┐
1.2.1.2    5(4)          │     │  1.2.1.2    5(4)           │
1.2.1.1    4(2)          │     │  1.2.1.1    4(2) ◄─────────┘
1.3        3(2)          │     │  1.3        3(2)
1.2        2(1) ◄────────┘     │  1.2        2(1)
...                            │  ...
```

Nichtbeachtung oder Unkenntnis dieser *Eigenheit* (idiosyncrasy) kann bei länger währenden, größeren Projekten beträchtliche Verwirrung verursachen. Bild 9.3 zeigt den aktuellen Stand und die beiden möglichen Verläufe.

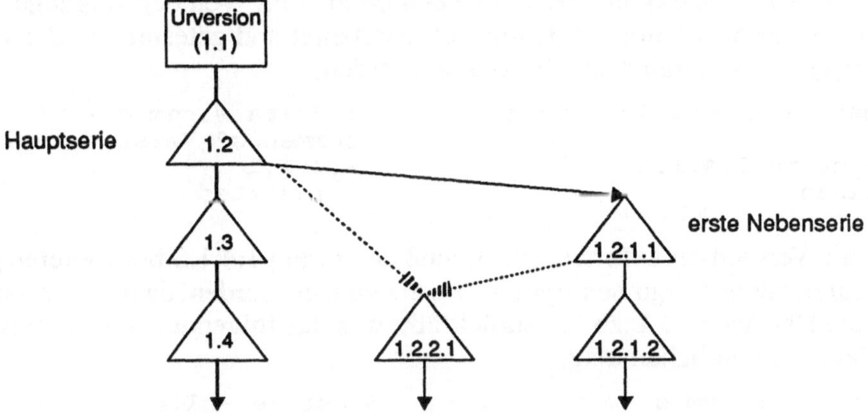

Bild 9.3: Mögliche Verläufe von Nebenserien

9.3.2 Vorgreifende Gabelungen

Die Nebenserien 1.2.B.S können später nach Bedarf fortgesetzt werden. Im Moment tritt jedoch ausgehend von 1.4 die Weiterentwicklung der Hauptserie in den Vordergrund. Dabei soll mit *Versuchsserien* 1.4.B.S (pilot series) Vorausentwicklung betrieben werden.

Ohne Nachfolger stellt Delta 1.4 jedoch ein *Blatt* (leaf delta) dar, von welchem nur dann eine *vorgreifende Gabelung* (look-ahead forking) der Art 1.4.B.S abgeleitet werden kann, wenn die *Schaltoption* b (branch flag) mit dem *Optionsschalter* −f... (flag option) gesetzt ist. Die Option kann sowohl beim Anlegen einer Stammdatei als auch nachträglich mit dem SCCS-Befehl admin(1) gesetzt und mit −d... übrigens auch wieder abgestellt werden,

```
$ admin -fb s.pgm.c            $ admin -db ...
```

Die jeweilige *Einstellung* (setting) der Schaltoptionen kann wiederum mit dem SCCS-Befehl **prs(1)** und der Argumentoption −d... mit dem *Schlüssel* `:FL:` (data keyword) inspiziert werden,

```
$ prs -d:FL: s.pgm.c
branch
null delta
...
```

Wie zu ersehen ist, wurde die *branch*-Option gesetzt.

Die Version 1.4.1.1 der Versuchsserie 1.4.1.S wird jetzt mit der symbolischen Option −b (branch) und der Argumentoption −r... von der Vorgängerversion 1.4 ausgehend mit **get(1)** initiiert, bearbeitet und getestet, um dann mit **delta(1)** in der Stammdatei abgelegt zu werden,

```
$ get -e -b -r1.4 s.pgm.c      ...      $ delta s.pgm.c
1.4                            ...      comments? Versuchsserie ...
new delta 1.4.1.1                       1.4.1.1
... lines                               ... inserted
                                           ...
```

Um die Versuchsserie fortzusetzen, muß der Zweig 1.4.1.S bei weiteren *get*-Aufrufen mit der Argumentoption −r... erzwungen werden, da das Delta sonst auf die Hauptserie 1.L ab 1.4 zurückfällt; was das folgende Kontrastbeispiel sogleich verdeutlichen mag,

```
$ get -e s.pgm.c               $ get -e -r1.4.1 s.pgm.c
1.4                            1.4.1.1
new delta 1.5                  new delta 1.4.1.2
... lines                      ... lines
$ unget s.pgm.c
1.5
```

Die Versuchsserie mag sich nun auf diese Weise entwickeln und Resultate liefern, mit denen die Hauptserie 1.L schließlich ab 1.4 fortgesetzt werden kann,

```
$ get -e -r1.4 s.pgm.c         ...      $ delta s.pgm.c
1.4                            ...      comments? Hauptserie ...
new delta 1.5                           1.5
... lines                               ... inserted
```

Mit **prs(1)** wird die Entwicklung ab Version 1.4 aufgelistet,

```
$ prs -r1.4 -l -d":I: :DS:(:DP:) ... :C:"  s.pgm.c
1.5 11(8) ... Hauptserie fortgesetzt ...
1.4.1.1 9(8) ... Versuchsserie gestartet
1.4 8(4) ... Erweiterter Ansatz begonnen
```

wobei wiederum zu beachten ist, daß sowohl die erste Versuchsversion 1.4.1.1 als auch die Hauptversion 1.5 nun beide von der Anfangsversion 1.4 ausgehen, wie durch die gemeinsame Vorgängernummer 8 angezeigt wird. Bild 9.4 illustriert das Resultat der vorgreifenden Gabelung.

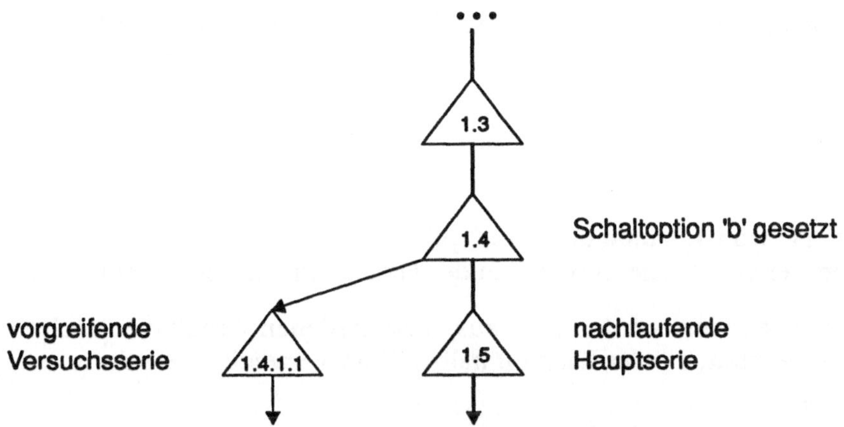

Bild 9.4: Vorgreifende Gabelung

9.3.3 Beilaufende Bearbeitung

SCCS unterstützt die *beilaufende Bearbeitung* (concurrent editing) *multipler Arbeitsdateien* (multiple working files, g-files), die von einer *Blatt*-SID (leaf node) abgerufen werden, wobei sich dann zwangsläufig eine entsprechende Anzahl von Verzweigungen (branchings) ergibt. Dabei sind allerdings zwei Bedingungen zu beachten.

Erstens müssen die multiplen Arbeitsdateien in getrennten Arbeitsverzeichnissen abgelegt werden, denn bereits eine *Arbeitsdatei mit Schreibberechtigung* blockiert ja jeden weiteren Abruf mit get(1) im gleichen Verzeichnis, was dem Fehlerkode ge4 von help(1) entspricht. Dieses *Hindernis* könnte zwar im Prinzip durch sofortige Umbennenung der jeweils abgerufenen Arbeitsdatei umgangen werden, was jedoch andere Problemen verursachen kann und daher hier nicht weiter verfolgt werden soll.

Zweitens blockiert die mit der ersten Arbeitsdatei erzeugte *Sperrdatei* (p-file) jeden weiteren *get*-Abruf der gleichen SID, was dem Fehlerkode ge17 von *help* entspricht.

Multiple Arbeitsdateien mit identischer Ausgangs-SID können jedoch aus getrennten Arbeitsverzeichnissen abgerufen und in diese abgelegt werden, wenn die *Schaltoption* j (joint editing flag) mit dem *Optionsschalter* −f... (flag option) gesetzt ist. Die Option kann sowohl beim Anlegen einer Stammdatei als auch nachträglich mit dem SCCS-Befehl **admin(1)** gesetzt und mit −d... übrigens auch wieder abgestellt werden,

```
$ admin -fj s.pgm.c               $ admin -dj ...
```

Die jeweilige Einstellung (setting) kann mit dem SCCS-Befehl **prs(1)** und
der Argumentoption −d... mit dem Schlüssel :FL: (data keyword) inspiziert
werden,

```
$ prs -d:FL: s.pgm.c
...
joint edit
...
```

Wie zu ersehen ist, wurde die *joint*-Option gesetzt. Im folgenden soll von der
jüngsten Version mit der **SID 1.8** in der Hauptserie ausgegangen werden.

Die Arbeitsdateien werden jetzt aus verschiedenen Arbeitsverzeichnissen
heraus abgerufen, die der Klarheit halber Unterverzeichnisse sein sollen, [5]

```
$ ls -F
... s.pgm.c ... work1/ work2/ work3/ ...

$ cd ../work1                        (erstes Arbeitsverzeichnis)
$ get -e ../s.pgm.c                  (erster Abruf)
../s.pgm.c:
1.8
new delta 1.9
... lines

$ cd ../work2                        (zweites Arbeitsverzeichnis)
$ get -e ../s.pgm.c                  (zweiter Abruf)
../s.pgm.c:
1.8
WARNING: being edited: 1.8 1.9 hubert ... (ge18)
new delta 1.8.1.1
... lines

$ cd ../work2                        (drittes Arbeitsverzeichnis)
$ get -e ../s.pgm.c                  (dritter Abruf)
../s.pgm.c:
1.8
WARNING: being edited: 1.8 1.9 hubert ...
WARNING: being edited: 1.8 1.8.1.1 hubert ...
new delta 1.8.2.1
... lines
```

Mit dem ersten Abruf wurde automatich die *Hauptserie* 1.L zu 1.9 fortgesetzt. Mit den beiden nachfolgenden Abrufen wurden dagegen die *Nebense-*
rien 1.8.1.S und 1.8.2.S initiiert!

---

5. Die durchaus bestehende Möglichkeit, mit Umbenennung im gleichen Arbeitsverzeichnis
   zu arbeiten wurde bereits eingangs verworfen. Die Strukturierung der SCCS-Arbeitsumge-
   bung mit SCCS-Stammverzeichnissen wird im Abschnitt 9.5 vorgestellt.

Der multiple Arbeitszustand wird mit den Befehl **sact(1)** angezeigt,

```
$ sact ../s.pgm.c
../s.pgm.c:
1.8 1.9 hubert ...
1.8 1.8.1.1 hubert ...
1.8 1.8.2.1 hubert ...
```

was im wesentlichen den obigen Meldungen entspricht.

Die Arbeitsdateien können jetzt beilaufend oder nacheinander bearbeitet werden und dann unabhängig von einander als neue Deltas in die Stammdatei
überführt werden. Solange noch zwei oder mehr Arbeitsdateien außenstehen,
muß dabei die Ziel-SID (target SID) mit der Argumentoption −r... angegeben
werden, um Zwei- oder Mehrdeutigkeiten (ambiguities) zu vermeiden,

```
$ pwd
.../work3
$ delta -r1.8.2.1  ../s.pgm.c
comments? ...
../s.pgm.c:
1.8.2.1
... inserted
...
```

Die jeweils noch außenstehenden Arbeitsdateien können mit *sact* aufgelistet
werden,

```
$ sact ..
../s.pgm.c:
1.8 1.9 hubert ...
1.8 1.8.1.1 hubert ...
```

Bild 9.5 zeigt das zu erwartende Resultat der beilaufenden Bearbeitung.

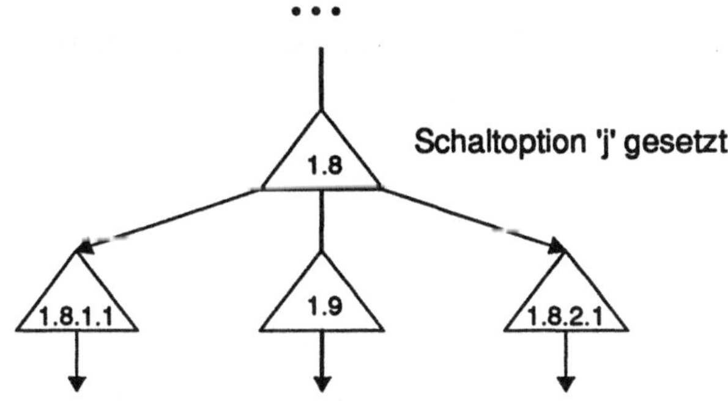

Bild 9.5: Resultat beilaufender Verarbeitung

9.4 Sprünge *und* Verzweigungen

Die bisherige Hauptserie 1.L soll nach der Version 1.15 in die Serie 3.L
beginnend mit der Version 3.1 überführt werden. Dabei wird die Serie 2.L
zwangsläufig übersprungen und ausgelassen. Allerdings ist die Möglichkeit
gegeben, später Zweigserien 2.1.B.S einzuschieben. Zu diesem Zweck muß
ein *Null-Delta* (null delta) als Pseudoversion 2.1 existieren, welches die
Lücke ausfüllt. Bild 9.6 veranschaulicht das Szenario.

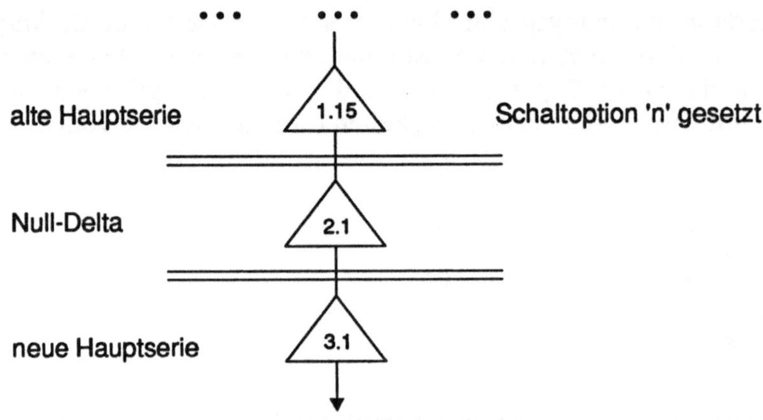

Bild 9.6: Sprung mit Nulldelta

Mit der *Schaltoption* n (null flag) des *Optionsschalters* −f... (flag option)
wird das automatische Erzeugen von Nulldeltas beim Hochzählen einer
release-Nummer erzwungen. Die Option kann sowohl beim Anlegen einer
Stammdatei als auch nachträglich mit dem SCCS-Befehl **admin(1)** gesetzt
und mit −d... übrigens auch wieder abgestellt werden,

```
$ admin −fn s.pgm.c              $ admin −dn ...
```

Die jeweilige Belegung (setting) kann mit dem SCCS-Befehl **prs(1)** inspiziert werden, wozu die Argumentoption −d... mit dem Schlüssel :FL: (data
keyword) gesetzt werden muß,

```
$ prs −d:FL: s.pgm.c
null delta
csect name   Example
type   C−Code
```

Wie zu ersehen ist, wurde die null-Option gesetzt.

Die neue *release*-Nummer 3 wird jetzt explizite mit der Argumentoption
−r... beim Abrufen der Arbeitsdatei mit **get(1)** vorgegeben,

```
$ get −e −r3 s.pgm.c
1.15
new delta 3.1
22 lines
```

Die neue Hauptserie mag einen neuen Ansatz oder eine andere drastisch Veränderung verkörpern. Mit **delta(1)** wird die Arbeitsdatei als Version 3.1 in der Stammdatei abgegelegt,

```
$ delta s.pgm.c
comments? Erweiterter Ansatz begonnen
3.1
... inserted
...
```

Mit **prs(1)** und den gezeigten Optionen werden die Einträge ab Version 1.8 aufgelistet,

```
$ prs -r1.8 -l -d":I: :DS:(:DP:) ... :C:"      s.pgm.c
3.1 28(27) ... Erweiterter Ansatz begonnen
2.1 27(24) ... AUTO NULL DELTA
...
1.15 24(22) ...
```

wobei die Pseudoversion 2.1 als *Null-Delta* (null delta) beim vorhergehenden *delta*-Aufruf automatisch erzeugt wurde, was auch durch den Kommentar angezeigt wird. Zu beachten ist, daß die verhältnismäßig hohe Folgenummer 28 der Version 3.1 durch die weiter oben eingeführten Nebenserien bedingt wird. Die Vorgängernummer 27 führt jedoch über 2.1 unmittelbar auf Version 1.15 zurück.

Nebenserien der Art 2.1.B.S können später an das Null-Delta 2.1 angeknüpft werden. Bild 9.7 veranschaulicht diese Möglichkeit.

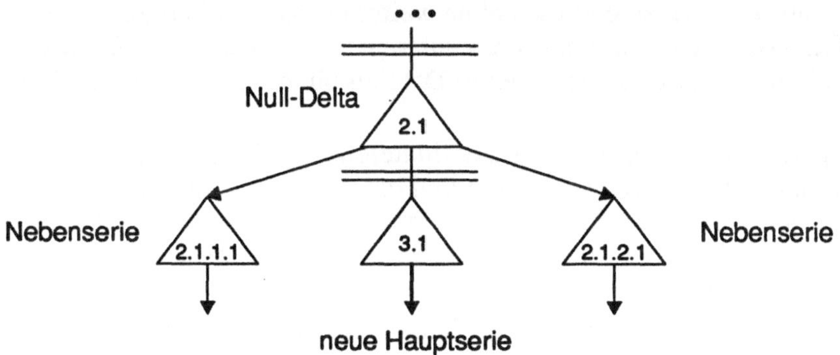

Bild 9.7: Null-Delta und Nebenserien

9.5 Die SCCS-Arbeitsumgebung

Schon bei mittleren Projekten mit mehreren Beteiligten muß den administrativ-logistischen Aspekten besondere Aufmerksamkeit gewidmet werden, um einen möglichst produktiven und reibungslosen Ablauf zu gewährleisten. Die SCCS-*Arbeitsumgebung* (working environment) trägt einen sehr wesentlichen Teil der dazu benötigten Voraussetzungen bei.

Die Grundlage dafür liegt in der Verwaltung der SCCS-*Stammdateien* (masterfiles) und der eng an diese gebundenen *Arbeitsdateien* (working files; g-files), wobei zwei Gesichtspunkte zu betrachten sind,

* Gruppieren von Stammdateien in SCSS-Stammverzeichnissen;
* Festlegen von Zugriffsberechtigungen
* Versionsbezogene Modifikationskontrolle

Die grundlegenden Ansätze dazu sollen in den folgenden Unterabschnitten vorgestellt werden.

9.5.1 SCSS-Stammverzeichnisse

Alle bisher vorgestellten SCCS-Befehle können auf *Verzeichnisse* angewandt werden, die SCCS-Stammdateien enthalten, wobei die folgenden Regeln gelten,

* bei Angabe eine Verzeichnisses ohne weitere Einschränkungen bezieht sich ein SCCS-Befehl auf *alle* darin enthaltenen SCCS-*Stammdateien* mit Leseberechtigung, während alle anderen Dateien ohne Fehlermeldung übergangen werden;
* die abgerufenen authentischen Quelldateien beziehungsweise die modifizierbaren Arbeitsdateien werden *automatisch* im *aktuellen Arbeitsverzeichnis* (current working directory) des aufrufenden Benutzers abgelegt, und die modifizierten Arbeitsdateien werden *automatisch* aus diesem zur Stammdatei zurückgeführt;
* alle assoziierten Steuer- und Sperrdateien befinden sich jedoch im SCSS-Stammverzeichnis.

Dedizierte Verzeichnisse, die nur SCCS-Stammdateien und deren jeweilige Steuer- und Sperrdateien enthalten, sollen im folgenden als SCSS-*Stammverzeichnisse* (SCCS directories) bezeichnet werden. Der aktuelle Benuzter muß sowohl die *Lese-* als auch die *Schreibberechtigung* (read, write, permission) für das zu benutzende Stammverzeichnis besitzen, was nachfolgend im Zusammenhang mit einem *sccs*-Kontrollprogramm aufgegriffen und weitergeführt wird.

In der einfachsten Anwendungsform werden SCSS-Stammverzeichnisse als *Unterverzeichnisse* (subdirectories) des eigentlichen Arbeitsverzeichnisses (actual working directory) angelegt beziehungsweise als *Namensbindungen* (links) mit dem Befehl **ln(1)** darin eingetragen, wobei sich der Suffix `.sccs` der Eindeutigkeit halber empfiehlt. Bild 9.8 veranschaulicht das Prinzip.

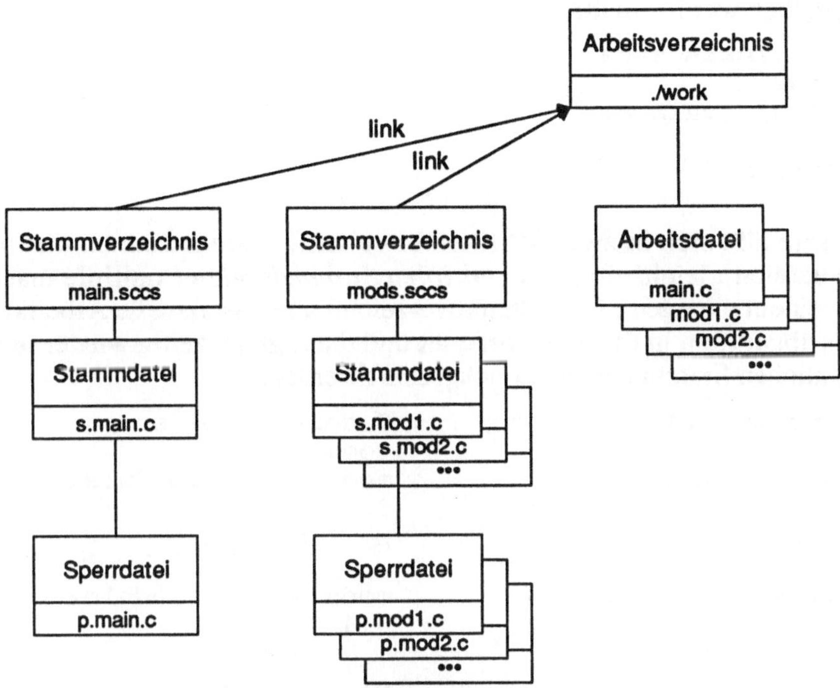

Bild 9.8: Arbeiten mit SCCS-Stammverzeichnissen

Als Beispiel wäre das *aktuelle Arbeitsverzeichnis* (current working directory) mit den *eingebundenen* (linked-into) SCCS-Unterverzeichnissen zu betrachten,

```
$ ls                          $ ls main.sccs
... main.sccs mods.sccs ...    s.main.c ...
```

Dann ergibt sich beim *Abruf* (retrieval) einer Arbeitsdatei aus dem SCCS-Unterverzeichnis `main.sccs` mit **get(1)**,

```
$ get -e … ./main.sccs     $ ls             $ ls main.sccs
main.sccs/s.main.c:        ... main.c ...   ... p.main.c ...
3.3
new delta 3.4
... lines
```

d.h. die *Arbeitsdatei* `main.c` (g-file) wurde im aktuellen Arbeitsverzeichnis abgelegt, während die *Sperrdatei* `p.main.c` (p-file) im SCCS-Stammverzeichnis (sccs directory) angelegt wurde, für welches der Benutzer somit auch die *Schreibberechtigung* (write permission) haben muß! Dieser besondere Aspekt wird wird im nachfolgenden Abschnitt 9.5.2 im Zusammenhang mit dem SCCS-*Kontrollprogramm* (interface program) weitergeführt.

Die Arbeitsdatei kann nun modifiziert, kompiliert und getestet, und danach in der Stammdatei abgelegt werden, wozu jetzt nur das SCCS-Stammverzeichnis angegeben werden muß,

```
$ delta ./main.sccs
comments? ...
main.sccs/s.main.c:
3.4
... inserted
...
```

Der Ansatz läßt sich in zwei Schritten erweitern. *Erstens* können mehrere Arbeitsdateien gleichzeitig aus *multiplen Stammdateien* (multiple master files) in einem einzigen SCCS-Stammverzeichnis in das aktuelle Arbeitsverzeichnis abgerufen, in diesem bearbeitet und dann gleichzeitig wieder in die ursprünglichen Stammdateien zurückgeführt werden,

```
$ get -e mods.sccs              $ delta mods.sccs
                                comments? ...
mods.sccs/s.module1.c:          mods.sccs/s.module1.c:
3.3                             3.4
new delta 3.4                   ... inserted
... lines                       ...
mods.sccs/s.module2.c:          mods.sccs/s.module2.c:
3.3                             3.4
new delta 3.4                   ... inserted
... lines                       ...
...
```

Zu beachten ist, daß bei *delta* nur ein einziger Kommentar abgefragt wurde, der dann identisch in beiden Stammdateien mit den Delta-Versionen eingetragen wurde. Diese Verfahrensweise stellt zugleich einen ersten Ansatz zur *absoluten Synchronisation* (absolute synchronization) der Versionen von Modulen und Komponenten eines größeren *Programmverbundes* dar (program suite, ensemble).

Als *zweiter Schritt* können alle SCSS-Stammverzeichnisse über einen *gemeinsamen* (common) Suffix gleichzeitig erfaßt, und alle darin enthaltenen Stammdateien kollektiv abgegriffen werden, um die Arbeitsdateien im aktuellen Arbeitsverzeichnis zur Bearbeitung abzulegen,

```
$ get -e *.sccs
main.sccs/s.main.c:
3.4
new delta 3.5
... lines
mods.sccs/s.module1.c:
```

```
3.4
new delta 3.5
... lines

mods.sccs/s.module2.c:
3.4
new delta 3.5
... lines

...
```

Die Arbeitsdateien können kollektiv oder selektiv in ihre Stammdateien und
damit in die Stammverzeichnisse zurückgeführt werden,

```
$ delta *.sccs        $ delta main.sccs   $ delta mods.sccs
comments? ...         ...                 ...
main.sccs/s.main.c:
3.5
... inserted
mods.sccs/s.module1.c:
3.5
... inserted

...
```

Der jeweilige *Arbeitszustand* (activity status) kann auf jeden Fall mit dem
SCCS-Hilfsbefehl sact(1) (activities) festgestellt werden,

```
$ sact *.sccs
main.sccs/s.main.c:
3.4 3.5 hubert 93/10/15 15:35:18
...
mods.sccs/s.module2.c:
...
mods.sccs/s.module1.c:
...
```

Diese Arbeitsweise wird denn auch zumeist zur *absoluten Synchronisation*
der Module und Komponenten eines sehr großen Programmverbundes
benutzt.

9.5.2 Multiple Benutzer

Bei *mehreren Benutzern* (multiple users) empfiehlt sich eine SCCS-Verwaltungsstruktur (management structure), die den Erfordernissen gestuft angepaßt werden kann. Dabei sollte im allgemeinen von *getrennten, privaten
Arbeitsverzeichnissen* (separate, private, working directories) ausgegangen
werden — *gemeinsame* (common, shared) Arbeitsverzeichnisse laden nach-
gerade zum *gemeinsamen* (joint) Fiasko ein.

Die gemeinsam zu benutzenden SCCS-Stammdateien (masterfiles) werden
dagegen in SCCS-Stammverzeichnissen (directories) gruppiert, die dann
über *generische* oder *symbolische Namensbindungen* (hard, soft, links) als

Tochter- beziehungsweise *Unterverzeichnisse* (child directories, subdirectories) in den privaten Arbeitsverzeichnissen eingebunden werden. Auf dieser Ebene sind die Zugriffswege der Benutzer gleichberechtigt.

Dann wird ein SCCS-*Verwalter* (administrator) ernannt — und sei es nur *proforma* als Eintrag in der Passwortdatei — der als *Eigner* (owner) der SCCS-Stammverzeichnisse und -dateien fungiert und dem insbesondere der Gebrauch des SCCS-Verwaltungsbefehls **admin(1)** in den Stammdateien ausschließlich vorbehalten ist.

Schließlich werden die SCCS-Stammverzeichnisse als *generische Tochterverzeichnisse* (hard-linked child directories) eines *schreibgeschützten* (write-protected) SCCS-*Mutterverzeichnisses* (parent directory) *zusammengefaßt* (bundling). Die Stammverzeichnisse können also *nur* vom Verwalter endgültig gelöscht werden. Beabsichtigtes oder unbeabsichtigtes Löschen der Namensbindungen zu den privaten Arbeitsverzeichnissen kann also nicht zum Verlust der Stammverzeichnisse führen. Bild 9.9 illustriert das grundätzliche Schema dieser Basis der SCCS-Verwaltungsstruktur.

Dabei ist einem Aspekt besondere Beachtung zu schenken: die eigentlichen SCCS-Stammdateien selbst sollten *nicht* mit *multiplen Namensbindungen* (multiple links) belegt werden, da diese beim Aktualisieren der Dateien ungültig werden, das nach dem Austauschprinzip (old master in, new master out) erfolgt.[6]

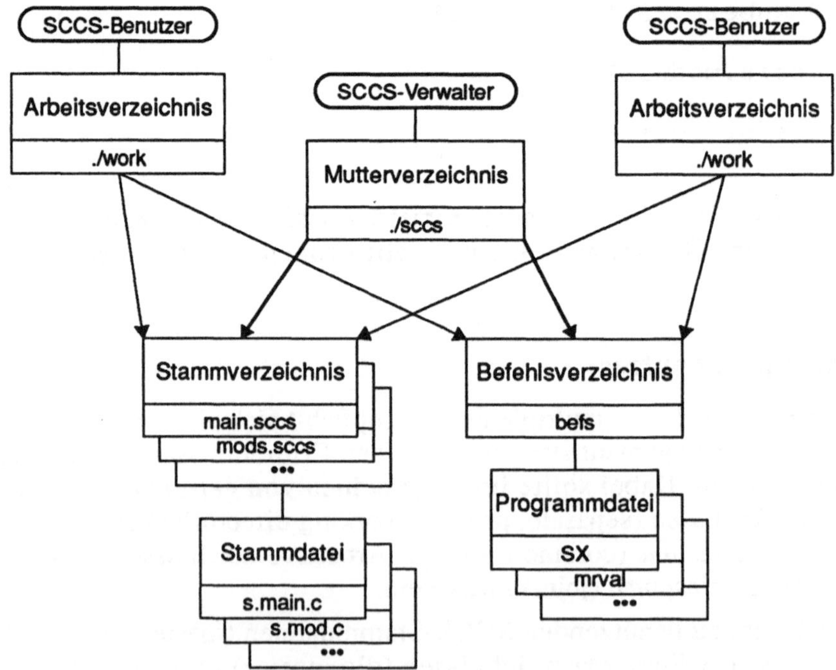

Bild 9.9: Basis der SCCS-Verwaltungsstruktur

Von dem in Bild 9.9 gezeigten grundsätzlichen Ansatz ausgehend, sind dann je nach Anforderung weitere Einschränkungen und Sichheitsmaßnahmen zu betrachten. Als erste Maßnahme kann der Verwalter von seinem Verzeichnis ausgehend die Zugriffsrechte mit dem Befehl **chmod(1)** auf der allgemeinen Benutzerebene und der Gruppenebene (public, group, level)[7] einschränken, was in vielen Anwendungssituationen auch völlig ausreichen mag, nicht aber in allen. Das Problem liegt in der *mangelnden Diskriminierung* (insufficient discrimination) auf dieser Ebene der Verwaltungsstruktur.

Denn ein Benutzer, der eine *Arbeitsdatei* (working file; g-file) abrufen soll, muß nicht nur die *Leseberechtigung* (read permission) für die SCCS-*Stammdatei* (masterfile) haben, sondern wegen der *Sperrdateien* (p-files) auch die *Schreibberechtigung* (write permission) für das betreffende SCCS-*Stammverzeichnis* (sccs directory) — und kann somit im Prinzip die Stammdateien löschen. Diese *inhärente Schwachstelle* (inherent weakness) kann nur durch ein spezielles SCCS-*Kontrollprogramm* (interface program) zufriedenstellend abgesichert werden, was gleich nachfolgend aufgegriffen und weitergeführt wird.

Als unmittelbar nächste — aber eben noch unvollkommene! — Maßnahme kann der Verwalter jene Benutzer einer Stammdatei explizite bestimmen, die mit dem SCCS-Befehl get(1) und der Option −e Arbeitsdateien abrufen, und diese mit delta(1) als neue Versionen einspeichern dürfen.

Mit der Argumentoption −a... (add) des SCCS-Verwaltungsbefehl **admin(1)** kann ein Benutzer in die *Benutzerliste* (user list, control) einer SCCS-Stammdatei eingetragen,

```
admin ... -a<LID|GID> s.<Stammdatei>
```

und mit der Argumentoption −e... (erase) aus dieser wieder entfern werden,

```
admin ... -e<LID|GID> ...
```

wobei der Benutzer sowohl durch seine *namentliche* Login-Kennung **LID** (login ID) als auch durch seine *numerische* Gruppen-Kennung **GID** (group ID) angegeben werden kann,

```
$ admin  -apeter s.main.c        $ admin -e350 ...
```

Die Kennungen können mit dem SCCS-Befehl **prs(1)** aufgelistet werden, wozu die Argumentoption −d... mit dem Schlüssel :UN: (data keyword) gesetzt werden muß; wie zum Beispiel in,

---

6. Etwaige Namensbindungen (hard links) würden also hoffnungslos an einer uralten Stammdatei festhalten.

7. Eine eingehend Behandlung der Gruppenverwaltung wird in KA1 (1992) gegeben.

```
$ prs -d:UN: s.main.c
anton berta hubert peter umberto 202 ...
```

wo drei Login-Kennungen und eine Gruppenkennung zugelassen sind. Als Kontrastbeispiel wäre zu betrachten,

```
$ id                             $ id
uid=310(anton) gid=330           uid=315(abby) gid=350
$ get -e s.main.c                $ get -e s.main.c
...                              ERROR [s.main.c]: not authorized
new delta ...                    to make deltas (co14)
... lines
```

Der Fehlerkode co14 kann sogleich mit dem SCCS-Hilfsbefehl **help(1)** interpretiert werden,

```
$ help co14
co14: "not authorized to make deltas"
...
```

Als *Eigenheit* (idiosyncrasy) ist zu beachten, daß eine völlig leere Benutzerliste überhaupt keinen Benutzer ausschließt, und daß die *ausschließende* Wirkung (exclusion effect) eben erst mit dem ersten Eintrag einer Kennung einsetzt.

Mit dem Schlüssel :P: der Argumentoption −d... von prs(1) werden die jeweiligen Benutzer-Kennungen der Deltas angezeigt,

```
$ prs ... -d":I: :P: ..." ...
...
3.8 hubert ...
3.7 anton ...
...
```

Diese Art der *Benutzerkontrolle* (user control) ist insofern unvollständig, als sie erst mit einem erfolgten Zugriff auf eine SCCS-Stammdatei zum Tragen kommt, womit der Zugang auf das entsprechende SCCS-Stammverzeichnis ja bereits implizite unterstellt ist! Dazu kommt, daß der abrufende Benutzer auch die Schreibberechtigung für das Stammverzeichnis haben muß, damit Sperrdateien angelegt werden können.

Der Ausweg aus diesem Dilemma führt über ein spezielles SCCS-*Kontrollprogramm* (interface program), das zwar von jedem Benutzer aufgerufen werden kann und dabei vielleicht auch dessen Login- und Gruppen-Kennungen festhält, dann aber auf die Kennungen des SCCS-Verwalters umschaltet und alle Manipulationen innerhalb der Stammverzeichnisse unter diesen ausführt. Bild 9.10 zeigt ein verhältnismäßig einfaches C-Programm als *Grundansatz* dazu.

```
$ cat SX.c
#include <stdio.h>
#include <string.h>
char buf[80] = "/usr/sccs/";
char *cmds[] = {"cdc","delta","get","prs","unget",""};
main(argc, argv) int argc; char *argv[];
{
#ifdef TEST
    printf("EUID: %d, RUID: %d\n", geteuid(), getuid());
#else
    short i=0,j;
    do
    {
        if(argc < 2) puts(cmds[i]);
        else
        {
            if(strcmp(argv[1],cmds[i])) goto ERR;
            for(j=1; j < argc; j++) {
                strcat(buf, argv[j]);
                strcat(buf," ");
            }
            puts(buf);
            exit(system(buf));
        }
    } while (*cmds[++i]);
    exit(1);
    ERR: printf("unerlaubter Befehl: %s\n",argv[1]);
#endif
    exit(2);
}
```

Bild 9.10: Ansatz zum SCCS-Kontrollprogramm

Das Programm kann als Testversion kompiliert werden, um mit den Systemaufrufen **geteuid(2)** und **getuid(2)** die *effektive Benutzer-Kennung* **EUID**
beziehungsweise die *tatsächliche Benutzer-Kennung* **RUID** (effective, real
user ID) auszugeben, was weiter unten noch einmal aufgegriffen wird.

Als Arbeitsversion soll **SX** (sccs executor) als *Vorschaltbefehl* (prepended
auxiliary command) mit nachgestellten SCCS-Befehlen und deren üblichen
Argumenten aufgerufen werden,

```
SX <SCCS-Befehl> <SCCS-Argumente>
```

wie zum Beispiel in,

```
$ SX get -e -r ...                    $ SX delta ...
```

Ohne jegliche Argumente listet **SX** die zulässigen Befehle auf; bei einem
unzulässigen Befehl wird eine Fehlermeldung ausgegeben und der Exit-Kode
auf 2 gesetzt

```
$ SX                          $ SX unsinn
cdc                           unerlaubter Befehl: unsinn
delta                         $ echo $?
get                           2
...
```

Die *zulässigen Befehle* (admissible commands) werden als *Zeichenketten-
Konstante* (character string constants) in einem *Zeiger-Array* (pointer array)
namen `cmds` abgelegt; die Liste kann beliebig erweitert werden. Der als
erstes Argumentwert `argv[1]` eingegebene Befehlsname wird mit der
Bibliotheksfunktion (library function) **strcmp(3C)** (string compare) gegen
die Befehlsliste verglichen; beim erfolglosen Durchlaufen der Liste wird eine
Fehlermeldung ausgegeben und der Exit-Kode auf 2 gesetzt.

Fall der Befehlsname in der Liste existiert, werden er und die nachfolgenden
Argumente mit der Bibliotheksfunktion **strcat(3C)** (string concatenate)[8] in
dem Puffer `buf` zu einer einzigen Zeichenkette zusammengefügt; die an
sich empfehlenswerte Prüfung der Maximallänge — hier 512 Zeichen —
wurde der Einfachheit halber ausgelassen. Zu beachten ist, daß der Puffer mit
dem Weiser (path)[9] des jeweiligen SCCS-Befehlsverzeichnisses — hier
`/usr/sccs` — vorbelegt sein sollte, um die Möglichkeit eines "Trojani-
schen Pferdes" (Trojan Horse) aus dem aktuellen Arbeitsverzeichnis des aufrufenden Benuzters auszuschalten. Aber auch das Befehlsverzeichnis selbst
muß gegen eventuelle *Maulwürfe* (moles) abgesichert sein!

Der überprüfte Benutzeraufruf wird dann an die Bibliotheksfunktion
system(3S) übergeben, die ihrerseits als Argument der *Systemfunktion*
(system function) **exit(2)** aufgerufen wird, um den Exit-Kode des Benutzer-
aufrufs unmittelbar an die *aufrufenden Shell* (invoking shell) zurückzugeben.
Der zweifelsohne etwas vereinfachende Ansatz mit *system* hat den Vorteil,
daß das *aktuelle Shell-Environment* (current) des Benutzers in der *ausführenden Subshell* (executing subshell) zur Verfügung steht; insbesondere also
Environmentvariable wie **$HOME, $PATH** und **$TZ** (time zone). Als Nach-
teil ist der *Reibungsverlust* (overhead) der ausführenden Subshell in Betracht
zu ziehen. Ein etwas effizienterer und auch etwas sicherer Ansatz würde
einen Systemaufruf wie execv(2) oder execvp(2) benutzen, die gemeinsam
unter dem Eintrag **exec(2)/PHB** beschrieben sind.[10]

---

8. Die beiden Bibliotheksfunktionen sind zusammen mit anderen Zeichenketten-Funktionen
   unter dem Eintrag **string(3C)/PHB** beschrieben.

9. Im originären UNIX-Schrifttum gilt `<pathname>: <path>/<basename>`.

10. KA2 (1992) gibt eine grundlegende Einführung nebst anwendbaren Beispielen.

Die folgenden Arbeitsgänge sollen unter der Login- und der Benutzer-Kennung (login, user, ID) des SCCS-Verwalters (administrator) ausgeführt werden; wie hier beispielsweise mit dem Befehl **id(1)** (SVR4) angezeigt,

```
$ id
uid=101(hubert) gid=105(team1)
```

Das Programm wird mit dem *einheimischen* (resident) C-Compiler **cc(1)** zu einer *ausführbaren Datei* (executable binary file) namens SX kompiliert und an Hand der SCCS-Stammverzeichnisse und -dateien ausführlich getestet,

```
$ cc -o SX SX.c        $ SX get -e …        $ SX delta …
```

Die getestete Programmdatei wird dann in ein *Befehlsverzeichnis* (command directory) wie zum Beispiel /home/hubert/sccs/befs (Bild 9.9) versetzt,

```
$ mv SX /home/hubert/sccs/bef
```

dessen *absoluter Verweis* (absolute pathname) dann als *Befehlsweiser* (command path) der Environmentvariablen **$PATH** angehangen wird,

```
$ PATH=$PATH:/home/hubert/sccs/bef
```

wobei die Zuweisung zweckmäßigst in den *Einlog-Steuerdateien* (session startup files) .profile der beteiligten Benutzer eingetragen wird.[11]

Um den SCCS-Befehl nun unter der *effektiven Benutzer-Kennung* EUID (effective user ID) des SCCS-Verwalters auszuführen, muß schließlich noch mit dem Befehl **chmod(1)** das Ausführungsmerkmal *set user ID* gesetzt werden,[12]

```
$ chmod  4710 SX
```

was sogleich mit dem Listbefehl ls(1) verifiziert werden kann,

```
$ ls -l SX
-rws--x---   hubert team1 … SX
```

Der Vorschaltbefehl SX kann jetzt von allen Benutzern aufgerufen werden, die der Projektgruppe team1 mit der Gruppen-Kennung (gid) 105 angehören. Beim Aufruf mit zulässigen SCCS-Befehlen werden diese dann unter der Benutzer-Kennung des SCCS-Verwalters ausgeführt. Falls sich Probleme mit der Übertragung der Kennung ergeben, kann das Programm mit der Argumentoption -DTEST kompiliert werden, um die effektive und die tatsächliche Kennung beim Aufruf zu überprüfen. Der gezeigte Ansatz läßt sich leicht auf das Ausführungsmerkmal *set group ID* erweitern.

---

11. Wobei die BOURNE-Shell unterstellt ist. Das Prinzip gilt jedoch analog für die C-Shell.

12. Eine grundlegende Einführung in die Ausführungsmerkmale von Binärdateien wird in KA1 (1992) gegeben.

9.5.3 Modifikationskontrolle

Als eine weitere Sicherungseinrichtung neben der im wesentlichen *passiven* Benutzer- und Gruppenkontrolle unterstützt SCCS noch eine Art von *aktiven Genehmigungsprozeß* (active validation process), durch welchen die Abspeicherung von Deltas über *Modifikations-Kennungen* (MRs; modification requests) laufend kontrolliert werden kann. Diese MR-Kennungen sind nicht unbedingt benutzergebunden.

Die *Gültigkeit* (validity) eines MR kann auf verschiedene Weisen bestimmt werden, wobei unterschiedliche *Kriterien* (validation criteria) einzeln oder in Kombination angewandt werden können,

* *Rationierung* (rationing): die MRs werden wie *Marken* (tokens) individuell jeweils für ein oder mehrere Deltas zugeteilt, was mit der Vorgabe eines *Fälligkeits-* oder *Verfallsdatums* (due date, deadline) kombiniert werden kann.

* *Registrierung* mit Verifikation gegen Listen von jeweils zulässigen Werten (verified registration).

* *Lexikographische Prüfung* (lexicographical checking).

Die Gültigkeitprüfung von MRs kann bei jedem Delta automatisch erzwungen werden, wozu ein spezielles *Prüfprogramm* (validation program) benötigt wird, was gleich nachfolgend weitergeführt wird.

Die Modifikationskontrolle kann bereits beim Anlegen der SCCS-Stammdatei (masterfile) als auch nachträglich mit dem SCCS-Befehl **admin**(1) eingeschaltet sowie variiert und auch wieder abgeschaltet werden, wozu die *Schaltoption* v... (verify) beziehungsweise d (delete) des *Optionsschalters* −f... (flag option) gesetzt wird,

```
admin ... -fv[<Prüfprogramm>] ...          admin ... -dv ...
```

Beim Einschalten mit v kann optional der Verweis eines Prüfprogrammes angegeben werden, was beim Abschalten mit d nicht notwendig ist. Ohne Prüfprogramm wird das MR lediglich abgefragt und ungeprüft mit dem Delta eingetragen.

Die jeweilige *Einstellung* (setting) der Modifikationskontrolle kann mit dem SCCS-Befehl **prs**(1) mit der Argumentoption −d:FL: abgefragt werden. Als Beispiel wäre zu betrachten,

```
$ admin -fv s.pgm.c              $ prs -d:FL: s.pgm.c
                                 ...
                                 validate MRs
                                 ...
```

Beim Abspeichern mit **delta(1)** sowie beim Verändern des Delta-Kommentares mit **cdc(1)** (change delta comment) wird das MR dann automatisch abgefragt,

```
$ delta s.pgm.c                    $ cdc -r… …
MRs? X.123                         MRs? …
comments? …                        …
…
```

was ohne weitere Prüfung nur als eine Art von Zusatzanmerkung fungiert. Erst durch Gültigkeitsprüfung erhält diese Einrichtung ihren eigentlichen Sinn.

Zum *Erzwingen* einer *Gültigkeitsprüfung* (enforced validity checking) muß ein *Prüfprogramm* (validation program) benutzt werden, das beim Aufruf von delta(1) und cdc(1) automatisch aufgerufen wird, wobei das folgende *Aufsrufsschema* (calling scheme) gilt,

```
<Prüfprogramm> <Modulname> <Modultyp> <MR1> [<MR2> ...]
```

d.h. beim automatischen Aufruf werden als Argumente automatisch übergeben

`<Modulname>`	der in der SCCS-Variablen `%M%` enthaltene Basisname der Stammdatei;
`<Modultyp>`	die in der SCCS-Variablen `%Y%` enthaltene Kennung des Modultypes;
`<MR1> …`	ein oder mehrere MRs als Zeichenketten.

Damit wird die Möglichkeit gegeben, die MRs explizite im Kontext des Modulnamens und -types zu überprüfen.

Mit dem Exit-Kode **0** signalisiert das Programm die *Gültigkeit* eines MR, und mit einem Exit-Kode $\neq$ **0** die *Ungültigkeit*, in welchem Falle sowohl *delta* als auch *cdc* die Ausführung mit einer Fehlermeldung sowie einem eigenen Exit-Kode $\neq$ **0** abbrechen.

Als Prüfprogramm kann sowohl ein *Shell-Skript* (shell script) als auch eine *ausführbare Binärdatei* (executable binary file) fungieren. Bild 9.11 zeigt einen einfacheren Ansatz zur *lexikographischen Gültigkeitsprüfung* (lexicographical validity checking) mit einem Shell-Skript, das in der BOURNE-Shell ausgeführt wird.

```
$ cat mrval
err=/dev/tty
# echo "Validation PGM: argc: $#  argv: $*" >$err
if [ "$#" -eq 3 ]
then
case $3 in
[A-Z].[1-9][0-9][0-9])
    echo "MR: $3 valid, Modul: $1, Modul-Typ: $2" >$err
    exit 0
    ;;
"")  echo "MR missing" > $err
    exit 1
    ;;
*)   echo "invalid MR: $3" > $err
    exit 2
    ;;
esac
else
    echo "invalid number of MRs" > $err
    exit 3
fi
```

<u>Bild 9.11: Einfaches MR-Prüfprogramm</u>

Beim dem Programm muß jeweils genau ein MR eingegeben werden, was
also insgesamt 3 Aufrufsargumente ausmacht und gleich eingangs als `if`-
Bedingung geprüft wird. Danach wird die dritte Argumentvariable als *Steuervariable* (control variable) in einem `case`-Verteiler (case switch) benutzt,
als dessen erste *Sprungmarke* (case label) das *shell*-artige (shell-like) *lexikalische Vergleichsmuster* `[A-Z].[1-9][0-9][0-9]` (lexical comparison
pattern) fungiert. Zu beachten ist, daß das Vergleichsmuster nach den *lexikalischen Syntaxregeln* der BOURNE-Shell kodiert ist, und *nicht* nach denen
von ed(1).

Bei einem *konformen* MR — etwa `X.123`, *nicht* aber `x.123` oder `X.012`
— wird eine Akzeptanzmeldung ausgegeben und der Exit-Kode auf **0** gesetzt;
in allen anderen Fällen eine Fehlermeldung und ein diferenzierter Exit-Kode
≠ **0**.

Durch die interne *Umlenkung* (redirection) auf den *virtuellen Terminalkanal*
`/dev/tty` (virtual terminal file) wird die Ausgabe der Meldungen zum Terminal erzwungen.[13]

---

13. Eine grundlegende Behandlung dieser und verwandter Aspekte der Shell-Programmierung
    wird in KA1 (1992) gegeben.

Mit dem SCCS-Befehl **admin(1)** wird das Prüfprogramm an die SCCS-Stammdatei gebunden, was mit **prs(1)** auch sogleich inspiziert wird,

```
$ admin -fvmrval ...                    $ prs -d:FL: ...
                                        ...
                                        type C-Code
                                        validate MRs   mrval
                                        ...
```

Beim Aufruf von **delta(1)** sowie von **cdc(1)** wird das MR dann abgefragt und automatisch geprüft,

```
$ delta ...                     $ cdc -r... ...
MRs? U.129                      MRs? V.2o8
comments? ...                   comments? ...
...                             invalid MR: V.2o8
MR: U.129 valid ...             ERROR [s.pgm.c]: invalid MRs (rc7)
... inserted
...
```

Bei *cdc* wurde ein fehlerhaftes MR eingegeben, was mit Fehlermeldungen zurückgewiesen wurde. Eine Interpretation des Fehlerkodes `rc7` mit help(1) bestätigt die augenscheinliche Ursache,

```
$ help rc7
rc7: "invalid MRs"
One of the MR numbers ... is invalid, as determined by
the validation program ...
```

Erst durch diese Art der Gültigkeitsprüfung erhält die MR-Kontrolle ihren eigentlichen Sinn.

Mit dem Schlüssel `:MR:` der Argumentoption `-d...` von prs(1) werden die jeweiligen MRs der Deltas angezeigt,

```
$ prs ... -d":I: :MR: ..." ...
3.12 X.123 ...
3.11 U.129 ...
...
```

Das MR-Prüfprogramm sollte getrennt von den SCCS-Stammdateien in einem speziellen Verzeichnis abgelegt werden; gegebenenfalls im gleichen *Befehlsverzeichnis* (command directory) wie das oben besprochene SCCS-Kontrollprogramm (Bild 9.10). Beim Eintrag mit **admin(1)** muß dann der entsprechende *Verweis* (pathname) angegeben werden; wie zum Beispiel in,

```
$ admin ... -fv/home/hubert/sccs/bef/mrval  ...
```

Zu beachten dabei ist, daß sowohl die Programme als auch die Verzeichnisse mit der *Ausführungsberechtigung* `x` (execute permission) ausgestattet werden müssen. Shell-Skripte müssen dazu noch die Leseberechtigung `r` (read permission) aufweisen, um von der ausführenden Shell zum Interpretieren eingelesen werden zu können.

9.5.4 Such- und Identifikationsmarken

In verworrenen Problemsituationen — um nicht zu sagen ausgesprochenen Paniksituationen — entsteht mitunter die Notwendigkeit der schnellen und eindeutigen Identifikation der zahlreichen Quell- und Objektdateien — zuweilen aber auch Ausführdateien —, welche die Arbeitsverzeichnisse bevölkern. Zwar stehen zum Durchsuchen von konformen Textdateien die Suchfilter der *grep*-Familie (Abschnitt 8.1) zur Verfügung, jedoch können diese nicht auf binäre Dateien angewandt werden. Dazu kommt, daß bei diesen und ähnlichen Suchmethoden kein einheitliches und übertragbares Identifikationskriterium verbindlich vorgegeben ist.

Das SCCS-System unterstützt *Such-* und *Identifikationsketten* (search, identification, string) der lexikalischen Form,

```
@(#)<Klartext><Delimiter>
```

wobei die *Tetrade* @(#) als fest vorgegebene *Suchmarke* (search token) fungiert. Der unmittelbar nachfolgende Klartext wird mit einem *Begrenzer* (delimiter) abgeschlossen, als welcher die folgenden ASCII-Zeichen " > \ NUL (00) sowie der *Zeilenvorschub* (line feed) **LF** (012) fungieren. Der umgebende Datenkörper ist nicht auf reinen ASCII-Text beschränkt.

Mit dem SCCS-Suchbefehl **what(1)** (search command) können dann alle Dateien bestimmt werden, welche SCCS-Identifikationsmarken enthalten. Ein Beispiel mag dies sogleich veranschaulichen. Gegeben sei eine C-Quelldatei,

```
$ cat progx.c
#include <stdio.h>
char *idmsg = "@(#)happy days are here again";
main()
{
    puts(idmsg);
    exit(0);
}
```

welche mit **cc(1)** zu einer Objektdatei kompiliert und dann zu einer Ausführdatei *gebunden* (linked) wird,

```
$ cc -c progx.c                    $ cc -o progx progx.o
```

Die ausführbare Datei kann aufgerufen werden,

```
$ progx
@(#)happy days are here again
```

wobei die gesamte Zeichenkette ausgegeben wird. Natürlich können sich Programme auf diese oder ähnliche Weise mit Aufrufsoptionen selbst identifizieren, was allerdings nur dann funktioniert, wenn die Datei noch ausführbar ist bzw. ausführbar gemacht werden kann!

Mit **what(1)** können Dateien dagegen *passiv* identifiziert werden,

```
$ what progx*
progx
        happy days are here again
progx.c
        happy days are here again
progx.o
        happy days are here again
```

wobei die Tetrade `@(#)` übrigens *nicht* mitausgegeben wird.

Die Suchmarke (search token) selbst wird durch die SCCS-Variable `%Z%`
dargestellt und beim Abruf einer *authentischen Quelldatei* (authentic source
file) automatisch mit der Tetrade belegt. Identifikationsketten können also
kodiert werden als,

```
%Z% <Klartext> [LF]
```

Darüber hinaus stehen zwei weitere SCCS-Variable zur Verfügung,

`%W%` erzeugt die Kombination `%Z%%M%[HT]%I%`, was der herkömmli-
       chen UNIX-Vereinbarung entspricht;

`%A%` erzeugt die Kombination `%Z%%Y% %M% %I%%Z%`, mit einer
       abschließenden Tetrade, was bei anderen Systemen benutzt wird.

Identifikationsketten, die in der Ausführdatei erhalten bleiben sollen, müssen
auf jeden Fall als *Zeichenketten-Konstante* (character string constant) angelegt werden; in der einfachsten Form also,

```
... char *idmsg = "%Z% <Klartext> ..." ...
```

oder auch,

```
... "%Z%%I% %M% %E% ..." ...usw.
```

wobei die Substitution von `%Z%` und anderen SCCS-Variablen auch innerhalb von Zitaten erfolgt.[14]

Bei dem unter **SVR4** *heimischen* (resident) C-Präprozessor **cpp(1)** und C-
Compiler **cc(1)** steht dafür die Anweisung `#ident` (preprocessor directive)
zur Verfügung,[15]

```
#ident "%Z% <Klartext> ..."          #ident "%W% ..."
```

Beim Kompilieren wird die Identifikationskette in der *comment*-Sektion der
Objektdatei abgelegt und daher bei der Ausführung nicht mitgeladen.

Das Modul-Verwaltungssystem **make(1)** stellt eigens eine Erzeugungsregel
zum Markieren von C-Programmen mit SCCS-Identifikationsketten zur Verfügung, was im konkreten Kontext in Abschnitt 10.3.6 weitergeführt wird.

---

14. Im Gegensatz zur Substitution von symbolischen Konstanten beim C-Präprozessor!

15. Was allerdings nicht vom ANSI-Standard unterstützt wird.

9.6 Befehlsbeschreibungen

SCCS muß als ein *eigenständiges* (standalone) System verstanden werden, das mit einem eigenen Befehlssatz auf der Shell-Ebene ausgestattet ist und ein eigenes System von Stamm- und Hilfsdateien unterhält. Tabelle 9.1 faßt den SCCS-Befehlssatz zusammen.

Kürzel	Bedeutung
admin	Anlegen und Verwalten von SCCS-Stammdateien
cdc	Nachträgliches Verändern von *delta*-Kommentaren
comb	Zusammenlegen von *delta*-Versionen
delta	Erzeugen einer *delta*-Version
get	Abrufen einer *delta*-Version
help	Interpretation von Warn- und Fehlerkodes
prs	Selektives Auflisten des Entwicklungsbaumes
rmdel	Löschen einer *delta*-Version
sact	Status-Anzeige bezüglich einer Stammdatei
sccsdiff	Gerichtetes Differenzieren zweier Versionen
unget	Rückgängigmachen eines *get*-Abrufes
val	Überprüfung einer Stammdatei
what	Identifizieren einer SCCS-Datei

Tabelle 9.1: SCCS-Befehlssatz

Die in der Tabelle aufgeführten SCCS-Befehle sind im Hauptabschnitt "(1)" des Benutzerhandbuches enthalten, wie z. B. **admin(1)/BHB**, **help(1)** usw. Die von SCCS benutzten Dateien werden im Abschnitt 9.6 zusammenfassend beschrieben.

Mit dem SCCS-Hilfsbefehl **help(1)** können Erklärungen abgefragt werden, sowohl zu Befehlen,

```
$ help help
help: help [arg]
(When all else fails execute "help stuck".)
```

als auch zu Fehlermeldungen unter Angabe des *Fehlerkodes* (error code),

```
$ help col
col: not an SCCS file ...
```

9.6.1 Der Verwaltungsbefehl admin(1)

Der SCCS-Verwaltungsbefehl **admin(1)** (administration command) dient
drei Hauptzwecken,

* Anlegen neuer Stammdateien
* Variieren der Optionen sowie
* Überprüfen existierender Stammdateien

wobei zwischen verschiedenen Aufrufsschemata mit den jeweils *zulässigen
Optionen* (admissible options) unterschieden werden muß.

Zum Anlegen einer neuen *Stammdatei* (masterfile) muß die symbolische
Option −n (new) auf jeden Fall gesetzt werden,

```
admin -n   [-i[<Ursprungsdatei>]] \
           [-a<LID1|GID1>] ... [-f<S1> [-f<S2>] ...] \
           [-m<MR-Liste>] [-r<Release>] \
           [-t<Textdatei>] [-y[<Kommentar>]] \
           <Stammdatei>|-
```

Mit der Argumentoption −i... (input) kann eine Ursprungsdatei (root, seed,
file) angegeben werden. Der Verweis der anzulegenden SCCS-Stammdatei
wird als letztes Argument angegeben; nur jeweils eine Stammdatei kann
durch explizite Angabe eines Verweises angelegt werden! Tabelle 9.2 faßt die
übrigen Optionen und Schalter zusammen.

Beim Anlegen einer neuen Stammdatei sind jedoch verschiedene Sonderfälle
zu beachten. *Erstens*, falls die Option −i *ohne* einen nachfolgen Verweis
gesetzt ist, wird die Ursprungsdatei über die *Normaleingabe* (standard input)
erwartet, in welchem Fall der Verweis der Stammdatei als letztes Argument
angegeben werden *muß!* Das typische Anwendungsszenario ist dann mit
admin als letzte Stufe einer Pipeline durch welche die *Ursprungsdatei* eingespeist wird,

```
... | admin -n -i ... s.<Name>
```

Zweitens, falls die Option −i... mit dem Verweis der *Ursprungsdatei* belegt
ist, können mit dem Minuszeichen '−' anstelle des Stammdatei-Verweises ein
oder mehrere Verweise über die *Normaleingabe* eingegeben werden. Auf
diese Weise können übrigens auch mehrere Stammdateien aus einer einzigen
Ursprungsdatei erzeugt werden! Das typische Anwendungsszenario benutzt
Eingabe-Umlenkung aus einer benannten Verweisdatei oder Einspeisung der
Verweise aus einer Pipeline,

```
admin ... - < <Verweisdatei>     ... | admin ... -
```

Schließlich wird beim völligen Auslassen von −i eine vollkommen leere
Datei angelegt, was zumeist nur semaphorischen Zwecken dient, darunter das
Sperren von bestimmten Dateinamen.

Zum *Variieren der Optionen einer oder mehrerer existierender Stammdateien*
(varying option settings) gilt das Aufrufsschema,

```
admin    [-f<S₁> [-f<S₂>] ...] [-d<S₁> [-d<S₂>] ...] \
         [-a<LID₁|GID₁>] ... [-e<LID₁|GID₁>] ... \
         [-t[<Textdatei>]] [-h] [-z]\
          -|<Stammdatei₁|Verzeichnis₁> ...
```

wobei ein oder mehrere Verweise von SCCS-Stammdateien oder SCCS-Verzeichnissen (Abschnitt 9.5.1) angegeben werden können. Bei Verzeichnissen
werden alle darin enthaltenen Stammdateien in alphabetischer Reihenfolge
abgegriffen; alle anderen Dateien werden ausgelassen.

Durch Setzen eines Minuszeichens '−' anstelle der Datei- und Verzeichnisverweise am Ende der Argumentliste kann die Eingabe der Verweise über die
Normaleingabe (standard input) durch Umlenkung auf (redirection) eine
benannte Verweisdatei beziehungsweise durch Einspeisung der Verweise aus
einer Pipeline erfolgen,

```
admin ... − < <Verweisdatei>      ... | admin ... −
```

Zum *reinen Überprüfen einer oder mehrerer existierender Stammdateien*
(checking) gilt schließlich das Aufrufsschema,

```
admin    [-h] [-z]   -|<Stammdatei₁|Verzeichnis₁> ...
```

wobei mit −h die interne Struktur überprüft und die Prüfsumme neu berechnet und verglichen wird, ohne daß jedoch eine Korrektur erzwungen wird.
Mit −z wird eine Korrektur der Prüfsumme erzwungen, was bei *beschädigten
Dateien* (corrupted files) jedoch nur zur Unkenntlichmachung, nicht aber zur
Behebung des eigentlichen Schadens führen kann. Beim Aufrufs ohne jegliche Optionen wird nur interne Struktur überprüft. Mit dem Minuszeichen
anstelle von Verweisen werden diese — wie oben gezeigt — über die Normaleingabe eingelesen.

Tabelle 9.3 faß die Aufrufsoptionen (invocation options) unter Angabe des
Aufrufsmodus — *neue* − *alte* Stammdatei − *egal* (...) — zusammen.

Opt.	Mod.	Bedeutung
a... e...	... alt	Der nachgestellten Login- oder Gruppen-Kennung wird die Berechtigung für *get* und *delta* gewährt beziehungsweise entzogen. Mit dem ersten Eintrag erlischt der unbeschränkte Zugriff.
f... d..	... alt	Optionsschalter, mit dem die in Tabelle 9.3 aufgelisteten Schaltoptionen individuell angestellt (flagged) beziehungsweise abgestellt (deleted) werden können.
i... i	neu	Der Verweis der Ursprungsdatei wird nachgestellt; bei Auslassung wird die Normaleingabe benutzt. Bei Auslassung der Option insgesamt wird eine leere Stammdatei angelegt.
m...	neu	Die Modifikations-Kennungen (MR, modification request) der Urversion werden nachgestellt (Abschnitt 9.5.3).
n	neu	Eine neue Stammdatei wird angelegt.
r...	neu	Die *release*-Nummer der Urversion falls R $\neq$ 1.
t... t	... alt	Der Verweis Begleittext-Datei wird nachgestellt; bei Auslassung wird der aktuelle Begleittext aus der Stammdatei gelöscht.
y... y	neu	Der nachgestellte Kommentar wird in die Stammdatei eingetragen; bei Auslassung Datum/Uhrzeit sowie die Login-Kennung des aufrufenden Benutzers.
h	alt	Die interne Struktur wird überprüft und die Prüfsumme neu berechnet und verglichen, ohne daß jedoch eine Korrektur erfolgt.
z	alt	Die Prüfsumme wird neu berechnet und verglichen, und falls notwendig korrigiert.

Tabelle 9.2: Aufrufsoptionen von admin(1)

Die *Optionsschalter* −f... (option flag) und −d... (option delete) müssen mit jeweils genau einer *Schaltoption* (flag option) kombiniert werden, die ihrerseits von Argumenten gefolgt werden *kann*, aber nicht immer muß. Multiple Schalter können — je nach Ausgangslage — in einer Befehlszeile gesetzt werden; wie zum Beispiel in,

```
admin ...  -fb -fj ...  -dn  ...
```

wo einerseits die Schaltoptionen b und j gesetzt, und andererseits die Schaltoption n in einer bereits existierenden Stammdatei abgestellt werden. Tabelle 9.3 faßt die Schaltoptionen zusammmen.

Opt.	Bedeutung
b	(branch) Vorgreifende Gabelung mit `get -b` ... (Abschnitt 9.3.2).
c... f...	(ceiling) Die nachfolgende Ganzzahl legt die *Obergrenze* beziehungsweise (floor) die *Untergrenze* der *release*-Nummer $0 < R < 10000$ fest, die mit `get -rR...` ... abgerufen werden kann. Die *Vorbelegung* (default) ist 99999 beziehungsweise 1.
d...	(default) Die nachgestellte SID wird als festeingestellte Abrufs-SID für `get -e...` vorgegeben (Abschnitt 9.6.3).
i i...	(identification) Die Variable `%I%` beziehungsweise die nachgestellten Variablen müssen als Identifikations-Schlüssel in allen Arbeitsdateien gesetzt sein, die mit *delta* abgespeichert werden sollen; andernfalls entsteht eine fataler Fehlerzustand.
j	(joint editing) Beilaufende Bearbeitung mehrerer Arbeitsdateien (Abschnitt 9.3.3).
l... la	(locking) Die nachgestellten beziehungsweise alle *release*-Nummern sind gegen weiter Abrufe mit `get -e` ... gesperrt.
n	(null) Beim Überspringen einer oder mehrer release-Nummern werden automatisch Null-Deltas eingefügt (Abschnitt 9.4).
q... m... t...	Die Variable `%Q%` bzw. `%M%` bzw. `%Y%` wird mit der nachgestellten Zeichenkette belegt.
v v...	(validation) Beim Abspeichern von Arbeitsdateien mit *delta* müssen eine oder mehrere *Modifikations-Kennungen* (MRs, modification requests) angegeben werden. Der Verweis eines MR-Prüfprogrammes (validation program; Abschnitt 9.5.3) kann nachgestellt werden.

Tabelle 9.3: Schaltoptionen von admin(1)

9.6.2 Der Listbefehl prs(1)

Zum Auflisten und Tabellieren der Inhalte (contents) von einer oder mehreren
SCCS-Stammdateien steht der Befehl **prs(1)** zur Verfügung,

```
prs       [-a][-c<Stichdatum>[-e|-l]] \
          [-r<SID> [-e|-l]] [-d<Ausgabeformat>] \
          -|<Stammdatei1|Verzeichnis1> ...
```

wobei ein oder mehrere Verweise von SCCS-Stammdateien und SCCS-Verzeichnissen (Abschnitt 9.5.1) angegeben werden können. Bei Verzeichnissen
werden alle darin enthaltenen SCCS-Stammdateien in alphabetischer Reihenfolge abgegriffen; alle anderen Dateien werden einfach übergangen.

Durch Setzen eines Minuszeichens '–' anstelle der Datei- und Verzeichnisverweise am Ende der Argumentliste kann die Eingabe der Verweise über die
Normaleingabe (standard input) durch Umlenkung auf (redirection) eine
benannte Textdatei beziehungsweise durch Einspeisung aus einer Pipeline
erfolgen,

```
prs ... - < <Verweisdatei>          ... | prs ... -
```

Die Ausgabe von *prs* erfolgt immer über die *Normalausgabe* (standard output); Meldungen werden getrennt über die *Fehlerausgabe* (standard error)
ausgegeben. Der Benutzer muß also Sorge ob der Ausgabe-Disposition tragen. Insbesondere kann die Ausgabe in eine Auffangdatei umgelenkt oder in
eine Pipeline eingespeist werden,

```
prs ... > <Auffangatei>          prs ... | ...
```

Tabelle 9.4 faßt die Aufrufsoptionen (invocation options) von *prs* zusammen.

Opt.	Bedeutung
a	(all) Sowohl existierende als auch mit rmdel(1) gelöschte Deltas werden mit der Kennzeichnung D beziehungsweise R aufgelistet.
c...	Die nachgestellte Zeichenkette der Grundform `YY[MM[DD[HH[MM[SS]]]]]` bestimmt das *Stichdatum* (cutoff) der zu erfassenden Deltas. Als zitierte Zeichenketten sind zulässig Formen wie `"93/06/28 06:23:11"` usw.
e l	Alle *früheren* (earlier) beziehungsweise *späteren* (later) Versionen bezüg-lich des unmittelbar vorhergehenden Stichdatums oder der Bezugs-SID werden erfaßt.
r...	Abrufs- beziehungsweise Bezugs-SID bei e oder l.
d...	Mit dem nachgestellten Format wird die Ausgabe von Schlüsselwerten selektiv gesteuert.

Tabelle 9.4: Aufrufsoptionen von prs(1)

Von besonderem Interesse ist die selektive Ausgabe und Formatierung von *Schlüsselwerten* (keyword data), wobei jedoch zwischen *datei-bezogenen* und *delta-bezogenen Schlüsseln* (file-related, delta-related, data keywords) unterschieden werden muß. Ein Kontrastbeispiel mag dies sogleich verdeutlichen.

Mit dem *datei*-bezogenen Schlüssel `:FL:` (flag options) werden die Schaltwerte und -variablen einer Stammdatei unabhängig von den individuellen Deltas aufgelistet,

```
$ prs -d:FL: s.pgm.c
branch
locked releases 1 2
null delta
csect name       Example
type             C-Code
validate MRs     mrval
...
```

Im Gegensatz dazu ergibt eine Auflistung von *delta*-bezogenen Schlüsseln,

```
$ prs -r1.5 -e -d":I: :D: :P: :C:" s.pgm.c
...
1.3 93/10/07 hubert Straffung durch Zeiger
1.2 93/10/07 umberto Engl.Variante mit -DENGL kompiliert ...
1.1 93/10/06 hubertSeed Version. Author: Hubert Horatio.
```

In der Befehlszeile muß das Format mit Einzel- oder Doppelzitaten geschützt werden, falls Trenn- oder Sonderzeichen — hier Leerzeichen und der Doppelpunkt — darin enthalten sind. Es gelten die lexikalischen Schutzregeln der jeweiligen Shell (Abschnitt 1.2.1.2).

Tabellen 9.5 und 9.6 fassen die *datei*-bezogenen beziehungsweise die *delta*-bezogenen *primitiven Datenschlüssel* zusammen. Tabelle 9.7 faßt die *zusammengesetzten Schlüssel* unter Bezug auf die in den vorhergehenden Tabellen enthaltenen Schlüssel zusammen (primitive, composite, data keywords).

Schl.	Opt.	Format	Bedeutung
BD	–	<Kode>	(body) Gesamt-Quelltext
BF	fb	yes, no	(branch) Vorgreifende Gabelung
CB	fc...	nnn	Obergrenze (ceiling) der *release*-Nummern
Ds	fd...	<SID>	Voreingestellte (default) Abrufs-SID für get –e...
F	–	<Bezeichner>	(file) Basisname der Stammdatei: %F
FB	ff...	nnn	Untergrenze (floor) der *release*-Nummern
FD	t...	<Text>	Begleittext der Stammdatei
FL	f...	<Liste>	aller mit –f... gesetzten Schaltoptionen
GB	–	<Text>	(gotten body) abgerufener Quelltext
J	fj	yes, no	*Beilaufende* Bearbeitung (joint editing) erlaubt
KF	fi...	yes, no	Fataler Delta-Fehler bei Abwesenheit der Variablen %I% beziehungsweise der unter :KV: aufgeführten kritischen Variablen
KV	fi...	<Folge>	von *delta*-kritischen Variablen
LK	fl...	<Folge>	von *gesperrten* (locked) Deltas
M	fm...	<Bezeichner>	(Modul) Basisname von abgerufenen Arbeitsdateien: %M%
MF	fv...	yes, no	MR-Prüfung (Abschnitt 9.5.3)
MP	fv...	<Verweis>	des MR-Prüfprogrammes
ND	fn	yes, no	Null-Deltas automatisch erzeugt
PN	–	<Verweis>	Absoluter Verweis der Stammdatei: %P
Q	fq...	<Wort>	Qualifikation: %Q%
UN	a...	<Folge>	von Login- (LID) oder Gruppenkennungen (GID) aller *delta*-berechtigter Benuzter
Y	ft...	<Wort>	Modultyp: %Y%
Z	–	@(#)	Suchmarke von *what*-Identifikationsmarken,

Tabelle 9.5: Datei-bezogene Datenschlüssel von prs(1)

Schl.	Format/Wert	Bedeutung
C	`<Text>`	Delta-Kommentar
Dg Dn Dx	nn ...	Delta-Folgenummern: *ausgeschlossen* (excluded) *einbezogen* (included) *übersprungen* (ignored)
DS DP	nn	Delta-Folgenummer: *aktuelle* unmittelbarer *Vorgänger*
Dy Dm Dd	YY MM DD	Delta-Erzeugung: *Jahr* Monat Tag
DT	D, R	Delta-Status: *extant* (R), *gelöscht* (D)
I	R.L[.B.S]	`<SID>`
Li Ld Lu	nnn	Delta-Statistik: Zeilen *eingefügt* (inserted) *gelöscht* (deleted) *unverändert* übernommen (unchanged)
MR	`<Folge>`	Modifikations-Kennungen (MRs; modification reguests)
P	`<LID>`	Delta-Erzeugung: Login-Kennung des Benutzers
R L B	nnn	Komponenten der aktuellen Delta-SID: R.L.B.S
Th Tm Ts	HH MM SS	Delta-Erzeugung: *Stunde* Minute Sekunde

Tabelle 9.6: Delta-bezogene Datenschlüssel von prs(1)

Schl.	Zusammensetzung
A	`:Z::Y: :M: :I::Z:`
D	`:Dy:/:Dm:/:Dd:`
DL	`:Li:/:Ld:/:Lu:`
DI	`:Dn:/:Dx:/:Dg:`
Dt	`:DT: :I: :D: :T: :P: :DS: :DP:`
I	`:R:.:L:.:B:.:S:`
T	`:Th:::Tm:::Ts:`
W	`:Z::M:\t:I:`

Tabelle 9.7: Zusammengesetzte Datenschlüssel von prs(1)

9.6.3 Der Abrufbefehl get(1)

Zum Abrufen von Dateien und zum tabellarischen Auflisten sowie Testen von
Deltas aus einer oder mehreren SCCS-Stammdateien steht der Befehl **get(1)**
zur Verfügung. Dabei sind je nach Aufrufsmodus mehrere Aufrufsschemata
zu betrachten, die sich hinsichtlich zulässiger Optionen unterscheiden.

Zum Abrufen von *modifizierbaren Arbeitsdateien* (modifiable working files;
g-files) gilt das Aufrufsschema,

```
get -e  [-b] [-g] [-l[p]] [-n] [-p] [-s] [-t] \
        [-a<Folgenummer>] [-r<SID>] \
        [-i<SID-Liste>] [-x<SID-Liste>] \
        [-c<Stichdatum>] [-w<Zeichenkette>] \
        -|<Stammdatei₁|Verzeichnis₁> ...
```

Zum Abrufen von *authentischen Quelldateien* (authentic source files) gilt das
etwas variierte Schema,

```
get     [-g] [-k] [-l[p]] [-m] [-n] [-p] [-s] [-t] \
        [-a<Folgenummer>|-r<SID>] \
        [-i<SID-Liste>] [-x<SID-Liste>] \
        [-c<Stichdatum>] [-w<Zeichenkette>] \
        -|<Stammdatei₁|Verzeichnis₁> ...
```

Der Unterschied zwischen diesen beiden Aufrufsschemata liegt bei den symbolischen Optionen −e, −k und −m sowie der Beziehung zwischen den
Argumentoptionen −a... und −r..., was weiter unten noch einmal aufgegriffen und weitergeführt wird.

Zum tabellarischen Auflisten und Prüfen von Deltas ohne jeglichen Dateiabruf gilt das folgende Schema,

```
get -g  [-l[p]] [-s] [-t]  [-a<Folgenummer>|-r<SID>] \
        [-i<SID-Liste>] [-x<SID-Liste>] [-c<Stichdatum>] \
        -|<Stammdatei₁|Verzeichnis₁> ...
```

was ebenfalls weiter unten weitergeführt wird.

Bei allen Aufrufsmodi können ein oder mehrere Verweise von SCCS-Stammdateien und SCCS-Verzeichnissen (Abschnitt 9.5.1) angegeben werden. Bei
Verzeichnissen werden alle darin enthaltenen SCCS-Stammdateien in alphabetischer Reihenfolge abgegriffen; alle anderen Dateien werden einfach übergangen.

Durch Setzen eines Minuszeichens '−' anstelle der Datei- und Verzeichnisverweise am Ende der Argumentliste können diese über die *Normaleingabe*
(standard input) durch *Umlenkung* (input redirection) auf eine benannte Textdatei beziehungsweise durch Einspeisung aus einer Pipeline eingelesen werden,

```
get ... - < <Verweisdatei>        ... | get ... -
```

Drei symbolische Optionen steuern die Ausgabe. *Erstens*, mit −p wird der Text der abgerufenen Datei über die *Normalausgabe* (standard output) ausgegeben; bei Auslassung wird automatisch eine Arbeits- beziehungsweise eine Quelldatei angelegt.

Zweitens, mit der *Optionskombination* −lp wird dazu noch eine tabellarische Auflistung der Deltas über die Normalausgabe ausgegeben; bei −l wird eine Datei mit dem Basisnamen l.<Name> (l-file) angelegt.

Drittens, mit der symbolischen Option −s (silent) kann unabhängig davon die Ausgabe der Vollzugsmeldung (completion message; SID, lines, …) über die Normalausgabe unterbunden werden. Fehlermeldungen werden indes immer getrennt über die *Fehlerausgabe* (standard error) ausgegeben.

get kann also sowohl am *Anfang* einer Pipeline (initial stage),

```
get ... -p -s [-lp] <SCCS-Verweis> ... | ...
```

als auch als *Zwischenstufe* (intermediate stage) fungieren,

```
... | get ... -p -s [-lp] - | ...
```

wobei mit der Option −s die Einspeisung von Meldungen in die Pipeline vermieden wird.

Tabelle 9.8 faßt die Aufrufsoptionen (invocation options) von *get* unter Angabe des jeweils zulässigen Modus — Arbeitsdatei (A) – Quelldatei (Q) – egal (…) — zusammen.

Opt.	Mod.	Bedeutung
a...	...	Die nachgestellte *Folgenummer* (sequence number) wird abgerufen, was sowohl als Alternative als auch als Komplement zu −r... benutzt werden kann.
b	A	Vorgreifende *Gabelung* (look-ahead branching; Abschnitt 9.3.2)
c...	...	Die nachfolgende Zeichenkette der Grundform YY[MM[DD[HH[MM[SS]]]]] bestimmt das *Stichdatum* (cutoff) der zu erfassenden Deltas. Als zitierte Zeichenketten sind zulässig Formen wie "93/06/28 06:23:11" usw.
e	A	Eine *Arbeitsdatei* (working file; g-file) wird abgerufen.
g	...	Die Ausgabe von Quell- bzw. Arbeitsdateien wird unterbunden, was zumeist in der Form get −g −l ... zur Existenzprüfung von SIDs benutzt wird. Mit get −g −e ... kann eine verlorengegangene Sperrdatei (p-file) erzeugt werden.
i... x...	...	Die nachgestellten SIDs werden in das abgerufen Delta *einbezogen* (included) beziehungsweise davon *ausgeschlossen* (excluded).

Tabelle 9.8: Aufrufsoptionen von get(1)

Opt.	Mod.	Bedeutung
k	Q	Die SCCS-Variablen (keywords) werden *nicht* belegt, sondern verbleiben als *Bezeichner*.
l[p]	...	Eine *Deltaspur* (delta trace) wird erzeugt und als Textdatei unter dem Basisnamen `l.<Name>` abgelegt (l-file). Mit der unmittelbar nachgestellten Zusatzoption `p` erfolgt die Ausgabe statt dessen über die Normalausgabe.
m	Q	Die Zeilen der abgerufenen Quelldatei beginnen mit der SID erzeugenden Delta, was hauptsächlich zu Prüf- und Dokumentationszwecken benutzt wird.
n	...	Die Zeilen der abgerufenen Quell- oder Arbeitsdatei beginnen mit der jeweiligen Belegung der Variablen `%M%` — normalerweise also dem Modulnamen.
p	...	Die abgerufene Datei wird über die Normalausgabe ausgegeben.
r...	...	Die nachgestellte Kennung bestimmt die Abrufs-SID (im Sinne von Tabelle 9.9). Bei Auslassung wird das jüngste Delta der Hauptserie R.L. abgegriffen.
s	...	Die Ausgabe von Vollzugsmeldungen über die Normalausgabe wird unterbunden (silent).
t	...	Alleinstehend das jeweils *jüngste* (top) Delta der Hauptserie, was mit −r... jedoch auch auf Nebenserien umgelegt werden kann.

Tabelle 9.8: Aufrufsoptionen von get(1)

Verschiedene Sonderfälle (special cases) sind zu beachten, die sich aus der Wechselwirkung zwischen bestimmten Optionen ergeben.

Als erstes wären die *Argumentoptionen* −a... und −r... zu betrachten, wobei jedoch zwischen dem Abruf von *Arbeitsdateien* (g-files) und von *authentischen Quelldateien* (authentic source file) unterschieden werden muß. In beiden Fällen bestimmt −a... die abgerufene Version, selbst wenn −r... gesetzt ist, womit bei *Quelldateien* das Resultat dann eindeutig bestimmt ist.

Bei *Arbeitsdateien* kann −r... jedoch dazu benutzt werden, eine neue Delta-SID zu erzwingen, die von dem in Tabelle 9.9 aufgeführten automatischen Zuweisungsschema abweicht. Ein Kontrastbeispiel mag dies sogleich veranschaulichen. Gegeben sei der folgende serielle Zusammenhang zwischen *Folgenummern* (sequence numbers) und SIDs in einer Stammdatei,

```
$ prs −r1.1 −l −d":I: :DS:(:DP:) ..." s....
...
1.6 9(8) ...
1.5 8(6) ...
1.4 6(3) ...
...
```

d.h. ein Abgriff bei SID 1.5 würde in einer neuen Delta-SID 1.5.1.1 resultieren, wie das mit −a8 oder −r1.5 ohne die jeweils andere Option auch der Fall wäre,

```
$ get -e -a8 ...                    $ get -e -r.1.5 ...
1.5                                 1.5
new delta 1.5.1.1                   new delta 1.5.1.1
... lines                          ... lines
...
$ [unget ...]                       $ [unget ...]
...                                 ...
```

Davon abweichend kann nun mit −a... im Zusammenspiel mit −r... eine völlig andere Delta-SID erzwungen werden,

```
$ get -e -a8 -r4 ...                $ delta ...
1.5                                 comments? ...
new delta 4.1                       4.1
... lines                          ... inserted
...                                 ...
```

Mit der Option −l... (list) wird unabhängig vom Abrufsmodus eine tabellarische *Delta-Spur* (delta trace) erzeugt, die mit −lp über die *Normalausgabe* (standard output) ausgegeben, und mit −l als schreibgeschützte, benannte Textdatei (l-file) angelegt wird. Diese Option erweist sich insbesondere nützlich im Zusammenhang mit den Optionen −i... und −x..., womit Deltas explizite *einbezogen* (included) beziehungsweise *ausgeschlossen* (excluded) werden können. Ein Beispiel mag das Zusammenspiel und die Wirkung veranschaulichen. Beim Aufruf mit den erwähnten Optionen ergibt sich,

```
$ get -r1.7 -x1.4 -i1.5-1.7 -l s....
Included:
1.5
1.6
1.7
Excluded:
1.4

1.7
... lines
```

wobei dann eine schreibgeschützte Datei angelegt wurde, was mit ls(1) auch gleich nachgeprüft werden kann,

```
$ ls -l l....
-r--r--r--   ... l.pgmx.c
```

Der Inhalt dieser *l-file* beschreibt zugleich die *Erzeugungsspur* (delta trace)
der abgerufenen Delta-Version,

```
$ cat l.pgmx.c
...
**   2.1 ...

**   1.3.1.1 93/10/12 09:11:44 hubert
     ...

  I 1.7 93/10/25 13:01:04 hubert
    what string inserted

  I 1.6 93/10/21 18:15:27 peter
    ...

  I 1.5 ...

**X 1.4 93/10/11 17:45:37 umberto
    fcn declaration deleted

    1.3 93/10/07 20:44:10 hubert
    ...


    ...
    1.1 93/10/06 17:20:22 hubert
         Seed Version ...
```

Die abgerufene Delta-Version 1.7 setzt sich aus den mit I 1.5, I 1.6, ...
explizite *einbezogenen* (included), dem mit X 1.4 explizite *ausgeschlossenen* (excluded) sowie den implizite einbezogenen Deltas 1.1, 1.2, 1.3 zusammen.

Für die *Sätze* (records) der *l-file* gilt das Schema,

```
<A><B><C>[SP]<SID>[HT]<Datum>[SP]<Uhrzeit>[SP]<LID>
                   [HT]<Kommentar>
                   [HT]<MRs>
```

mit den möglichen Belegungen der ersten drei Felder,

<A>   Ein Asterisk * falls das Delta nicht einbezogen wurde; andernfalls
       ein Leerzeichen SP (040).

<B>   Ein Asterisk falls das Delta *weder* einbezogen *noch* übersprungen
       (ignored) wurde; andernfalls ein Leerzeichen.

<C>   I, X oder C, entsprechend der Option −i..., −x... oder −c... mit
       welcher das Delta abgerufen wurde; andernfalls ein Leerzeichen.

Hinsichtlich der Wirkung der *symbolischen Option* −g sind mehrere
Szenarien zu betrachten. *Erstens*, zum Erzeugen der *Delta-Spur* (delta trace)
ohne jeglichen Dateiabruf gilt das einfache Schema,

```
get -g -l[p] -|<Stammdatei₁|Verzeichnis₁> ...
```

Zweitens, zur *Existenzprüfung* (existence test) von Deltas ohne Dateiabruf und Ausgabe gilt unter Angabe einer Folgenummer <S> (sequence number) oder einer <SID>,

```
get -g [-a<S>|-r<SID>] [-s] <Stammdatei1|Verzeichnis1> ...
```

Bei einer *nichtexistierenden* SID wird dann eine Fehlermeldung über die Fehlerausgabe ausgegeben und der Exit-Kode auf 1 gesetzt. Eine *existierende* SID wird dagegen über die Normalausgabe zurückgespiegelt, was jedoch mit -s unterbunden werden kann; der Exit-Kode ist 0.

Drittens kann in Verbindung mit der Option -e eine beschädigte oder versehentlich gelöschte *Sperrdatei* (p-file) wiederhergestellt werden,

```
get -g -e -|<Stammdatei1|Verzeichnis1> ...
```

Schließlich kann das jeweils jüngste Delta ohne eigentlichen Dateiabruf abgefragt werden,

```
get -g -t [-r...] -|<Stammdatei1|Verzeichnis1> ...
```

Ohne -r... wird die SID des jüngsten Deltas der *Hauptserie* (trunk) angezeigt, was jedoch mit -r... explizite auf *Nebenserien* (branches) umgelegt werden kann.

9.6.3.1 Das SID-Zuweisungsschema

Es sei zuerst an das SID-Numerierungsschema erinnert,

```
<SID>: <release>.<level>[.<branch>.<sequence>]
```
oder symbolisch,

```
<SID>: R.L.B.S                    mit R, L > 0 und B, S ≥ 0
```
wobei die Hauptserie R.L.0.0 zu R.L abgekürzt werden kann. Eine Nebenserie mit B, S > 0 muß jedoch als R.L.B.S voll angegeben werden.

Die Zuweisung der *nächsten fälligen* Delta-SID (next due SID) erfolgt bereits beim Abruf einer Arbeitsdatei mit get -e ... — und also *nicht* etwa erst bei der Abspeicherung mit *delta* —, wobei das Zusammenspiel mehrere Optionen in Betracht zu ziehen ist. Dabei soll von den folgenden Begriffsbestimmungen ausgegangen werden:

- *vorgegebene* (specified) SID, die durch Vorbelegung der Stammdatei oder Argumentoptionen von *get* angegeben wird: *Vorgabe-SID;*
- die mit *get* tatsächlich abgerufene (retrieved) SID: *Abrufs-SID;*
- die von *get* zugewiesene (assigned, created) neue SID: *Ziel-SID.*

Die Ziel-SID ist eine Funktion der Abrufs-SID, und diese eine Funktion der Vorgabe-SID, wobei allerdings noch bestimmte Nebenbedingungen (other conditions) zum Tragen kommen. Der funktionale Zusammenhang soll jetzt besprochen werden.

Im allereinfachsten Falle ist *weder* die Schaltoption $-fd...$ (flag option) in
der SCCS-Stammdatei mit einer Vorgabe-SID vorbelegt (default SID) *noch*
wird eine der Argumentoptionen $-r...$ oder $-a...$ von *get* benutzt, wobei
dann nur noch zwei Möglichkeiten verbleiben, die durch Auslassen oder Setzen der Verzweigungsoption $-b$ (branch) in der Stammdatei bestimmt sind:

```
get ... s.<name>                        get -b ... s.<name>
```

In beiden Fällen wird die SID $R_{max}.L_{max}$ der aktuellen Hauptserie $R.L$
abgerufen. Der Unterschied liegt bei der Ziel-SID! *Ohne* $-b$ wird der *level*-
Index L um Eins hochgezählt und die SID $R_{max}.(L_{max}+1)$ zugewiesen.
Mit $-b$ wird dagegen der *branch*-Index B um Eins hochgezählt und die SID
$R_{max}.L_{max}.(B_{max}+1).1$ zugewiesen, wobei $B_{max} = 0$ sein kann, was dann
in einer *neuen Abzweigung* $R_{max}.L_{max}.1.1$ (new branch) resultiert.

In allen anderen Fällen ist die Vorgabe-SID entweder implizite oder explizite
bestimmt. *Implizite* kann mit der Schaltoption $-fd...$ von **admin(1)** eine SID
vorgegeben werden (setting default SID), was sowohl beim Anlegen einer
Stammdatei als auch nachträglich eingestellt, und mit der Optionsdyade $-dd$
auch wieder abgestellt werden kann; wie zum Beispiel in,

```
$ admin -fd2.1 s.pgm.c                  $ admin -dd s....
```

Die jeweilige SID-*Vorbelegung* (current default SID) kann mit dem SCCS-
Befehl **prs(1)** und der Argumentoption $-d...$ mit dem Schlüssel $:FL:$ (data
keyword) überprüft werden,

```
$ prs -d:FL: s....                      $ prs -d:FL: s....
branch                                  branch
default SID 2.1                         null delta
null delta                              ...
...
```

Mit der SID-Vorbelegung 2.1 ergeben beide Aufrufe das gleiche Resultat,

```
$ get -e s....                          $ get -e -r2.1 s....
2.1                                     2.1
new delta 2.1.1.1                       new delta 2.1.1.1
...                                     ...
```

Mit der Vorgabe-SID entweder implizite durch Vorbelegung in der Stammdatei oder explizite mit der Argumentoption $-a...$ oder $-r...$ bestimmt, muß
noch die Verzweigungsoption $-b$ (branch) einbezogen werden,

```
get ... s.<name>                        get -b ... s.<name>
```

Tabelle 9.9 listet die tatsächlich abgerufenen und die zugewiesenen SIDs als
Funktion der Aufrufs-SID und der Option $-b$ sowie weiterer Nebenbedingungen auf, wobei R_{max}, L_{max}, B_{max} und S_{max} die bereits existierenden Maxi-
malwerte der SID-Komponenten darstellen, während R_{nh} die nächsthöhere
release-Nummer bedeutet.

Vorgabe- <SID>	Neben- bedingungen	Option b ?	Abrufs- <SID>	Ziel- <SID>
R	R > R_{max}	nein	$R_{max}.L_{max}$	R.1
		ja	$R_{max}.L_{max}$	$R_{max}.L_{max}.(B_{max}+1).1$
R	R=R_{max}	nein	$R_{max}.L_{max}$	$R_{max}.(L_{max}+1)$
		ja	$R_{max}.L_{max}$	$R_{max}.L_{max}.(B_{max}+1).1$
R	R < R_{max} und R ist neu	egal	$R_{nh}.L_{max}$	$R_{nh}.L_{max}.(B_{max}+1).1$
R	R < R_{max} und R existiert	egal	$R.L_{max}$	$R.L_{max}.(B_{max}+1).1$
R.L	kein Nachfolger in Hauptserie	nein	R.L	R.(L+1)
		ja	R.L	$R.L.(B_{max}+1).1$
R.L	Nachfolger in Hauptserie	egal	R.L	$R.L.(B_{max}+1).1$
R.L.B	kein Nachfolger in Nebenserie	nein	$R.L.B.(S_{max})$	$R.L.B.(S_{max}+1)$
		ja	$R.L.B.(S_{max})$	$R.L.(B_{max}+1).1$
R.L.B.S	kein Nachfolger in Nebenserie	nein	R.L.B.S	R.L.B.(S+1)
		ja	R.L.B.S	$R.L.(B_{max}+1).1$
R.L.B.S	Nachfolger in Nebenserie	egal	R.L.B.S	$R.L.(B_{max}+1).1$

Tabelle 9.9: SID-Abruf und -Zuweisung bei get(1)

9.6.3.2 SCCS-Variable

Beim Abruf einer *authentischen Quelldatei* (authentic source file) werden normalerweise alle im Quelltext gesetzten SCCS-*Variablen* (identification keywords) automatisch mit jeweils aktuellen Werten belegt. Die Substitution kann insgesamt mit der Aufrufsoption $-k$ unterbunden werden.

Die Variablen können in einem speziellen *Identifikationsabschnitt* (identification stub) des *Vorspannes* (header) gesetzt werden,

```
...                                 ...

Modul: %M%                          Modul: main.c
Version: %I%                        Version: 4.2
Delta-Datum: %G%                    Delta-Datum: 10/08/92

...                                 ...
```

oder aber auch in Zeichenketten-Konstanten (character string constants) zur Vorbelegung eingesetzt werden,

```
... char *pgm_id = "Version: %I%, kompiliert: %H% ...";
```

wobei die Substitution auch innerhalb von *umgebenden Doppelzitaten* (enclosing double quotes) erfolgt,[16]

```
... "Version: 4.2, kompiliert: 11/23/92 ...";
```

Von besonderem Interesse bei der C-Programmierung sind die Variablen %C% und %M%, mit welchen die *laufende Zeilennummer* (current line number) beziehungsweise den *Basisnamen der Quelldatei* (module name) an beliebiger Stelle und beliebig oft im Quellkode substituiert werden können, was im Zusammenspiel mit dem C-Präprozessor (preprocessor) zur *Synchronisierung* von Zeilennummern (line number synchronization) angewandt werden kann, wozu die Anweisung #line (ANSI) benutzt wird.[17] Die einfachsten Anwendungsformen sind,

```
...                                 ...

#line %C%                           #line %C%    %M%

...                                 ...
```

wobei der Ausgangswert der kompiler-internen Zeilennumerierung (internal line numbering) sowie der Name der Quelldatei für die unmittelbar nachfolgende Zeile erneut festgelegt werden, was beim Entfehlern (debugging) von beträchtlicher Bedeutung sein kann.

Tabelle 9.10 faßt die Variablen unter Angabe der entsprechenden *Datenschlüssel* (data keywords) von prs(1) zusammen.

---

16. Im Gegensatz zur Substitution von symbolischen Konstanten beim C-Präprozessor!

17. Eine grundlegende wie gründliche Einführung in den C-Präprozessor, unter Berücksichtigung des ANSI-Standards, wird in KA2 (1992) gegeben.

Var.	Schl.	Format	Bedeutung
`%C%`		`nn`	laufende Zeilennummer
`%D%`		`YY/DD/DD`	Delta-Abrufsdatum
`%H%`		`MM/DD/YY`	Delta-Abrufsdatum
`%T%`		`HH:MM:SS`	Delta-Abrufszeit
`%E%`	`:D:`	`YY/MM/DD`	Delta-Erzeugungsdatum
`%G%`		`MM/DD/YY`	Delta-Erzeugungsdatum
`%U%`	`:T:`	`HH:MM:SS`	Delta-Erzeugungszeit
`%I%`	`:I:`	`<SID>`	aktuelle Delta-SID: `R.L[.B.S]`

`%R%`
`%L%`
`%B%`
`%S%`
	`:R:`
	`:L:`
	`:B:`
	`:S:`
		`nn`	Komponenten der aktuellen Delta-SID

`%M%`	`:M:`	`<Bezeichner>`	(module) Basisname von abgerufenen Dateien
`%F%`	`:F:`	`<Bezeichner>`	(file) Basisname der Stammdatei
`%P%`	`:P:`	`<Verweis>`	(path) Absoluter Verweis der Stammdatei
`%Q%`	`:Q:`	`<Wort>`	Qualifikation, mit `admin -fq...` gesetzt
`%Y%`	`:Y:`	`<Wort>`	Modultyp, mit `admin -ft...` gesetzt
`%Z%`	`:Z:`	`@(#)`	Suchmarke für what(1)
`%A%`	`:A:`	Zusammengesetzt aus `%Z%%Y% %M% %I%%Z%`	
`%W%`	`:W:`	Zusammengesetzt aus `%Z%%M%[HT]%I%`	

Tabelle 9.10: SCCS-Variable von get(1)

Zu beachten in der Tabelle ist, daß *nicht alle* Variablen eindeutig den Daten-schlüsseln von prs(1) entsprechen.

Die Anwendung der Suchmarke `%Z%` (search token) sowie der zusammen-gesetzten Variablen `%A%` und `%W%` (composite keywords) wurden bereits im Abschnitt 9.5.4 im Zusammenhang mit dem Suchbefehl **what(1)** behan-delt.

9.6.4 Der Abspeicherbefehl delta(1)

Zum Erzeugen von neuen *Delta*-Versionen (delta versions) in einer oder mehreren SCCS-*Stammdateien* (masterfile; s-file) steht der Befehl **delta(1)** zur Verfügung,

```
delta    [-n] [-p] [-r] [-g<SID-Liste>] \
         [-m<MR-Liste>] [-r<SID>] [-y[<Kommentar>]] \
         -|<Stammdatei₁|Verzeichnis₁> ...
```

wobei die abzuspeichernden *Arbeitsdateien* (working files; g-files) sich im *aktuellen Arbeitsverzeichnis* (current working directory) des aufrufenden Benutzers befinden müssen; eine explizite Verweismöglichkeit auf andere Verzeichnisse besteht *nicht*.

Der Basisname der abzuspeichernden Arbeitsdatei ist durch den Bezug auf eine Stammdatei bestimmt; d.h. aus s.<Name> geht <Name> hervor. Nur *jeweils ein Delta* kann in einer Stammdatei erzeugt werden. Mit der erfolgreichen Erzeugung eines Deltas wird die abgegriffene Arbeitsdatei aus dem aktuellen Verzeichnis gelöscht, was jedoch mit der Option −n unterbunden werden kann.

Ein oder mehrere Verweise von SCCS-Stammdateien und -Verzeichnissen (Abschnitt 9.5.1) können angegeben werden. Bei Verzeichnissen werden alle darin enthaltenen SCCS-Stammdateien in alphabetischer Reihenfolge abgegriffen; alle anderen Dateien werden schweigend übergangen.

Durch Setzen eines Minuszeichens '−' anstelle der Datei- und Verzeichnisverweise am Ende der Argumentliste kann deren Eingabe über die *Normaleingabe* (standard input) durch *Umlenkung* auf (redirection) auf eine benannte Textdatei beziehungsweise durch Einspeisung aus einer Pipeline erfolgen,

```
delta ... −  < <Verweisdatei>   ... | delta ...  −
```

Mit der symbolischen Option −p werden die *gerichteten Differenzen* (directed differences) zum Vorgänger-Delta im Sinne von diff(1) (Abschnitt 8.3.2) über die Normalausgabe (standard output) ausgegeben; der Benutzer muß also in diesem Falle Sorge ob der Ausgabe-Disposition tragen. Insbesondere kann die Ausgabe in eine Auffangdatei umgelenkt oder in eine Pipeline eingespeist werden,

```
delta ... −p [-s] > <Auffangdatei>
```

beziehungsweise,

```
delta ... −p [-s] | ...
```

Die Ausgabe von Vollzugsmeldungen über die Normalausgabe kann dabei mit der symbolischen Option −s unterbunden werden. Tabelle 9.11 faßt die Aufrufsoptionen (invocation options) von *delta* zusammen.

Opt.	Bedeutung
g...	Die nachgestellten SIDs sollen beim *späteren* Abruf dieses Deltas *ausgelassen* (ignored) werden.
m...	Eine oder mehrere Modifikations-Kennungen MRs werden unmittelbar nachgestellt.
n	Die Arbeitsdatei (g-file) wird *nicht* aus dem aktuellen Verzeichnis gelöscht.
p	Die beim Delta-Vorgang erzeugten gerichteten Differenzen werden über die Normalausgabe ausgegeben.
r...	Die nachgestellte SID gibt das zu erzeugende Delta an.
s	Die Ausgabe von Vollzugsmeldungen über die Normalausgabe wird unterbunden.
y...	Delta-Kommentar

Tabelle 9.11: Aufrufsoptionen von delta(1)

Bei allen *Argumentoptionen* gelten die lexikalischen Schutzregeln (lexical protection rules) der jeweils aufrufenden Shell für die *nachgestellten Argumente*; insbesondere müssen Leer- und Sonderzeichen mit *umgebenden Einzel- oder Doppelzitaten* (enclosing single, double, quotes) geschützt werden. Längere Argumente können mit dem *Rückstrich* \ (backslash) über mehrere Eingabezeilen fortgesetzt werden.

Mit der Argumentoption −r... kann das zu erzeugende Delta explizite angegeben werden, was jedoch nur bei *beilaufender Bearbeitung multipler Arbeitsdateien* (concurrent editing; Abschnitt 9.3.3) notwendig ist; bei einer einzigen Arbeitsdatei ist das zu erzeugende Delta eindeutig bestimmt.

Die Argumentoption −m... ist nur dann zulässig, wenn mit **admin(1)** die Schaltoption −fv... bereits in der Stammdatei gesetzt wurde; andernfalls ensteht ein Fehlerzustand und der Delta-Vorgang wird abgebrochen. Eine oder mehrere Modifikations-Kennungen (MRs, modification requests) können angegeben werden; ohne nachfolgendes Argument wird die Eingabe übersprungen, was zum Überspringen der MR-Eingabe benutzt werden kann; bei völliger Auslassung der Option selbst erfolgt ein Prompt. Falls mit −fv<pgm> ein MR-Prüfprogramm (Abschnitt 9.5.3) vorgegeben wurde, erfolgt eine interne Prüfung der MRs. Bei Zurückweisung einer MR wird der Delta-Vorgang abgebrochen.

Mit der Argumentoption −y... wird die unmittelbar nachfolgende Zeichenkette als neuer Delta-Kommentar interpretiert. Ohne nachfolgendes Argument wird der Kommentar ausgelassen, was zum Überspringen der Kommentar-Eingabe benutzt werden kann; bei völliger Auslassung der Option selbst erfolgt jedoch ein Prompt.

Mit der Argumentoption −g... können ein oder mehrere Vorgänger-Deltas angegeben werden, die beim späteren Abruf des Deltas ausgelassen (ignored) werden sollen, was als *komma*-getrennte *Folge* (sequence) kodiert werden kann,

```
delta ... -g<SID1>[,<SID2> ...]
```

oder mit einem verbindenden Minuszeichen '−' als *zusammenhängender Bereich* (contiguous range),

```
delta ... -g<SID1>-<SID2> ...
```

oder auch gemischt; wie zum Beispiel in,

```
$ delta ... -g1.3,1.7,2.2-2.8 ...
```

Die Option wird zumeist im Zusammenspiel den Argumentoptionen −i... (include) und −x... (exclude) von **get(1)** (Abschnitt 9.6.3) benutzt. Als typisches Anwendungsbeispiel wäre das folgenden Szenario zu betrachten,

```
$ get -e ... -x5.8 ...        $ ...          $ delta ... -g5.6 ...
6.2                                          ...
new delta 6.3                                6.3
...                                          ...
```

wo mit dem Delta 5.6 ein Zeilenbereich (z. B. Kommentar) eingefügt, und nachfolgend mit 5.8 wieder gelöscht wurde. Beim Abruf von 6.2 wird das Delta 5.8 ausgeschlossen, d. h. der Zeilenbereich wird *nicht* gelöscht und steht in der Arbeitsdatei (als Hilfe, Muster, usw.) zur Verfügung, soll aber in der damit erzeugten Delta-Version 6.3 gar nicht erst erscheinen, was dann durch automatisches *Auslassen* (ignore) mit −g5.6 erzwungen wird.[18]

Die jeweilige Belegung dieser Optionen kann mit dem Listbefehl **prs(1)** und dem *Datenschlüssel*-Format ":Dg: (g), :Dn: (i) und :Dx: (x) " (data keywords; Unterabschnitt 9.6.3.2) *delta-bezogen* abgefragt werden,

```
$ prs ... -r6.5 ... -d"SID::I: g::Dg: i::Dn: x::Dx: ..." ...
...
SID:6.5  g:17 ... x:19 ...
...
```

wobei 17 und 19 die *Folgenummern* (sequence numbers) der Deltas 5.6 und 5.8 sind.

Mit der erfolgreichen Abspeicherung einer Arbeitsdatei wird der entsprechende Sperrvermerk aus der Sperrdatei (p-file), und diese mit dem letzten oder einzigen Eintrag gelöscht, was mit dem weiter unten (Unterabschnitt 9.6.5.2) besprochenen Hilfsbefehl sact(1) überprüft werden kann.

---

18. Der feine semantische Unterschied zwischen *auslassen* (ignore) und *ausschließen* (exclude) ist zu beachten.

9.6.5 SCCS-Hilfsbefehle

Im folgenden sollen die SCCS-Hilfsbefehle (auxiliary commands) vorgestellt
werden. Sie dienen in der Hauptsache zur Verwaltung sowie zur Prüfung und
Pflege von SCCS-Stammdateien.

Mit wenigen Ausnahmen, was im jeweiligen Kontext hervorgehoben werden
soll, soll bei den meisten Befehlen das bereits wiederholt vorgestellte
Bezugsschema auf SCCS-Stammdateien und SCCS-Verzeichnisse (masterfiles, directories; Abschnitt 9.5.1) unterstellt werden,

```
<Befehl>  ...  -|<Stammdatei1|Verzeichnis1> ...
```

wobei ein oder mehrere Verweise angegeben werden können. Bei Verzeichnissen werden alle darin enthaltenen SCCS-Stammdateien in alphabetischer
Reihenfolge abgegriffen; alle anderen Dateien, die *nicht* mit dem Präfix s . ...
beginnen, werden schweigend übergangen.

Durch Setzen eines Minuszeichens '–' anstelle der Datei- und Verzeichnisverweise am Ende der Argumentliste kann deren Eingabe über die *Normaleingabe* (standard input) durch *Umlenkung* auf (I/O redirection) auf eine
benannte Textdatei beziehungsweise durch Einspeisung aus einer Pipeline
erfolgen,

```
<Befehl> ... - < <Verweisdatei>      ... | <Befehl> ... -
```

Ausgenommen von diesem Schema sind die Befehle help(1), sccsdiff(1)
sowie val(1).

9.6.5.1 Der Löschbefehl rmdel(1)

Nur Deltas ohne Nachfolger — also nur *Blätter* (leaves) — können aus einer
Stammdatei gelöscht werden, wozu der Befehl **rmdel(1)** (remove delta) zur
Verfügung steht,

```
rmdelta   -r<SID>   -|<Stammdatei1|Verzeichnis1> ...
```

Nur jeweils ein Delta kann gelöscht werden, wozu genau eine *vollständig
ausgeschriebene* (fully qualified) SID angegeben werden muß.

Ein Fehlerzustand entsteht falls die angegebene SID nicht als Blatt oder überhaupt nicht existiert, oder falls eine *Sperrdatei* (p-file) die SID enthält, was
mit sact(1) nachgeprüft werden kann.

Die *Identifikationsabschnitte* (identification stubs) von gelöschten Deltas
bleiben in der Stammdatei erhalten, selbst wenn danach ein neues Delta mit
identischer SID erzeugt wird. Der Verlauf kann mit dem Schlüssel :DT:
und der Option -a von prs(1) (Abschnitt 9.62) aufgelistet werden. Ein
zusammenfassendes Beispiel mag dies veranschaulichen,

```
$ rmdel -r5.20 s.…

…
$ prs -d":I: :DT: …" -r5.20 -e s.…
5.20R
5.19D
5.18D
5.18R
5.18R

…
```

Das Delta 5.20 wurde ersatzlos gelöscht, was mit R (removed) angezeigt
wird. Delta 5.19 ist extant (D), während Delta 5.18 gleich zweimal gelöscht,
danach aber letztendlich ersetzt wurde. Eine diesbezüglich erklärende
Beschreibung der Struktur von SCCS-Stammdateien wird im Abschnitt 9.6.7
gegeben.

9.6.5.2 Statusanzeige mit sact(1)

Der Arbeitszustand von Stammdateien kann mit dem Befehl **sact(1)** abgefragt werden, wobei alle aktuellen Arbeitszyklen angezeigt werden,

```
sact   -|<Stammdatei1|Verzeichnis1> …
```

wobei die *Sperrdateien* (p-files) der Stammdateien abgegriffen werden. Der
Befehl ist insbesondere bei der *beilaufenden Bearbeitung multipler Arbeitsdateien* (concurrent editing; Abschnitt 9.3.3) von Nutzen,

```
$ sact s.…
5.19 5.20 hubert 93/11/04 19:42:03
5.10 5.10.1.1 umberto 93/11/04 19:43:04
5.2 5.2.1.1 anton 93/11/04 19:43:47 -i1.7.1.1 -x1.8
…
```

Die in den Sperrdateien enthaltenen *Sperrvermerke* (p-entries) setzen sich aus
mindestens 5 Feldern zusammen, die durch je ein Leerzeichen getrennt sind,

```
<Ausgangs-SID> <Ziel-SID> <LID> <Datum> <Uhrzeit> [-i<SID>…][-x<SID>…]
```

gefolgt von den mit der Argumentoption −i… von get(1) *einbezogenen*
(included) beziehungsweise mit −x… *ausgeschlossenen* (excluded) SIDs.
Mit der erfolgreichen Abspeicherung einer Arbeitsdatei mit delta(1) oder
dem Rücksetzen eines Arbeitszyklus mit unget(1) wird der entsprechende
Sperrvermerk aus der Sperrdatei, und diese mit dem letzten Eintrag aus dem
SCCS-Verzeichnis gelöscht.

9.6.5.3 Der Rücksetzbefehl unget(1)

Ein mit `get -e` … eingeleiteter aber nun abzubrechender Arbeitszyklus
kann mit dem Befehl **unget(1)** rückgängig gemacht werden,

```
unget [-r<SID>][-n][-s]  -|<Stammdatei₁|Verzeichnis₁> ...
```

wobei die *Arbeitsdatei* (working file, g-file) normalerweise aus dem aktuellen
Verzeichnis gelöscht wird, was jedoch mit der symbolischen Option `-n`
unterbunden werden kann. Mit der Option `-s` wird die Ausgabe von Vollzugsmeldungen über die Normalausgabe unterbunden.

Mit der Argumentoption `-r`… kann die Ausgangs-SID explizite angegeben
werden, was jedoch nur bei *beilaufender Bearbeitung multipler Arbeitsdateien* (concurrent editing; Abschnitt 9.3.3) notwendig ist, in welchem Fall
auch nur der entsprechende Sperrvermerk in der *Sperrdatei* (p-file) gelöscht
wird, nicht aber die Datei selbst. Erst beim Rücksetzen des letzten beziehungsweise einzigen Arbeitszyklus ist die SID eindeutig bestimmt, in welchem Fall auch die Sperrdatei selbst gelöscht wird.

9.6.5.4 Der Editierbefehl cdc(1)

Sowohl *Delta-Kommentare* (delta comments) als auch die *Modifikations-
Kennungen* (MRs, modification requests; Abschnitt 9.5.3) können editiert
werden, wozu der Befehl **cdc(1)** (change delta comment) mit den folgenden
Aufrufsoptionen (invocation options) zur Verfügung steht,

```
cdc -r<SID> [-y[<Kommentar>]][-m[<MR-Liste>]]\
            -|<Stammdatei₁|Verzeichnis₁> ...
```

Nur jeweils ein Delta kann editiert werden, wozu genau eine SID *vollständig
angegeben* (fully qualified) werden muß.

Bei den beiden *Argumentoptionen* gelten die lexikalischen Schutzregeln
(lexical protection rules) der jeweils aufrufenden Shell für die *nachgestellten
Argumente*; insbesondere müssen Leer- und Sonderzeichen mit *umgebenden
Einzel- oder Doppelzitaten* (enclosing single, double, quotes) geschützt werden. Längere Argumente können mit dem *Rückstrich* \ (backslash) über
mehrere Eingabezeilen fortgesetzt werden.

Mit der Argumentoption `-y`… wird die unmittelbar nachfolgende Zeichenkette als neuer Delta-Kommentar interpretiert. Bei Auslassung des Argumen-
tes erfolgt keine Veränderung, was zum Überspringen der Kommentar-
Eingabe benutzt werden kann; bei völliger Auslassung der Option selbst
erfolgt jedoch ein Prompt.

Wegen möglicher administrativer (oder legaler) Konsequenzen wird der alte Kommentar nicht entfernt, sondern bleibt erhalten, wobei eine Zwischenzeile mit dem Datum und der Zeit sowie der Login-Kennung des ausführenden Benutzers eingefügt wird,

```
...
<neuer Kommentar>
*** CHANGED *** <Datum> <Zeit> <LID>
<alter Kommentar>
...
```

Die Argumentoption −m... ist nur dann zulässig, wenn mit admin(1) die Schaltoption −fv... in der Stammdatei gesetzt wurde (Abschnitt 9.6.1); andernfalls ensteht ein Fehlerzustand und der Befehl wird abgebrochen. Eine oder mehrere Modifikations-Kennungen (MRs, modification requests) können hinzugefügt oder gelöscht werden; ohne jegliches nachfolgendes Argument wird die Eingabe übersprungen; bei völliger Auslassung der Option erfolgt jedoch ein Prompt. Falls mit −fv<pgm> ein MR-Prüfprogramm (validation program; Abschnitt 9.5.3) vorgegeben wurde, erfolgt eine interne Prüfung der angegebenen MRs. Bei Zurückweisung einer MR wird der Befehl abgebrochen.

Folgen von MRs müssen wegen der trennenden Leerzeichen mit umgebenden Einzel- oder Doppelzitaten (enclosing single, double, quotes) geschützt werden; bei zu löschenden MRs muß das Ausrufungszeichen (exclamation mark) vorangestellt werden; wie zum Beispiel in,

```
% cdc ... −m"X.123 Y.234 ... \!A.321 \!B.432 ..."  s....
```

wobei das Ausrufungszeichen in der C-Shell dazu noch individuell mit dem Rückstrich \ (backslash) abgedeckt werden muß.[19] Das Resultat kann einfachst mit prs(1) inspiziert werden,

```
$ prs ... s....
...
MRs: ... X.123 Y.234 ...
COMMENTS:
*** LIST OF DELETED MRS ***
A.321 B.432 ...
...
```

wobei zu beachten ist, daß die gelöschten MRs am Anfang der Kommentar-Liste abgelegt wurden.

---

19. Da sonst eine Substitution aus dem *Befehlspuffer* (history buffer) erfogt. KA1 (1992) gibt eine grundlegende Einführung in diese und verwandte Aspekte der C-Shell.

9.6.5.5 Das Vergleichen von Deltas mit sccsdiff(1)

Mit dem Befehl **sccsdiff(1)** können jeweils zwei Deltas nach den folgenden
Schemata und Optionen (invocation options) verglichen werden,

```
sccsdiff  -r<SID1>  -r<SID2>  [-p][-s<Blocks>] \
          -|<Stammdatei1|Verzeichnis1> ...
```

wobei *gerichtete Differenzen* (directed differences) im Sinne von diff(1)
(Abschnitt 8.3.2) erzeugt werden. Mit der symbolischen Option −p wird die
Ausgabe im Sinne von **pr(1)** seitenweise formatiert. Mit der Argumentoption
−s... kann die Größe der Dateisegmente während des internen Transfers zwischen den Hilfsprogrammen bdiff(1) und diff(1) festgelegt werden, was bei
hoher Systemauslastung wichtig sein kann.

Die Ausgabe erfolgt in allen Fällen über die Normalausgabe (standard output); Meldungen werden getrennt über die Fehlerausgabe (standard error)
ausgegeben. Der Benutzer muß also Sorge hinsichtlich der Ausgabe-Disposition tragen. Insbesondere kann die Ausgabe in eine Auffangdatei umgelenkt
(I/O redirection) oder in eine Pipeline eingespeist werden,

```
sccsdiff ...  >  <Auffangdatei>        sccsdiff ... | ...
```

9.6.5.6 Der Faltbefehl comb(1)

Einzelne oder ganze Folgen von Deltas, die mit Sicherheit nicht mehr explizite abgegriffen werden sollen, können *zusammengefaltet* werden, was
sowohl eine administrative Straffung als auch eine beträchtliche prozedurelle
Leistungssteigerung sowie zumeist auch eine nicht unbeträchtliche Verringerung der Dateigröße und damit Einsparung an Speicherplatz mit sich bringt.
Der dazu benötigte Faltbefehl **comb(1)** (combine) wird nach den folgenden
Schemata und Optionen (invocation options) aufgerufen,

```
comb    [-c<SID-Folge>|-p<Stich-SID>] [-o][-s] \
        -|<Stammdatei1|Verzeichnis1> ...
```

wobei grundsätzlich ein *Shell-Skript* (shell script) erzeugt und über die Normalausgabe ausgegeben wird. Der Benutzer muß also Sorge ob der eigentlichen Ausführung tragen, wobei zwei Modi zu betrachten sind,

```
$ comb ... > falt.sh              $ comb ... | sh −e
$ chmod +x falt.sh                ...
$ falt.sh
...
```

d. h. einerseits (links) kann das Skript durch *Umlenkung* der Ausgabe (I/O-
redirection) in einer entsprechend benannten Auffangdatei abgelegt werden,
die dann mit dem Befehl chmod(1) (change mode) *ausführbar* (executable)
gemacht wird und dann als Befehl auf der Shell-Ebene aufgerufen wird. Der
Vorteil dieser Methode ist, daß die Datei inspiziert und gegebenenfalls mit
einem Texteditor wie vi(1) modifiziert werden kann.

Andererseits (rechts) kann das von *comb* erzeugte Skript über eine *Shell-Pipeline* (shell pipeline) unmittelbar in eine als Durchlauf-Interpreter (stream interpreter) fungierende Shell eingespeist werden, wobei mit der Shell-Option −e die Ausführung beim ersten Fehlerzustand sofort abgebrochen wird.

Streng zu beachten ist, daß das von *comb* erzeugte Skript von der BOURNE-Shell **sh(1)** ausgeführt werden muß.[20]

Ohne jegliche Optionen wird der Delta-Baum auf ein absolutes Minimum reduziert, wobei nur die *Blatt*-Deltas (leaf deltas, leaves) nebst den dazu notwendigen *Träger*-Deltas (supporting deltas) sowie der *Urversion* (root delta) — normalwerweise also SID 1.1 — erhalten bleiben.

Mit der Argumentoption −c... (conserve) können ein oder mehrere zu erhaltende Deltas angegeben werden, was sowohl als komma-getrennte *Folge* (sequence) als auch mit einem verbindenden Minuszeichen '−' als *zusammenhängender Bereich* (contiguous range) kodiert werden kann,

```
comb ... -c<SID1>[,<SID2>...]        comb ... -c<SID1>-<SID2>...
```

was auch gemischt werden kann; wie zum Beispiel in,

```
$ comb ... -c2.3,3.7,4.2-4.8...
```

Mit der *komplementären* Argumentoption −p... (preserve) kann dagegen das älteste aller zu erhaltenden Deltas angegeben werden, wobei alle (noch) älteren Deltas zusammengefaltet werden; wie zum Beispiel in,

```
$ comb ... -p1.22 ...
```

womit alle vorhergehenden Deltas bis SID 1.22 zusammengefaltet werden.

Die beiden Optionen schließen einander aus und dürfen *nicht* gleichzeitig gesetzt werden!

Mit der Option −o (optimize) wird der Delta-Baum — soweit es um einen solchen handelt — auf den *Stamm* (trunk) der Hauptserie zusammengefaltet; d.h. also linearisiert, wobei die ursprüngliche Reihenfolge der verbleibenden Deltas jedoch implizite erhalten bleibt.

Jede dieser Optionen kann zuerst hinsichtlich der jeweils realisierbaren Einsparung an Speicherplatz ausprobiert werden, wozu die symbolische Option −s (size) dient. Das damit erzeugte Shell-Skript führt die Faltung an einer Testdatei aus, die dann mit der Ausgangsdatei verglichen wird. Der Prozentunterschied wird dann ausgegeben.

---

20. Insbesondere darf also die erste Zeile *nicht* mit einem Dur-Zeichen # (sharp sign) beginnen, was beim Nacheditieren zu beachten ist.

9.6.5.7 Der Prüfbefehl val(1)

Stammdateien beziehungsweise Deltas können hinsichtlich mehrerer Kriterien überprüft werden, bevor ein eigentlicher Abgriff stattfindet, wozu der Prüfbefehl **val(1)** (validation) zur Verfügung steht. Die erste von zwei möglichen Aufrufsformen und -optionen (invocation options) ist,

```
val    [-s][-r<SID>][-m<Bezeichner>][-y<Zeichenkette>]\
       <Stammdatei₁|Verzeichnis₁> ...
```

wobei eine oder mehrere SCCS-Stammdateien oder SCCS-Verzeichnisse angegeben werden können.

Mit der symbolischen Option −s (silent) wird die Ausgabe von Meldungen über die Normalausgabe (standard output) abgestellt; das Resultat muß dann dem *niedrigwertigen Oktett* (low-order byte) des *Exit-Kodes* auf der Shell-Ebene (exit code; Abschnitt 1.2.2.2) entnommen werden, was zumeist in den Konstrukten der bedingten Ablaufsteuerung in Shell-Skripten benutzt wird.

Tabelle 9.12 listet die signifikanten Bits und deren Bedeutung auf; der angegebene Dezimalwert entspricht dem Exit-Kode auf der Shell-Ebene. Zu beachten ist, daß sich mehrere Kriterien im Sinne des logischer OR überlagern können, wobei die entsprechenden Dezimalwerte dann addiert werden.

Bit	Dez.	Bedeutung
0	128	Der Verweis auf die Stammdatei fehlt
1	64	Eine oder mehrere fehlerhafte Optionen gesetzt
2	32	Eine beschädigte Stammdatei
3	16	Zugriffsfehler: die angegebene Datei kann nicht gelesen werden oder stellt keine SCCS-Stammdatei dar
4	8	Die angegebene SID ist fehlerhaft oder unvollständig
5	4	Die angegebene SID existiert nicht
6	2	Die der Argumentoption −y... nachgestellte Zeichenkette stimmt mit der SCCS-Variablen %Y% *nicht* überein
7	1	Der −m... nachgestellte Bezeichner stimmt mit der SCCS-Variablen %M% *nicht* überein

Tabelle 9.12: Rückgabewerte von val(1)

Als Beispiel wäre eine Stammdatei namens `s.pgm.c` zu betrachten, mit den Belegungen der Variablen `%M%` und `%Y%`,

```
$ prs -d"M::M:  Y::Y:" s.pgm.c
M:pgm.c  Y:C-Code
```

Dann ergibt der Aufruf,

```
$ val -r1.2.3 -m"prog.c" -y"C-Kode" s.pgm.c
s.pgm.c: %M%, -m mismatch
s.pgm.c: %Y%, -y mismatch
s.pgm.c: SID invalid or ambiguous
```

und eine sofortige Abfrage des Exit-Kodes ergibt,[21]

```
$ echo $?
11
```

Bei der zweiten Aufrufsform wird ein Minuszeichen '-' anstelle der Aufrufsargumente gesetzt; die Argumente werden dann über die Normaleingabe (standard input) eingelesen, wobei sich zwei typische Anwendungssituationen ergeben,

```
val - < <Befehlsdatei>              ... | val - ...
```

d. h. die Aufrufsargumente können aus einer Art von Befehlsdatei eingelesen oder aus einer Pipeline eingespeist werden, wobei der Zeilenvorschub LF (012) jeweils eine neue Befehlszeile definiert. Die Anwendung liegt zumeist bei Programmierung von dedizierten Shell-Skripten zur Verwaltung eines größeren SCCS-Systems.

---

21. Die Aufrufe erfolgten in der BOURNE-Shell. In der C-Shell wird der Exit-Kode mit der Systemvariablen `$status` abgegriffen.

.tet mit einer beträchtlichen Anzahl von Dateien, darunter insbe-
Stammdatei (masterfile, s-file), eine oder mehrere *Arbeitsdateien*
iles; g-files) sowie Sicherungs- und Sperrdateien, welche die
d Aktualisierungsvorgänge begleiten und absichern. Tabelle 9.13
CS-Dateien (files) zusammen.

Beispiel	Bedeutung
s.pgm.c	(s-file) SCCS-Stammdatei
pgm.c	(g-file) Arbeitsdatei mit `get -e ...` abgerufen
l.pgm.c	(l-file) Delta-Spur mit `get -l ...` erzeugt
p.pgm.c	(p-file) Begleitende Sperrdatei mit `get -e ...` erzeugt
d.pgm.c	(d-file) Transiente Vergleichsdatei beim Delta-Vorgang
q.pgm.c	(q-file) Transiente Hilfsdatei beim Aktualisieren der Sperrdatei während des Delta-Vorganges
x.pgm.c	(x-file) Transiente Sicherungsdatei beim Aktualisieren der Stammdatei
z.pgm.c	(z-file) Transiente Sperrdatei beim Aktualisieren der Stammdatei

3: SCCS-Dateien

ı ist, daß sich jeweils nur eine Arbeitsdatei und gegebenenfalls die
: Delta-Spur im *aktuellen Arbeitsverzeichnis* (current working
les Benutzers befinden können. Alle anderen SCCS-Dateien ver-
Mutterverzeichnis (parent directory) der SCCS-Stammdatei (was
ıch mit dem aktuellen Arbeitsverzeichnis zusammenfallen kann).

eigt eine *Momentaufnahme* (snapshot) der beim Delta-Vorgang
eziehungsweise erzeugten SCCS-Dateien.[22]

```
pgm*
-  1 hubert         287 Oct 25 13:01  d.pgm.c
-  1 hubert          33 Oct 25 13:00  p.pgm.c
-  1 hubert           0 Oct 25 13:01  q.pgm.c
-  1 hubert         287 Oct 25 13:00  pgm.c
-  1 hubert        1997 Oct 25 13:00  s.pgm.c
-  1 hubert           0 Oct 25 13:01  x.pgm.c
-  1 hubert           4 Oct 25 13:01  z.pgm.c
```

mit einem Shell-Skript anstelle des des MR-Prüfprogrammes (Abschnitt 9.5.3)
ogen werden kann.

```
$ file *pgm*
d.pgm.c:   c program text
p.pgm.c:   ascii text
q.pgm.c:   empty
  pgm.c:   c program text
s.pgm.c:   sccs
x.pgm.c:   empty
z.pgm.c:   ascii text
```

<u>Bild 9.12: Beim Delta-Vorgang benutzte SCCS-Dateien</u>

wobei die Befehle **ls(1)** beziehungsweise **file(1)** benutzt wurden. Von Interesse ist, daß die Dateien q.... und x.... leer sind und im wesentlichen *semaphorischen* Zwecken (semaphoric purposes) dienen.

<u>Die Struktur von SCCS-Stammdateien</u>

SCCS-*Stammdateien* (masterfiles; s-files) sind *konforme Textdateien* (conforming text files; Abschnitt 1.2.5), die sich unverändert aus ASCII-Zeichen gemäß **ascii(5)** mit einer Oktalwertigkeit von 00-0177 zusammensetzten. Diese lexikalische Einschränkung (lexical restriction) gilt unverändert unter **SVR4**. Die für das jeweilige System verbindlichen Einzelheiten sind unter dem Eintrag **sccsfile(4)/PHB** aufgeführt.

Auf der aus Worten und Zeilen bestehenden logischen Grundstruktur von Textdateien setzt die topologische SCCS-Funktionalstruktur auf, die durch ihre robuste Einfachheit besticht. Die eigentliche Differentialstruktur des Quelltextkörpers ist *nothing short of ingenious*.

Mit Ausnahme des eigentlichen *Quelltextes* (actual source text) beginnt jede SCCS-Zeile mit dem *nichtdarstellbaren* (unprintable) ASCII-Zeichen SOH (01), was verschiedentlich durch das *at-Zeichen*[23] @ oder die symbolische Dyade ^A dargestellt wird,

@...   ^A...

wobei letzteres der UNIX-üblichen symbolischen Darstellung entspricht und auch von von ex(1)/vi(1) (Abschnitt 4.5) auch so angezeigt wird.[24] Im folgenden soll jedoch der Lesbarkeit halber das *at-Zeichen* benutzt werden.

Die erste Zeile jeder Stammdatei fungiert als *Kopfteil* (header) und beginnt mit dem Buchstaben h eingeleitet, gefolgt von der *Prüfsumme nnn...* (checksum) des gesamten nachfolgenden Textkörpers,

@h*nnn*...   @h173471

---

23. Das *at*-Zeichen, auch als "Klammeraffe" bekannt, substituiert die englische Präposition *at*, wie *bei* @ $ 3.50 in Preisschildern.

24. Tatsächlich können SCCS-Stammdateien mit allen einheimischen UNIX-Werkzeugen und Einrichtungen der Textverarbeitung bearbeitet werden, darunter insbesondere die Texteditoren ed(1) und ex(1)/vie(1).

Der danach beginnende eigentliche Körper der Stammdatei setzt sich aus drei Abschnitten zusammen, die ihrerseits aus einer variablen Anzahl von Segmenten bestehen. Bild 9.13 veranschaulicht das topologische Schema.

Wie zu ersehen ist, besteht eine SCCS-Stammdatei neben dem Kopfteil (header) aus drei *Abschnitten* (sections),

• die Delta-Liste
• die Attributs-Tabelle der Stammdatei
• der eigentliche Quelltext

Die *Delta-Liste* (delta table) besteht aus einer variablen Anzahl von *Delta-Einträgen* (delta entries), die als Folgen von Zeilen kodiert und mit den Dyaden `@s` ... `@e` begrenzt sind. Jede Zeile enthält ein oder mehrere Delta-Attribute. Die mit `@s` gekennzeichnete erste Zeile enthält die Anzahl der beim Delta-Vorgang jeweils eingefügten (inserted), gelöschten (deleted) und unverändert (unchanged) geblieben Zeilen, gefolgt von Zeile `@d` mit dem Delta-Status D (deleted) oder R (retained), der aktuellen Delta-SID, Datum, Zeit und Login-Kennung der Erzeugungs sowie der aktuellen und der vorhergehenden Folgenummer (sequence number). Die nachfolgenden Attribute `@i` ... `@c` können mit den angedeuteten Argumentoptionen von get(1) beziehungsweise delta(1) gesetzt werden. Mit `@e` wird der Delta-Eintrag abgeschlossen.

Die *Attributs-Tabelle der Stammdatei* (file attribute table) besteht aus drei *Segmenten*,

• die Benutzerliste
• die Liste der Schaltoptionen
• der Begleittext

Die Liste der *get-* und *delta*-berechtigten Benutzer (authorized user list; Abschnitt 9.5.2) beginnt mit `@u` (Minuskel) und endet mit `@U` (Majuskel). Die Liste kann völlig leer sein, im welchem Falle keine Beschränkung besteht. Mit `admin -a...` ... können berechtigte Benutzer hinzugefügt, und mit `admin -e...` ... wieder entfern werden.

Die *Schaltoptionen* (flags) sind mit der Dyade `@f` gekennzeichnet, gefolgt von den entsprechenden Optionsbuchstaben von admin(1). Lediglich die Zeile `@f z...` ist für internen Gebrauch reserviert.

Der *Begleittext* (file description) beginnt mit `@t` (Minuskel) und endet mit `@T` (Majuskel), womit zugleich die Attributs-Tabelle der Stammdatei endet.

Der eigentliche *Quelltext* (source code) wird als eine *verschachtelte Differential-Struktur* (nested differential structure) dargestellt, wobei die Differenzen der Reihenfolge der Deltas entsprechend von außen (ältest) nach innen (jüngst) über den Ursprungstext verschachtelt sind.

@h<Prüfsumme>	Kopfteil
@s <eingefügt>/<gelöscht>/<unverändert> @d D|R <SID> <Datum> <Zeit> <LID> <Fn> <Vn> @i <SID1> ... @x <SID1> ... @g <SID1> ... @m <MR1> ... @c <Delta-Kommentar> ... @e	jüngster Delta-Eintrag get -i... get -x... delta -g... delta -m... delta -y...
@s ... ... @e ...	vorhergehende Deltas
@u <LID1|GID1> ... @U	-a... Benutzerliste -e... admin(1)
@f t <%Y%> @f v <MR-Prüfprogramm> @f i <ID-Schlüssel> @f b @f m <%M%> @f f <Rmin> @f c <Rmax> @f d <SID> @f n @f j @f l <SID1> ... @f q <%Q%> @f z <Schnittstellen-Feld>	-ft... Schaltoptionen -fv... admin(1) -fi... -fb -fm... -ff... -fc... -fd... -fn -fj -fl... -fq...
@t <Begleittext> @T	-t...
@I 1 ... @... <Fn> ... <Ursprungstext> ... @E <Fn> ... @E 1	Verschachtelte Differential-Struktur des Quelltextes

Bild 9.13: Struktur von SCCS-Stammdateien

Nur zwei Arten von Differenz-Operatoren werden benutzt: Einfügen (inserting) und Entfernen (deleting) von Zeilen und Zeilenbereichen,

```
...                             ...
@I <Fn>                         @D <Fn>
<Textzeile>                     <Textzeile>
...                             ...
@E <Fn>                         @E <Fn>
...                             ...
```

wobei jede Differenz-Operation mit der chronologischen Delta-Folgenummer enumeriert ist. Bild 9.14 illustriert dies für die eingangs in Abschnitt 9.2 vorgestellte Ausgangssituation.

```
...
^AI 1
/*---------------------------------------
^AD 2
.   Copyright 1992, 1993 by ...
    No unauthorized use ...
    No warranties ...
    ...
------------------------------------------*/
/*---------------------------------------
^AE 2
  Modul: %M%
  Version: %I%
...
```

Bild 9.14: Beispiel von Delta-Differenzen

10 Das Modul-Verwaltungssystem make(1)

Bei nahezu allen größeren *modularisierten* EDV-Projekten wie komplexere *Programmverbunde* (program suites, ensembles), modulare Datenbanken und umfangreichere Dokumentationssysteme, die einer ständigen Aktualisierung ausgesetzt sind, stehen zwei Problemkreise im Vordergrund:

* die Prozedur des Zusammenstellens;
* die Synchronisierung der konstituierenden Module.

Nur bei kleinen Projekten kann das *Zusammenstellen* des Verbundes (assembly) als eine noch übersichtliche *lineare Befehlsfolge* (linear command sequence) vorgegeben werden, die durch einfache *Befehlsdateien* (command files) oder sogar noch manuell ausgeführt werden kann. Und nur bei sehr einfachen Verbunden, die sich aus wenigen *wechselseitig unabhängigen Bausteinen* (mutually independent modules) in einer einzigen untergeordneten Ebene linear zusammensetzen, kann das *Synchronisierungsproblem* (synchronization problem) durch eine *unterschiedslose globale Aktualisierung* (indiscriminate global updating) umgangen werden — sinnvoll gelöst wird es dadurch nicht.

Bei komplexeren Projekten, die sich aus einer größeren Anzahl von Modulen zusammensetzen, die ihrerseits über mehrere Abhängigkeitsebenen verschachtelt sind und in einer dementsprechend genau festgelegten Reihenfolge aktualisiert und eingebunden werden müssen, kann kaum noch mit linearen Befehlsfolgen gearbeitet werden. Dazu kommt, daß der *overkill*-Ansatz einer unterschiedslos erzwungenen globalen Aktualisierung im allgemeinen nicht mehr tragbar ist; insbesondere wenn die Aktualisierung der Module mit beträchtlichem Aufwand verbunden ist.

Als ein erstes Beispiel wäre das Abhängigkeitsschema eines komplexen Dokumentationssystems mit assoziativer *Verweisstruktur* (lookup structure) zu betrachten. Bild 10.1 veranschaulicht dies.

Zu beachten in dem Schema ist, daß die *Abhängigkeitsrichtung* (dependency flow) von unten nach oben, und dementsprechen die *Aktualisierungsrichtung* (update flow) umgekehrt von oben nach unten verläuft. Jede Veränderungen auf einer *übergeordneten Ebene* (superordinated level) verursacht Veränderungen auf der jeweils *untergeordneten* (subordinated) Ebene. Auf der *untersten Abhängigkeitsebene* (bottom level, dependency) des *Endproduktes* (final product) — hier die globale Such- und Verweistabelle (global search, lookup table, index) — kann letztendlich überhaupt keine eigenständige und insbesondere keine *willkürliche Veränderung* (arbitrary change) sinnvoll erfolgen!

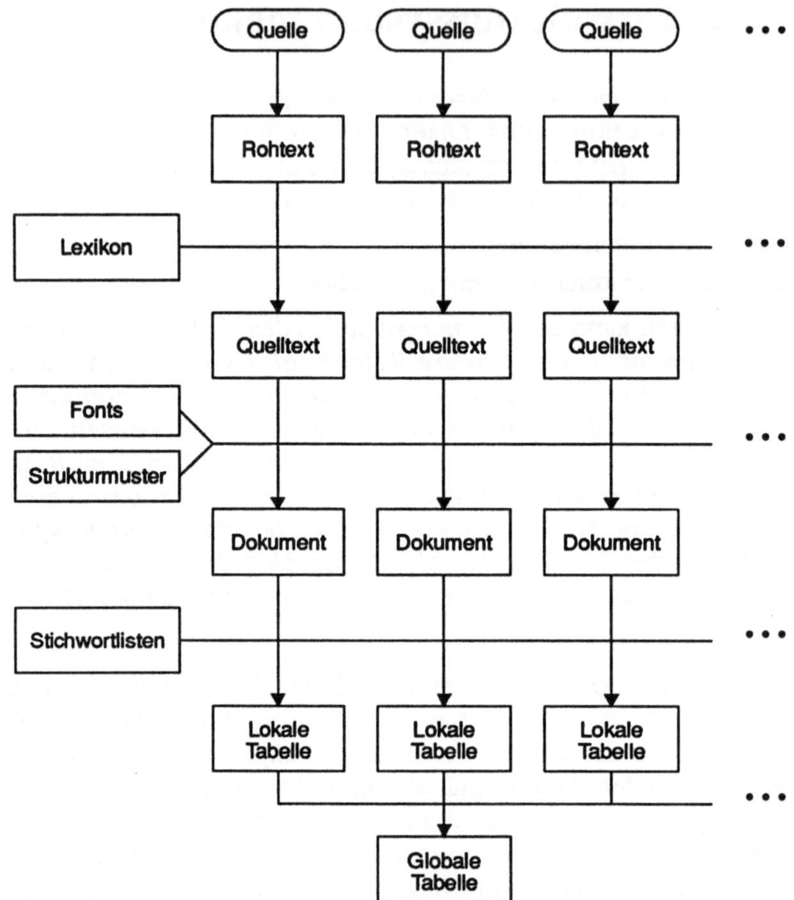

Bild 10.1: Abhängigkeitsschema eines Dokumentationssystems

Auf der zweithöchsten Ebene, wenn zum Beispiel in Bild 10.1 das *Lexikon* (dictionary) korrigiert, erweitert oder sonstwie verändert wird, muß der gesamte Verbund von hier an nach unten aktualisiert werden. Zuerst wird der *Rohtext* (raw text) aller Kapitel auf die nun veränderte *Rechtschreibung* (spelling) hin überprüft, wobei die *Quelldateien* (source files) aktualisiert werden, aus denen dann unter Zuhilfenahme von *Strukturmustern* (templates), *Makros* (macros) und *Letternsätzen* (fonts) neue präsentable *Dokumente* erzeugt werden. Aus diesen werden dann die lokalen Verweistabellen extrahiert, aus denen schließlich die globale Suchtabelle erzeugt wird.

Zum anderen aber, falls eben nur der Rohtext eines bestimmten Kapitels verändert wird, dann erfolgt die Aufarbeitung nur entlang der davon ausgehenden *Abhängigkeitsspur* (dependency path), alle anderen Bausteine bleiben unberührt. Ein Gleiches gilt für Veränderungen der Strukturmuster, Makros usw.

Zwei *Grenzsituationen* (borderline scenarios) müssen in diesem Zusammenhang betrachtet werden. *Einerseits*, vom Kenntnisstand der gerade erfolgten Aktualisierung eines oder mehrerer Module ausgehend, kann natürlich eine unmittelbare, gezielte Rekonstituierung des Endproduktes durch die beteiligten Mitarbeiter ausgeführt werden. Erst nach erfolgreicher Durchführung wird das aktualisierte Produkt dann zur Benutzung freigegeben. Dieses Szenario setzt einen hohen *Synchronisierungsgrad* (close synchronization) zwischen Erstellern und Benutzern voraus, wobei erstere den Takt angeben. Unter sehr günstigen Umständen kann der Rekonstituierungsvorgang noch mit manuellen Befehlsfolgen beziehungsweise einfachen Befehlsdateien ausgeführt werden.[1]

Andererseits jedoch, und insbesondere bei *sporadischer* oder sich *länger hinziehender Aktualisierung* (sporadic, protracted, updating), muß den Benutzern[2] die Gelegenheit gegeben werden, ein auf dem jeweils *letzten Stand* beruhendes Endprodukt (most recent product version) *jederzeit* abrufen zu können, ohne auf die unmittelbare Hilfe der Ersteller angewiesen zu sein. Diese Anforderung läßt sich kaum noch mit vorgegebenen manuellen Befehlsfolgen erfüllen, zumal diese dann von außenstehenden Benutzern oder Kunden ausgeführt werden müßten.

Diese und verwandte Anforderungen können letztendlich nur noch mit programmierten Prozeduren zuverlässig erfüllt werden. Unter UNIX können dafür spezielle Shell-Skripte oder auch C-Programme entwickelt werden, was auch häufig genug der Fall ist. Soweit es sich dabei um *interne* (in-house) Projekte handelt, die von ebenso kompetenten wie permanenten Mitarbeitern ausgeführt werden, und besten(schlimmsten)falls zu einigen Abteilungsrechnern portiert werden müssen, ist dieser *hausgemachte* Ansatz (home-spun approach) gerade noch vertretbar.

Ein derartiger Ansatz ist indes nicht mehr vertretbar, wenn *Universalität* (universality) vorausgesetzt werden muß, wie das bei der *grenzüberschreitenden Portierung* und *Installation* von SW-Produkten der Fall ist. Hier muß dann mit einem *universellen Standard* gearbeitet werden, der mit ausreichender Sicherheit als allgemein bekannt und akzeptiert vorausgesetzt werden kann. Als typisches Beispiel wäre die Rekonstituierung des eigentlichen UNIX-Kernels nach lokalen Anpassungen oder Erweiterungen zu betrachten, was selbst bei kleineren Systemen praktisch nur noch mit Hilfe eines *make*-Skriptes[3] ausgeführt werden kann, das vom OEM-Hersteller oder -Auslieferer zu genau diesem Zweck mitgeliefert wird.

---

1. Insbesondere also kein häufiger Wechsel von Mitarbeitern; und nicht zu einem kritischen Zeitpunkt.

2. Was auch andere, unbeteiligte Mitarbeiter mit einschließt.

3. Einzelheiten sind unter **config(1m)/SHB** (SVR3) bzw. **cunix(1m)/SHB** (SVR4) zu finden.

10.1 Ein erster Einstieg

Als Ausgangspunkt sei ein aus einem *Hauptmodul* (main) und zwei *Funktionsmodulen* (function modules) bestehender kleinerer *Programmverbund* (program suite, ensemble) zu betrachten,

```
$ cat main.c              $ cat funk1.c             $ cat funk2.c
#include <signal.h>       #include <....h>          #include <....h>
#include "all.h"          #include "all.h"          #include "all.h"
...                       #include "funks.h"        #include "funks.h"
...                       ...                       ...
main(...)                 ... funk1(...)            ... funk2(...)
{                         {                         {
  ...                       ...                       ...
}                         }                         }
```

In allen drei Modulen werden mit der `include`–Anweisung des C-Präprozessors *Zusatzdateien* (include files) eingebunden, wobei Standard-Zusatzdateien aus dem Systemverzeichnis `/usr/include` mit *Spitzklammern* `<....h>` (angular brackets), und private Zusatzdateien im *aktuellen Arbeitsverzeichnis* (current working directory) durch *umgebende Doppelzitate* `"....h"` (enclosing double quotes) gekennzeichnet sind.[4]

Zu beachten ist, daß die private Zusatzdatei `all.h` in alle drei Module eingebunden wird; `funks.h` dagegen nur in die beiden Funktionsmodule. Die privaten Zusatzdateien binden ihrerseits Standard-Zusatzdateien ein,

```
$ cat all.h                   $ cat funks.h
#include <stdio.h>            #include <math.h>
#include <errno.h>           #include <limits.h>
...                           ...
```

Bild 10.2 zeigt das resultierende Abhängigkeitsschema.

Unter der Annahme das alle Quell- und Zusatzdateien im aktuellen Arbeitsverzeichnis vorhanden sind, kann der Verbund mit dem einheimischen C-Compiler **cc(1)** in einen einzigen Schritt kompiliert und zu einer *ausführbaren Binärdatei* (executable binary file) namens `progx` gebunden werden (compiling, linking),

```
$ cc -o progx main.c funk1.c funk2.c -lm
main.c:
funk1.c:
funk2.c: ... <Fehlermeldung>
```

Der Kompiliervorgang endete mit einem Fehlerzustand bei `funk2.c`; der *Linkschritt* (link step) wurde also *nicht* ausgeführt. Das Funktionsmodul wird

---

4. Der erweiterte Quelltext kann sowohl mit dem Präprozessorbefehl **cpp(1)** als auch mit dem Kompilierbefehl **cc(1)** erzeugt werden. Diese und verwandte Aspekte der *Quellkode-Aufbereitung* (source code preprocessing) werden in KA2 (1992) eingehend behandelt.

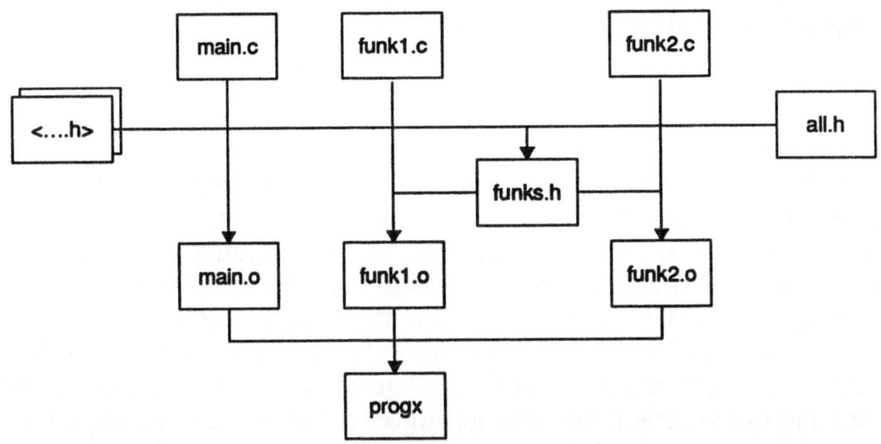

Bild 10.2: Abhängigkeitsschema eines Programmverbundes

nachgebessert — dabei hoffentlich auch entfehlert —, worauf der Arbeitsgang zum Erzeugen einer ausführbaren Datei wieder aufgenommen werden
kann. Dabei bestehen zwei Möglichkeiten.

Erstens — und im *Hauruckverfahren* (brute force) — kann der obige Ansatz
einfach identisch wiederholt werden,

```
$ cc -o progx main.c ...
main.c:
...
```

wobei die bereits fehlerfrei kompilierten Module erneut kompiliert werden —
und das Ganze eben sooft, bis sich der Erfolg schließlich einstellt.[5]

Zweitens — und mit etwas mehr *Finesse* —, braucht eigentlich nur das nachgebesserte Modul nachkompiliert werden,

```
$ cc -c funk2.c
...
```

wobei mit der Option -c das fehlende Objektmodul funk2.o erzeugt
wurde.

Die Objektmodule können jetzt in einem nachfolgenden Linkschritt zur ausführbaren Datei gebunden werden, wozu sowohl der Kompilierbefehl cc(1)
benutzt werden kann,

```
$ cc -o progx main.o funk1.o funk2.o -lm
```

als auch der Linkeditor **ld(1)** (loader),

```
$ ld -o progx /lib/crt0.o main.o funk1.o funk2.o -lc -lm
```

---

5. If at first yer don't succeed ...

Mit etwas Ausdauer steht das ausführbare Programm `progx` schließlich zur Verfügung und kann als Befehl aufgerufen werden,

```
$ progx ...
...
```

Was aber, wenn der Programmverbund weiterentwickelt, erweitert, portiert und schließlich auch exportiert werden soll? Mit einer ständig wachsenden Anzahl von Funktionsmodulen und -bibliotheken und anderen Bausteinen? *Und was, wenn* der Kompilier- und Linkvorgang von Benutzern und Kunden ausgeführt werden soll, die an der ursprünglichen Entwicklung überhaupt nicht beteiligt waren? Die Notwendigkeit eines programmierten Verfahrens liegt also auf der Hand. Bild 10.3 zeigt ein einfaches *make*-Skript (makefile, description file, script), das dem in Bild 10.2 gezeigten Abhängigkeitsschema entspricht und mit welchem die eben gezeigten Schritte nachvollzogen werden können.

```
$ cat makefile
progx:      main.o funk1.o funk2.o
            ld -o progx /lib/crt0.o \
            main.o funk1.o funk2.o -lc -lm

main.o:     main.c all.h
            cc -c main.c

funk1.o:    funk1.c all.h  funks.h
            cc -c funk1.c

funk2.o:    funk2.c all.h  funks.h
            cc -c funk2.c
```

<u>Bild 10.3: Einfaches *make*-Skript</u>

Der Inhalt dieser *makefile* besteht aus vier *Objektparagraphen* (object paragraphs), die nach dem rekursiven Schema kodiert sind,

```
<Zielobjekt>: <Vorgängerobjekte>
[HT]          <Shell-Befehl> ...
[HT]          ...
```

wobei ein *Zielobjekt,* kurz *Ziel* (target) aus einem oder mehreren *Vorgängerobjekten,* kurz *Vorgängern* (dependencies) mit vorgegebenen Shell-Befehlen erzeugt wird. Als lexikalische *Eigenheit* (idiosyncrasy) ist zu beachten, daß die Befehlszeilen mit dem Tabulatorzeichen **HT** (011) eingerückt werden müssen; andernfalls ensteht bei der Ausführung ein Fehlerzustand.

Als letztendliches *Ziel* hängt die *Ausführdatei* `progx` (executable file) explizite von den *Vorgängerobjekten* `main.o`, `funk1.o`, `funk2.o` (predecessor objects, dependencies) ab und wird aus diesen mit dem Linkbefehl **ld(1)** erzeugt. Jedes der Vorgängerobjekte hängt seinerseits sowohl von der entsprechenden Quelldatei als auch von den gemeinsamen Zusatzdateien `all.h` und `funks.h` ab und wird aus diesen mit dem Kompilierbefehl **cc(1)** erzeugt. Es mag schon hier klar sein, daß das *rekursive Abhängigkeitsschema* beliebig fortgesetzt und erweitert werden kann.

Unter der Annahme, daß die Quelldateien gerade erst erstellt oder aktualisiert wurden — daß also ein neuer Kompilier- und Linkvorgang ansteht — ergibt sich beim Aufruf des Befehls **make(1)** mit der oben gezeigten *makefile* im aktuellen Arbeitsverzeichnis,

```
$ make
cc -c main.c
cc -c funk1.c
cc -c funk2.c
"funk2.c", ... syntax error at ...
*** Error code 1
make: Fatal error: Command failed for target 'funk2.o'
```

Wie der Ablauf anzeigt, wurden die beiden ersten Module fehlerfrei kompiliert, während das Funktionsmodul `funk2.c` einen Syntaxfehler enthält, der zum Abbruch des Kompiliervorganges und damit des *make*-Prozesses führte. Das Modul wird sogleich nachgebessert,

```
$ vi funk2.c
...
```

und der *make*-Aufruf wiederholt,

```
$ make
cc -c funk2.c
ld -o progx /lib/crt0.o main.o funk1.o funk2.o -lc -lm
```

wobei lediglich das nachgebesserte und damit aktualisierte Modul kompiliert wurde, wonach der Linkschritt fehlerfrei durchgeführt wurde. Die dabei erzeugte Ausführdatei `progx` (executable file) steht jetzt im Prinzip als Befehl zur Verfügung,

```
$ progx ...
...
```

Wird nur die Ausführdatei entfernt, nicht aber die aktuellen Objektdateien, dann wird lediglich der Linkvorgang wiederholt,

```
$ make
ld -o progx /lib/crt0.o main.o funk1.o funk2.o -lc -lm
```

Danach ergibt sich vorerst,

```
$ make
'progx' is up to date
```

wobei es dann auch bleibt, falls in der Zwischenzeit überhaupt keine Veränderung der konstituierenden Module stattgefunden hat.

Eben genau darin liegt ein weiteres wichtiges Moment der Erstellung und Pflege von SW-Produkten, egal ob es sich dabei komplexere Programmverbunde, modulare Datenbanken oder größere Dokumentationssysteme handelt! Ein nichtbeteiligter Benutzer kann sich nämlich jederzeit der *jeweils neuesten* (most recent) Version eines EDV-Produktes versichern, ohne daß detaillierte Rückfragen und Vergleiche hinsichtlich der Aktualisierungsdaten der einzelnen Module erforderlich sind. Und den beteiligten Programmierern bleibt die entsprechende Buchführung erspart. *make takes care of all that — and much more!*

Eine teilweise oder vollständige Rekonstituierung des Programmverbundes kann jederzeit durch eine *Pseudoaktualisierung* (pseudo updating) eines strategisch plazierten Modules erzwungen werden, wozu der *Pseudobefehl* **touch(1)** (pseudo command) zur Verfügung steht, mit dem das *Veränderungsdatum* (modification date) eines Dateiobjektes aktualisiert werden kann, ohne den Inhalt zu berühren; wie zum Beispiel in,

```
$ ls -l funks.h
-rw-rw-r-- ... Mar 25 17:18 funks.h
$ touch funks.h
$ ls -l funks.h
-rw-rw-r-- ... Apr 12 13:24 funks.h
```

wo der Listbefehl **ls(1)** mit der Option −1 (long) das jüngste Modifikationsdatum ausgibt.

Das von einer derartigen Aktualisierung *aktuierte* (actuated) Rekonstituierungspotential kann mit *make* und der Option −n nachvollzogen werden, ohne daß der Vorgang tatsächlich ausgeführt wird,

```
$ make -n
cc -c funk1.c
cc -c funk2.c
ld -o progx /lib/crt0.o main.o ...
```

Zum anderen aber kann das jeweilige Aktualisierungsdifferential mit einer *durchgehenden* (comprehensive) Pseudoaktualisierung ausgeglichen werden,

```
$ touch *.c *.o all.h progx
```

womit zugleich das Rekonstituierungspotential erlischt,

```
$ make -n
'progx' is up to date.
```

Ein solches *fiat* sollte jedoch nur mit gründlicher Überlegung angewandt werden!

Das den vorhergehenden Beispielen zugrundeliegende *make*-Skript (Bild 10.3) kann um einige nützliche *Arbeitshilfen* (programmed requests) erweitert werden. Als erstes wäre das Löschen der Objektdateien zu betrachten, falls diese nach dem Linkschritt nicht mehr gebraucht werden. Zu diesem Zwecke wird ein spezieller Objektparagraph mit einem entsprechenden Ziel-Bezeichner eingefügt; hier `clean` im Sinne von Aufräumen,

```
$ cat makefile
...
clean:
[HT]    rm -f main.o funk1.o funk2.o
```

wozu der Löschbefehl **rm(1)** benutzt wird. Mit der Option `-f` (force) werden sowohl schreibgeschützte Dateien gelöscht als auch Fehlerzustände beim versuchten Löschen bereits gelöschter Dateien vermieden. Zu beachten ist, daß auch diese Befehlszeile mit einem Tabulatorzeichen **HT** eingerückt werden muß! Mit dem sinnigen Aufruf,

```
$ make clean
rm -f main.o funk1.o funk2.o
```

werden die aufgeführten Objektdateien dann gelöscht. Zu beachten ist, daß hier — wie bei den vorherigen Aufrufen — die Befehlszeile automatisch widergespiegelt wird, was jedoch durch Voranstellen (prepending) eines *at*-Zeichens `@` (at sign) abgestellt werden kann,

```
clean:
[HT]    @rm -f main.o funk1.o funk2.o
```

mit dem Resultat, daß die Befehlszeile schweigend ausgeführt wird,

```
$ make clean
$
```

Das *Sichern* (backup) der Quelldateien kann im gleichen Sinne implementiert werden,

```
$ cat makefile
...
backup:
[HT]    @tar uv main.c funk1.c funk2.c funks.h all.h
```

wozu das Sicherungsprogramm **tar(1)** (tape archiver) benuzt wird. Der Aufruf erfolgt dann mit,

```
$ make backup
```

Anstelle von *tar* kann auch das alternative Sicherungsprogramm **cpio(1)** (copy in/out) benutzt werden.[6]

---

6. Eine grundlegende Beschreibung dieser und anderer Methoden der Sicherung und Wiederherstellung von Dateiobjekten wird in KA1 (1992) gegeben.

Als eine weitere Arbeitshilfe wäre das *selektive Ausdrucken* (selective printing) von Quelldateien zu betrachten,

```
$ cat makefile
...
file=main.c
print:
[HT]     @pr ... $(file) | lp ...
```

wo der mit `main.c` vorbelegte *benannte Makro* `file` (named macro) den Dateiverweis an den Formatierbefehl **pr(1)** übergibt, der den Quelltext seitenweise formatiert und dann über eine *Pipeline* in den *Druckauftragsverwalter* **lp(1)** (line printer spooler) einspeist. Mit dem einfachen Aufruf,

```
$ make print
```

wird die Quelldatei `main.c` zum Drucker ausgegeben. Mit dem *Zuweisungsparameter* `file=...` (keyword parameter) können dann eine andere Quelldatei in der aufrufenden Befehlzeile angegeben werden,

```
$ make print file=funk1.c
```

wobei übrigens zu beachten ist, daß sich keine Leerzeichen um das Gleichheitszeichen '=' einschleichen. *Multiple Dateinamen* müssen mit *Einzel-* oder *Doppelzitaten* umgeben werden (enclosing single, double, quotes),

```
$ make print file='funk1.c funk2.c ...'
```

Bei solchen Erweiterungen empfiehlt sich dann auch eine Hilfsfunktion,[7]

```
...
help:; @/bin/echo"Arbeitshilfen: make help ...\n" \
               "\tmake backup ...\n" \
               "\tmake clean ...\n" \
               "\tmake print [file=<Name> ...] ...\n" \
               ...
```

wobei übrigens zu beachten ist, daß der Befehlsausdruck mit einem vorangestellten Semikolon unmittelbar nach dem Ziel-Doppelpunkt beginnt, da hier keine Vorgänger aufgeführt wurden. Der Aufruf ergibt dann,

```
$ make help
Arbeitshilfen: make help ...
    make backup ...
    make clean ...
    make print [file=<Name> ...]
...
```

---

7. Durch Angabe des *absoluten Verweises* `/bin/echo` wird der *generische Befehl* echo(1) anstelle einer gleichnamigen *Shell-Anweisung* (shell builtin) aufgerufen, um *symbolische Ausgabesteuerzeichen* wie \n (LF) und \t (HT) (symbolic print control characters) zu interpretieren, was bei **echo(sh)** und **echo(csh)** nicht immer gewährleistet ist.

Gleichzeitig kann dann auch noch ein *Auffangparagraph* (default) für *nicht
definierte Ziele* (undefined targets) eingerichtet werden,

```
...
.DEFAULT:;@/bin/echo "\07\07...use 'make help' ... \n"
```

Beim Aufruf mit einem *nicht definierten* Ziel ergibt sich dann,

```
$ make unsinn
[piep][piep]...use 'make help' ...
```

Schon diese wenigen einführenden Beispiele mögen die enorme *Anpassungsfähigkeit* (adaptability) der *make*-Einrichtung als ein echtes *Werkzeug* (tool)
zur Erstellung und Pflege von SW-Produkten veranschaulicht haben.

Bild 10.4 faßt die bisherige Entwicklung der *makefile* zusammen. Wiederum
zu beachten ist, daß — wie angedeutet — freistehende Befehlszeilen mit dem
Tabulatorzeichen **HT** eingerückt, und — wie gezeigt — mit dem *at*-Zeichen
@ versehen sind, um das Widerspiegeln abzustellen. Der Vorspann mag
bereits angedeutet haben, daß das Skript als *Arbeitsdatei* (g-file) einer SCCS-
Stammdatei (masterfile; Abschnitt 9.5.1) entnommen wurde.

```
$ cat makefile
# ---------------------------------------------
#   Modul: %M%
#   Version: %I%
    ...
#   Delta-Datum: %G%
#   Stammdatei: %P%
# ---------------------------------------------
progx:      main.o funk1.o funk2.o
            @ld -o progx /lib/crt0.o main.o funk1.o funk2.o \
            -lc -lm
main.o:     main.c all.h
            @cc -c main.c
funk1.o:    funk1.c all.h funks.h
            @cc -c funk1.c
funk2.o:    funk2.c all.h funks.h
            @cc -c funk2.c
clean:;     @rm -f main.o funk1.o funk2.o
backup:;    @tar uv main.c funk1.c funk2.c funks.h all.h
file=main.c
print:;     @pr ... $(file) | lp ...
help:;      @/bin/echo "Arbeitshilfen: make help ...\n"
                       "\tmake backup ...\n"
                       "\tmake print [file=<Name> ...] ...\n"
                       ...
.DEFAULT:;@/bin/echo "\07\07...use 'make help' ... \n"
```

<u>Bild 10.4: Erweitertes *make*-Skript</u>

Die obengezeigte Version wird nachfolgend verbessert. Bild 10.5 zeigt das
Resultat einer eventuellen Konsolidierung. Die gezeigten Einzelheiten werden in den nachfolgenden Abschnitten vorgestellt und eingehend behandelt.

```
$ cat makefile
# ------------------------------------------------
#  Modul: %M%
#  Version: %I%
     ...
#  Delta-Datum: %G%
#  Stammdatei: %P%
# ------------------------------------------------
SRC = main.c funk1.c funk2.c
OBJ= $(SRC:.c=.o)
progx:    $(OBJ)
          @echo "linking $(OBJ)"
          @ld -o progx /lib/crt0.o $(OBJ) -lc -lm
funk1.o funk2.o: funks.h
$(OBJ):   $(SRC) all.h
          @echo "compiling $<"
          @cc -c $<
clean:;    @rm -f $(OBJ)
backup:;   @tar uv main.c funk1.c funk2.c funks.h all.h
file=main.c
print:;    @pr ... $(file) | lp ...
help:;     @/bin/echo  "Arbeitshilfen: make help ...\n"
                       "\tmake backup ...\n"
                       "\tmake print [file=<Name> ...] ...\n"
                       ...
.DEFAULT:; @/bin/echo "\07\07...use 'make help' ... \n"
```

<u>Bild 10.5: Konsolidiertes *make*-Skript</u>

Angenommen, die gezeigte Arbeitsdatei wird in der SCSS-Stammdatei abgelegt,

```
$ delta s.makefile
comments: Konsolidierte Version ...
...
```

so daß zwar sich keine Datei namens makefile (oder Makefile) im aktu-
ellen Arbeitsverzeichnis befindet, wohl aber die Stammdatei s.makefile.
Dann wird bei Aufruf *ohne* Skriptverweis die jeweils jüngste Version des
Skriptes abgerufen, ausgeführt und automatisch gelöscht,

```
$ make progx
get -s s.makefile
'progx' is up to date.

$ ls makefile
makefile not found
```

10.2 Arbeitsweise

Die *Arbeitsweise* (operating principle) von *make* beruht auf dem Prinzip des *gerichteten Abhängigkeitsverhältnisses* (directed dependency relation) zwischen zu erzeugenden oder zu aktualisierenden Zielobjekten, kurz *Ziele* (targets) genannt, und konstituierenden Vorgängerobjekten, kurz *Vorgänger* (dependencies)[8].

Einem binären Schalter gleich befindet sich ein solches Abhängigkeitsverhältnis in jeweils genau einem von zwei möglichen *Latenzzuständen* (latency states):

* *latent* (latent), wenn das Ziel jünger-gleichen Aktualisierungsdatums ist als alle seine Vorgänger; wobei der Vergleich die *Existenz* der Objekte impliziert;

* *aktuiert* (actuated), wenn entweder das Ziel nicht existiert oder mindestens ein Vorgänger jüngeren Datums ist, was zwangläufig auch *nichtexistierende Vorgänger* mit einschließt.

Insbesondere wird also ein latentes Abhängigkeitsverhältnis durch Aktualisierung von Vorgängern aktuiert.[9] Erst bei einem aktuierten Abhängigkeitsverhältnis kann das Ziel nach bestimmten *Erzeugungsregeln* (transformation rules) erzeugt oder aktualisiert werden.

Das Ziel-Vorgänger-Abhängigkeitsverhältnis ist *transitiv*. Indem Vorgänger selbst als Ziele in übergeordneten Abhängigkeitsverhältnissen fungieren, entsteht eine *gerichtete Abhängigkeitsstruktur* (directed dependency structure) mit den Objekten als *Knoten* (nodes) und den *Abhängigkeitsspuren* (dependency paths) als verbindende *Strukturlinien* (structure lines), die letztendlich in irreduziblen *Ursprungsobjekten* (origin objects) enden müssen. *Schleifen* (loops), die ein Ziel unmittelbar oder mittelbar auf sich selbst zurückführen, sind dabei *apriorisch* ausgeschlossen.

make geht in seiner Arbeitsweise grundsätzlich nur von *Zielen* aus und folgt, der topologischen Reihenfolge nach, jeder von einem vorgegebenen Ziel ausgehenden Abhängigkeitsspur bis zu den jeweiligen Ursprungsobjekt durch, um das jeweils höchstliegende *aktuierte* Abhängigkeitsverhältnis zu bestimmen, von welchem einer *Kaskade* gleich eine durchgehende Aktualisierung bis zum Ziel erfolgen muß (updating cascade). Bei multiplen Kaskaden erfolgt eine Synchronisierung auf den gemeinsamen Ebenen. Das Ziel selbst wird in einen einzigen letzten Schritte erzeugt, aktualisiert oder ausgeführt.

---

8. Der korrekte englische Terminus ist *predecessor*, auch *precursor*, was wohl auch sinnfälliger wäre. Mit Rücksicht auf das originäre und offizielle *make*-Schrifttum soll jedoch das etwas ungenaue *dependency* implizite beibehalten werden.

9. Eine Aktualisierung des Modifikationsdatums eines Dateiobjektes kann willkürlich mit dem *Pseudobefehl* touch(1) (pseudo command) erzwungen werden.

10.3 *make*-Skripte

make-Skripte (description files, scripts) enthalten den *Quellkode* (source code) der *Abhängigkeits-* und *Erzeugungsregeln* (dependency, transformation, rules) nebst *Makros* und *Anweisungen* (macros, directives). Diese Skripte müssen als feste Formulierungen *statisch-räumlicher Beziehungen* verstanden werden, und *nicht* als dynamisch ablaufende Programme mit einem logisch-temporalen Anfang und Ende. Insbesondere steht innerhalb des Skript-Kontextes *keine* dynamische *Ablaufsteuerung* (control flow) zur Verfügung. *make*-Skripte werden nicht unmittelbar *umgesetzt* (interpreted), sondern quasi-kompiliert bevor die eigentlich Ausführung von *make* einsetzt.

Im einfachsten Fall nimmt *make* beim Aufruf automatisch Bezug auf eine lesbare Datei namens `makefile` im aktuellen Arbeitsverzeichnis, was auch im folgenden zumeist unterstellt sein soll. Darüber hinaus kann mit der Argumentoption −f... explizite Bezug auf ein willkürlich benanntes Skript genommen werden,

```
make ... -f <Skript> ...
```

make-Skripte sind *konforme Textdateien* (conforming text files; Abschnitt 1.2.5) mit der üblichen *Wort-* und *Zeilenstruktur*, die durch die *Standardtrennzeichen* (standard separators) bestimmt wird. Überlange Statements können mit dem Rückstrich \ (backslash) unmittelbar gefolgt vom Zeilenvorschub über mehrere Zeilen fortgesetzt werden (line continuation), was jedoch nach Möglichkeit nur an *Wortgrenzen* (word boundary) erfolgen sollte. Die Fortsetzung endet mit dem ersten ungeschützten Zeilenvorschub. Skriptdateien können bestens mit den einheimischen Texteditoren **ed(1)** oder **ex(1)/vi(1)** angelegt und gepflegt werden.

make-Skripte können *Kommentare* (comments) enthalten, die mit dem *Dur*-Zeichen # (sharp sign) beginnen und sich bis zum ersten *ungeschützten* Zeilenvorschub erstrecken, was auch über mehrere Zeilen fortgesetzt werden kann:

```
... # Kommentar ...            # You are a child \[LF]
...                            of the universe \[LF]
                               ...
```

Leerzeilen (empty lines) werden zumeist der Übersichtlichkeit halber als Trennzeilen eingefügt; sie werden bei der Ausführung übergangen.

Mit der *Anweisung* `include` (directive) beginnend am Zeilenanfang und unmittelbar gefolgt von einem Dateiverweis,

```
include  <Verweis>            wie        include macs.mk
```

können *Zusatzdateien* (include files) eingebunden werden, was zumeist zum Einbinden von Definitionsdateien für Makros und längere Erzeugungsregeln benutzt wird. Zusatzdateien können zu beliebiger Tiefe verschachtelt werden (nesting). Die Position von `include`-Statements spielt keine Rolle bei der Ausführung; `includes` können z. B. am Anfang oder Ende eines Skriptes übersichtlich gruppiert werden.

Mit *Bezeichnern* (identifiers) muß auch in *make*-Skripten Bezug auf Anweisungen, Makros sowie Ziel- und Vorgängerobjekte genommen werden. Es gelten die folgenden Regeln:

- Bezeichner dürfen weder den *Doppelpunkt* ' : ' (colon), das *Gleichheitszeichen* '=' (equal sign), das *Dollarzeichen* $ noch das *Dur*-Zeichen # (sharp sign) enthalten; eine Möglichkeit des lexikalischen Schutzes durch *Fluchtzeichen* (escape characters) oder *Zitierung* (quoting) besteht *nicht*.
- Unmittelbar aufeinanderfolgende Bezeichner werden durch *Standardtrennzeichen* (standard separators) getrennt.

make-Skripte bauen sich aus Objektparagraphen, Makro-Definitionen und integrierten Anweisungen als *Funktionaleinheiten* (functional units) auf.

10.3.1 Objektparagraphen

Objektparagraphen (object paragraphs) verknüpfen zu erzeugende oder auszuführende *Ziele* (targets) mit *Vorgängern* (dependencies) über erzeugende Shell-Befehle, wobei dann von einer *Abhängigkeitsregel* (dependency rule) beziehungsweise *Erzeugungsregel* (transformation rule) die Rede ist. Bild 10.6 veranschaulicht das zugrundeliegende Paradigma (paradigm).

<table>
<tr><td><Ziel1> [<Ziel2> ...]</td><td>[<Vorgänger1> [<Vorgänger2> ...]]</td></tr>
<tr><td></td><td><Erzeugungsregeln></td></tr>
</table>

Bild 10.6: Funktional-Paradigma des Objektparagraphen

Ein Objektparagraph setzt mindestens *ein definiertes* Ziel voraus, das dann mit *keinem, einem* oder *mehreren* Vorgängern verknüpft werden kann (null, single, multiple, dependencies). Während Ziele *willkürlich* definiert werden können, müssen alle aufgeführten Vorgänger entweder als *benannte* und damit zugleich als *datierte Objekte* im Dateisystem existieren[10] oder aber selbst als Ziele innerhalb des *make*-Skriptes definiert sein.

Abhängigkeits- und Erzeugungsregeln können sowohl *explizite* vorgegeben als auch *implizite* durch Voreinstellung (default) bestimmt werden. Wir unterscheiden dementsprechend zwischen *expliziten* und *impliziten Abhängigkeits-* beziehungsweise *Erzeugungsregeln* (explicit, implicit, dependency, transformation rules).

---

10. Auf die unter der jeweiligen *Benutzer- oder Gruppenkennung* UID bzw. GID (current user, group, ID) zugegriffen werden kann.

10.3.1.1 Explizite Objektparagraphen

Ein Objektparagraph mit *expliziten Abhängigkeits-* und *Erzeugungsregeln*
(explicit dependency, transformation, rules) wird nach dem Schema kodiert:

```
<Ziel> ...[:|::][<Vorgänger> ...][;[-][@]<Shell-Befehl> ...]
[HT]               [-][@]<Shell-Befehl>[; <Shell-Befehl> ...]
[HT]               [-][@]<Shell-Befehl> ...
                   ...
```

wobei ein oder mehrere *Ziele* (targets) den Paragraphen einleiten — etwa im
analogen Sinne von *Sprungmarken* (labels). Die Folge der Ziele wird *normalerweise* mit *einem* ':' (single colon), alternativerweise mit zwei Doppel-
punkten '::' (double colon) terminiert; optional gefolgt von einem oder
mehreren *Vorgängern* (dependencies). Für Bezeichner gelten die bereits vorgestellten lexikalischen Regeln; sie dürfen insbesondere *nicht* den Doppelpunkt enthalten. Bezeichner können aus *benannten Makros* (named macros)
substituiert werden, was nachfolgend weitergeführt wird. Die Folge endet
entweder mit dem ersten *ungeschützten* Zeilenvorschub **LF** oder aber mit
einem Semikolon ';', falls ein Shell-Befehl noch auf der gleichen Zeile
kodiert werden kann. Dieser erste und einleitende Teil eines Objektparagraphen stellt das eigentliche *Ziel-Vorgänger-Abhängigkeitsverhältnis* (target
dependency relation) dar und soll daher gelegentlich auch als *Abhängigkeits-
zeile* (dependency line) bezeichnet werden.

Die genaue Bedeutung und Anwendung der *Doppelpunkt-Regel* (colon rule)
wird zuweilen gründlich mißverstanden, was gleich an dieser Stelle bereinigt
werden soll. Grundsätzlich gilt, daß ein Ziel nach *unzweideutig bestimmten
Regeln* (unambiguously determined rules) erzeugt werden soll, was das wiederholte Auftreten ein und desselben Zieles in verschiedenen *erzeugenden
Paragraphen* ausschließt. Diese Regel gilt bei genau *einem Doppelpunkt*
(one-colon rule) und hat neben ihren einschränkenden auch einen konstrukti-
ven Sinn, was das in Bild 10.7 gezeigte Beispiel sogleich illustrieren mag.

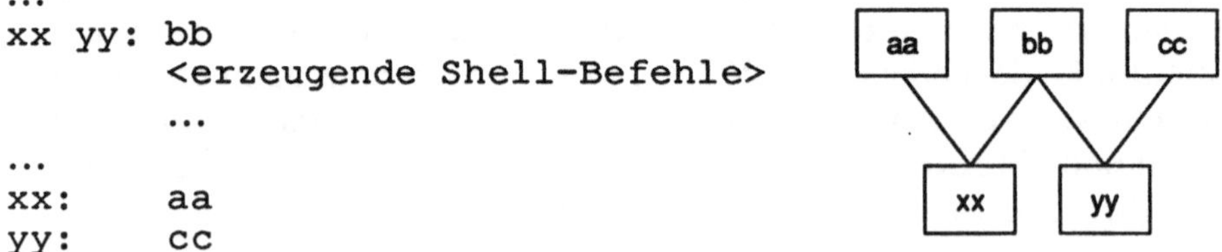


```
...
xx yy: bb
       <erzeugende Shell-Befehle>
       ...
...
xx:    aa
yy:    cc
```

Bild 10.7: Ein-Doppelpunkt-Regel, Anwendungsbeispiel

Zwei *Zielobjekte*, xx und yy, sollen aus drei *Vorgängerobjekten*, aa, bb, cc,
nach einer *gemeinsamen Regel* erzeugt werden, wobei das rechts gezeigte
Abhängigkeitsschema gilt. Der *erzeugende Objektparagraph* nimmt Bezug
auf den gemeinsamen Vorgänger bb, während die individuellen Vorgänger
mit separaten Abhängigkeitszeilen erfaßt werden.

Umgekehrt müssen *zwei Doppelpunkte* ' : : ' (double colon rule) immer dann
gesetzt werden, wenn ein Ziel nach zwei oder mehreren alternativen Regeln
erzeugt werden soll — was im Sinne eines logischen **OR** verstanden werden
muß. Das in Bild 10.8 gezeigte Beispiel mag dies illustrieren.

```
...
zz ...:: uu vv ...
        <Erzeugungsregel1>
        ...
zz ...:: vv ww...
        <Erzeugungsregel2>
        ...
```

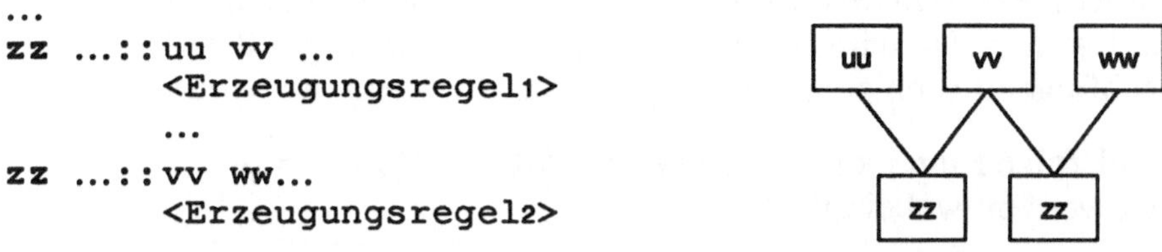

<u>Bild 10.8: Zwei-Doppelpunkt-Regel, Anwendungsbeispiel</u>

Das Ziel z z kann nach zwei alternativen Regeln aus einem gemeinamen und
je einem inviduellen Vorgänger erzeugt werden. Falls nur *eines* der beiden
Abhängigkeitsverhältnisse *aktuiert* ist, wird die entsprechende Erzeugungsregel ausgeführt. Falls jedoch *beide* Abhängigkcitsverhältnisse aktuiert sind,
werden *beide* Regeln in der kodierten Reihenfolge ausgeführt.

Die Zwei-Doppelpunkt-Regel findet zumeist Anwendung bei der multiplen
Aktualisierung von Bibliotheken und ähnlichen modularen Repositorien.
Letzteres wird nachfolgend im Zusammenhang mit internen Makros noch
einmal aufgegriffen und weitergeführt.

Streng zu beachten in diesem Zusammenhang ist, daß ein Ziel *nicht* gemischt
in Ein- *und* Zwei-Doppelpunkt-Verhältnissen aufgeführt kann!

Ziele wie Vorgänger können *abstrakte Verweise* (abstract descriptors) ohne
externen Bezug (external reference) darstellen. Letzteres kann zur Programmierung von speziellen Funktionen und *Arbeitshilfen* (programmed requests)
innerhalb eines Skriptes benutzt werden, was bereits oben (Bild 10.4) einführend vorgestellt wurde und nachfolgend wiederholt aufgegriffen und weitergeführt werden soll.

Jedes der aufgeführten Ziele kann durch die nachgestellten Folgen von Shell-
Befehlen (shell command sequences) aus den aufgeführten Vorgängern
erzeugt werden. Die erste Befehlsfolge kann optional bereits in der Abhän-
gigkeitszeile gesetzt werden. Jede nachfolgende Zeile, die mit dem Tabulatorzeichen **HT** beginnt, leitet eine neue Befehlsfolge ein. Der Paragraph
endet mit der ersten Zeile, die *weder* mit dem Tabulatorzeichen beginnt, *noch*
eine Fortsetzung darstellt, wobei der Lesbarkeit halber zumeist eine Leerzeile
eingefügt wird.

Jede *neue Befehlsfolge* wird in einer *eigenen Subshell* der *aufrufenden Shell* (subshell, invoking shell) ausgeführt, deren Typ durch die aktuelle Belegung der *Environmentvariablen* **$SHELL** bestimmt wird; als *Voreinstellung* (default) gilt `/usr/bin/sh` — also die BOURNE-Shell **sh(1)**. Es ist wichtig, sich über diese *Eigenheit* (idiosyncrasy) vollkommen im Klaren zu sein: *jede neue Befehlsfolge* wird in einer **eigenen Subshell** ausgeführt! Dies soll gleich nachfolgend noch einmal aufgegriffen und weitergeführt werden.

Jede Befehlsfolge kann individuell mit zwei *lokalen Optionen* (local options) eingeleitet werden: wobei gilt

@   die Folge wird nicht widergespiegelt;

–   bei einem Fehlerzustand wird die Ausführung fortgesetzt.

Die beiden lokalen Optionen können kombiniert werden: `-@` oder `@-`.

Ohne ein vorangestelltes *at*-Zeichen @ (at sign) wird die Befehlsfolge über die *Normalausgabe* (standard output) ausgegeben, was jedoch durch Setzen der *Anweisung* `.SILENT` (directive) beziehungsweise mit der Aufrufsoption '`-s`' *global außer Kraft gesetzt* werden kann (global disabling),

```
.SILENT:                            make ... -s ...
```

Ohne ein vorangestelltes *Minuszeichen* '`–`' (hyphen) bricht die Ausführung bei einem Fehlerzustand mit Exit-Kode $\neq 0$ bedingungslos ab, was mit der Anweisung `.IGNORE` beziehungsweise mit der Aufrufsoption '`-i`' ebenfalls global außer Kraft gesetzt werden kann,

```
.IGNORE:                            make ... -i ...
```

Die Ausführung eines oder mehrerer Objektparagraphen kann beim Aufruf von *make* durch Angabe eines oder mehrerer Ziele als nachgestellte *Positionalparameter* (targets, positional parameters) erzwungen werden,

```
make ... <Ziel1> [<Ziel2> ...] ...
```

was durch die folgenden Beispiele illustriert werden soll. Mit der links skizzierten *makefile* ergeben sich die rechtsseitigen Aufrufe,

```
$ cat makefile            $ make              $ make zappa
abba:                     echo abba           zappa
      echo abba           abba

zappa:
      @echo zappa
```

Ohne jegliche Zielangabe beim Aufruf wurde der erste Paragraph ausgeführt, in diesem Falle `abba`, wobei übrigens auch der Shell-Befehl `echo...` vor der eigentlichen Ausführung widergespiegelt wurde. Beim Aufruf mit `zappa` wurde dagegen der gleichnamige Paragraph ausgeführt, wobei übrigens das vorangestellte @ das Widerspiegeln des Shell-Befehls unterband.

Das Ziel zappa wird jetzt von einem Vorgänger pappa abhängig gemacht,
was sich auch sogleich bei der Ausführung zeigt,

```
$ cat makefile          $ make pappa          $ make zappa
pappa:                  pappa                 pappa
      @echo pappa                             zappa

zappa:pappa
      @echo zappa
```

Die *Abhängigkeitsspur* (dependency path) kann weitergeführt werden, mit
den entsprechend erweiterten Resultaten,

```
...                     $ make pappa          $ make zappa
abba:                   abba                  abba
      @echo abba        babba                 babba
                        pappa                 pappa
                                              zappa

babba:
      @echo babba

pappa:abba babba
      @echo pappa

zappa:pappa
      @echo zappa
```

Bild 10.9 zeigt den resultierenden *Struktoiden* (structoid) der sich nach oben
aufgabelnden Abhängigkeitsbeziehung.

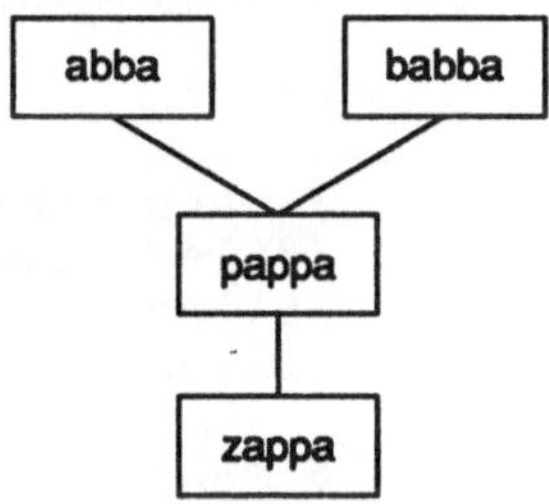

Bild 10.9: Struktoid einer Abhängigkeitsbeziehung

In diesem Zusammenhang kann übrigens auch der *Auffangparagraph*
(default) vorgestellt werden, der mit der Anweisung (directive) .DEFAULT
eingeleitet und beim Aufruf mit einem *nichtdefinierten* Ziel (undefined target) ausgeführt wird,

```
...                                     $ make unsinn
.DEFAULT:                               unsinn: nicht bekannt
      @echo $@": nicht bekannt"
```

womit übrigens zugleich der erste *interne Makro* $@ (internal macro) vorge-
stellt wurde, der den vollen Bezeichner des jeweils aktuellen Ziels enthält.
Diese Makros werden nachfolgend im Unterabschnitt 10.3.2.2 behandelt.

In den obigen Beispielen wurde jeweils *ein* Befehl in *einer* Subshell ausgeführt, wobei die Frage von *multiplen* Subshells gar nicht erst aufkam. Das folgende Kontrastbeispiel mag zuerst die Tatsache aufzeigen, daß jede *neue
Befehlszeile* von einer *neuen Subshell* ausgeführt wird, wozu die jeweilige
Shell-PID aus der Shell-Variablen **$$** abgegriffen wird,

```
$ cat makefile
...

abba:                                     $ make abba
        @echo $$$$                        356
        @echo $$$$                        357
        @echo $$$$                        358
zappa:                                    $ make zappa
        @echo $$$$;\                      380
        echo $$$$;\                       380
        echo $$$$                         380
...
```

Beim Aufruf mit abba werden drei Befehlszeilen ausgeführt, jede in einer
neuen Subshell, wie die Folge der PIDs anzeigt. Beim Aufruf mit zappa
wird dagegen nur eine Befehlszeile ausgeführt, die lediglich über mehrere
Skriptzeilen fortgesetzt ist. Dementsprechend erfolgt die Ausführung in einer
Subshell, was durch die konstanten PIDs angezeigt wird.

Das folgende Kontrastbeispiel mag die tiefergehende Problematik andeuten,
die sich bei der Ausführung über mehrere Subshells ergeben kann.

```
$ cat makefile
...
abba:                                     $ make abba
        @pwd                              /files/home/hubert/work
        @cd abba; pwd                     /files/home/hubert/work/abba
        @pwd                              /files/home/hubert/work

zappa:                                    $ make zappa
        @pwd                              /files/home/hubert/work
        @cd zappa; pwd;\                  /files/home/hubert/work/zappa
        pwd                               /files/home/hubert/work/zappa
...
```

Beide Aufrufe erfolgen in einem *aktuellen Arbeitsverzeichnis* (current wor-
king directory) namens /files/home/hubert/work, das auch von jeder
der ausführenden Subshells *unverändert übernommen* wird (inherited, execu-
ting subshell), wie der jeweils erste Aufruf von **pwd(sh)** in den beiden Para-
graphen anzeigt.

Bei abba wird in der zweiten Befehlszeile in einer zweiten Subshell das
gleichnamige Unterverzeichnis mit **cd(sh)** angesteuert, was der unmittelbar
nachfolgende Aufruf von *pwd* auch bestätigt. Die dritte Subshell in der dritten
Zeile fällt jedoch wieder auf das aktuelle Arbeitsverzeichnis der aufrufenden

Shell zurück. Im Gegensatz dazu wird bei zappa (*wegen* der Zeilenfortsetzung) nur eine Befehlsfolge in einer Subshell ausgeführt. Nichtbeachtung oder Unkenntnis dieser leicht zu übersehenden *Eigenheit* (idiosyncrasy) kann zu zeitraubenden *Pseudoproblemen* (wild goose chase) führen.

Schließlich soll in diesem Zusammenhang noch die Auswirkung und Handhabung von *Laufzeitfehlern* (runtime errors) vorgestellt werden, wozu der Pseudobefehl **false(1)** (pseudo command) benutzt wird, der garantiert einen Exit-Kode $\neq 0$ erzeugt und damit einen abbrechenden Fehlerzustand (error exit) provoziert:

```
$ cat makefile
junk:                              $ make junk
        @echo one                  one
        @false; echo two           make: Fatal error: Command
        @echo three                failed for target 'junk'
punk:                              $ make punk
        @echo eins                 eins
        -@false; echo zwei         zwei
        @echo drei                 drei
```

Wie zu ersehen ist, wird die Ausführung von junk mit dem Exit-Kode $\neq 0$ abgebrochen, was jedoch in punk mit dem vorangestellten Minuszeichen *lokal außer Kraft gesetzt* wird (local disabling). Mit der Anweisung .IGNORE beziehungsweise mit der Aufrufsoption −i kann der automatische Fehlerabbruch *global abgestellt* werden (global disabling),

```
.IGNORE:                           $ make -i junk
...                                eins
                                   zwei
                                   drei
```

10.3.1.2 Implizite Regeln

Der Übergang von expliziten zu impliziten Objektparagraphen erstreckt sich auf zwei logische Ebenen:

- implizite Ableitungsregeln der *Vorgänger* aus den Zielen
- interne Erzeugungsregeln der *Ziele* aus den Vorgängern

Implizite Ableitungsregeln (inference rules) verknüpfen die *Basisnamen* von Zielobjekten mit denen von Vorgängerobjekten gemäß fest vorgegebenen Schemata. *Interne Erzeugungsregeln* (transformation rules) erzeugen die Zielobjekte aus Vorgängerobjekten mit fest vorgegebenen Shell-Befehlen.

Als Ausgangspunkt für die Formulierung von Ableitungsregeln gilt die Aufgliederung von *Basisnamen* (basenames) in eine *Radix* (radix, stem) und ein optionales *Suffix* (suffix, extension):

```
<Basisname>: <Radix>[.<Suffix>]
```

wobei die Radix sich ihrerseits durchaus in ein *Präfix* (prefix) und ein oder mehrere *Infixe* (infixes) aufgliedern kann,

```
<Radix>:  <Präfix>.<Infix1>....
```

Basisnamen mit einer *gemeinsamen* (common) Radix sollen als *homolog* bezeichnet werden. Beispiele von *homologen Basisnamen* (homologous basenames) sind,

```
prog      prog.c      prog.i      prog.o      s.prog.c  ...
```

was auch einfache Basisnamen *ohne Suffix* (null suffix) sowie den mit einem Präfix erweiterten Basisnamen mit einschließt.

Die Ableitungsregeln werden durch die in Tabelle 10.1 gezeigten Verknüpfungsschemata von Suffixen dargestellt, wobei zwischen *Ein-Suffix-Regeln* (single suffix rules) und *Zwei-Suffix-Regeln* (double suffix rules) zu unterscheiden ist.

Regel	Vorgänger	Ziel
`.<S>`	`<Basisname>.<S>`	`<Basisname>`
`.<S>~`	`s.<Basisname>.<S>`	`<Basisname>`
`.<S1>.<S2>`	`<Basisname>.<S1>`	`<Basisname>.<S2>`
`.<S1>~.<S2>`	`s.<Basisname>.<S1>`	`<Basisname>.<S2>`

Tabelle 10.1: Suffix-Verknüpfungsschemata bei make(1)

Mit der *Tilde* ~ (tilde, wavy) wird die Radix automatisch auf das *Präfix* s .... von SCCS-*Stammdateien* (masterfiles; Abschnitt 9.7) erweitert, was im allgemeinen nur bei Textdateien wie Quell- und Zusatzdateien sinnvoll ist, nicht aber bei Binärdateien wie Objektdateien.

```
.c~       s.prog.c              SCCS-Stammdatei von C-Quelldateien
.y~       s.prog.y                      ... von yacc-Quelldateien
.s~       s.csect.s                     ... von Assembler-Quelldateien
... usw.
```

Typische Beispiele von spezifischen Ableitungsregeln beider Art sind.,

```
    Regel     Vorgänger     Ziel

      .c       prog.c       prog

      .o       prog.o       prog

     .c~      s.prog.c      prog

    .c.o       prog.c       prog.o

   .c~.o      s.prog.c      prog.o
```

wobei die ersten drei Regeln die Ausführdatei `prog` (executable file) aus einer homologen Quelldatei, einer homologen Objektdatei beziehungsweise einer homologen SCCS-Stammdatei ableiten. Mit den beiden letzten Regeln wird die Objektdatei `prog.o` aus der homologen Quelldatei beziehungsweise der homologen SCCS-Stammdatei abgeleitet.

Tabelle 10.2 listet die verbindlichen (SVR4) *Suffix-Vereinbarungen* (suffix conventions) und deren spezifische Bedeutung auf.

Suffix	Beispiel	Bedeutung
`.a`	`libx.a`	Linkbibliothek (archive) gemäß **ar(1)**
`.o`	`prog.o`	Objektdatei, **cc(1)**, **ld(1)**
`.c`	`prog.c`	C-Quelldatei, **cc(1)**, **cpp(1)**
`.y`	`semas.y`	Quelldatei des Metakompilers **yacc(1)** zur Erzeugung
`.l`	`parse.l`	Quelldatei des lexikalischen Präkompilers **lex(1)** zur
`.s`	`csect.s`	Quelldatei, einheimischer Assembler **as(1)**
`.sh`	`skript.sh`	Shell-Skript, BOURNE-Shell **sh(1)**
`.h`	`prog.h`	C-Zusatzdatei
`.f`	`pgm.f`	FORTRAN-Quelldatei
`.C`	`wins.C`	Quelldatei für C^{++}
`.Y`	`semas.Y`	Quelldatei von **yacc(1)** zur Erzeugung von C^{++}-Kode
`.L`	`parse.Y`	Quelldatei von **lex(1)** zur Erzeugung von C^{++}-Kode

Tabelle 10.2: Vordefinierte Suffixe, make(1)

Eine implizite Ableitungsregel setzt voraus, daß das Vorgängerobjekt bereits existiert und hinsichtlich des Datums der jüngsten Modifizierung (last modification date) mit dem Zielobjekt verglichen werden kann. Erst bei einem jüngeren Vorgänger beziehungsweise bei einem nichtexistierenden Ziel tritt die Regel in Kraft.

Ein erstes Beispiel mag das Ableitungsschema in seiner einfachsten Form veranschaulichen. Gegeben im aktuellen Arbeitsverzeichnis sei für ein Zielobjekt `abba` lediglich eine homologe Objektdatei als Vorgänger,

```
$ ls abba*
abba.o
```

Mit der Ableitungsregel '`.o`' als Test-Paragraph in einer einfachen *makefile* und beim Aufruf mit dem Ziel `abba` ergibt sich dann,

```
$ cat makefile                          $ make abba
.o:                                     .o: abba.o zu abba
    @echo ".o: $< zu $@"
```

wobei die *internen Makros* `$<` und `$@` (internal macros) zur *prototypischen* Substitution des Vorgängers (prototyping, of dependency) beziehungsweise des *Ziels* (target) benutzt wurden. In einer Produktionsversion des Skriptes würde dann an dieser Stelle der *einheimische Linkeditor* **ld(1)** (resident loader) benutzt werden; etwa wie in,

```
.o:;@echo "linking $< zu $@"
    @ld -o $@ /lib/crt0.o $< -lc ...
```

Zu beachten in diesem Beispiel ist, daß eine *implizite Ableitungsregel* (inference rule) mit erzeugenden Shell-Befehlen — also einer *expliziten Erzeugungsregel* (explicit transformation rule) — verbunden wurde!

Als Kontrastbeispiel wäre die Ableitungsregel '`.c`' zu betrachten, die zumeist (SVR4) zugleich mit einer *internen Erzeugungsregel* (internal transformation rule) verbunden ist, die ihrerseits durch *vordefinierte Makros* (predefined macros) ausgedrückt wird,

```
.c:
    $(CC) -o $@  $(CFLAGS)  $(LDFLAGS)  $<
```

wobei `$(CC)` normalerweise den *einheimischen* (resident) C-Compiler **cc(1)** angibt, während `$(CFLAGS)` und `$(LDFLAGS)` die voreingestellten (default) Kompilier- beziehungsweise Linkoptionen enthalten (Tabelle 10.5). Makros werden im nachfolgenden Unterabschnitt eingehend behandelt.

Angenommen im aktuellen Arbeitsverzeichnis sei für ein anderes Zielobjekt babba lediglich eine jüngere homologe C-Quelldatei als Vorgänger vorhanden,

```
$ ls babba*
babba.c
```

Dann wird beim Aufruf mit einer `makefile.ex`, welche die Regel '`.c`' *nicht* enthält beziehungsweise beim Aufruf *ohne* jegliche `makefile`[11] im *aktuellen Verzeichnis*, die oben gezeigte implizite Erzeugungsregel automatisch ausgeführt,

```
$ make -f makefile.ex babba          $ make babba
cc -o babba ... ... babba.c          cc ...
```

was übrigens für alle internen Erzeugungsregeln gilt!

Tabelle 10.3 listet eine Teilmenge der internen *Ein-Suffix-Regeln* (single-suffixe rules) auf, unter Bezugnahme auf vordefinierte Makros (Tabelle 10.5).[12]

---

11. Also auch ohne `Makefile`, `s.makefile`, `s.Makefile` im aktuellen Arbeitsverzeichnis.

Regel	Semantik
`.c`	Kompilieren und Linken einer C-Quelldatei: `$(CC) $(CFLAGS) $(LDFLAGS) -o $@ $<`

`.c~`	Abrufen einer C-Quelldatei aus einer SCSS-Stammdatei, dann Kompilieren und Linken, schließlich Löschen der Quelldatei:
	`$(GET) $(GFLAGS) $<`
	`$(CC) $(CFLAGS) $(LDFLAGS) -o $@ $*.c`
	`rm -f $*.c`

`.s`	Übersetzen und Linken einer Assembler-Quelldatei: `$(AS) $(AFLAGS) -o $@ $<`

`.s~`	Abrufen einer Assembler-Quelldatei aus einer SCSS-Stammdatei, dann Übersetzen, schließlich Löschen der Quelldatei:
	`$(GET) $(GFLAGS) $<`
	`$(AS) $(AFLAGS) -o $@ $*.s`
	`rm -f $*.s`

`.f`	Kompilieren und Linken einer FORTRAN77-Quelldatei: `$(F77) $(FFLAGS) $(LDFLAGS) -o $@ $<`
`.C`	Kompilieren und Linken einer C^{++}-Quelldatei: `$(C++C) $(C++FLAGS) $(LDFLAGS) -o $@ $<`
`.sh`	Erzeugen eines ausführbaren Shell-Skriptes (BOURNE-Shell): `cp $< $@; chmod 0777 $@`

Tabelle 10.3: Teilmenge von voreingestellten Ein-Suffix-Regeln, make(1)

Die für das jeweilige System definierten internen Erzeugungsregeln können mit *make* auf der Shell-Ebene aufgelistet werden,

```
make -p -f - </dev/null 2>/dev/null
```

Interne Erzeugungsregeln können durch explizite Erzeugungsregeln *überlagert* werden (overriding). Mit einem entsprechenden Test-Paragraphen in einer erweiterten *makefile* ergibt sich dann beim Aufruf mit einer *inzwischen aktualisierten* homologen Quelldatei,

```
$ cat makefile.ex              $ make -f makefile.ex babba
.c:                            .c: babba.c zu babba
    @echo ".c: $< zu $@"
```

d. h. die interne Erzeugungsregel wurde durch die explizite vorgegebene Regel ersetzt. Auch hier wurden wieder die *internen Makros* `$<` und `$@` (internal macros; Unterabschnit 10.3.2.2) zur prototypischen Substitution der Basisnamen benutzt.

---

12. Eine vollständige Tabellierung ist im Programmier-Leitfaden unter "make" zu finden.

Als erste Komplikation wäre der Fall `pappa` zu betrachten, von dem sich sowohl eine *homologe Objektdatei* als auch eine homologe *Quelldatei* im aktuellen Verzeichnis befindet,

```
$ ls -lt pappa*
-rw-rw-r--   ... Nov 26 11:01 pappa.o
-rw-rw-r--   ... Nov 26 10:27 pappa.c
```

wobei die Objektdatei jünger ist, was mit der Optionskombination −lt des Listbefehls ls(1) die Reihenfolge der Auflistung sichtbar gemacht wird.

Die *makefile* enthalte nun zwei Erzeugungsregeln mit impliziter Ableitung,

```
$ cat makefile.ex
.o:
    @echo ".o: $< zu $@"
.c:
    @echo ".c: $< zu $@"
```

Da der Erzeugungsvorgang grundsätzlich vom Vorgängerobjekt zum Zielobjekt verläuft, ensteht nun die Frage, *welcher* von den beiden möglichen Vorgängern `pappa.c` und `pappa.o` zur Erzeugung von `pappa` herangezogen werden soll. *Empirisch* ergibt sich mit der jüngeren Objektdatei,

```
$ make -f makefile.ex  pappa
.o: pappa.o zu pappa
```

d.h. die Regel '`.o`' wurde ausgeführt. Die Objektdatei wird jetzt gelöscht; es verbleibt also nur die Quelldatei im aktuellen Verzeichnis. Beim identischen Aufruf ergibt sich dann,

```
$ rm pappa.o            $ make -f makefile.ex  pappa
                        .c: pappa.c zu pappa
```

d. h. *erst jetzt* wird die Regel '`.c`' ausgeführt! Diese nur *scheinbare Zwei-* oder *Mehrdeutigkeit* (ambiguity), die sich bei zwei oder mehreren homologen Vorgängern eines Zieles ergibt, wird durch die jeweils definierte *Suffix-Folge* (suffix sequence) aufgelöst, die in dem *vordefinierten* (predefined) *Makro* `$(SUFFIXES)` enthalten ist und nach dem folgenden Schema,

```
$ cat makefile
...
suffx:; @echo "SUFFIXES: $(SUFFIXES)"
```

einfachst aufgelistet werden kann,

```
$ make suffx:
SUFFIXES: .o .c .c~ .s .s~ ... .y .y~ .h .h~ ...
```

In der Folge wird der *Vorrang* (precedence) von *links nach rechts absteigend* (left-right descending) bestimmt. Wie zu ersehen ist, hat '`.o`' Vorrang vor '`.c`', und dieses u. a. vor '`.s`' usw. Tabelle 10.4 enthält eine Beschreibung der verbindlich (SVR4) vereinbarten Suffixe.

Als nächste Komplikation wäre der Fall zappa zu betrachten, wo sich wiederum eine homologe Objektdatei und eine homologe Quelldatei im aktuellen Verzeichnis befinden,

```
$ ls -lt zappa*
-rw-rw-r--   ... Nov 26 12:41 zappa.c
-rw-rw-r--   ... Nov 26 11:01 zappa.o
```

wobei nun allerdings die Quelldatei *jünger* ist, wie ls(1) sichtbar anzeigt. Empirisch ergibt sich jetzt mit der jüngeren Quelldatei,

```
$ make -f makefile.ex zappa
cc  ... -c  funk.c
.o: zappa.o zu zappa
```

d.h. die explizite Erzeugungsregel '.o' wurde erst *nach* einem Kompiliervorgang ausgeführt, der durch eine *interne Zwei-Suffix-Regel* (double suffix rule) der Art '.c.o' bestimmt wird,

```
.c.o:
        $(CC)  $(CFLAGS)  -c  $<
```

Tabelle 10.4 listet eine Teilmenge der internen *Zwei-Suffix-Regeln* auf, unter Bezugnahme auf vordefinierte Makros (Tabelle 10.5).[13]

Regel	Semantik
.c~.c .s~.s	Einfaches Abrufen einer Quelldatei aus einer SCSS-Stammdatei: `$(GET)  $(GFLAGS)  $<`
.c.o	Kompilieren einer C-Quelldatei: `$(CC)  $(CFLAGS)  -c  $<`

.c~.o	Abrufen einer C-Quelldatei aus einer SCSS-Stammdatei,
	dann Kompilieren, schließlich Löschen der Quelldatei:
	`$(GET)  $(GFLAGS)  $<`
	`$(CC)  $(CFLAGS)  -c  $*.c`
	`rm -f $*.c`

.s.o	Übersetzen einer Assembler-Quelldatei: `$(AS)  $(ASFLAGS)  -o  $@  $<`
.f.o	Kompilieren einer FORTRAN77-Quelldatei: `$(F77)  $(FFLAGS)  -c  $*.f`
.C.o	Kompilieren einer C++-Quelldatei: `$(C++C)  $(C++FLAGS)  -c  $<`

Tabelle 10.4: Teilmenge von voreingestellten Zwei-Suffix-Regeln, make(1)

---

13. Eine vollständige Tabellierung ist im Programmier-Leitfaden unter "make" zu finden.

Die für das jeweilige System definierten internen Erzeugungsregeln können
mit *make* auf der Shell-Ebene aufgelistet werden,

```
make -p -f - </dev/null 2>/dev/null
```

Eine interne Zwei-Suffix-Regel kann ebenfalls durch eine explizite Regel
überlagert werden (overriding). Mit einem entsprechenden Test-Paragraphen
in einer erweiterten *makefile* ergibt sich dann beim Aufruf mit der inzwischen
nochmals aktualisierten Quelldatei,

```
$ cat makefile.ex              $ make -f makefile.ex zappa
.o:                            .c.o: zappa.c zu zappa.o
    @echo ".o: $< zu $@"       .o: zappa.o zu zappa
.c.o:
    @echo ".c.o: $< zu $@"
```

In den obigen Beispielen wurde mit *konventionellen Suffixen* (Tabelle 10.2)
gearbeitet, die zugleich in der vorbelegten Suffix-Folge (Tabelle 10.3) enthalten sind. Das Vorrangs- und Ableitungsschema kann jedoch willkürlich verändert und angepaßt werden, wobei zwischen einer *Erweiterung* (extension)
und einer *Neubelegung* (redefinition) der Suffix-Folge zu unterscheiden ist.

Als Beispiel einer *zweiseitigen* Erweiterung (two-sided extension) der *voreingestellten* (default) Suffix-Folge wäre zu betrachten,

```
.SUFFIXES:
.SUFFIXES: .b $(SUFFIXES) .i .k
```

wo die aktuelle Folge zuerst mit einem Leeraufruf der *make*-Anweisung
.SUFFIXES gelöscht wird (clearing), um dann mit der gleichen Anweisung
erneut belegt werden zu können. Aus dem gleichnamigen *vordefinierten
Makro* $(SUFFIXES) (predefined macro) wird die Standard-Folge substitu-
iert, die dann beiderseitig erweitert wird, so daß '.b' den höchsten, und '.k'
den niedrigsten *Vorrang* (precedence) hat, was sich dann auf die entsprechenden Erzeugungsregeln übeträgt.

Mit der erweiterten Suffix-Folge können dann auch weitere *Ein-* und *Zwei-
Suffix-Erzeugungsregeln* (single, double, suffix rules) definiert werden:

```
.b:...        .b.o:...        .o.k:...        .b.k:...
```

Bei dedizierten Anwendungen kann die Suffix-Folge auch vollkommen neu
definiert werden, wie zum Beispiel in der reinen *Textverarbeitung* (pure word
processing),

```
SUFFIXES =  .doc .txt .raw .z
.SUFFIXES:
.SUFFIXES: $(SUFFIXES)
```

Zu beachten ist, daß die aktuelle Suffix-Folge erst mit einem Leeraufruf der
Anweisung .SUFFIXES (directive) gelöscht werden muß, um dann unmittelbar nachfolgend neu belegt werden zu können.

10.3.2 Makros

Makros (macros) fungieren hauptsächlich im Sinne von Variablen zur *rein symbolischen Substitution* (purely symbolic substitution) von Zeichen und Zeichenketten, darunter insbesondere Verweise, Befehlsausdrücke und Optionen. *make* unterstützt zwei Arten von *eigentlichen* (proper) Makros,

- Benannte Makros (named macros):
    - benutzerdefiniert (user-defined)
    - vordefiniert (predefined)
- Interne Makros (internal, builtin, macros)

Als eine *uneigentliche* (improper) Art von benannten Makros sind die *Environment-* und *Systemvariablen* (environment, system, variables) der *aufrufenden Shell* zu betrachten; sie stehen mit ihren ursprünglichen Bezeichnern unmittelbar im *make*-Skript zur Verfügung und können auch innerhalb diesem neu belegt werden. Dies wird nachfolgend im konkreten Zusammenhang noch einmal aufgegriffen und weitergeführt.

Makros können wie Variable innerhalb eines *make*-Skriptes *abgegriffen* werden (referencing), wobei das folgende allgemeine Schema gilt,

```
... $X ...              ... $(XY...) ...          ... ${XY...} ...
```

In allen Fällen muß das Dollarzeichen '$' als *Substitutionseffektor* (substitution effector) vorangestellt werden. Makro-*Bezeichner* (identifier), die aus zwei oder mehr Zeichen bestehen, müssen mit *Rundklammern* (parentheses; SVR4) abgegrenzt werden; bei älteren *make*-Versionen können auch *geschweifte Klammern* (braces) benutzt werden.

Als lexikalische *Eigenheit* (idiosyncrasy) ist die Wirkung des ungeschützten Dollarzeichens auf unmittelbar nachfolgende Zeichenketten zu betrachten, wobei die folgende *Assoziativregel* (associativity rule) gilt

```
...$abc...              entspricht              ...$(a)bc...
```

Die *Substitutionswirkung* (substitution effect) des Dollarzeichen kann *weder* mit dem *Rückstrich* (backslash) *noch* durch umgebende *Einzel-* oder *Doppelzitate* (enclosing single, double, quotes) *aufgehoben* werden; anstelle dessen muß das *Dollarzeichen* mit *sich selbst abgedeckt* werden; d.h. es fungiert als sein *eigenes Fluchtzeichen* (escape character; self-escaping). Ein etwas vorgreifendes Beispiel mag dies veranschaulichen. Mit der Makro-Definition,

```
var = Hallo...
```

gilt

```
...$$(var): $(var)...          entspricht          ...$(var): Hallo...
```

Dieses lexikalische Prinzip muß insbesondere bei Shell-Befehlen beachtet werden, die ihrerseits mit Shell-Variablen arbeiten, die erst in der ausführenden Subshell abgegriffen werden sollen.

Um zum Beispiel die *Ausdrücke* $TERM und $$ als *Argumente* der Ausgabeanweisung *echo* nachzustellen um die entsprechenden *Shell-Variablen* innerhalb eines *make*-Skriptes abzugreifen, muß kodiert werden,

```
... echo $$TERM ...        beziehungsweise        ... echo $$$$ ...
```

d. h. jedes Dollarzeichen muß genau einmal mit sich selbst abgedeckt werdem!

Makros jeglicher Art können beim Abgriff *editiert* werden, wobei das folgende Schema gilt,

```
...$(<Bezeichner>:<S₁>=[<S₂>])...
```

wobei alle Instanzen der *Wortendung* (suffix) <S₁> durch die Zeichenkette <S₂> ersetzt beziehungsweise gelöscht werden, was sich insbesondere auf eigentliche (proper) Suffixe der Art '.x' anwenden läßt. Ein weiteres vorgreifendes Beispiel mag das Substitutionsprinzip veranschaulichen. Mit der Definition

```
...
sources = main.c funk1.c funk2.c ...
...
```

ergibt sich mit dem Ausdruck,

```
...
...$(sources:.c=.o)...
...
```

das Resultat,

```
...
...main.o funk1.o funk2.o...
...
```

Von Interesse ist, daß auch die aktuelle (SVR4) *make*-Version *keine* Substitution von *Präfixen* oder *Infixen* — etwa wie bei s.main.c — unterstützt.[14]

---

14. Der *aktuelle* (SVR4) Eintrag von **make(1)/PHB** läßt jedoch diese Möglichkeit für die Zukunft offen.

10.3.2.1 Benannte Makros

Benannte Makros (named macros) sind durch *alphamerische Bezeichner* (alphameric identifiers) gekennzeichnet. Gemäß *Gebrauch* und *Vorbelegung* (usage, initialization) wird formal unterschieden zwischen,

* benutzerdefinierten (user-defined) Makros
* vordefinierten (predefined) Makros

Im rein funktionalem Sinne besteht jedoch kein Unterschied zwischen den beiden Arten von benannten Makros. Im folgenden sollen zuerst die gemeinsamen Funktionsprinzipien vorgestellt werden.

10.3.2.1.1 Makro-Definitionen

Benannte Makros können sowohl in der aufrufenden Befehlszeile als *Zuweisungsparameter* (keyword parameter) definiert und vorbelegt werden,

```
make ... <Bezeichner>=<Zuweisung> ...
```

als auch innerhalb von *make*-Skripten nach den folgenden Schemata (macro definitions),

```
<Bezeichner> =
<Bezeichner> = <Wort> ...
<Bezeichner> = $(<Bezeichner>) ...
<Bezeichner> = $(<Bezeichner>:<Z1>=[<Z2>]) ...
```

wobei der *Makro-Bezeichner* (identifier) sich aus *beliebigen alphamerischen Zeichen* (arbitrary alphameric characters) zusammensetzen und insbesondere auch mit einer *Ziffer* (numeral) beginnen kann. Nicht enthalten in Bezeichnern dürfen oder sollten sein die Sonderzeichen $ * : < = ? @ sowie die Standardtrennzeichen **SP** und **HT**.

Ohne Vorbelegung wird dem Makro die aus der **ANSI-NUL** bestehende *Nullkette* (null string) zugewiesen. Eine eigentliche Vorbelegung beginnt mit dem ersten *Nichttrennzeichen* des nachfolgenden Ausdruckes; alle *vorangehenden Trennzeichen* (leading separators) werden bei der Zuweisung übersprungen. Die Zuweisung endet mit dem *letzten Nichttrennzeichen*, spätestens jedoch mit dem ersten *ungeschützten Zeilenvorschub* **LF** (line feed). Längere Zuweisungen können mit dem *Rückstrich* \ (backslash) unmittelbar gefolgt vom Zeilenvorschub über mehrere Zeilen fortgesetzt werden (line continuation).

Definitionen können mit *Leerzeichen* **SP** (space, blank), *nicht* aber mit Tabulatorzeichen **HT** (SVR4) beliebig weit eingerückt werden. Nur jeweils eine Definition pro Zeile ist zulässig. Längere Blöcke von invarianten Definitionen können bequem in *Zusatzdateien* (include file) ausgelagert und dann mit `include`-Anweisungen eingebunden werden.

Zugewiesen werden können ein oder mehrere Worte oder bereits definierte Makros oder Kombinationen von Worten und Makros, wobei alle eingestreuten Trennzeichen (interspersed separators) erhalten bleiben. Mit der letzten Form kann der zu übernehmende Inhalt im bereits eingangs vorgestellten Sinne editiert werden.

Als erstes Beispiel wären von Bild 10.4 ausgehend die folgenden Makro-Definitionen und -Substitionen zu betrachten,

```
...
pgm = progx
src = main.c funk1.c funk2.c
obj = $(src:.c=.o)
...
rlib = /lib/crt0.o
llib = -lc -lm
...
$(pgm):  $(obj)
        @ld -o $(pgm) $(rlib) $(obj) $(llib)
...
clean:
        @rm -f $(obj)
...
file = main.c
print:
        @pr ... $(file) | lp ...
...
```

Jeder benannte Makro kann beim Aufruf als *Zuweisungsparameter* (keyword parameter) *dynamisch belegt* (dynamically assigned) werden,

```
make ... print file=funk2.c        make ... rlib=/lib/mcrt0.o
```

Besonders zu beachten ist die *Wechselwirkung* (interaction) von benannten Makros mit *gleichnamigen Environmentvariablen* (like-named environment variables), wobei die *lokale* Definition die Shell-Definition normalerweise überlagert. Ein Kontrastbeispiel mag dies verdeutlichen. Mit den beiden Kodefragmenten, unter Bezugnahme auf die Environmentvariable $TERM,

```
term:                              TERM = vt220
    @echo $(TERM)                  term:
                                           @echo $(TERM)
```

ergibt sich,

```
$ make                             $ make
sun-cmd                            vt220
```

was dann wiederum mit einem Zuweisungsparameter beziehungsweise mit der Aufrufsoption '-e' *außer Kraft* gesetzt werden kann (overriding),

```
$ make TERM=vt220                  $ make -e
vt220                              sun-cmd
```

10.3.2.1.2 Vordefinierte Makros

Vordefinierte (predefined) Makros sind durch vereinbarte Großbuchstaben-Bezeichner gekennzeichnet und mit Werten vorbelegt, die den typischen Anwendungen auf dem jeweiligen System weitgehend entsprechen. Als typisches Beispiel wäre die *interne Erzeugungsregel* (internal transformation rule) zum Kompilieren und Linken von C-Quelldateien zu betrachten,

```
...   $(CC) -o $@  $(CFLAGS)  $(LDFLAGS) $<
```

wo die vordefinierten Makros $(CC), $(CFLAGS) und $(LDFLAGS) den einheimischen C-Compiler **cc(1)** beziehungsweise dessen Kompilier- und Linkoptionen vorgeben. Mit den internen Makros $@ und $< werden die Radix beziehungsweise der Basisname der Quelldatei erfaß, im nachfolgenden Unterabschnitt eingehend behandelt wird.

Vordefinierte Makros können nichtsdestoweniger je nach Bedarf neu belegt werden, wobei wie bei benutzerdefinierten Makros verfahren wird; wie zum Beispiel bei der Umstellung auf ein anderes Kompiliersystem:[15]

```
CC = /usr/local/lib/gcc
CFLAGS =  -ansi -pedantic
```

Die Belegung kann dann wiederum beim Aufruf dynamisch variiert werden,

```
make ... CFLAGS=traditional ...
```

Tabelle 10.5 listet eine Teilmenge der vordefinierten Makros (SVR4) auf.

Bezeichner	Vorbelegt	Bedeutung
AS ASFLAGS	as	Einheimischer Assembler, **as(1)**, voreingestellte Optionen
CC CFLAGS	cc	Einheimischer C-Compiler, **cc(1)**, voreingestellte Optionen
LD LDFLAGS	ld	Einheimischer Linkeditor, **ld(1)**, voreingestellte Optionen
MAKE MAKEFLAGS	make	Einheimische Version, **make(1)**, aktuelle Aufrufsoptionen

Tabelle 10.5: Vordefinierte Makros, make(1)

Die für das jeweilige System vordefinierten Makros können mit dem folgenden Aufruf auf der Shell-Ebene ausgegeben werden,[16]

```
make -p -f - </dev/null 2>/dev/null
```

---

15. Hier der inzwischen recht populäre und weitverbreitete *gnu*-C-Compiler, *Free Software Foundation*, Cambridge, MA, USA.

16. Eine vollständige Tabellierung ist im Programmier-Leitfaden unter "make" zu finden.

10.3.2.2 Interne Makros

Interne Makros, auch *integrierte* oder *System-Makros* genannt (internal, builtin, system, macros), werden ausschließlich von *make* verwaltet und können vom Benutzer nur abgegriffen, nicht aber belegt werden. Diese Makros erfassen die jeweils laufenden Verweise, Weiser und Basisnamen von Ziel- und Vorgängerobjekten in Objektparagraphen. Tabelle 10.5 listet die verfügbaren internen Makros auf (SVR4).

Bezeichner	Bedeutung
`$@`	Verweis des jeweiligen Zielobjektes
`$(@D)`	(directory) Entsprechender Weiser
`$(@F)`	(filename) Entsprechender Basisname
`$<`	Verweis des jeweiligen Vorgängerobjektes gemäß Suffix-Regel
`$(<D)`	Entsprechender Weiser
`$(<F)`	Entsprechender Basisname
`$*`	Weiser und Radix des Vorgängerobjektes gemäß Suffix-Regel
`$(*D)`	Entsprechender Weiser
`$(*F)`	Entsprechender Radix
`$%`	Verweis des jeweiligen Vorgängers bei Bibliotheks-Komponenten
`$(%D)`	Entsprechender Weiser
`$(%F)`	Entsprechender Basisname
`$?`	Liste aller aktualisierten Vorgängerobjekte in einer expliziten Abhängigkeitsbeziehung

Tabelle 10.6: Interne Makros, make(1)

In diesem Zusammenhang sei an die verknüpfende Begriffsbestimmung für Verweise, Weiser und Basisnamen erinnert,[17]

```
<Verweis>: <Weiser>/<Basiname>
```

Die Wirkungsweise und Anwendungsmöglichkeiten der internen Makros läßt sich am besten durch Ausgabe der jeweiligen Belegung in vorgegebenen Kontexten veranschaulichen. Zu diesem Zweck soll der in Bild 10.10 gezeigte Ausgabe-Makro benutzt werden.

---

17. Im originären UNIX-Schrifttum gilt: `<pathname>: <path>/<basename>`

```
PPX= @echo "\$$@: $@";\
     echo "$$(@F): $(@F)";\
     echo "$$(@D): $(@D)";\
     echo "$$<: $<";\
     echo "$$(<F): $(<F)";\
     echo "$$(<D): $(<D)";\
     echo "\$$*: $*";\
     echo "$$(*F): $(*F)";\
     echo "$$(*D): $(*D)";\
     echo "$$%: $%";\
     echo "$$(%F): $(%F)";\
     echo "$$(%D): $(%D)";\
     echo "\$$?: $?"
```

Bild 10.10: Makro zur Ausgabe von internen Makros

Der Makro soll als eine Folge von *echo*-Anweisungen in *einer einzigen Sub-shell* ausgeführt werden, was durch die Semikolons mit Zeilenfortsetzung erzwungen wird. Zwar könnte ein identisches Resultat mit einem einzigen *echo* erzielt werden, aber der unmittelbaren Nachvollziehbarkeit halber soll hier jeder der in Tabelle 10.6 aufgeführten internen Makros einzeln mit *echo* ausgegeben werden.

Zu beachten sind auch die angewandten *lexikalischen Schutzregeln* (lexical protection rules), die notwending sind, um die Makro-Bezeichner originalge-treu mitauszugeben: Mit dem ersten der zwei *vorangestellten* (prepended) Dollarzeichen wird der Bezeichner zuerst im *make*-Kontext abgedeckt; mit dem vorangestellten *Rückstrich* \ (backslash) dann noch einmal im *Shell*-Kontext gegen unerwünschte Substitution aus Shell-Variablen wie $$, $*, $@ und $? geschützt.

Als erstes Beispiel wäre die Belegung der internen Makros in einem Objekt-paragraphen mit *expliziter Abhängigkeitsbeziehung* (explicit dependency relation) zu betrachten, wobei das Zielobjekt mit seinem *absoluten Verweis* (absolute pathname) angegeben ist:

```
$ cat makefile
PPX = <Ausgabe-Makro>
...
/home/hubert/work/funk.o: all.h
                        @echo "Explizite"
                        $(PPX)
...
```

Der Aufruf erfolgt dann auch mit genau diesem Zielverweis,

```
$ make /home/hubert/work/funk.o
```

mit dem Resultat,

```
Explizite
    $@:  /home/hubert/work/funk.o
$(@F):  funk.o
$(@D):  /home/hubert/work

    $<:  /home/hubert/work/funk.c
$(<F):  funk.c
$(<D):  /home/hubert/work

    $*:  /home/hubert/work/funk
$(*F):  funk
$(*D):  /home/hubert/work

    $%:
$(%F):
$(%D):

    $?:  all.h /home/hubert/work/funk.c
```

woraus die Belegung der Makros ohne weiteres ersichtlich ist. Zu beachten
ist, daß die Makros $%... in diesem Kontext überhaupt *nicht* belegt wurden.

Die besondere Bedeutung dieser Makros liegt darin, daß sie die Bezeichner
von *Komponenten* (identifier, members) wiedergeben, die mit der quasi-funk-
tionalen Kodierung innerhalb von Rundklammern angegeben werden,

<Dateiverweis>(<Komponente>)

Die Anwendung liegt fast ausschließlich bei Verwaltung von *modularen
Objekten* (modular objects), die sich aus *Komponenten* (members) zusammensetzen, auf die *nicht* über den Verweis oder Basisnamen zugegriffen werden kann. Die Verwaltung von solchen Objekten mit *make* wird im Abschnitt
10.3.5 getrennt behandelt.

Als vorgreifendes Beispiel sei der *prototypische* Zugriff auf eine Komponente namens funk1.o einer *Linkbibliothek* (link library) namens libx.a
zu betrachten, die sich im aktuellen Arbeitsverzeichnis befindet:

```
...
libx.a(funk1.o): subfunkx.c
                @echo "Bibliotheksverweise:";\
                 echo "\$$@: $@";\
                 echo "Komponentenverweise:";\
                 echo "$$<: $<";\
                 echo "\$$*: $*";\
                 echo "$$%: $%";\
                 echo "\$$?: $?"
...
```

Der Aufruf erfolgt dann auch mit genau diesem Zielobjekt, wobei übrigens
die Rundklammern mit *umgebenden Einzelzitaten* (enclosing single quotes)
gegen Wechselwirkung mit der ausführenden Subshell abgeschirmt werden
müssen,

```
$ make 'libx.a(funk1.o)'
Bibliotheksverweis
    $@: libx.a
Komponentenverweise
    $<: funk1.c
    $*: funk1
    $%: funk1.o
    $?: funk1.o subfunkx.c funk1.c
```

In diesem Fall beziehen sich nur der Makro $@ auf die eigentliche *Bibliotheksdatei* (library file), und alle anderen internen Makros auf die *Komponenten* (members), wobei insbesondere $%... jetzt den Ausgangsbezeichner erfaßt. Mit $? werden wiederum die Vorgängerobjekte gemäß der impliziten Suffix-Regel '.c.o' erfaßt.

Schließlich wären noch die Makro-Belegungen unter dem Auffang-Ziel .DEFAULT bei *voreingestellten Ableitungsregeln* (default inference rules) zu betrachten, wozu das folgende Kontrastbeispiel dienen soll. Mit dem in Bild 10.10 gezeigten Ausgabe-Makro $(PPX) in den Kodesegmenten,

```
...                             ...
.DEFAULT:                       c.o: all.h
@echo "Default"                 @echo "Implizite .c.o"
@$(PPX)                         @$(PPX)
...                             ...
```

ergeben sich mit den aufgeführten Zielen die nachfolgenden Substitutionen,

```
$ make unsinn                   $ make funkx.o
Default                         Implizite .c.o

    $@: unsinn                      $@: funkx.o
$(@F): unsinn                   $(@F): funkx.o
$(@D): ./                       $(@D): ./

    $<: unsinn                      $<: funkx.c
$(<F): unsinn                   $(<F): funkx.c
$(<D): ./                       $(<D): ./

    $*:                             $*: funkx
$(*F):                          $(*F): funkx
$(*D):                          $(*D): ./

    $%:                             $%:
$(%F):                          $(%F):
$(%D):                          $(%D):

    $?:                             $?: funkx.c
```

Zu beachten ist, daß bei .DEFAULT überhaupt keine Ableitung von Suffixen und Substitution von Basisnamen stattfindet, während bei '.c.o' eine entsprechende Ableitung und Substitution erfolgt.

Als besondere Varianten der Makros $@, $(@F) und $(@D) wären schließ-
lich noch die *dynamischen Abhängigkeitsparameter* (dynamic dependency
parameters) $$@, $$(@F) und $$(@D) zu betrachten, die *nur* in der
Abhängigkeitszeile (dependency line) gesetzt werden können, *nicht* aber in
den nachfolgenden Befehlszeilen. Ein Beispiel mag die typische Anwendung
veranschaulichen. Mit *multiplen Zielen* (multiple targets), wie in,

```
abba babba ... : $$@.c
                @echo "\$$@: $@"
                @echo "\$$?: $?"
```

erfolgt bei der Ausführung die *dynamische Substitution* der jeweiligen Radix
in der Abhängigkeitszeile, was zur dynamischen Erzeugung von Vorgänger-
verweisen aus Zielverweisen benutzt werden kann:

```
$ make abba              $ make babba
$@: abba                 $@: babba
$?: abba.c               $?: babba.c
```

10.3.3 Integrierte Anweisungen

make stellt einen Satz von *integrierten Anweisungen* (builtin directives) zur
Verfügung, die bereits teilweise vorgestellt wurden. Tabelle 10.7 faßt die
unter SVR4 definierten Anweisungen zusammen.

Anweisung	Bedeutung
.DEFAULT	Bestimmt den Auffang-Paragraphen zum Erzeugen von nichtdefi-nierten Zielen.
.IGNORE	Der voreingestellt (default) Abbruch beim Auftreten eines Fehler-zustandes mit Exit-Kode $\neq$ 0 wird außer Kraft gesetzt.
.PRECIOUS	Die nachfolgenden Dateiobjekte werden beim Abbruch mit den Tastatursignalen nicht automatisch gelöscht.
.SILENT	Das Widerspiegeln von Shell-Befehlen wird global abgestellt.
.SUFFIXES	Neubelegen der Suffix-Folge.

Tabelle 10.7: Integrierte Anweisungen von make(1)

Alle Anweisungen müssen mit einem *vorangestellten Punkt* (leading dot) am
Zeilenanfang gesetzt werden, unmittelbar gefolgt von einem Doppelpunkt,
selbst wenn keine Argumente folgen,

```
.<Anweisung>:
```

Mit den beiden *symbolischen Anweisungen* (symbolic directives), die *ohne*
jegliche Argumente gesetzt werden,

```
.IGNORE                          .SILENT
```

wird der automatische Fehlerabbruch beziehungsweise das Widerspiegeln von Shell-Befehlen global abgestellt, was der Aufrufsoption −i beziehungsweise −s entspricht.

Die *Argument*-Anweisung .DEFAULT (argument directive) wird im Sinne eines *Objektparagraphens* (object paragraph) benutzt, mit dem wichtigen Unterschied allerdings, daß *keine* Vorgänger aufgeführt werden dürfen:

```
.DEFAULT:
        HT[-][@]<Shell-Befehl>[; <Shell-Befehl> ...]
        HT[-][@]<Shell-Befehl> ...
        ...
```

Die aufgeführten Shell-Befehle werden nur beim Ansteuern eines *nichtdefinierten Zieles* (undefined target) ausgeführt, was auch innerhalb von *make*-Skripten sinnvoll als *gemeinsamer Ausgangspunkt* (common origin) benutzt werden kann, wie das folgende etwas künstlich Beispiel andeuten mag,

```
$ cat makefile                          $ make abba
...                                     default
.DEFAULT:                               abba
        @echo default

...

abba:       d_e_f_a_u_l_t
        @echo abba

...
```

wobei unterstellt ist, daß der etwas exotische Bezeichner d_e_f_a_u_l_t *nirgendwo* als Ziel fungiert.

Beim Eintreffen des Interrupt- oder des Abbruch-Signals, das mit der aktuellen Tastenbelegungen von *intr* beziehungsweise *quit* gemäß stty(1) erzeugt wird — normalerweise also [CTL_C] beziehungsweise [CTL_|] — bricht *make* die Ausführung ab und löscht alle bisher erzeugten Objekte, soweit es sich dabei um Objekte des Dateisystems — also zumeist Dateien oder Verzeichnisse — handelt. *Kostbare* (precious) Objekte, wie zum Beispiel Linkbibliotheken (link libraries; Abschnitt 10.3.5), die erhalten bleiben sollen, können angegeben werden mit,

```
.PRECIOUS: <Verweis> ...     wie      .PRECIOUS: libx.a
```

Die interne *Suffix-Folge* (suffix sequence), die den *Vorrang* (precedence) der Ein-Suffix-Regeln (single suffix rules) bestimmt, kann nach einem notwendigerweise vorhergehenden Löschen,

```
.SUFFIXES:
```

mit dem gleichnamigen vordefinierten Makro beliebig erweitert,

```
.SUFFIXES: <s> ... $(SUFFIXES) <s> ...
```

oder aber bei dessen Auslassung völlig neu definiert werden,

```
.SUFFIXES: <s1> <s2> ...
```

10.3.4 Aufrufsverschachtelung

make-Skripte können funktional *verschachtelt* werden (nesting), was einerseits einfach als expliziter Shell-Befehl innerhalb eines Objektparagraphen aufgeführt werden kann,

```
abba:
     @make <Optionen> ...
```

wobei sowohl der Befehlsverweis von *make* als auch alle übrigen Aufrufsargumente einschließlich der Optionen explizite aufgeführt werden müssen.

Zum anderen aber stehen zu diesem Zweck zwei besondere vordefinierte Makros zur Verfügung,

```
     @$(MAKE) -$(MAKEFLAGS) ...
```

die den *Befehlsverweis* beziehungsweise die *symbolischen Optionen* substituieren, die beim Aufruf des aktuellen *make*-Prozesses gesetzt wurden. Zu beachten ist, daß bei letzterem ein Minuszeichen vorangestellt werden muß.

Neben der offensichtlichen Substitutionsfunktion besteht jedoch ein wichtiger Zusammenhang mit der Aufrufsoption −n (nogo), mit der das Skript lediglich hinsichtlich der *jeweils aktuierten* Abhängigkeiten interpretiert, *nicht* aber ausgeführt wird. Insbesondere werden dabei *keine* Shell-Befehl ausgeführt. Ein als expliziter Shell-Befehl kodierter *make*-Aufruf würde also nicht zur Ausführung kommen!

Im Gegensatz dazu wird der *Makro*-Aufruf $(MAKE)... auch bei −n ausgeführt, wobei das 'n' zugleich in $(MAKEFLAGS) mitgeführt wird. Erst damit wird die Möglichkeit gewährleistet, ganze *Aufrufsbäume* (calling trees) *prototypisch entwickeln* und *entfehlern* zu können (prototyping, debugging). Ein Beispiel mag das Prinzip illustrieren. Mit dem *aufrufenden* Skript,

```
$ cat makefile
TERM=vt220
abba:;@echo "abba";\
     $(MAKE) -$(MAKEFLAGS) -f makefile.sub1 zappa
```

und dem *aufgerufenen* Skript,

```
$ cat makefile.sub1
zappa:;@echo "zappa $(MAKEFLAGS) $TERM"
```

ergeben die beiden kontrastierenden Aufrufe,

```
$ make -n abba                          $ make -e abba
echo abba                               abba
make -n -f makefile.sub1 zappa          zappa e sun-cmd
echo zappa n vt220
```

In beiden Fällen erfolgt der verschachtelte Aufruf. Zu beachten ist das Durchreichen der symbolischen Aufrufsoptionen sowie die Belegung der Environmentvariablen $TERM, was jedoch mit −e außer Kraft gesetzt werden kann.

10.3.5 Modulare Objekte

Modulare Objekte (modular objects), setzen sich aus *Komponenten* (members) zusammen, auf die *nicht* unmittelbar über mit einem Verweis oder Basisnamen zugegriffen werden kann. Typische Beispiel sind *Archive* (archives), die *reguläre Dateien* (regular files) sind und ihrerseits andere reguläre Dateien als Komponenten enthalten. Andere Beispiele sind *Stammdateien* (masterfiles) oder sonstige *Repositorien* von *adressierbaren modularen Einheiten* (addressable modular units) wie Sektoren, Segmenten, Sätzen, auch einzelne Zeilen.

Um solche adressierbaren Einheiten als *individuelle Ziele* (individual targets) aufführen und ansteuern zu können, bedarf es einer besonderen Vereinbarung, wozu eine *quasi-funktionale Schreibweise* benutzt wird,

```
<Verweis>(<Komponente>)        wie z. B.        libx.a(funk1)
```

wobei der Verweis ein modulares Objekt angibt, auf dessen Komponente sich der Bezeichner innerhalb der *Rundklammern* (parentheses) bezieht.[18]

Als besonders relevant hinsichtlich der C-Programmierung sollen hier *Linkbibliotheken* (link libraries) betrachtet werden,[19] die mit dem Archivbefehl **ar(1)** (archive) nach dem folgenden Schema angelegt beziehungsweise aktualisiert werden,

```
ar [-crv] <archiv>.a <Komponente1>.o ...
```

wobei der Suffixe '.a' und '.o' die Bibliothek beziehungsweise die Objektdateien kennzeichnen.

Im allereinfachsten Falle könnte die Aktualisierung einer solchen Bibliothek hinsichtlich der Komponenten als eine Folge expliziter Objektparagraphen kodiert werden,

```
.PRECIOUS: libx.a ...
libx.a: libx.a(funk1.o) libx.a(funk2.o) ...
             @echo "$@ aktualisiert"
libx.a(funk1.o):funk1.c
             @cc -c funk1.c
             @ar -r libx.a funk1.o
             @rm -f funk1.o
libx.a(funk2.o):funk2.c
             @cc -c $<
             @ar -r $@ $%
             @rm -f $%

...
```

---

18. Was logisch dem *partitioned data set* (PDS) unter MVS (IBM) entspricht.

19. Eine grundlegende Einführung im Zusammenhang mit der Programmiersprache C wird in KA2 (1992) gegeben.

wobei — wie gezeigt — auch die *internen Makros* (internal macros) eingesetzt werden können. Zu beachten ist auch, daß die Bibliothek mit der *Anwei-*
sung .PRECIOUS (directive) gegen das automatische Löschen bei
Unterbrechung durch *Tastatursignale* (keyboard signals) geschützt ist.

Mit diesem Ansatz kann sowohl die Bibliothek als Ganzes als auch einzelne
Komponenten angesteuert werden,

```
$ make ... libx.a                    $ make ... 'libx.a(funk1.o)'
```

Die Komponenten-Paragraphen sollen jetzt ausgelassen und durch die *Ablei-*
tungsregel '.c.a' (inference rule) ersetzt werden, wobei wiederum *prototy-*
pisch mit Makros gearbeitet werden soll (prototyping),

```
...
libx.a: libx.a(funk1.o) libx.a(funk2.o) ...
        @echo "$@ aktualisiert"
.c.a:;@echo '".c.a"-Regel';\
        echo "\$$@: $@";\
        echo "$$<: $<";\
        echo "\$$*: $*";\
        echo "$$%: $%"
```

Unter der Annahme, daß die Bibliothek libx.a noch keine *Komponente*
namens funk2.o enthält beziehungsweise daß die entsprechende *Quellda-*
tei funk2.c *jüngeren* Datums ist, ergibt sich beim Aufruf,

```
$ make ... libx.a
```

das Resultat,

```
".c.a"-Regel
$<: funk2.c
$*: funk2
$%: funk2.o
libx.a aktualisiert
```

Der ".c.a"-Paragraph kann jetzt mit erzeugenden Shell-Befehlen explizite
kodiert werden. Bei *Auslassung* wird die interne *Zwei-Suffix-Regel* (internal
double suffix rule) ausgeführt,

```
.c.a:
        @$(CC)  -c $(CFLAGS) $<
        @$(AR) $(ARFLAGS) $@ $*.o
        @rm -f $*.o
```

wobei die Makros $(AR) und $(ARFLAGS) mit ar beziehungsweise -rv
vorbelegt sind.

Als verbindliche Regel gilt, daß bei *Rundklammer-Verweisen* (parenthesized
references) der Art uuu(vvv.o) *immer* auf das Suffix '.a' geschlossen
wird, ohne daß dieses jedoch *echter Bestandteil* des Verweises sein muß!

10.3.6 Markieren von Ausführdateien

Zum *Markieren* (branding) von Ausführdateien im Sinne eines (fast) unver-
kenntlichen und unveränderlichen Brandzeichens steht eigens eine *interne
Erzeugungsregel* (internal transformation rule) zur Verfügung:[20]

```
markfile.o: markfile
            echo "static char _sccsid[] \
                = \"'grep @'(#)' markfile'\";" \
                > markfile.c
            cc -c markfile.c
            rm -f markfile.c
```

wobei alle mit der SCCS-*Suchmarke* (search token; Abschnitt 9.5.4) @ (#)
gekennzeichneten Zeilen mit dem Suchbefehl **grep(1)** (Abschnitt 8.1.1) aus
einer entsprechend vorbereiteten `markfile` extrahiert und in eine Quelldatei `markfile.c` überführt werden, die dann kompiliert und sogleich
gelöscht wird. Die dabei erzeugte Objektdatei `markfile.o` steht dann zum
Einbinden (linking) in eine *Ausführdatei* (executable file) zur Verfügung. Zu
beachten ist, daß der mit der *Speicherklasse* `static` (storage class) definierte *Zeichenvektor* `_sccsi[]` (character vector) in *keinem* anderen Pro-
gramm-Modul abgegriffen oder gar verändert werden kann.[21] Mit dem
SCCS-Hilfsbefehl **what(1)** kann eine solcherart "eingebrannte" Marke dann
abgefragt werden. Ein Beispiel mag die Anwendung illustrieren. Mit,

```
$ cat markfile
@(#) originally linked as 'progx' 10/26/93 by ...
...
```

und der auf Bild 10.4 aufbauenden Erweiterung einer makefile,

```
...
progx:  $(OBJ) markfile.o
        @echo "linking $(OBJ) markfile.o"
        @ld -o progx /lib/crt0.o $(OBJ) markfile.o -lc -lm
...
clean:; @rm -f $(OBJ) markfile.o
...
```

ergibt sich nach Ausführung,

```
$ make progx
...
```

das Resultat,

```
$ what progx
originally linked as 'progx' 10/26/93 by ...
```

---

20. In der obigen Darstellung wurde der Lesbarkeit halber die `echo`-Zeile über die beiden
    nachfolgenden Zeilen fortgesetzt, was auch durch das Einrücken angedeutet ist.

21. Eine grundlegende Einführung in diese und verwandte Aspekte der Programmiersprache C
    wird in KA2 (1992) gegeben.

10.4 Aufruf und Optionen

Der Befehl **make(1)** wird nach den folgenden Schemata und Optionen (invocation options) aufgerufen,

```
make  [-eiknpqrst]  [-f -|-f <Skript1>  [-f...]]\
      [<Ziel1> ...]  [<Makro1>=<Wert1> ...]
```

wobei die symbolischen Optionen *einzeln* oder *gruppiert* (SVR4),

```
make -e -k -r ...                 make -ekr ...
```

gesetzt werden können. Tabelle 10.8 faßt die Bedeutung der Optionen zusammen.

Mit der Argumentoption −f... kann der Verweis eines *Skriptes* (description file, script) explizite angegeben werden,

```
make ... -f <Skript1>  [-f <Skript2> ...] ...
```

Die Argumentoption kann wiederholt mit verschiedenen Skripten gesetzt werden, wobei die Ausführung in der angebenen Reihenfolge erfolgt.

Bei Auslassung von −f... sucht *make* automatisch nach einem *default*-Skript im aktuellen Arbeitsverzeichnis, wobei *vorgegebene* (default) Bezeichner mit vorgegebenen *Vorrang* (precedence) gelten,

```
makefile    Makefile    s.makefile    s.Makefile
```

Falls keine der beiden ersten Dateien existiert, wohl aber eine der beiden SCCS-Stammdateien (masterfiles; Abschnitt 9.5), dann ruft *make* die jeweils jüngste Delta-Version zur Ausführung ab. Falls überhaupt keines der *default*-Skripte existiert, versucht *make* eine der impliziten Ableitungs- und Erzeugungsregeln anzuwenden. Falls keine der impliziten Regeln angewendet werden kann, entsteht ein Fehlerzustand mit Exit-Kode 1.

Durch Setzen eines Minuszeichens '−' anstelle eines Dateiverweises kann die Eingabe der Skriptdatei über die *Normaleingabe* (standard input) erfolgen, was zumeist nur im Zusammenhang mit Vorschaltbefehlen über eine einspeisende Pipeline benutzt wird,

```
... <Vorschaltbefehl> ... | make ... -f - ...
```

Umgekehrt gibt *make* sowohl die widergespiegelten Befehlszeilen als auch deren normale Ausgabe über die *Normalausgabe* (standard output) aus, während Fehlermeldungen über die *Fehlerausgabe* (standard error) erfolgen. Der Benutzer muß also Sorge ob der Disposition dieser beiden Ausgabeströme tragen.

Unmittelbar hinter den Optionen können ein oder mehrere *Ziele* (targets) als *ungeschmückte positionsgebundene Parameter* (plain positional parameters) angegeben werden,

```
make ... <Ziel1>  [<Ziel2> ...] ...
```

Bei Angabe eines *nichtdefinierten Zieles* (undefined target) wird gegebenenfalls die Anweisung `.DEFAULT` ausgeführt; andernfalls ensteht ein Fehlerzustand mit Exit-Kode $\neq$ 0. Ohne jegliche Zielangabe wird der jeweils oberste Objektparagraph im Skript ausgeführt.

Benannte Makros können als *Zuweisungsparameter* (keyword parameter) belegt werden,

```
make ... <Makro1>=<Wert1> [<Makro2>=<Wert2> ...] ...
```

was sowohl *benutzerdefinierte* als auch *vordefinierte* Makros (user-defined, predefined, macros) einschließt.

Bei allen Parametern sind die *lexikalischen Schutzregeln* (lexical rules) der jeweiligen Shell zu beachten; insbesondere müssen also Trenn- und Sonderzeichen individuell mit dem *Rückstrich* \ (backslash) oder durch *umgebende Einzel-* oder *Doppelzitate* (enclosing single, double, quotes) geschützt werden.

Opt.	Bedeutung
e	Environmentvariable in der aufrufenden Shell überlagern (overriding) gleichnamige Makros.
f...	Skriptverweis; mit '−' erfolgt die Eingabe über die Normaleingabe.
i	(ignore) Exit-Kodes $\neq$ 0 ignoriert; die Ausführung wird mit dem nächsten Shell-Befehl fortgesetzt.
k	(continue) Bei einem Exit-Kode $\neq$ 0 wird die Ausführung zwar in dem betroffenen Aktionsparagraphen abgebrochen, dann aber doch innerhalb der noch verbleibenden Möglichkeiten in anderen Paragraphen fortgesetzt.
n	(nogo) Das Skript wird lediglich hinsichtlich der jeweiligen Abhängigkeiten interpretiert, nicht aber ausgeführt.
p	(print) Das interpretierte Abhängigkeitsschema, die vorgegebenen Inferenzregeln sowie die aktuellen Makro-Belegungen werden ausgegeben, ohne daß eine Ausführung erfolgt.
q	(query) Das Zielobjekt wird auf Aktualität bezüglich seiner Komponenten geprüft und gegebenenfallsmit einem Exit-Kodevon 0 bestätigt.
r	(renegade, renounce) Die impliziten Ableitungs- und Erzeugungsregeln werden außer Kraft gesetzt.
s	(silent) Die Befehlszeilen werden bei der Ausführung nicht widergespiegelt.
t	(touch) Die Zielobjekte werden im Sinne von **touch(1)** pseudo-aktualisiert.

Tabelle 10.8: Aufrufsoptionen von make(1)

Literaturhinweise

Aho, A., V., Kernighan, , W., Weinberger, Peter, J., *Awk — A Pattern
Scanning and Processing Language*, Bell Laboratories, Murray Hill,
New Jersey, 1978.

Bach, M. J., *The Design of the UNIX Operating System*,
Prentice-Hall Inc., Eaglewood Cliffs, NJ, 1986.

Becker, G., Slattery, K., *A System Administrator's Guide
to SUN Workstations*, Springer, New York, 1991.

Bolsky, M. I., Korn, D. G., The KornShell Command and Programming
Language, Prentice-Hall Inc., Eaglewood Cliffs, NJ, 1989.

Bourne, S. R.,"The UNIX Time-Sharing System: The UNIX Shell,"
Bell Systems Technical Journal, Vol.57, No.6/2, 1978, pp. 1971-1990.

Bourne, S.R., *The UNIX System*, Addison-Wesely, Reading MA,
1983 et seq.

Corbin, J., R., *The Art of Distributed Applications*, Springer,
New York, 1991.

Date, C., J., *Relational Database*. Selected Writings.
Addison-Wesely, Reading MA, 1986.

Heller, D., *XView Programming Manual*, O'Reilly & Associates,
Sebastopol, 1989.

Heslop, B., D., Angell, D., *Mastering SunOS*, SYBEX,
San Francisco, 1990.

Joy, W., *An Introduction to the C-Shell*, Computer Science Division,
University of California, Berkely, 1983.

[KA1, 1992] Kannemann, K., *UNIX — Das Betriebssystem und die Shells*.
Eine grundlegende Einführung. VIEWEG, Wiesbaden, Germany, 1992

[KA2, 1992] Kannemann, K., *C unter UNX*. Eine grundlegende Einführung für Programmierer. VIEWEG, Wiesbaden, Germany, 1992

Kernighan, B. W., Pike, R., *The UNIX Programming Environment*,
Prentice-Hall Inc., Eaglewood Cliffs, NJ, 1984 et seq.

Kernighan, B. W., Ritchie, D. M., *The C Programming Language*,
Prentice-Hall Inc., Eaglewood Cliffs, NJ, 1978, 1988.

Knuth, D., E., *The Art of Computer Programming*. Volume 3: *Sorting
and Searching*. Addison-Wesley, Reading, Massachusetts, 1975 et seq.

McGilton, H., Morgan, R., *Introducing the UNIX System*, McGraw-Hill,
New York, NY, 1983 et seq.

McMahon, L.E., *SED - A Non-interactive Text Editor*, Bell Laboratories,
Murray Hill, New Jersey, 1978.

Ossanna, J. F., *NROFF/TROFF User's Manual*, Bell Laboratories, Murray Hill, New Jersey, 1976.

Ritchie, D.M., Thompson, K., "The UNIX Time-Sharing System," *Bell Systems Technical Journal*, Vol.57, No.6/2, 1978, pp. 1905-1930.

Ritchie, D.M., "A Retrospective," *Bell Systems Technical Journal*, Vol.75, No.6/2, 1978, pp. 1947-1970.

Rochkind, M.J., *Advanced UNIX Programming*, Prentice-Hall, Eaglewood Cliffs, 1985.

Tompson, K., "UNIX Implementation," *Bell Systems Technical Journal*, Vol.75, No.6/2, 1978, pp. 1931-1946.

[USL] UNIX System Laboratories, *UNIX System V Release 4* [Manuals, ..., Guides], Prentice-Hall, Eaglewood Cliffs, 1990 et seg.

Wang, P., *An Introduction to Berkely UNIX*, Wadsworth, Belmont, 1988

Yourdon, E., *Decline & Fall of the American Programmer*, Prentice-Hall, Eaglewood Cliffs, 1993

Generische UNIX-Verweise

UNIX-Befehle und Shell-Anweisungen, System- und Bibliotheksaufrufe
sowie allgemeine Systemverweise.

English Core Terminology

What's in a name? That which we call a rose by any other name would smell as sweet.
SHAKESPEARE

Allgemeine Begriffe

UNIX – Das Betriebssystem und die Shells

Eine grundlegende Einführung

von Klaus Kannemann

1992. XVI, 471 Seiten. Gebunden.
ISBN 3-528-05198-1

Aus dem Inhalt: Die UNIX-Mehrbenutzerumgebung – Das UNIX-Dateisystem – Der Multiprozessorbetrieb unter UNIX – Gemeinsame Leistungsmerkmale der Shells – Die BOURNE-Shell – Die C-Shell.

Nichts vergleichbares gab es bisher in der UNIX-Literatur. Sprachlich und technisch auf höchstem Niveau versteht es der Autor, UNIX in den klassischen Begriffskategorien des applied systems engineering verständlich darzustellen. Dabei ist es erklärtermaßen die Absicht, den „kostspieligsten Einsatz des Lesers, nämlich die zum Lesen aufgewendete Zeit, mit grundlegendem und nachhaltigem Wissen zu vergüten."

Verlag Vieweg · Postfach 58 29 · 65048 Wiesbaden